Jörg Andreas Lange

Sicherheit und Datenschutz als notwendige Eigenschaften von computergestützten Informationssystemen

DuD-Fachbeiträge

Herausgegeben von Andreas Pfitzmann, Helmut Reimer, Karl Rihaczek und Alexander Roßnagel

Die Buchreihe ergänzt die Zeitschrift *DuD – Datenschutz und Datensicherheit* in einem aktuellen und zukunftsträchtigen Gebiet, das für Wirtschaft, öffentliche Verwaltung und Hochschulen gleichermaßen wichtig ist. Die Thematik verbindet Informatik, Rechts-, Kommunikations- und Wirtschaftswissenschaften.

Den Lesern werden nicht nur fachlich ausgewiesene Beiträge der eigenen Disziplin geboten, sondern sie erhalten auch immer wieder Gelegenheit, Blicke über den fachlichen Zaun zu werfen. So steht die Buchreihe im Dienst eines interdisziplinären Dialogs, der die Kompetenz hinsichtlich eines sicheren und verantwortungsvollen Umgangs mit der Informationstechnik fördern möge.

Die Reihe wurde 1996 im Vieweg Verlag begründet und wird seit 2003 im Deutschen Universitäts-Verlag fortgeführt. Die im Vieweg Verlag erschienenen Titel finden Sie unter www.vieweg-it.de.

Jörg Andreas Lange

Sicherheit und Datenschutz als notwendige Eigenschaften von computergestützten Informationssystemen

Ein integrierender Gestaltungsansatz für vertrauenswürdige computergestützte Informationssysteme

Mit einem Geleitwort von Prof. Dr. Roland Gabriel

Deutscher Universitäts-Verlag

Bibliografische Information Der Deutschen Bibliothek
Die Deutsche Bibliothek verzeichnet diese Publikation in der Deutschen Nationalbibliografie;
detaillierte bibliografische Daten sind im Internet über <http://dnb.ddb.de> abrufbar.

Dissertation Universität Bochum, 2005

1. Auflage Oktober 2005

Alle Rechte vorbehalten
© Deutscher Universitäts-Verlag/GWV Fachverlage GmbH, Wiesbaden 2005

Lektorat: Ute Wrasmann / Britta Göhrisch-Radmacher

Der Deutsche Universitäts-Verlag ist ein Unternehmen von Springer Science+Business Media.
www.duv.de

Das Werk einschließlich aller seiner Teile ist urheberrechtlich geschützt. Jede Verwertung außerhalb der engen Grenzen des Urheberrechtsgesetzes ist ohne Zustimmung des Verlags unzulässig und strafbar. Das gilt insbesondere für Vervielfältigungen, Übersetzungen, Mikroverfilmungen und die Einspeicherung und Verarbeitung in elektronischen Systemen.

Die Wiedergabe von Gebrauchsnamen, Handelsnamen, Warenbezeichnungen usw. in diesem Werk berechtigt auch ohne besondere Kennzeichnung nicht zu der Annahme, dass solche Namen im Sinne der Warenzeichen- und Markenschutz-Gesetzgebung als frei zu betrachten wären und daher von jedermann benutzt werden dürften.

Umschlaggestaltung: Regine Zimmer, Dipl.-Designerin, Frankfurt/Main
Gedruckt auf säurefreiem und chlorfrei gebleichtem Papier

ISBN-13: 978-3-8350-0124-4   e-ISBN-13: 978-3-322-82143-0
DOI: 10.1007/ 978-3-322-82143-0

Geleitwort

Die ubiquitäre Verbreitung von Informations- und Kommunikationstechnik, das Vordringen des Internet in viele gesellschaftliche Bereiche und die zunehmende Nutzung von computergestützten Informationssystemen in Privathaushalten wie in Unternehmen und öffentlichen Verwaltungen ist nicht nur mit Chancen, sondern auch mit Risiken verbunden. So ist etwa die Funktionsfähigkeit von computergestützten Informationssystemen von deren Sicherheit abhängig, während deren Akzeptanz durch den Nutzer darüber hinaus u.a. durch die überprüfbare und nach außen kommunizierte Einhaltung der Normen des Datenschutzes gesteigert werden kann.

Herr Dr. Jörg Lange, ehemaliger wissenschaftlicher Mitarbeiter am Lehrstuhl für Wirtschaftsinformatik der Ruhr-Universität Bochum und Gründungsmitglied des Instituts für Sicherheit im E-Business (ISEB), setzt sich in seiner Dissertationsschrift mit diesen beiden sehr anspruchsvollen und wichtigen Aspekten von computergestützten Informationssystemen kritisch und konstruktiv auseinander. Er analysiert zunächst in einem ganzheitlichen Ansatz das computergestützte Informationssystem als Gestaltungsgegenstand der Wirtschaftsinformatik und Bezugsrahmen seiner Arbeit. Anschließend werden Sicherheit als primär materielles und Datenschutz als rechtliches Gestaltungselement äußerst fundiert abgeleitet. Diese vom Autoren zu Recht als notwendige Eigenschaften computergestützter Informationssysteme bezeichneten und in der Wirtschaftsinformatik bisher weitgehend getrennt betrachteten Anforderungen werden dann in einen gemeinsamen Gestaltungsansatz überführt, der sehr anschaulich Potenziale für eine simultane Integration beider Anforderungen in computergestützte Informationssysteme aufzeigt. Darüber hinaus werden in diesem Zusammenhang auch wichtige volkswirtschaftliche und gesellschaftliche Fragestellungen kritisch diskutiert, welche die Tragweite der betrachteten Problematik aufzeigen.

Herrn Dr. Lange gelingt es, zwei besonders komplexe Themenbereiche des Informationsmanagements wissenschaftlich fundiert miteinander zu verbinden. Entstanden ist dabei ein Gestaltungsansatz für als vertrauenswürdig bezeichnete computergestützte Informationssysteme, der Anforderungen der Sicherheit und des Datenschutzes gleichberechtigt und für den Leser jederzeit nachvollziehbar miteinander verbindet. Die stilistisch sehr ansprechende Arbeit ist damit gleichermaßen im wissenschaftlichen Kontext und für Praktiker in Unternehmen und öffentlichen Verwaltungen von hoher Relevanz und stellt einen wertvollen und in ihrer grundsätzlichen Herangehensweise zugleich zeitlosen Beitrag zur Forschung und zum wissenschaftlichen Fortschritt in diesem Bereich der Wirtschaftsinformatik dar.

Prof. Dr. Roland Gabriel

Vorwort

Die vorliegende Arbeit entstand während der von mir mit viel Freude ausgeübten Tätigkeit als wissenschaftlicher Mitarbeiter am Lehrstuhl für Wirtschaftsinformatik an der Ruhr-Universität Bochum. Sie wurde im Frühjahr 2005 von der Fakultät für Wirtschaftswissenschaft der Ruhr-Universität Bochum als Dissertation angenommen. Eine Reihe von Personen hat mich bei der Erstellung dieser Arbeit in unterschiedlicher Weise unterstützend begleitet. Ihnen möchte ich an dieser Stelle danken.

Meinem geschätzten akademischen Lehrer und Doktorvater, Herrn Prof. Dr. Roland Gabriel, danke ich für die engagierte Betreuung und Förderung dieser Arbeit. Er hat mir nicht nur die notwendigen akademischen und zeitlichen Freiräume gewährt, sondern auch durch wertvolle Hinweise in der Anfangsphase diese Arbeit positiv beeinflusst. Herrn Prof. Dr. Stephan Paul danke ich für die freundliche und unkomplizierte Übernahme des Zweitgutachtens.

Von den Mitarbeiterinnen und Mitarbeitern des Lehrstuhls für Wirtschaftsinformatik sei stellvertretend Frau Dipl.-Ök. Sonja Labusch, Frau Susanne Schutta sowie Herrn Dr. Thomas Erler gedankt, die mir mit ihrer herzlichen und humorvollen Art über so manche Motivationslücke hinweg geholfen haben.

Von ganzem Herzen möchte ich meiner Frau Katrin danken. Sie hat mir nach der Geburt unserer Tochter nicht nur äußerst selbstlos jene Freiräume geschenkt, die ich zur Beendigung meiner Arbeit benötigt habe. Auch hat sie mir mit ihrem sehr erfolgreichen, aber auch zeitintensiven beruflichen Engagement aufgezeigt, dass Promovieren aufgrund gewisser zeitlicher Freiheiten eine durchaus angenehme Beschäftigung sein kann. Ihr Verständnis und stete Ermutigung sowie die jederzeitige Bereitschaft zum Korrekturlesen haben wesentlich zum guten Gelingen der vorliegenden Arbeit beigetragen. Unserer zum Zeitpunkt der Disputation fünf Monate jungen Tochter Olivia danke ich für ihr elternfreundliches nächtliches Schlafverhalten und vor allem für die Erkenntnis, dass es neben Promotion und Lehrstuhltätigkeit noch wichtigere und intensivere Lebensinhalte gibt.

Schließlich gilt mein inniger Dank meinen Eltern, die mich während meines gesamten Studiums in menschlicher und finanzieller Hinsicht gefördert haben. Ohne sie wäre diese Promotion nicht möglich gewesen. Ihnen, meiner Frau Katrin und unserer Tochter Olivia möchte ich diese Arbeit widmen.

Jörg Andreas Lange

Inhaltsverzeichnis

Abbildungsverzeichnis XV

Abkürzungsverzeichnis XIX

1 Einleitung und Gang der Untersuchung 1
    1.1 Einführung in die Problematik und Ziel der Arbeit 1
    1.2 Gang der Untersuchung 4

2 Das computergestützte Informationssystem als Erkenntnisobjekt des Informationsmanagements 7
    2.1 Der Informationsbegriff in Abgrenzung zu Daten und Wissen 7
    2.2 Der Begriff des computergestützten Informationssystems 15
        2.2.1 Systemtheoretische Grundlagen computergestützter Informationssysteme 15
        2.2.2 Ausgewählte Eigenschaften von Systemen 20
        2.2.3 Ganzheitliche Beschreibung des computergestützten Informationssystems als sozio-technisches System 22
    2.3 Das computergestützte Informationssystem im Rahmen des Informationsmanagements 28
        2.3.1 Informationsmanagement als unternehmerische Führungsaufgabe 28
        2.3.2 Sicherheit von computergestützten Informationssystemen und Datenschutz als Ziele des Informationsmanagements 32

3 Sicherheit als materielle Gestaltungsanforderung an computergestützte Informationssysteme 37
    3.1 Sicherheit im Kontext von computergestützten Informationssystemen 38
        3.1.1 Ableitung des Sicherheitsbegriffs für computergestützte Informationssysteme 38
        3.1.2 Ausgewählte Sicherheitsziele für computergestützte Informationssysteme 42
        3.1.3 Potenzielle Gefährdungen der Sicherheit von computergestützten Informationssystemen 46
        3.1.4 Der Sicherheitsprozess nach dem IT-Grundschutzhandbuch des BSI 50
    3.2 Bausteine einer Sicherheitsarchitektur für computergestützte Informationssysteme 52
        3.2.1 Ausgewählte primär technische Sicherheitsmaßnahmen für computergestützte Informationssysteme 54
            3.2.1.1 Kryptographie 54
                3.2.1.1.1 Kryptographische Verfahren zum Schutz der Vertraulichkeit 54

3.2.1.1.2 Digitale Signaturen als kryptographische
Anwendung zum Schutz der Verbindlichkeit 58

3.2.1.2 Maßnahmen zur Authentifizierung und Autorisierung 60

3.2.1.3 *Firewall*-Systeme zur Absicherung von Rechnernetzen 62

3.2.1.4 Ausgewählte Maßnahmen zur Überwachung von
computergestützten Informationssystemen 65

3.2.2 Ausgewählte primär organisatorische Sicherheitsmaßnahmen für
computergestützte Informationssysteme 68

3.2.2.1 Ableitung organisatorisch orientierter Sicherheitsmaßnahmen
aus dem allgemeinen Betriebskonzept des computergestützten
Informationssystems 68

3.2.2.2 Ausgewählte aufbau- und ablauforganisatorische Maßnahmen
im Bereich der Sicherheit computergestützter
Informationssysteme 70

3.3 Ausgewählte rechtliche Rahmenbedingungen für die Sicherheit von
computergestützten Informationssystemen 73

3.3.1 Gesetz zur Kontrolle und Transparenz im Unternehmensbereich
(KonTraG) 73

3.3.2 Bundesdatenschutzgesetz (BDSG) 76

3.3.3 Telekommunikationsgesetz (TKG) 80

3.3.4 Die Anwendung des Strafgesetzbuchs und weiterer nebenstrafrechtlicher
Rechtsnormen als rechtliche Folge einer Verletzung der Sicherheit
computergestützter Informationssysteme 82

3.3.5 Zusammenfassende Darstellung ausgewählter Rechtsnormen zur
Sicherheit von computergestützten Informationssystemen 86

3.4 Gesellschaftliche Bedeutung der Sicherheit von computergestützten
Informationssystemen 88

3.4.1 Schutz kritischer Infrastrukturen vor dem Hintergrund eines
Information Warfare 89

3.4.1.1 Kritische Infrastrukturen 89

3.4.1.2 *Information Warfare* als Bedrohungsszenario des
Informationszeitalters 92

3.4.1.3 Schutzinitiativen für kritische Infrastrukturen 96

3.4.2 Volkswirtschaftliche Aspekte der Sicherheit von Informationssystemen . 101

3.4.2.1 Sicherheit von offenen Kommunikationssystemen als
potenzielle staatliche Regulierungsaufgabe 101

3.4.2.2 Mögliche staatliche Regulierungsinstrumente und deren
Eignung für die Sicherheit von Informationssystemen 105

3.4.2.2.1 Staatliche Informationspolitik als Mittel zum
Abbau von Informationsasymmetrien 106

3.4.2.2.2 Die Möglichkeiten des Haftungsrechts zum Abbau von Informationsasymmetrien und zur Internalisierung externer Effekte 107

3.4.2.2.3 Staatliche Subventionierung von Sicherheitsmaßnahmen in offenen Kommunikationsnetzen 109

3.4.2.2.4 Gesetzliche Mindeststandards für die Sicherheit offener Kommunikationsnetze 110

3.4.2.2.5 Zusammenfassende Bewertung und Politikempfehlung 111

4 Datenschutz als rechtliche Gestaltungsanforderung an computergestützte Informationssysteme 115

4.1 Der Rechtsrahmen für den Datenschutz 116

    4.1.1 Persönlichkeitsrecht und informationelle Selbstbestimmung 116

        4.1.1.1 Der Schutz der Privatsphäre durch das Grundgesetz 116

        4.1.1.2 Informationelle Selbstbestimmung als Grundlage des Datenschutzes 117

    4.1.2 Das Bundesdatenschutzgesetz und die EU-Datenschutzrichtlinien 121

        4.1.2.1 Das Bundesdatenschutzgesetz (BDSG) 121

            4.1.2.1.1 Aufgabe, Aufbau, Grundprinzipien und Schutzbereich des BDSG 121

            4.1.2.1.2 Schutzmaßnahmen des BDSG 125

        4.1.2.2 Ausgewählte EU-Richtlinien im Bereich des Datenschutzes 131

4.2 Datenschutzrelevante Normen im Bereich der Informations- und Kommunikationsmedien 135

    4.2.1 Abgrenzung des anwendbaren Rechts im Bereich der Informations- und Kommunikationsmedien 135

    4.2.2 Datenschutz im Telekommunikationsrecht 137

        4.2.2.1 Das Telekommunikationsgesetz (TKG) nebst Begleitgesetz (TKG BegleitG) und Telekommunikations-Überwachungsverordnung (TKÜV) 138

            4.2.2.1.1 Regelungsintention und Aufbau des TKG 138

            4.2.2.1.2 Anwendungsbereich des TKG 140

            4.2.2.1.3 Datenschutzrechtlich relevante Vorschriften des TKG 141

            4.2.2.1.4 Das Begleitgesetz zum TKG (TKG BegleitG) und die Telekommunikations-Überwachungsverordnung (TKÜV) 143

        4.2.2.2 Die Telekommunikations-Datenschutzverordnung (TDSV) 145

4.2.3 Datenschutz im Medienrecht 147

    4.2.3.1 Abgrenzung des Medienrechts zum Telekommunikationsrecht und zum Rundfunk 147

    4.2.3.2 Das Informations- und Kommunikationsdienste-Gesetz (IuKDG) 149

        4.2.3.2.1 Das Teledienstegesetz (TDG) 150

        4.2.3.2.2 Das Teledienstedatenschutzgesetz (TDDSG) 153

        4.2.3.2.3 Das Signaturgesetz (SigG) 156

    4.2.3.3 Der Mediendienste-Staatsvertrag (MDStV) 161

        4.2.3.3.1 Aufbau und Geltungsbereich des MDStV 162

        4.2.3.3.2 Abgrenzung des MDStV zum IuKDG 163

        4.2.3.3.3 Datenschutzrechtlich relevante Regelungen des MDStV 165

4.3 Anforderungen an ein modernes Datenschutzrecht 167

    4.3.1 Zur Notwendigkeit einer Modernisierung des Datenschutzrechts 167

    4.3.2 Mögliche Elemente einer Modernisierung des Datenschutzrechts 170

        4.3.2.1 Transparenter Datenschutz durch Rechtsvereinfachung und Rechtsvereinheitlichung 170

        4.3.2.2 Datenschutz durch Technik 171

        4.3.2.3 Datenschutz durch Wettbewerb 173

    4.3.3 Zusammenfassende Darstellung zur Modernisierung des Datenschutzes . 175

4.4 Fazit zum Datenschutz 175

5 Gestaltungsansatz für vertrauenswürdige computergestützte Informationssysteme 179

5.1 Grundstruktur eines Bezugsrahmens für die Gestaltung von vertrauenswürdigen computergestützten Informationssystemen 179

5.2 Der Begriff des vertrauenswürdigen computergestützten Informationssystems .. 182

5.3 Komponenten zur Unterstützung der Verlässlichkeit von computergestützten Informationssystemen 184

    5.3.1 Ausgewählte Gestaltungsanforderungen an verlässliche computergestützte Informationssysteme 185

    5.3.2 Potenziale des *Trusted Computing*-Konzepts hinsichtlich der Verlässlichkeit von computergestützten Informationssystemen 192

    5.3.3 Sicherheitsmanagement von computergestützten Informationssystemen . 198

5.4 Komponenten zur Unterstützung der Beherrschbarkeit von computergestützten Informationssystemen 202

    5.4.1 Ausgewählte Gestaltungsanforderungen an beherrschbare computergestützte Informationssysteme – Rechtliche Technikgestaltung 203

        5.4.1.1 Identifikation des anwendbaren Datenschutzrechts 204

	5.4.1.2 Zulässigkeit der personenbezogenen Datenverarbeitung	205
	5.4.1.3 Ausgewählte technisch-organisatorische Vorgaben im Datenschutzrecht	208
	5.4.1.4 Transparenzgebot und Einhaltung der Rechte des Betroffenen	211
5.4.2	Potenziale datenschutzfreundlicher Technologien hinsichtlich des Systemdatenschutzes am Beispiel des P3P-Konzepts	215
5.4.3	Datenschutzmanagement für computergestützte Informationssysteme	218
5.5	Verlässlichkeits- und Beherrschbarkeitskomponenten integrierendes Vorgehensmodell für vertrauenswürdige computergestützte Informationssysteme	222
5.5.1	Vorgehensmodell für vertrauenswürdige computergestützte Informationssysteme im Überblick	223
5.5.2	Die Analysephase	226
5.5.3	Die Planungsphase	229
5.5.4	Die Entwurfsphase	236
5.5.5	Die Umsetzungs- und die Betriebsphase	243
5.5.6	Bewertung des Gestaltungsansatzes für vertrauenswürdige computergestützte Informationssysteme	245

6 Zusammenfassung und kritischer Ausblick 249

Literaturverzeichnis 251

Abbildungsverzeichnis

Abb. 1-1:	Lösungsansatz	3
Abb. 1-2:	Gang der Untersuchung und Inhaltsübersicht	6
Abb. 2-1:	Sender-Kanal-Empfänger-Schema des nachrichtentechnischen Informationsbegriffs	8
Abb. 2-2:	Abgrenzung der Begriffe Daten, Information und Wissen mit Hilfe der Semiotik	10
Abb. 2-3:	Offenes System mit Subsystem	17
Abb. 2-4:	Systemhierarchie	19
Abb. 2-5:	Funktionale und strukturorientierte Systembetrachtung	20
Abb. 2-6:	Komplexität und Kompliziertheit von Systemen	22
Abb. 2-7:	Das computergestützte Informationssystem als sozio-technisches System	23
Abb. 2-8:	Bildung von funktionalen Subsystemen	26
Abb. 2-9:	Abgrenzung von Informationswirtschaft und Informationsmanagement	29
Abb. 2-10:	Ebenenmodell des Informationsmanagements	31
Abb. 2-11:	Ausgewählte Ziele des Informationsmanagements	33
Abb. 3-1:	Ableitung eines ganzheitlich orientierten Sicherheitsbegriffs für computergestützte Informationssysteme	39
Abb. 3-2:	Aspekte der Sicherheit computergestützter Informationssysteme	41
Abb. 3-3:	Unzulässiger Informationsfluss	44
Abb. 3-4:	Potenzieller Entdeckungszeit der Verletzung eines Sicherheitsgrundziels	45
Abb. 3-5:	Kausalmodell der Sicherheit computergestützter Informationssysteme	46
Abb. 3-6:	Bedrohungsarten bezüglich der Sicherheit computergestützter Informationssysteme	48
Abb. 3-7:	Der Sicherheitsprozess nach IT-Grundschutz-Ansatz des BSI	51
Abb. 3-8:	Dimensionen der Sicherheit von computergestützten Informationssystemen	53
Abb. 3-9:	Symmetrische Verschlüsselung	56
Abb. 3-10:	Asymmetrischer Verschlüsselung	57
Abb. 3-11:	Funktionsweise einer digitalen Signatur	59
Abb. 3-12:	Funktionsweise einer *Firewall*	63
Abb. 3-13:	Aufbauorganisatorische Einordnung des Sicherheitsbeauftragten	71
Abb. 3-14:	Zutritt, Zugang und Zugriff im Sinne des BDSG	78
Abb. 3-15:	Gesetzliche Regelungen und korrespondierende Schutzziele für computergestützte Informationssysteme	84
Abb. 3-16:	Zusammenfassende Darstellung ausgewählter die Sicherheit computergestützter Informationssysteme betreffender Rechtsnormen	87

Abb. 3-17:	Gesellschaftliche Aspekte der Sicherheit von Informationssystemen	89
Abb. 3-18:	Systematik kritischer Infrastrukturen	90
Abb. 3-19:	Strukturierung des Begriffs *Information Warfare*	94
Abb. 3-20:	US-amerikanische Initiativen zum Schutz kritischer Infrastrukturen	99
Abb. 3-21:	Mögliche Begründungen für eine staatliche Regulierung von offenen Kommunikationsnetzen	103
Abb. 3-22:	Mögliche staatliche Regulierungsinstrumente zur Beeinflussung des Sicherheitsniveaus offener Kommunikationsnetze	106
Abb. 3-23:	Staatliche Regulierungsinstrumente und ihre Eignung zur Kompensation von Allokationsineffizienzen bezüglich der Sicherheit von Kommunikationsnetzen	112
Abb. 4-1:	Rangfolge von Datenschutznormen	120
Abb. 4-2:	Aufbau des BDSG	122
Abb. 4-3:	Anwendungsbereich des BDSG	123
Abb. 4-4:	Datenschutzrechte des Betroffenen nach BDSG	126
Abb. 4-5:	Qualifikatorische Anforderungen an den Datenschutzbeauftragten	129
Abb. 4-6:	Kontrollbereiche der Anlage zu § 9 S. 1 BDSG	130
Abb. 4-7:	Zulässigkeit der Übermittlung personenbezogener Daten in Drittstaaten gemäß Art. 25, 26 EU-Datenschutzrichtlinie	133
Abb. 4-8:	Datenschutzrelevante Ebenen bei der Nutzung von Informations- und Kommunikationsmedien	136
Abb. 4-9:	Ursprünge datenschutzrechtlich relevanter Normen im Telekommunikationsrecht	138
Abb. 4-10:	Aufbau des TKG	139
Abb. 4-11:	Kategorien von Telediensten mit dazugehörigen gesetzlichen, datenschutzrelevanten Regelungen	148
Abb. 4-12:	Aufbau des IuKDG	150
Abb. 4-13:	Prinzip der digitalen Signatur	157
Abb. 4-14:	Hierarchiestufen elektronischer Signaturen nach SigG	159
Abb. 4-15:	Aufbau des MDStV	162
Abb. 4-16:	Regelungsziele und Kompetenzen im IuKDG und im MDStV	163
Abb. 4-17:	Prüfungsschema für die Abgrenzung von Tele- und Mediendiensten	164
Abb. 4-18:	Beispiele für Tele- und Mediendienste	165
Abb. 4-19:	Mögliche Steuerungs- und Kontrollmodelle für den Datenschutz	174
Abb. 4-20:	Anknüpfungspunkte für eine Modernisierung des bestehenden Datenschutzrechts	175
Abb. 5-1:	Struktur des Bezugsrahmens für die Gestaltung von vertrauenswürdigen computergestützten Informationssystemen	181

Abbildungsverzeichnis XVII

Abb. 5-2: Anforderungen an ein vertrauenswürdiges computergestütztes Informationssystem 183

Abb. 5-3: Subjekte und Objekte als Instanzen eines computergestützten Informationssystems 186

Abb. 5-4: Generische Sicherheitsphasen bei der Nutzung von computergestützten Informationssystemen 187

Abb. 5-5: Feststellung und Bestätigung der Identität von Zugang suchenden Instanzen im Rahmen der Authentifikation 189

Abb. 5-6: Zugriffsmatrix zur Darstellung der Berechtigungen von Subjekten an Objekten des computergestützten Informationssystems 191

Abb. 5-7: Überprüfung der hardwaretechnischen Integrität des Clients beim Systemstart nach dem *Trusted Computing*-Konzept (*Secure Boot*) 194

Abb. 5-8: *Digital Content Delivery* als Anwendungsszenario des *Trusted Computing*-Konzepts 195

Abb. 5-9: Zusammenfassende Bewertung des *Trusted Computing*-Konzepts anhand ausgewählter Kriterien 196

Abb. 5-10: Phasen des Sicherheitsmanagements in Anlehnung an das Wasserfallmodell des *Software Engineering* 199

Abb. 5-11: Systematik zur Beherrschbarkeit computergestützter Informationssysteme aus datenschutzrechtlicher Sicht 203

Abb. 5-12: Prüfung der Zulässigkeit einer personenbezogenen Datenverarbeitung im Bereich des *E-Commerce* 206

Abb. 5-13: Technisch-organisatorische Anforderungen an computergestützte Informationssysteme aus Datenschutzsicht 209

Abb. 5-14: Gestaltungsanforderungen an computergestützte Informationssysteme aus Betroffenensicht 212

Abb. 5-15: Prüfung der potenziellen Datenschutzkonformität von internetbasierten Telediensten im Rahmen des P3P-Konzepts 216

Abb. 5-16: Phasen des Datenschutzmanagements als methodisches Vorgehen zum Schutz des informationellen Selbstbestimmungsrechts 219

Abb. 5-17: Phasenorientiertes Vorgehensmodell für vertrauenswürdige Informationssysteme 223

Abb. 5-18: Vorgehen im Rahmen der Analysephase 226

Abb. 5-19: Beispiel einer Dokumentation von personenbezogenen Daten eines computergestützten Informationssystems 229

Abb. 5-20: Vorgehen im Rahmen der Planungsphase 230

Abb. 5-21: Beispielhafte Darstellung eines Sicherheitsmodells 232

Abb. 5-22: Teilmodelle eines Datenschutzmodells 235

Abb. 5-23: Beispiel einer Sicherheits- und Datenschutzarchitektur 237

Abb. 5-24: Abstraktionsstufen im Sicherheitsprozess am Beispiel ausgewählter Sicherheitsziele, -dienste und -mechanismen 238

Abb. 5-25: Ableitung eines sicherheitsspezifischen Betriebskonzepts aus der Sicherheitsarchitektur 239

Abb. 5-26: Datenschutzrechtliche Pflichten während der Einsatzphase eines computergestützten Informationssystems 245

Abkürzungsverzeichnis

a.F.	alte Fassung
Abb.	Abbildung
Abs.	Absatz
AES	Advanced Encryption Standard
AKSIS	Arbeitskreis zum Schutz von Infrastrukturen
AktG	Aktiengesetz
ANSI	American National Standards Institute
AO	Abgabenordnung
Art.	Artikel
Az	Aktenzeichen
BAG	Bundesarbeitsgericht
BDSG	Bundesdatenschutzgesetz
BGB	Bürgerliches Gesetzbuch
BGBl	Bundesgesetzblatt
BGH	Bundesgerichtshof
BIOS	Basic Input Output System
BMF	Bundesministerium für Finanzen
BMI	Bundesministerium des Innern
BMWA	Bundesministerium für Wirtschaft und Arbeit
BMWi	Bundesministerium für Wirtschaft und Technologie
BND	Bundesnachrichtendienst
BörsZulV	Börsenzulassungsverordnung
BSI	Bundesamt für Sicherheit in der Informationstechnik
BSIG	Gesetz über die Errichtung des Bundesamtes für Sicherheit in der Informationstechnik
BStBl	Bundessteuerblatt
BT-Drs.	Bundestags-Drucksache
Btx	Bildschirmtext
BVerfG	Bundesverfassungsgericht
BVerfGE	Bundesverfassungsgerichts-Entscheidung
BXA	Bureau of Export Administration
CC	Common Criteria
CERT	Computer Emergency Response Team
CIAO	Critical Infrastructure Assurance Office

CICG	Critical Infrastructure Coordination Group
CRM	Customer Relationship Managemenent
DAC	Discretionary Access Control
DES	Data Encryption Standard
DHS	Department of Homeland Security
DIN	Deutsches Institut für Normung
DoC	Department of Commerce
DoS	Denial of Service
DRM	Digital Rights Management
DSG NW	Gesetz zum Schutz personenbezogener Daten – Datenschutzgesetz des Landes Nordrhein-Westfalen
DSG	Datenschutzgesetz(e)
DV	Datenverarbeitung
EG	Europäische Gemeinschaft
EGAktG	Einführungsgesetz zum Aktiengesetz
EGG	Elektronischer Geschäftsverkehr-Gesetz
EGHGB	Einführungsgesetz zum Handelsgesetzbuch
EMDSG	Elektronische-Medien-Datenschutzgesetz
EMRK	Europäische Konvention zum Schutz der Menschenrechte
EO	Executive Order
EPAL	Enterprise Privacy Authorization Language
EU	Europäische Union
EuGH	Europäischer Gerichtshof
FAG	Fernmeldeanlagengesetz
FBI	Federal Bureau of Investigation
FGG	Gesetz über die Angelegenheiten der freiwilligen Gerichtsbarkeit
FormAnpG	Gesetz zur Anpassung der Formvorschriften des Privatrechts und anderer Vorschriften an den modernen Rechtsgeschäftsverkehr – Formanpassungsgesetz
FTP	File Transfer Protocol
GBl	Gesetzblatt
GG	Grundgesetz
GjS	Gesetz über die Verbreitung jugendgefährdender Schriften
GmbH	Gesellschaft mit beschränkter Haftung
GmbHG	Gesetz betreffend die Gesellschaften mit beschränkter Haftung
GoBS	Grundsätze ordnungsmäßiger DV-gestützter Buchführungssysteme
GVBl	Gesetz- und Verordnungsblatt

HGB	Handelsgesetzbuch
HTTP	Hypertext Transfer Protocol
i.F.e.	in Form einer(s)
i.F.v.	in Form von
i.S.d.	im Sinne des (der)
i.S.v.	im Sinne von
i.V.m.	in Verbindung mit
IDEA	International Data Encryption Standard
IDS	Intrusion Detection Systems
IP	Internet Protocol
IRS	Intrusion Response Systems
it / IT	informationstechnisch(e) / Informationstechnik
ITSEC	Information Technology Security Evaluation Criteria
ITU	International Telecommuncation Union (Internationale Fernmeldeunion)
IuKDG	Informations- und Kommunikationsdienste-Gesetz
KAGG	Gesetz über Kapitalanlagegesellschaften
KapCoRiLiG	Kapitalgesellschaften- und Co-Richtlinien-Gesetz
KG	Kommanditgesellschaft
KonTraG	Gesetz zur Kontrolle und Transparenz im Unternehmensbereich
LAN	Local Area Network
LDSG	Landesdatenschutzgesetz(e)
LG	Landgericht
lit.	litera
MAC	Mandatory Access Control
MAD	Militärischer Abschirmdienst
MDStV	Mediendienste-Staatsvertrag
MIT	Massachusetts Institute of Technology
n.F.	neue Fassung
NIPC	National Infrastructure Protection Center
NJW	Neue Juristische Wochenschrift
OECD	Organization for Economic Co-operation and Development
OHG	Offene Handelsgesellschaft
P3P	Platform for Privacy Preferences
PC	Personal-Computer
PCCIP	President's Commission on Critical Infrastructure Protection

PCIPB	The President's Critical Infrastructure Protection Board
PCR	Platform Configuration Register
PDA	Personal Digital Assistant
PDA	Personal Digital Assistant
PDD	Presidential Decision Directive
PGP	Pretty Good Privacy
PIN	Persönliche Identifikationsnummer
PTRegG	Gesetz über die Regulierung der Telekommunikation und des Postwesens
PublG	Publizitätsgesetz
RBAC	Role Based Access Control
RegTP	Regulierungsbehörde für Telekommunikation und Post
RFID	Radio Frequency Identification
RfStV	Rundfunkstaatsvertrag
RLeS	Richtlinie für elekronische Signaturen
ROM	Read Only Memory
RSA	Rivest Shamir Adleman
S.	Satz (in Verbindung mit Gesetzesangaben), sonst Seite
SAP	Software Anwendungen Produkte
SGML	Standard Generalized Markup Language
SigG	Signaturgesetz
SigV	Signaturverordnung
SMTP	Simple Mail Transfer Protocol
SSL	Secure Socket Layer-Protokoll
STASI	Staatssicherheit
StGB	Strafgesetzbuch
StRÄndG	Strafrechtsänderungsgesetz
TAN	Transaktionsnummer
TC	Trusted Computing
TCG	Trusted Computing Group
TCP/IP	Transmission Control Protocol / Internet Protocol
TCPA	Trusted Computing Platform Alliance
TCSEC	Trusted Computer System Evaluation Criteria
TDDSG	Teledienstedatenschutzgesetz
TDG	Teledienstegesetz
TDSV a.F.	Telekomunikationsdienstunternehmen-Datenschutzverordnung (alte Fassung)

TDSV n.F.	Telekommunikations-Datenschutzverordnung (neue Fassung)
TKG	Telekommunikationsgesetz
TKÜV	Telekommunikations-Überwachungsverordnung
TLS	Transport Layer-Protokoll
TPM	Trusted Platform Module
UML	Unified Modeling Language
UrhG	Urheberrechtsgesetz
USV	Unterbrechungsfreie Stromversorgung,
UWG	Gesetz gegen den unlauteren Wettbewerb
VPN	Virtual Private Network
W3C	World Wide Web Consortium
WfMC	Workflow-Management-Coalition,
WiKG	Gesetz zur Bekämpfung der Wirtschaftskriminalität
WLAN	Wireless Local Area Network
WpHG	Wertpapierhandelsgesetz
WPO	Gesetz über eine Berufsordnung der Wirtschaftsprüfer
WWW	World Wide Web
XML	Extensible Markup Language
ZPO	Zivilprozessordnung

1 Einleitung und Gang der Untersuchung

Die Wirtschaftsinformatik versteht sich als eine Wissenschaft, die sich mit der Gestaltung und dem Einsatz von rechner- bzw. computergestützten Informationssystemen in Wirtschaft und öffentlicher Verwaltung befasst. Als interdisziplinäres Fach ist sie zwischen der Informatik und der Betriebswirtschaftslehre einzuordnen. Darüber hinaus greift die Wirtschaftsinformatik aber auch Aspekte der Volkswirtschaft und juristischer Disziplinen auf. Neben grundlegenden Fragestellungen bezüglich computergestützter Informationssysteme – wie z.B. deren Aufbau und Funktionsweise sowie die Ableitung von Anwendungspotenzialen computergestützter Informationssysteme in unterschiedlichen Bereichen von Unternehmen bzw. öffentlichen Verwaltungen – sind auch insbesondere Aspekte der Sicherheit und des Datenschutzes wesentliche Forschungsbereiche der Wirtschaftsinformatik.[1]

Die vorliegende Arbeit greift mit der Gestaltung von als vertrauenswürdig bezeichneten computergestützten Informationssystemen, welche Anforderungen der Sicherheit und des Datenschutzes in gleichberechtigter Weise berücksichtigen, einen Bereich der Wirtschaftsinformatik auf, dem sowohl angesichts der Bedeutung von computergestützten Informationssystemen für die Wettbewerbsfähigkeit von Unternehmen bzw. Handlungsfähigkeit öffentlicher Verwaltungen als auch bezüglich der Nutzer- bzw. Kundenakzeptanz von Dienstleistungen, die über offene Kommunikationsnetze (wie dem Internet) angeboten werden, eine hohe Relevanz zukommt.

1.1 Einführung in die Problematik und Ziel der Arbeit

Die Entwicklung und der Ausbau globaler Informations- und Kommunikationsinfrastrukturen, wie sie das Internet darstellt, sind nicht nur mit Chancen, sondern auch mit Risiken verbunden. So ist mit der zunehmenden Vernetzung und dem Vordringen des Internet mit seinen vielfältigen Anwendungsmöglichkeiten in nahezu alle gesellschaftliche Bereiche die Abhängigkeit der Gesellschaft von der Verfügbarkeit und uneingeschränkten Funktionsfähigkeit computergestützter Informationssysteme stark angestiegen. So hat die Evolution und starke Verbreitung von computergestützten Informationssystemen und deren Kopplung über offene Kommunikationsnetze seit den 1990er Jahren unter dem Schlagwort *New Economy* nicht nur zu einer Veränderung etablierter ökonomischer Strukturen, sondern auch zur Entwicklung neuer Geschäftsmodelle geführt, denen ein ‚E-' (für *Electronic* wie in *E-Commerce, E-Government, E-Learning*) vorangestellt wird, um den gestiegenen Einfluss der Informations- und Kommunikationstechnik zum Ausdruck zu bringen. Damit einhergehend hat sich auch die Bedeutung der Sicherheitseigenschaften der eingesetzten computergestützten Informationssysteme gewandelt, da die Abhängigkeit von der diesen Geschäftsmodellen zugrunde liegenden informationstechnischen Systemen gewachsen ist. Verteilte und mitein-

---

[1] Vgl. MERTENS u.a. (1998), S. 1 ff., HANSEN/NEUMANN (2002), S. 22 ff..

ander kommunizierende computergestützte Informationssysteme zur Durchführung geschäftlicher Transaktionen über offene Netze sind hierbei einer Vielzahl von Bedrohungen ausgesetzt, denen mit geeigneten Sicherheitsmaßnahmen begegnet werden muss. Die Sicherheit computergestützter Informationssysteme wird hierbei nicht nur durch die zum Schutz dieser Systeme eingesetzten technisch-organisatorischen Maßnahmen beeinflusst, sondern unterliegt auch rechtlichen Rahmenbedingungen, die – je nach Einsatzgebiet des computergestützten Informationssystems – zu beachten sind. Darüber hinaus ist mit dem Themenkomplex der Sicherheit computergestützter Informationssysteme auch eine hohe gesellschaftliche Relevanz verbunden, wie dies bei der Diskussion um den Schutz so genannter kritischer Infrastrukturen – also elementarer, d.h. für die uneingeschränkte Funktions- und Handlungsfähigkeit einer Volkswirtschaft unabdingbarer Bereiche – deutlich wird.

Eine Folge, die sich aus dem Tatbestand der Körperlosigkeit (Virtualität) beim Interagieren innerhalb offener Kommunikationsnetze ergibt, besteht in dem Defizit an Vertrauen, das Kommunikationsteilnehmer den ihnen angebotenen Dienstleistungen (z.B. Teledienste in Form von *E-Commerce*-Anwendungen) entgegenbringen. Dies ist u.a. auf den Mangel an Transparenz bei der Erhebung und Verarbeitung personenbezogener Daten – wie diese bei der Abwicklung von E-Transaktionen auftreten – zurückzuführen. Dementsprechend kommt der Erfüllung von datenschutzrechtlichen Anforderungen eine besondere Bedeutung zu. Datenschutz wird damit zu einem kritischen Erfolgsfaktor von Geschäftsmodellen im Bereich des Internet. Die technische Entwicklung im Bereich der Informations- und Kommunikationstechnologien hat den Datenschutz zwar von Anfang an begleitet, doch sind mit dem Internet völlig neue Rahmenbedingungen entstanden, die geprägt sind von der Erkenntnis, dass klassische Schutzmechanismen (wie z.B. hoheitliche Ge- und Verbote) in einem global ausgerichteten Medium wie dem Internet nicht durchsetzbar sind.[2]

Vor dem Hintergrund der zunehmenden Nutzung offener Kommunikationsnetze für die Durchführung rechtswirksamer Transaktionen im Bereich des *E-Commerce* oder *E-Government* entwickeln sich Sicherheit und Datenschutz als Eigenschaften der diesen Geschäfts- und Verwaltungssystemen zugrunde liegenden computergestützten Informationssystemen immer mehr zu einem entscheidenden Vertrauens- und damit zu einem Akzeptanzfaktor (vgl. Abb. 1-1).

---

[2] Vgl. HOLZNAGEL (2003), S. 166.

Einleitung und Gang der Untersuchung 3

Abb. 1-1: Lösungsansatz

Ziel der Arbeit ist die Entwicklung eines Ansatzes zur Gestaltung von computergestützten Informationssystemen unter besonderer Berücksichtigung der Sicherheit und des Datenschutzes als gleichberechtigte, notwendige Eigenschaften eines computergestützten Informationssystems bei dessen Entwicklung und Einsatz. Diese als vertrauenswürdig bezeichneten Systeme haben den Anspruch, sowohl die Interessen von Unternehmen bzw. öffentlichen Verwaltungen nach einer effizienten und effektiven Aufgabenerfüllung durch das eingesetzte computergestützte Informationssystem als auch die Rechte der Nutzer bzw. Kunden auf Beachtung ihres informationellen Selbstbestimmungsrechts bei der Benutzung von internetbasierten Dienstleistungen zu berücksichtigen. Als Leitidee wird hierbei ein generischer Ansatz verfolgt, d.h. es wird kein spezifisches, auf eine bestimmtes Anwendungssystem (etwa ein SAP/R3-System oder ein Intranet) zugeschnittenes Lösungskonzept erarbeitet, sondern es wird systematisch ein allgemeiner, auf eine Vielzahl von in Wirtschaft und Verwaltung eingesetzten computergestützten Informationssysteme anwendbarer, abstrakter Rahmen zur Etablierung von Sicherheit in computergestützten Informationssystemen und zur rechtlichen (datenschutzkonformen) Technikgestaltung entwickelt. Der entwickelte Ansatz soll – aus der Perspektive der Wirtschaftsinformatik – einen Beitrag zur Verwirklichung des Systemdatenschutzes leisten, indem er bisher eher isoliert untersuchte Gestaltungsanforderungen zur Sicherheit und zum Datenschutz von computergestützten Informationssystemen strukturiert und in ein gemeinsames Vorgehensmodell einbindet. Mit dieser Systematisierung von datenschutzrelevanten Anforderungen im Rahmen einer rechtlichen Technikgestaltung sollen auch Synergien zwischen der Sicherheit als materielle und dem Datenschutz als rechtliche Gestaltungsanforderung an computergestützte Informationssysteme aufgezeigt werden.

1.2 Gang der Untersuchung

Die Arbeit gliedert sich in sechs Kapitel (vgl. Abb. 1-2). Nach einer in **Kapitel 1** erfolgten Einführung in die Problematik und der Erläuterung des Vorgehens wird in **Kapitel 2** zunächst das computergestützte Informationssystem als Erkenntnisobjekt des Informationsmanagements vorgestellt, indem der Informationsbegriff in Abgrenzung zu Daten und Wissen und die systemtheoretischen Grundlagen computergestützter Informationssysteme erläutert werden. Anschließend erfolgt – nach einer ganzheitlich orientierten Beschreibung des computergestützten Informationssystems als sozio-technisches System – dessen Einordnung in das Aufgabenfeld des Informationsmanagements, indem zunächst das Informationsmanagement als unternehmerische Führungsaufgabe und anschließend die Sicherheit computergestützter Informationssysteme und der Datenschutz als Ziele des Informationsmanagements erörtert werden.

Kapitel 3 thematisiert die Sicherheit als materielle Gestaltungsanforderung an computergestützte Informationssysteme in vier Abschnitten. Im ersten Abschnitt wird der Begriff der Sicherheit im Kontext computergestützter Informationssysteme näher erläutert: Nach der Ableitung eines ganzheitlich orientierten Sicherheitsbegriffs werden ausgewählte Sicherheitsziele für computergestützte Informationssysteme und deren Gefährdungen erläutert und anschließend der Grundschutzansatz des BSI als ein mögliches Vorgehensmodell zur Etablierung von Sicherheit in computergestützten Informationssystemen vorgestellt. Der zweite Abschnitt dieses Kapitels stellt ausgewählte Bausteine einer Sicherheitsarchitektur für computergestützte Informationssysteme vor: Hier werden zunächst primär technisch orientierte Sicherheitsmaßnahmen (wie z.B. Verschlüsselung oder *Firewall*-Systeme) und anschließend eher organisatorisch orientierte Sicherheitsmaßnahmen für computergestützte Informationssysteme erörtert. Der dritte Abschnitt thematisiert ausgewählte rechtliche Rahmenbedingungen, welche die Sicherheit computergestützter Informationssysteme betreffen: Neben dem Gesetz zur Kontrolle und Transparenz im Unternehmensbereich (KonTraG), dem Bundesdatenschutzgesetz (BDSG) und dem Telekommunikationsgesetz (TKG) werden in diesem Abschnitt auch strafrechtliche und nebenstrafrechtliche Normen mit ihren die Sicherheit betreffenden Vorschriften diskutiert. Der vierte Abschnitt des dritten Kapitels zeigt die gesellschaftliche Bedeutung der Sicherheit computergestützter Informationssysteme auf: Hier wird zunächst die Abhängigkeit der Gesellschaft von der Verfügbarkeit und Funktionsfähigkeit von kritischen Infrastrukturen – insbesondere vor dem Hintergrund eines so genannten *Information Warfare* – erörtert, um anschließend volkswirtschaftliche Aspekte der Sicherheit von offenen, also jedem frei zugänglichen Kommunikationsnetzen zu diskutieren.

In **Kapitel 4** wird der Datenschutz als rechtliche Gestaltungsanforderung an computergestützte Informationssysteme betrachtet, wobei diejenigen datenschutzrelevanten Normen Berücksichtigung finden, die bis zum 15. Juni 2004 in Kraft getreten sind. Hierzu wird zunächst das aus dem allgemeinen Persönlichkeitsrecht des Grundgesetzes abgeleitete Recht auf informationelle Selbstbestimmung als Grundlage des deutschen Datenschutzrechts vorgestellt. Außerdem werden das Bundesdatenschutzgesetz und ausgewählte EU-Richtlinien, die einen Bezug zum Datenschutz haben, als primäre Datenschutzregelungen vorgestellt, um anschließend datenschutzrechtlich relevante Normen des Telekommunikationsrechts und des Medienrechts zu diskutieren. Den Abschluss des Kapitels bildet eine Darstellung von Anforderungen, die an eine Modernisierung des Datenschutzes gestellt werden, und es werden mögliche Modernisierungselemente (wie z.b. das Konzept des Systemdatenschutzes) für das bestehende Datenschutzrecht aufgezeigt.

Kapitel 5 zeigt den entwickelten Gestaltungsansatz für vertrauenswürdige computergestützte Informationssysteme auf, der u.a. die im vorigen Kapitel erörterten Modernisierungselemente des Datenschutzes als Gestaltungselemente aufgreift. Hierfür wird zunächst ein Bezugsrahmen für die Gestaltung von vertrauenswürdigen computergestützten Informationssystemen vorgestellt, der die Grundstruktur des entwickelten Gestaltungsansatzes verdeutlicht. Anschließend werden – nach einer Erläuterung des Begriffs der Vertrauenswürdigkeit – jene Komponenten vorgestellt und systematisiert, die einen positiven Beitrag für die Vertrauenswürdigkeit von computergestützen Informationssystemen leisten, um – darauf aufbauend – ein Vorgehensmodell zur Etablierung von vertrauenswürdigen computergestützten Informationssystemen zu entwickeln. Den Abschluss des Kapitels bildet eine Bewertung des Gestaltungsansatzes.

Kapitel 6 fasst die wichtigsten Ergebnisse zusammen und gibt einen kritischen Ausblick.

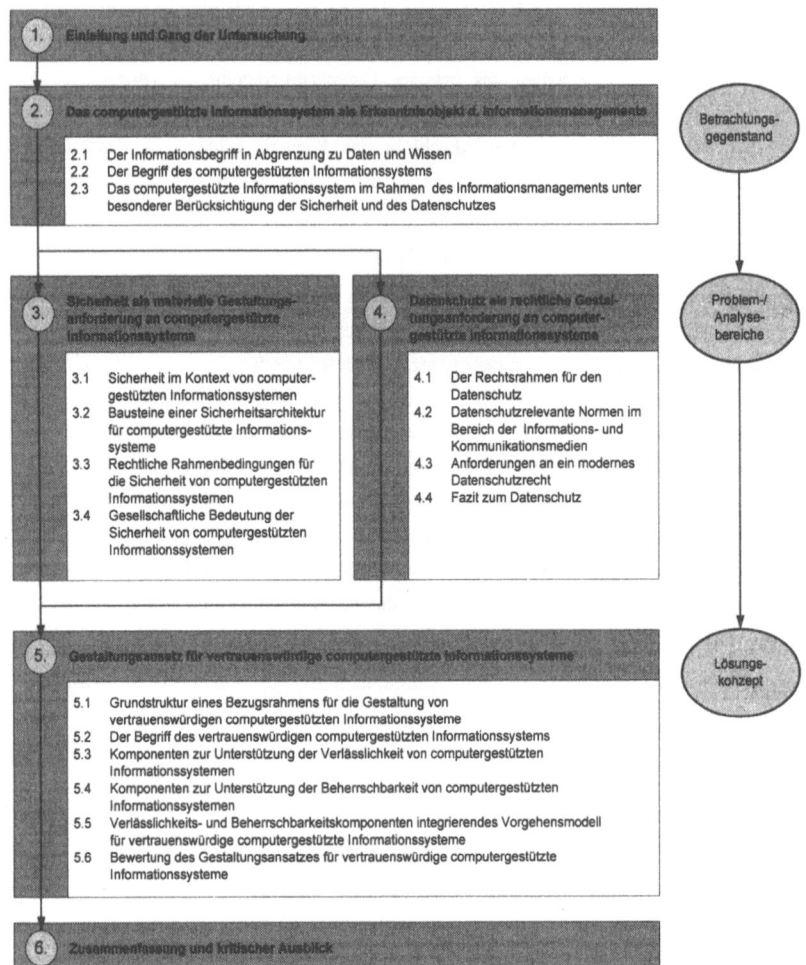

Abb. 1-2: **Gang der Untersuchung und Inhaltsübersicht**

2 Das computergestützte Informationssystem als Erkenntnisobjekt des Informationsmanagements

In diesem Kapitel werden die Bestandteile eines computergestützten Informationssystems im Rahmen des Informationsmanagements vorgestellt. Hierbei wird zunächst der Informationsbegriff als zentraler Terminus der Wirtschaftsinformatik erarbeitet, um anschließend – auf Grundlage der Systemtheorie – die einzelnen Elemente eines computergestützten Informationssystems zu erörtern. Den Abschluss des Kapitels bildet eine Einführung in die Ziele und Aufgaben des Informationsmanagements als jener wissenschaftlichen Teildisziplin der Wirtschaftsinformatik, die sich mit der Analyse und Gestaltung von computergestützten Informationssystemen als sozio-technische Systeme beschäftigt.

2.1 Der Informationsbegriff in Abgrenzung zu Daten und Wissen

Neben den Begriffen Daten und Wissen gehört der Informationsbegriff zu den Schlüsselworten der Wirtschaftsinformatik.[3] Darüber hinaus hat dieser Begriff auch eine zentrale Bedeutung für andere Wissenschaften wie z.B. für die Betriebswirtschaftslehre und die Informatik. Trotz seiner häufigen Verwendung wird er oft intuitiv benutzt bzw. es liegen – je nach Wissenschaftsgebiet, in dem er verwendet wird – unterschiedliche Definitionsansätze vor.[4] Dies führt dazu, dass eine allgemeingültige Definition des Begriffs weder möglich noch sinnvoll ist.[5] Es erscheint deshalb zweckmäßig, den Informationsbegriff aus unterschiedlichen Perspektiven zu untersuchen.

Eine erste Annäherung kann auf **etymologischer Basis** erfolgen. Der sprachliche Ursprung des Informationsbegriffs kann auf das lateinische Substantiv *informatio* (Vorstellung) zurückgeführt werden, das wiederum vom Verb *informo* (von *in* und *forma*: formen, gestalten, bilden) abgeleitet werden kann.[6] Neben dieser ursprünglichen Wortbedeutung ist in den 1940er Jahren durch die Arbeiten von CLAUDE E. SHANNON und WARREN WEAVER[7] – in Anlehnung an den Entropiebegriff der Thermodynamik des 19. Jahrhunderts – eine **nachrichtentheoretische Interpretation** des Informationsbegriffs abgeleitet worden, der von einer möglichen inhaltlichen Bedeutung bzw. einem pragmatischen Wert der Information völlig

---

[3] Diese Begriffe werden in der Literatur häufig als Basis von Komposita verwendet (z.B. Daten-, Informations-, Wissensverarbeitung).

[4] Einen Überblick über die verschiedenen Definitionsansätze des Informationsbegriffs in unterschiedlichen wissenschaftlichen Disziplinen bieten u.a. LEHNER/MAIER (1994), S. 8 ff., MAIER/LEHNER (1995), S. 165 ff., BODE (1997), S. 449 ff.

[5] Vgl. hierzu auch MAIER/LEHNER (1995), S. 167.

[6] Vgl. hierzu STOWASSER (1979), S. 233, GAUS (1995), S. 17, BIETHAHN/MUKSCH/RUF (2000), S. 5. Eine noch ältere sprachliche Herkunft des Informationsbegriffs verweist auf den Ausdruck *informabo* als Übersetzung des spätgriechischen ε οποιησω (im Sinne der Ideenlehre von PLATON etwa: ‚ich werde eine Idee erzeugen'). Vgl. hierzu OESER (1976), S. 15 ff.

[7] Vgl. hierzu SHANNON/WEAVER (1949) bzw. – in einer deutschen Version – SHANNON/WEAVER (1976).

abstrahiert.[8] Es wird hierbei unterstellt (vgl. Abb. 2-1), dass ein Sender Zeichen[9] in Signale codiert und diese über einen (störungsanfälligen) Kommunikationskanal als Nachricht [10] an einen Empfänger übermittelt, der die empfangenen Signale wieder in die ursprünglichen Zeichen zurückverwandelt (decodiert).[11]

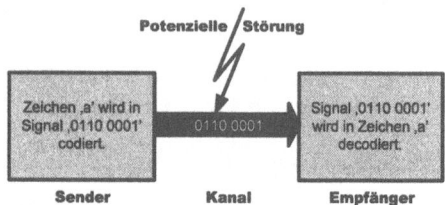

Abb. 2-1: Sender-Kanal-Empfänger-Schema des nachrichtentechnischen Informationsbegriffs
Quelle: in Anlehnung an FLEISSNER u.a. (1998), S. 6.

Der nachrichtentechnische Informationsbegriff rückt quantitative Aspekte des Informationstransports in den Vordergrund, indem der Informationsgehalt eines Zeichens – definiert durch die Wahrscheinlichkeit des Auftretens eines Zeichens im Rahmen einer Übertragung – ermittelt wird,[12] d.h. der Informationsbegriff wird auf eine statistische Dimension reduziert ohne eine mögliche inhaltliche Bedeutung der übertragenen Zeichen für den Empfänger zu

---

[8] Vgl. LEHNER/MAIER (1994), S. 34, MAIER/LEHNER (1995), S. 204, FLEISSNER u.a. (1998), S. 6.

[9] Als Zeichen werden wahrnehmbare und erkennbare Gebilde irgendwelcher Art verstanden, die unterscheidbar sein müssen, damit sie erkannt werden können. Vgl. DIERSTEIN (1997), S. 36, DIERSTEIN (2003a), S. 3.

[10] Nach DIN 44300 – vgl. DIN (1988), Teil I – werden unter Nachrichten Zeichen verstanden, die aufgrund bekannter oder unterstellter Abmachungen Informationen zum Zweck der Weitergabe darstellen. Nachrichten sind somit speziell für den (elektronischen) Transport strukturierte Zeichenmengen. Nach HEINRICH (2001), S. 125 ist eine Nachricht eine zur Weitergabe bestimmte Zeichenfolge mit einer Bedeutung für den Empfänger.

[11] Die Abstraktheit dieses Modells wird deutlich, wenn man ein Beispiel aus dem Bereich der Genetik wählt: Die Desoxyribonukleinsäure als Träger des menschlichen Erbgutes codiert als Sender über eine Boten-Ribonukleinsäure, die als Übertragungskanal agiert, Informationen über herzustellende Enzyme an die Ribosomen als Empfänger. Vgl. hierzu und zu weiteren Beispielen BLIEBERGER/BURGSTALLER/SCHILDT (2002), S. 17 f.

[12] Der Informationsgehalt h eines einzelnen Zeichen z ist definiert durch den *Logarithmus dualis* ld des Reziprokwerts der Auftrittswahrscheinlichkeit p(z) eines Zeichens z (als Maßeinheit gilt das Bit, wobei 1 Bit einer Auftrittswahrscheinlichkeit eines Zeichens von 50 v.H. entspricht): h = ld [1/p(z)]= -ld [p(z)]. Ist die Auftrittswahrscheinlichkeit für alle n Zeichen eines Zeichenvorrats gleich groß, so beträgt sie p(z) = 1/n. Der Informationsgehalt eines einzelnen Zeichens aus diesem Zeichenvorrat wird dann zu h = -ld (1/n) = ld (n). Der Informationsgehalt einer Nachricht mit der Länge m wird dann bestimmt durch das Entropiemaß H, das sich zusammensetzt aus der Summe der mit den Auftrittswahrscheinlichkeiten gewichteten Informationsgehalte der einzelnen Zeichen:

$$H = -\sum_{i=1}^{m} p_i \, ld(p_i)$$

Vgl. hierzu FLEISSNER u.a. (1998), S. 7.

berücksichtigen.[13] Dies lässt den nachrichtentechnischen Informationsbegriff lediglich für technikzentrierte Forschungsbereiche der Wirtschaftsinformatik zweckmäßig erscheinen:[14] So ist diese rein quantitative Sichtweise der Informationstheorie z.B. im Bereich der Kommunikationstechnik von großer Bedeutung. Es besteht in diesem Bereich u.a. ein Interesse daran, die Codierung von Zeichen so zu wählen, dass im Durchschnitt möglichst viele Zeichen fehlerfrei pro Zeiteinheit übertragen werden können.[15]

Bei einer sprachwissenschaftlichen Analyse des Informationsbegriffs kann mit Hilfe der **Semiotik**[16] ein Ansatz zur Abgrenzung und Definition der Begriffe Daten und Informationen aufgezeigt werden, der auf MORRIS zurückgeht.[17] Innerhalb der Semiotik können, wie Abb. 2-2 verdeutlicht, u.a. die Ebenen der Syntaktik, Semantik und Pragmatik unterschieden werden.[18]

---

[13] Vgl. VOß/GUTENSCHWAGER (2001), S. 27, BLIEBERGER/BURGSTALLER/SCHILDT (2002), S. 17 ff., KRCMAR (2003), S. 15,

[14] Vgl. HEINRICH (2002a), S. 1040. So setzt der Informationsbegriff nach SHANNON Begriffe wie ‚Zeichen', ‚Nachricht', ‚Sender' und ‚Empfänger' als unproblematisch voraus und sieht von deren Genese ab. Vgl. hierzu auch FLEISSNER u.a. (1998), S. 13.

[15] Vgl. LEHNER/MAIER (1994), S. 34, MAIER/LEHNER (1995), S. 204, VOß/GUTENSCHWAGER (2001), S. 27, PICOT/REICHWALD/WIGAND (2003), S. 92. So sind zu diesem Zweck z.B. fehlerkorrigierende Codes oder Verfahren zur Komprimierung der zu übertragenen Nachrichten entwickelt worden.

[16] Die Semiotik analysiert als allgemeine Zeichentheorie alle sprachlichen und nicht-sprachlichen Zeichencodes bzw. Zeichensysteme hinsichtlich der ihnen zugrunde liegenden kommunikativen Strukturen. Vgl. LEHNER/MAIER (1994), S. 10, LEHNER/MAIER (1995), S. 172 f. Eine Einführung in die Semiotik ist u.a. zu finden bei ECO (2002).

[17] Vgl. hierzu MORRIS (1938/1988), S. 1 ff.

[18] Darüber hinaus können innerhalb der Semiotik zwei weitere Ebenen abgegrenzt werden: Die oberhalb der syntaktischen Ebene einzuordnende **Sigmatik** (Abbildungs- oder Bezeichnungslehre) hat die Abbildungsfunktion der Zeichen zum Gegenstand und beschreibt die formalen Beziehungen zwischen der Zeichenkombination und dem bezeichneten Objekt. Vgl hierzu MAIER/LEHNER (1995), S.173, VOß/GUTENSCHWAGER (2001), S.28, KRCMAR (2003), S. 16. Die der Pragmatik nachgelagerte Ebene der **Apobetik** bezieht bei der Unterscheidung zwischen Sender und Empfänger zusätzlich die Zielvorgaben des Senders in die Analyse ein. Vgl. hierzu GITT (1989), S. 4 ff.

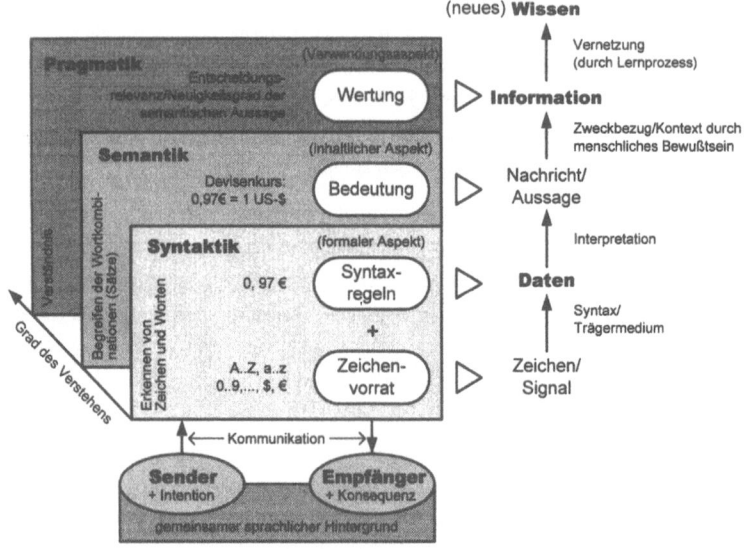

Abb. 2-2: Abgrenzung der Begriffe Daten, Information und Wissen mit Hilfe der Semiotik

Die **Syntaktik** (Strukturlehre) beschäftigt sich mit der Beziehung zwischen den Zeichen einer (meist) diskreten, abgeschlossenen Zeichenmenge[19] sowie den formalen Regeln oder Konventionen, nach denen Zeichen zusammengesetzt bzw. kombiniert werden.[20] Als notwendige Prämisse der syntaktischen Ebene gilt, dass Sender und Empfänger sowohl über einen gemeinsamen Zeichenvorrat als auch über die gleichen Regeln zur Zeichenkombination verfügen müssen.[21] Durch die Anwendung von (Syntax-) Regeln zur Kombination von Zeichen bzw. Signalen zu einer wahrnehmbaren und abgrenzbaren Zeichen- oder Signalfolge können diese

---

[19] Als Zeichen innerhalb eines diskreten und abgeschlossenen Zeichenvorrats dienen z.B. die Buchstaben eines Alphabets und die Ziffern eines Zahlensystems (d.h. allgemein anerkannte Symbole) oder ein elektromagnetischer Impuls mit einer bestimmten, festgelegten Struktur (akustische oder optische Signale). Die Wechselbeziehung zwischen Signal und Zeichen besteht darin, dass Zeichen die symbolische Interpretation von Signalen repräsentieren, während die Strukturzustände des Signals die syntaktische Darstellung der Zeichen sind (z.B. Morsezeichen). Vgl. hierzu FLEISSNER u.a. (1998), S. 11, VON DER OELSNITZ/HAHMANN (2003), S. 38. Neben diskreten und abgeschlossenen Zeichenmengen können aber auch kontinuierliche Funktionen (z.B. Schallwellen) als Zeichen aufgefasst werden. Vgl. hierzu TROTT ZU SOLZ (1992), S. 42, MAIER/LEHNER (1995), S. 172.
Der Prozess, in dem festgelegt wird, welches Symbol als Zeichen im Rahmen der Semiotik Verwendung findet, wird als **Semiose** (Zeichnungsprozess) bezeichnet. Vgl. FLEISSNER u.a. (1998), S. 10.

[20] Vgl. FANK (1996), S. 28, WALL (1996), S. 6, VOß/GUTENSCHWAGER (2001), S. 28, KRCMAR (2003), S. 16 MAIER/LEHNER (1995), S. 173 bezeichnen die Syntaktik auch als Strukturlehre der Zeichenkollektive.

[21] Vgl. BEIER (2002), S. 26.

als Daten bezeichnet werden.²² Daten sind physisch an ein (maschinell auswertbares und damit technisches) Trägermedium gebunden – wodurch sie einer Verarbeitung durch computergestützte Techniken zugänglich sind – und existieren unabhängig vom Bedeutungsgehalt des durch die jeweiligen Zeichen Dargestellten für einen Empfänger,²³ d.h. Daten allein sind als Handlungsbasis nicht tragfähig, sie bedürfen einer Bewertung.²⁴

Während auf der syntaktischen Ebene der Semiotik Zeichen nach bestimmten Regeln zu einzelnen Sprachelementen (Zeichenketten, Wörter) kombiniert werden, findet auf der hierarchisch höheren Ebene der **Semantik** eine Zusammenstellung dieser Sprachelement zu semantischen Strukturen (Sätzen) statt.²⁵ Die Semantik befasst sich mit der potenziellen inhaltlichen Bedeutung der aus der syntaktischen Kombination von Zeichen gebildeten Daten in Form von Aussagen, die im Rahmen eines Kommunikationsvorgangs zwischen einem Sender und einem Empfänger auch Nachrichten genannt werden.²⁶ Hierbei wird unterstellt, dass die syntaktischen Strukturen (Daten) einer Nachricht und ihre Bedeutung für einen Empfänger voneinander trennbar sind. Der Fokus der Betrachtung verschiebt sich hier vom Formalismus der Zeichenstrukturen auf der syntaktischen Ebene hin zum Sinn der Aussagen, der durch die Anwendung von Interpretationsvorschriften oder eines Kontextes auf die Daten der syntaktischen Ebene durch einen Empfänger gebildet wird.²⁷ Als Prämisse für das Zustandekommen von menschlicher Kommunikation ist es von zentraler Bedeutung, dass Sender und Empfänger einem verwendeten Wort dasselbe Objekt der Realität bzw. einer Aussage denselben Sinnzusammenhang zuordnen, d.h. einen gemeinsamen sprachlichen Hintergrund besitzen.²⁸ Diese Sichtweise bietet die Möglichkeit zwischen menschlichen und technischen Informationsverarbeitungsprozessen zu unterscheiden: Das Begreifen einer Nachricht anhand der

---

[22] Vgl. HAUN (2002), S. 178.

[23] Vgl. LEHNER/MAIER (1994), S. 81, MAIER/LEHNER (1995), S. 257, WALL (1999), S. 28 f., HEINRICH (2001), S. 126, GABRIEL/BEIER (2003), S. 32. MAIER/LEHNER (1995), S. 172 definieren in Anlehnung an SCHULZ (1970), S. 97 Daten als die gegenständliche Komponente der Information, mit der das Merkmal einer unmittelbaren maschinellen Bearbeitbarkeit verbunden wird. BEIER (2002), S. 31 und PICOT/REICHWALD/ WIGAND (2003), S. 60 bezeichnen die Bindung an ein Trägermedium als die materielle Komponente von Informationen.

[24] Vgl. SCHWARZER/KRCMAR (1999), S. 8 f., DAVENPORT/PRUSAK (1999), S. 28.

[25] Vgl. FLEISSNER u.a. (1998), S. 12.

[26] Vgl. MAG (1990), S. 5, GAUS (1995), S. 18, FANK (1996), S. 29, WALL (1996), S. 6 f., WALL (1999), S. 28, BIETHAHN/MUKSCH/RUF (2000), S. 4, KRCMAR (2003), S. 16.

[27] Vgl. FERSTL/SINZ (1993), S. 89 ff., LEHNER/MAIER (1994), S. 49, LEHNER/MAIER (1995), S. 218, STREUBEL (1996), S. 18.
FUCHS-KITTOWSKI u.a. (1976), S. 57 ff. zeigen in diesem Zusammenhang den Vorgang des Kommunizierens als einen hierarchischen Prozess mit einem zunehmenden Grad des Verstehens auf: Auf der Ebene der Syntaktik erfolgt zunächst über das Erkennen der benutzten Zeichen eine Interpretation der durch Syntaxregeln gebildeten Sprachelemente in Form von Zeichenkombinationen (Worte). Aber erst das Begreifen des Zusammenwirkens dieser Sprachelemente in Form von Sätzen auf der semantischen Ebene führt zu einem höheren Grad des Verstehens.

[28] Vgl. GEBERT (1992), Sp. 1110, STREUBEL (1996), S. 18, PICOT/REICHWALD/WIGAND (2003), S. 63.

semantischen Strukturen und das Bewerten des Inhalts anhand ausgewählter Referenzkriterien setzt ein menschliches Subjekt mit Bewusstsein voraus, während die Erkennung von Zeichen und deren syntaktisches Zusammenwirken auch rein maschinell ausgeführt werden können.[29] Die Analyse, wie ein Empfänger übermittelte Daten wahrnimmt und welche potenzielle Wirkungen diese Nachrichten auf ihn haben, ist Gegenstand der **Pragmatik**. Auf dieser Ebene wird demnach der Zweck, zu dem eine Nachricht vom Empfänger verwendet werden kann (Verwendungsaspekt), berücksichtigt.[30] Die semantische Aussage kann auf dieser Ebene dann als Information bezeichnet werden, wenn der Empfänger sie im Rahmen seiner Entscheidungsfindung verwenden kann und/oder die Nachricht für ihn einen bestimmten Neuigkeitsgrad aufweist.[31] Informationen sind in diesem Sinn dann subjektiv durch einen Menschen wahrgenommene Daten (d.h. sie sind empfängerorientiert), wobei die Wahrnehmung auf der Basis bestimmter Zielvorstellungen des Empfängers erfolgt.[32] Damit sind Informationen situations- und kontextabhängig.[33] Der hier aufgezeigte Verwendungszusammenhang stellt den Anknüpfungspunkt zu dem in der Betriebswirtschaftslehre und Wirtschaftsinformatik verbreiteten – aber nicht unumstrittenen – Informationsbegriff von WITTMANN dar, der Informationen als zweckbezogenes Wissen zur Vorbereitung und Durchführung von Handlungen bezeichnet.[34] Das Pluraletantum Wissen benötigt hierbei einer genaueren Erläuterung:

---

[29] Vgl. WALL (1996), S. 7 f., FLEISSNER u.a. (1998), S. 12 f., HILDEBRAND (2001), S. 7, BEIER (2002), S. 27, SCHELLMANN (1997), S. 12, WILLKE (2001), S. 8.
Zum Begriff des Informationsverarbeitungsprozesses vgl. SCHELLMANN (1997), S. 14 f., GABRIEL/BEIER (2000), S. 20 ff., GABRIEL/BEIER (2003), S. 33 ff.

[30] Vgl. MAIER/LEHNER (1995), S. 173, FANK (1996), S. 29 f., WALL (1999), S. 26, GABRIEL/BEIER (2000), S. 16, BEIER (2002), S. 28, DITTMAR (2002), S. 8, KRCMAR (2003), S. 17.

[31] Vgl. MAG (1990), S. 6, MAG (1995), S. 10, PFAU (1997), S. 7, VOß/GUTENSCHWAGER (2001), S. 28 f., AL-LAHAM (2003), S. 28.
BEIER (2002), S. 29 diskutiert, inwieweit die Kriterien Entscheidungsrelevanz und Neuigkeitsgrad der Nachricht konstituierende Merkmale für den Informationsbegriff sind. HEINRICH (2001), S. 129 weist darauf hin, dass der Verwendungszweck der pragmatischen Ebene stark beeinflusst werden kann durch kulturelle Einflüsse bzw. unterschiedliche Verhaltensnormen von Sender und Empfänger. So kann die gleiche Nachricht für verschiedene Empfänger unterschiedliche Informationen enthalten. Dieser Zusammenhang wird z.B. deutlich beim rhetorischen Stilmittel der Ironie (von griechisch *eironeia* – Verstellung), bei dem das Gesagte nicht identisch ist mit dem Gemeinten. Nur ein menschlicher Rezipient mit der gleichen Sprachkultur wird in der Lage sein, die vom Sender tatsächlich erwünschte Handlungsabsicht auf der pragmatischen Ebene zu erkennen. Beim Erkennen und der Interpretation von ironischen Aussagen spielen insbesondere auch Sprachelemente eine große Rolle, die über den eigentlichen Nachrichtencharakter der semantischen Ebene hinausgehen (z.B. Sprachbetonung oder auch nicht-verbale Elemente wie Gestik oder Mimik).

[32] Vgl. WALL (1996), S. 7, HAUN (2002), S. 178. Nach Eckert (2003), S. 2 ist Information ein Abstraktum, das in Form von Daten oder Datenobjekten repräsentiert wird. Somit bezeichnen Daten und Informationen verschiedene Sichten eines Phänomens: Während Daten das physikalische Substrat von Informationen darstellen, werden Informationen durch den Erkenntniswert der Daten gebildet. Vgl. hierzu auch FANK (1996), S. 72.

[33] Vgl. PICOT/MAIER (1992), Sp. 923.

[34] Vgl. WITTMANN (1959), S. 14, WITTMANN (1969), Sp. 699, WITTMANN (1979), Sp. 2263, WITTMANN (1982), S. 128. Nach dieser Definition wird allerdings die Erläuterung des Informationsbegriffs auf den

Informationen allein befähigen einen Handlungsträger noch nicht zielgerichtet zu agieren. Dazu bedarf es der Vernetzung unterschiedlicher Informationen vor dem Hintergrund des eigenen Verständnisses des durch die Informationen beschriebenen Sachverhalts.[35] Mit Wissen kann die Gesamtheit von Kenntnissen und Fähigkeiten bezeichnet werden, die Individuen zur Lösung von Problemen einsetzen.[36] Somit ist Wissen eine personenabhängige Mischung u.a. aus Intuition, Erfahrung, Bildung und Urteilskraft.[37] Neues Wissen entsteht dabei im Rahmen eines kognitiven Prozesses (Lernen) durch die Verarbeitung wahrgenommener Informationen.[38]

Die Beziehungen zwischen den einzelnen Ebenen der Semiotik sind somit als ein Anreicherungsprozess konzipiert, bei dem Zeichen durch Zugabe von Syntaxregeln zu Daten werden, die in einem gewissen Kontext durch einen menschlichen Empfänger interpretierbar sind und für diesen damit Informationen darstellen können. Werden diese Informationen dann durch eine kognitive menschliche Leistung miteinander in Beziehung gebracht, kann die Nutzung dieser Vernetzung in einem bestimmten Handlungsfeld als Wissen bezeichnet werden.[39] Informationen werden damit erst dann zu Wissen, wenn sie derart in einen übergeordneten Gesamtzusammenhang gebracht werden, dass sich die Sinnhaftigkeit und Glaubwürdigkeit der zugrunde liegenden Informationen ergibt.[40]

Insgesamt bleibt festzustellen, dass die mit Hilfe der Semiotik vorgenommene theoretische Abgrenzung der Begriffe Daten, Informationen und Wissen eine Trennschärfe zwischen diesen Termini vorgibt, die in der Realität nicht so streng vorherrscht.[41] Einige Autoren

---

ebenso schwer zu definierenden Begriff des Wissens verlagert. Zur Kritik am Begriffsverständnis von WITTMANN vgl. u.a. BODE (1993), S. 10, BODE (1997), S. 454 f., SCHNEIDER (1997), S. 80.

[35] Vgl. GABRIEL/DITTMAR (2001), S. 19, DITTMAR/GLUCHOWSKI (2002), S. 28.

[36] Vgl. PROBST/RAUB/ROMHARDT (1999), S. 46. Ausführlich zum Wissensbegriff und zu unterschiedlichen Wissensarten vgl. u.a. DITTMAR (2002), S. 3 ff., MAIER (2002), S. 50 ff., AL-LAHAM (2003), S. 30 ff.

[37] Bei der Weitergabe von Wissen entstehen für einen Rezipienten lediglich Bausteine in Form von Informationen, die er wiederum vernetzen muss, um sich selbst dieses Wissen anzueignen. Vgl. hierzu DITTMAR (2002), S. 12.

[38] Vgl. HAUN (2002), S. 178. BODENDORF (2003), S. 1 f. Ein Teil dieses Wissens wird wiederum von einem Individuum benötigt, um die Aussagen bzw. Nachrichten der semantischen Ebene in einen Kontext stellen und bewerten zu können, um Informationen zu generieren. Vgl. zu dieser Zirkelbeziehung auch VON DER OELSNITZ/HAHMANN (2003), S. 41. VOß/GUTENSCHWAGER (2001), S. 10 betonen in diesem Zusammenhang, dass Informationen immer aus Wissen entstehen.

[39] Vgl. ROMHARDT (1998), S. 39, AL-LAHAM (2003), S. 29.

[40] Vgl. EULGEM (1998), S. 22. Nach AL-LAHAM (2003), S. 29 handelt es sich bei dieser Begriffsauffassung um ein anthropozentrisches Wissensverständnis, bei dem der Wissensbegriff ausschließlich in Verbindung mit menschlicher Kognitionsleistung verwendet wird. Der Auffassung einiger Autoren – z.B. BODE (1997), S. 458 f., EULGEM (1998), S. 14 –, Wissen auch in Artefakten (z.B. in Büchern) speichern zu können (und somit von der menschlichen Verstehensleistung zu lösen), wird im Rahmen dieser Arbeit nicht gefolgt. Bücher sind nach dem hier vertretenen Begriffsverständnis lediglich Datenspeicher, also ein Trägermedium für Daten (vgl. Abb. 2-2).

[41] Vgl. FÖCKER/GOESMANN/STRIEMER (1999), S. 36, GABRIEL/DITTMAR (2001), S. 18, DITTMAR (2002), S. 15, VON DER OELSNITZ/HAHMANN (2003), S. 41.

betonen daher eher die Vorstellung eines fließenden Übergangs (Kontinuum) von Daten über Informationen zu Wissen.[42] Dies erklärt auch z.T. den in Wissenschaft und Praxis stattgefundenen Begriffswechsel von der ‚Datenverarbeitung' über die ‚Informationsverarbeitung' bis hin zur im Rahmen des Wissensmanagement diskutierten ‚Wissensverarbeitung'.[43] Das Begriffsverständnis im Rahmen dieser Arbeit fasst Daten als eine an ein (künstliches) Trägermedium gebundene, technische Repräsentationsform von Informationen auf, die selbst wiederum an das Referenz- und Bewertungssystems (Kontext) eines menschlichen Handlungsträgers gebunden sind. Information ist in diesem Sinn ein Abstraktum, das in Form von Daten bzw. Datenobjekten repräsentiert wird.[44] Somit ist Informationsverarbeitung – im Gegensatz zur Datenverarbeitung – subjektbezogen und bezieht den Menschen als Verwender und Interpretierer der Daten ein.[45]

Eng verbunden mit dem Informationsbegriff ist der Begriff der **Kommunikation**,[46] mit dem der Austausch von Nachrichten zwischen einem Sender und einem Empfänger bezeichnet wird.[47] Je nach den an der Kommunikation beteiligten Instanzen kann in Mensch-Mensch-Kommunikation (menschliche Kommunikation), Mensch-Maschine-Kommunikation (halbmaschinelle Kommunikation) und Maschine-Maschine-Kommunikation (maschinelle Kommunikation) unterschieden werden.[48] Sofern es sich um Kommunikation zwischen Menschen handelt, erfolgt der Austausch von Nachrichten mit der Absicht, Informationen zu übermitteln.[49] Bei der maschinellen Kommunikation (auch Datenübertragung genannt) liegt der Zweck in der Übermittlung von Daten, die hierfür an ein Trägermedium gebunden werden müssen. Kommunikation in einem engeren Sinne ist somit an Information, d.h. an die Kontextinterpretation der übertragenen Daten durch mindestens einen menschlichen Nutzer ge-

---

[42] Vgl. PROBST/RAUB/ROMHARDT (1999), S. 38 f.

[43] Während in den frühen Phasen der Computernutzung mit dem Begriff der Datenverarbeitung zunächst die Lösung rein technischer Problemstellungen im Vordergrund stand, fand in den 1980er Jahren mit dem Begriff der Informationsverarbeitung ein Perspektivwechsel statt hin zu einer verstärkten Fokussierung auf eine betriebswirtschaftliche Nutzung von Informationssystemen unter Einbeziehung des Menschen als Aufgabenträger. Vgl. GABRIEL/BEIER (2000), S. 19 f., DITTMAR (2002), S. 15, GABRIEL/BEIER (2003), S. 33. Eine Übersicht zu dieser Entwicklung bietet u.a. LEHNER (2001), S. 224 ff.

[44] Hierbei kann unterschieden werden zwischen passiven Datenobjekten (z.B. eine Datei) mit der Fähigkeit, Informationen zu speichern, und aktiven Datenobjekten (z.B. Prozesse) mit der Fähigkeit, Informationen in Form von Daten zu verarbeiten. Vgl. ECKERT (2003), S. 2.

[45] Vgl. HEINRICH/LEHNER/ROITHMAYR (1993), S. 224 f.

[46] Für einige Autoren – z.B. SYPERSKI (1980), S. 142, HEINRICH (1993), Sp. 1749 – sind Information und Kommunikation zwei Sichtweisen auf ein und dasselbe Objekt.

[47] Vgl. HEINRICH (2002a), S. 1040. Weitere Ausführungen zum Kommunikationsbegriff und -prozess sind u.a. zu finden bei STREUBEL (1996), S. 43 ff., GABRIEL/BEIER (2000), S. 23 ff., REIF-MOSEL (2002), S. 114 ff.,GABRIEL/BEIER (2003), S. 36 ff., HANSEN/NEUMANN (2002), S. 1101 f.

[48] Vgl. REICHWALD (1993), Sp. 2174, HEINRICH (2001), S. 133, HEINRICH (2002a), S. 1040.

[49] Vgl. HEINRICH (2001), S. 132. Nach PICOT/MAIER (1992), Sp. 930 liegt (menschliche) Kommunikation vor, wenn Informationen eine Ortsveränderung erfahren.

bunden.[50] Sowohl die menschliche Kommunikation als auch die Datenübertragung zwischen maschinellen Systemen setzen zwischen Sender und Empfänger die gleichen Vereinbarungen und Regeln zur Übermittlung von Nachrichten voraus.[51] Im Bereich der Mensch-Mensch-Kommunikation werden diese Regeln durch einen gemeinsamen sprachlichen und/oder kulturellen Hintergrund gebildet,[52] während bei der Beteiligung von maschinellen Systemen so genannte (Übertragungs-) Protokolle diese Aufgabe auf der syntaktischen Ebene der Semiotik übernehmen.[53]

2.2 Der Begriff des computergestützten Informationssystems

Das computergestützte bzw. computerunterstützbare[54] Informationssystem ist ein zentrales Erkenntnisobjekt der Wirtschaftsinformatik und ein Gestaltungsgegenstand des Informationsmanagements als wissenschaftliche Teildisziplin der Wirtschaftsinformatik. Im Folgenden wird zunächst die systemtheoretische Terminologie erarbeitet, um anschließend das computergestützte Informationssystem und seine Eigenschaften näher zu spezifizieren. Den Abschluss dieses Abschnitts bildet eine Kategorisierung der Elemente von computergestützten Informationssystemen, die eine ganzheitliche Beschreibung dieser Systeme ermöglicht.

2.2.1 Systemtheoretische Grundlagen computergestützter Informationssysteme

Ein weiterer für die Wirtschaftsinformatik zentraler Begriff ist der des Systems. Der im Rahmen dieser Arbeit verwendete Systembegriff basiert auf der Systemtheorie. Diese stellt nicht nur eine einheitliche Terminologie sowie Modelle und Methoden zur Beschreibung von Sachverhalten zur Verfügung, sondern bietet darüber hinaus einen allgemeinen Bezugsrahmen, der von jeglichem realen Inhalt losgelöst ist. Damit unterscheidet sich die Systemtheorie von einer fachwissenschaftlichen Theorie, die unmittelbar in den Kategorien des je-

---

[50] So betont HABERMAS (1992), S. 51 ff. aus einer soziologischen Perspektive die pragmatische Ebene des Kommunikationsvorgangs: Menschliche Kommunikation zielt letztlich darauf ab, eine Verständigung zwischen den Kommunikationspartnern herzustellen. Dabei setzt diese Verständigung nicht nur voraus, dass der Empfänger die Aussage des Senders richtig decodiert und interpretiert, sondern auch, dass der Empfänger die Äußerungen des Senders als gültig anerkennt. Vgl. hierzu auch GEBERT (1992), Sp. 1113 f.

[51] Vgl. GEBERT (1992), Sp. 1110.

[52] So kann neben verbaler Kommunikation (mündlicher oder schriftlicher Art) auch nicht-verbale Kommunikation (z.B. durch Gestik und Mimik) eine große Rolle für die Interpretation der übermittelten Nachrichten – d.h. zur Gewinnung von Information – spielen. Vgl. hierzu GEBERT (1992), Sp. 1112, HEINRICH (2001), S. 133.

[53] Zum Protokollbegriff vgl. HANSEN/NEUMANN (2002), S. 416 f. und S. 1145.

[54] Aus Gründen der sprachlichen Vereinfachung wird im Rahmen dieser Arbeit lediglich der kürzere Begriff des computergestützten Informationssystems verwendet. Mit der Charakterisierung der Computerunterstützbarkeit sollen diejenigen Informationssysteme erfasst werden, die (noch) gar nicht oder bisher nur rudimentär durch den Einsatz von Informationstechnologie unterstützt werden, dieser aber nicht nur potenziell möglich ist, sondern auch eine Effizienzsteigerung bei der Aufgabenerfüllung ermöglicht. Bei diesen Systemen tritt an die Stelle der Informationstechnologie eine andere technische Unterstützung (so z.B. verschiedene Formen der papiergestützten Ablage oder Telefon). Vgl. hierzu STREUBEL (1996), S. 57 u. 63, GABRIEL/BEIER (2000), S. 37. GABRIEL/BEIER (2003), S. 47.

weiligen Erkenntnisbereichs formuliert ist.[55] Diese Unabhängigkeit von einem bestimmten Gegenstandsbereich erlaubt die Anwendung der Systemtheorie auf unterschiedliche Bereiche und ermöglicht somit durch eine interdisziplinäre Betrachtungsweise die Unterstützung einer disziplinübergreifenden Forschung bzw. die Integration unterschiedlicher wissenschaftlicher Disziplinen.[56] Ein wesentliches Prinzip des Systemdenkens besteht darin, durch modellhafte Abbildungen komplexe Zusammenhänge der Realität zu veranschaulichen.[57]

Allgemein wird unter einem System eine Menge von Elementen verstanden, zwischen denen Beziehungen bestehen und die gegenüber einer Umwelt abgegrenzt sind (vgl. Abb. 2-3).[58] Systeme im Sinne der Systemtheorie entstehen durch gedankliche Abstraktion menschlicher Beobachter und bilden nicht notwendigerweise ein objektiv gegebenes Gebilde oder eine eindeutig abgrenzbare Anordnung.[59] Die Gesamtheit von Elementen und deren Beziehungen zu einem bestimmten Zeitpunkt wird auch als Systemstruktur bezeichnet.[60] Folgende definitorischen Bestandteile von Systemen können folglich spezifiziert werden:

---

[55] Vgl. HILL/FEHLBAUM/ULRICH (1994), S. 18. Die Systemtheorie gilt als die Theorie der Theoriebildung und kann deshalb auch als Metatheorie bezeichnet werden, deren Disziplin die Wissenschaftstheorie ist. Vgl. hierzu TEUBNER (1999), S. 8.

[56] Vgl. HILL/FEHLBAUM/ULRICH (1994), S. 18, STREUBEL (1996), S. 58. Mit dem Anspruch der Systemtheorie auf Allgemeingültigkeit und der damit verbundenen interdisziplinären Integration wird die Ganzheitslehre der Antike – der Holismus des ARISTOTELES und PLATON – wieder aufgegriffen. Vgl. FUCHS (1972), S. 47.
Die Interdisziplinarität der Systemtheorie zeigt sich u.a auch darin, dass zu ihren Pionieren neben dem Naturwissenschaftler LUDWIG VAN BERTALANFFY auch der Wirtschaftswissenschaftler KENNETH BOULDING und der Soziologe ANATOL RAPOPORT gehören. Vgl. hierzu LEHNER (1995), S. 46 f., TEUBNER (1999), S. 9, WOLF (2003), S. 130 f.
Nach Lehner (1995), S. 46 f. kommt der Systemtheorie insbesondere für eine interdisziplinär angelegte Wissenschaft wie der Wirtschaftsinformatik eine große Bedeutung zu. Zur Konzeption der Wirtschaftsinformatik vgl. u.a. LEHNER (1994b), S. 9 ff., LEHNER (1994c), S. 2 ff., LEHNER (1995), S. 1 ff., LEHNER (1996), S. 67 ff. SCHWARZER/KRCMAR (1999), S. 4 ff., FRANK (2001), S. 47 ff., HEINRICH (2001), S. 13 ff., DISTERER (2003), S. 21 ff.

[57] Vgl. DAENZER/HUBER (1997), S. 10.

[58] Von griech.: συστασιζ – sýstēma – Zusammenstellung, aus mehreren Teilen zusammengesetztes, gliedertes Gebilde. Vgl. SEIFFERT (1989), S. 329 ff., TEUBNER (1999), S. 9, GERNERT/AHREND (2001), S. 7, VOẞ/GUTENSCHWAGER (2001), S. 6, BÖHM/FUCHS (2002), S. 9, HAUN (2002), S. 24.

[59] Vgl. KRAUCH (1989), S. 338 f., ZILAHI-SZABÓ (1995), S. 543 f., HEINRICH/ROITHMAYR (1999), S. 503 f., STAHLKNECHT/HASENKAMP (1999), S. 226. Für eine formale Definition vgl. FRANKEN/FUCHS (1974), S. 27 ff.
Hinsichtlich der Beziehungen zwischen den Elementen kann es sich sowohl um tatsächlich vorhandene als auch um potenzielle Beziehungen handeln. Vgl. hierzu SCHANZ (2000), S. 117, BÖHM/FUCHS (2002), S. 10.

[60] Die Begriffe System und Systemstruktur werden in der Literatur weitgehend synonym verwendet, wobei der inhaltliche Interpretationsschwerpunkt des Strukturbegriffs tendenziell auf dem Ordnungscharakter innerhalb eines Systems liegt, während der Systembegriff eher auf der Abgrenzung eines Systems als Ganzes gegenüber seiner Umwelt beruht. Vgl. hierzu STREUBEL (1996), S. 59, DAENZER/HUBER (1997), S. 6, TEUBNER (1999), S. 9.

Das computergestützte Informationssystem 17

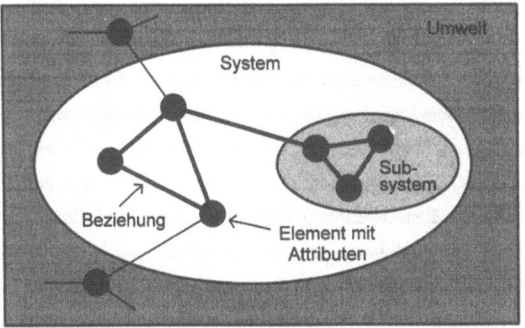

Abb. 2-3: Offenes System mit Subsystem
Quelle: in Anlehnung an SCHULTE-ZURHAUSEN (1999), S. 34.

- **Elemente** sind jene Teile eines Systems, die entweder nicht weiter zerlegt werden können bzw. deren weitere Zerlegung für den relevanten Betrachtungskontext nicht zweckmäßig erscheint. Sie stellen somit die kleinsten betrachteten Einheiten (Atome) eines Systems dar, die anhand ihrer Eigenschaften (Attribute) identifiziert und beschrieben werden können. Innerhalb eines Systems können durch die Zusammenfassung einzelner Elemente Subsysteme gebildet werden, die über die entsprechenden Schnittstellen bestimmte Funktionalitäten innerhalb des Gesamtsystems erbringen.[61]

- Als **Beziehungen** werden die Verbindungen zwischen den Elementen bezeichnet. Diese zeigen die Abhängigkeiten der Elemente voneinander auf, d.h. über die Beziehungen werden die Elemente eines Systems so miteinander verknüpft, dass das Verhalten eines Systems vom Zusammenwirken der einzelnen Elemente bestimmt wird.[62] Beziehungen ergeben sich durch den Austausch von Strömungsgrößen (wie z.B. Energie oder Materie) zwischen den Elementen oder Subsystemen.[63] Die Anzahl der tatsächlichen Beziehungen zwischen den Elementen eines Systems wird als Konnektivität bezeichnet, während die Anzahl der maximal möglichen Beziehungskonstellationen mit dem Begriff Variabilität gekennzeichnet wird.[64] Das gesamte Beziehungsgefüge, das – wie schon erwähnt – als Systemstruktur bezeichnet wird, definiert die Ordnung eines Systems.[65]

---

[61] Vgl. ZILAHI-SZABÓ (1995), S. 543 f., STREUBEL (1996), S. 59, TEUBNER (1999), S. 9, BIETHAHN/MUKSCH/ RUF (2000), S. 88, GABRIEL/BEIER (2000), S. 32 f., BÖHM/FUCHS (2002), S. 10.

[62] Vgl. BÖHM/FUCHS (2002), S. 10.

[63] Der Austausch von Daten innerhalb computergestützter Informationssystemen erfolgt stets mit Hilfe von Medien, deren physikalischen (Übertragungs-)Eigenschaften letztlich auf Energie- oder Materieströmen beruhen. Vgl. hierzu BAETGE (1974), S. 37.

[64] Vgl. FUCHS (1973), S. 45 ff., LEHNER (1995), S. 48 f.

[65] Vgl. TEUBNER (1999), S. 9, BIETHAHN/MUKSCH/RUF (2000), S. 89, BÖHM/FUCHS (2002), S. 14 f.

- Unter der **Umwelt** eines Systems werden diejenigen Elemente und deren Beziehungen verstanden, die außerhalb der Grenzen des für die Betrachtung relevanten Realitätsausschnitts liegen. Ausschlaggebend für die Abgrenzung des Systems gegenüber seiner Umwelt ist die Intensität der Beziehungen zwischen den Systemelementen. So wird innerhalb der Systemgrenzen ein stärkeres (d.h. für die Relevanz des betrachteten Realitätsausschnitts wichtigeres) Maß an Beziehungen unterstellt als zwischen dem System und seiner Umwelt.[66] In diesem Zusammenhang wird ein System als offenes System bezeichnet, wenn mindestens eine Beziehung über die Systemgrenzen hinaus zur Umwelt existiert. Bei einem (in sich) geschlossenen System hingegen bestehen sämtliche Beziehungen innerhalb der Systemgrenzen.[67]

Das Ziel der Systembildung ist die Abbildung eines problemrelevanten Realitätsausschnitts in Form eines Modells auf einem für die Problemlösung geeigneten Komplexitätsniveau. Modelle als idealtypische Abbildungen bzw. Vereinfachungen der Wirklichkeit zeigen jene Aspekte des betrachteten Realitätsausschnitts auf, die für eine Problemlösung relevant und pragmatisch erscheinen.[68] Entsprechend kann ein Systemmodell sowohl durch unterschiedliche Abgrenzungen von seiner Umwelt als auch aufgrund verschiedener Stufen der Komplexitätsreduktion unterschiedlich definiert werden.[69] Die Systemtheorie bietet hierfür drei grundsätzliche Modellierungsprinzipien an: die hierarchische, die funktionale und die strukturorientierte Betrachtung eines Systems, wobei die Anwendung dieser Prinzipien jeweils zu semantisch unterschiedlichen Modellen ein und desselben Systems führt.[70]

Bei einer **hierarchischen Betrachtung** erfolgt das Erfassen der Ordnung eines Systems, d.h. der für eine Problemlösung zweckmäßig erscheinenden Elemente und deren Beziehungen, im Allgemeinen nach einem hierarchischen Konzept, das weitgehend vom jeweiligen Betrachtungsgegenstand geprägt ist. So kann ein System im Rahmen einer mehrstufigen Systemgliederung zwecks Komplexitätsreduktion in verschiedene Subsysteme gegliedert werden. Es entsteht hierbei eine Hierarchie, bei der die Elemente einer bestimmten Hierarchieebene selbst wiederum als (Sub-)Systeme aufgefasst werden können (vgl. Abb. 2-4).[71] Innerhalb der

---

[66] Vgl. DAENZER/HUBER (1997), S. 6, HEINRICH/ROITHMAYR (1999), S. 505. In Abb. 2-3 deutet die Stärke der Kanten die Intensität der Beziehungen zwischen Elementen an. DAENZER/HUBER (1997), S. 15 ff. sprechen in diesem Zusammenhang vom ‚Prinzip des Übergewichts der inneren Bindung', d.h. die Elemente des Systems weisen eine höhere Konnektivität auf als Umweltelemente.

[67] Vgl. WOLF (2003), S. 132.

[68] Vgl. LEHNER (1995), S. 53, DAENZER/HUBER (1997), S. 10, TEUBNER (1999), S. 14. Ausführlich zum Modellbegriff vgl. STACHOWIAK (1989), S. 219 ff., LEHNER (1994a), S. 6 ff., FINK/SCHNEIDEREIT/VOß (2001), S. 91 ff., HEINRICH (2001), S. 239 ff., HEINRICH (2002a), S. 1046 f., KRCMAR (2003), S. 20 ff.

[69] Vgl. SCHIEMENZ (1993), Sp. 4128, DAENZER/HUBER (1997), S. 10, BÖHM/FUCHS (2002), S. 15.

[70] Vgl. SEIFFERT (1992), S. 126 ff., VETTER (1993), S. 98 ff., VETTER (1994), S. 46 ff., SCHWANINGER (1996), S. 1946.

[71] Die Subsysteme auf derselben Hierarchieebene besitzen keine gemeinsamen Elemente, d.h. sie sind – mengentheoretisch betrachtet – disjunkt. Vgl. hierzu BÖHM/FUCHS (2002), S. 19.

Systemhierarchie wird ein Subsystem einer tieferen Hierarchieebene aus der Sicht der höheren Ebene lediglich auf dessen Funktion reduziert. Eine hierarchische Systembetrachtung führt somit zu einer stufenweisen Auflösung des Gesamtsystems in unterschiedliche Ebenen der Abstraktion.[72]

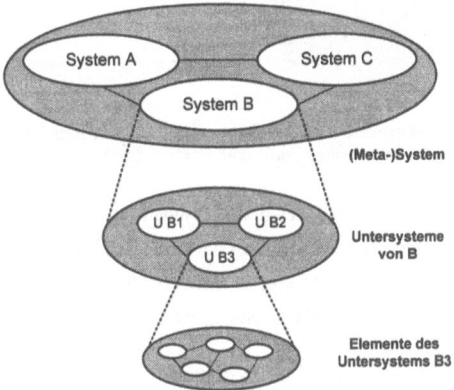

Abb. 2-4: Systemhierarchie
Quelle: in Anlehnung an BÖHM/FUCHS (2002), S. 19.

Im Rahmen einer **funktionalen** (oder wirkungsorientierten) **Systembetrachtung** werden die Funktionen und Leistungen eines Systems untersucht. Es wird unterstellt, dass ein System Leistungen aus der Systemumwelt (*Input*) erhält und diese in eine andere Leistung (*Output*) transformiert. Das System selbst wird als so genannte *Black Box* aufgefasst, bei der lediglich die transformierende Funktion und nicht deren innerer Aufbau von Bedeutung ist (vgl. Abb. 2-5).[73]

Bei einer **strukturorientierten Betrachtung** hingegen ist von Interesse, wie diese Leistungen erbracht werden, wobei vor allem die dynamischen Wirkungsmechanismen zwischen den einzelnen Elementen und Abläufe innerhalb des Systems analysiert werden. Somit ergänzt die strukturale die funktionale Systembetrachtung, indem sie versucht, die Mechanismen offen zulegen, durch welche die Leistungen des Systems erbracht werden. Das System wird hier als so genannte *White Box* aufgefasst. Durch die Darstellung der für die Systemfunktionalität notwendigen Elemente und deren Zusammenwirken kann der strukturelle Aufbau eines Systems dargestellt werden (vgl. Abb. 2-5).[74]

---

[72] Vgl. TEUBNER (1999), S. 15.

[73] Vgl. SCHIEMENZ (1993), Sp. 4129, DAENZER/HUBER (1997), S. 8 f. Häufig können die internen Zusammenhänge bei der Betrachtung der Transformationsfunktion nicht ganz ignoriert werden. Hier wird dann der Begriff der *Black Box* durch die Bezeichnung *Grey Box* relativiert. Vgl. hierzu DAENZER/HUBER (1997), S. 11.

[74] Vgl. DAENZER/HUBER (1997), S. 12, TEUBNER (1999), S. 15.

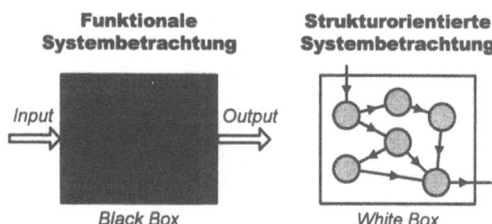

Abb. 2-5: Funktionale und strukturorientierte Systembetrachtung
Quelle: in Anlehnung an TEUBNER (1999), S. 14.

Durch die Anwendung des Prinzips der hierarchischen Betrachtung wird nicht vorgegeben, nach welchem Kriterium ein System aufgelöst wird. Als Auflösungskriterien kommen hierbei sowohl die Funktion als auch die Struktur in Betracht. Je nach Anwendung kommt es dann zur Bildung von funktionalen oder strukturorientierten Subsystemen.[75]

2.2.2 Ausgewählte Eigenschaften von Systemen

Im Rahmen der Wirtschaftsinformatik kann der Systemansatz benutzt werden, um (1) bestehende Informationssysteme zu analysieren, um damit die als wesentlich erachteten Systemstrukturen nachzubilden (Erstellung eines Erklärungsmodells), und (2) neue Informationssysteme zu konzipieren (Erstellung eines Gestaltungsmodells).[76] Dabei sind für beide Nutzungsformen des allgemeinen Systemansatzes die potenziellen Eigenschaften von System von Bedeutung.

Eine zentrale, holistisch geprägte Erkenntnis der Systemtheorie ist die These der **Übersummativität**. Diese besagt, dass das Ganze (System) mehr ist als die Summe seiner Teile (Elemente und Beziehungen).[77] Bei einer hierarchischen Gliederung des Gesamtsystems in mehrere Ebenen von Subsystemen zeigt sich, dass bei einer synthetisierenden Betrachtung, bei der man ausgehend von einzelnen Elementen bzw. Subsystemen über die einzelnen höheren Hierarchieebenen hinweg zum Gesamtsystem (vgl. Abb. 2-4) gelangt, auf jeder

---

[75] Strukturorientierte Subsysteme ergeben sich auf der Grundlage einer Analyse der Beziehungen und Wirkungszusammenhänge zwischen den Elementen. So bilden sich strukturorientierte Untersysteme als *Cluster* von Elementen, deren innerer Beziehungszusammenhang intensiver ist als die Beziehungen zu Elementen außerhalb des Untersystems. Funktionale Untersysteme werden dagegen als abstrakte Gesamtheiten betrachtet, die nur auf rein analytischem Weg anhand der Aufgabe von ihrer Umwelt getrennt werden können. Vgl. hierzu HABERFELLNER (1974), S. 12.

[76] Vgl. BIETHAHN/MUKSCH/RUF (2000), S. 101.

[77] Vgl. LEHNER (1995), S. 47, STREUBEL (1996), S. 61, GABRIEL/BEIER (2000), S. 34. Für VESTER liegt das ‚Mehr' des Ganzen in der Struktur, der Organisation und dem Netz der Wechselwirkungen. Vgl. hierzu VESTER (1978), S. 28. MÜLLER-MEHRBACH (1992), S. 856 zeigt auf, dass die Sichtweise der Übersummativität schon in den philosophischen Denkansätzen von HERAKLIT, PLATON, ARISTOTELES und LAO-TSE zu finden ist.

dieser Hierarchieebenen neue Eigenschaften der Subsysteme hinzukommen, die in deren einzelnen, isolierten Elementen nicht vorhanden sind.[78]

Eine weitere Eigenschaft von Systemen besteht in ihrer potenziellen **Lenkbarkeit**, die darauf abzielt, die Varietät (Vielfalt) des Systemverhaltens so zu beeinflussen, dass die Systemziele in einem möglichst hohen Ausmaß erfüllt werden.[79] Die Intention von Lenkungsmaßnahmen besteht darin, das Überleben des Systems i.S.e. Sicherstellung der Systemkontinuität trotz unterschiedlicher Störeinflüsse zu gewährleisten, d.h. nicht nur *ex ante* vorgegebene Systemzustände durch Maßnahmen der Steuerung und Regelung zu bewahren, sondern dem System auch die Fähigkeit zur Anpassung an sich ändernde Bedingungen zu verleihen.[80]

Mit dem Begriff **Komplexität** wird die Eigenschaft eines Systems bezeichnet, die durch die Anzahl seiner Elemente und durch die Anzahl der Beziehungen zwischen diesen Elementen (Beziehungsvielfalt) gegeben ist. Hiervon abzugrenzen ist die **Kompliziertheit** eines Systems. Damit wird die Eigenschaft eines Systems bezeichnet, die nicht nur durch die Elementanzahl, sondern insbesondere durch die Verschiedenheit der Elemente (Elementvielfalt) bestimmt wird. Der Unterschied zwischen beiden Begriffen besteht demnach hinsichtlich des Beziehungsreichtums zwischen den Elementen bzw. der Elementunterschiedlichkeit. Im Extremfall kann ein System somit sowohl komplex als auch kompliziert sein (vgl. Abb. 2-6).[81]

---

[78] Vgl. MÜLLER-MERBACH (1992), S. 856 f.

[79] Vgl. GABRIEL/BEIER (2000), S. 49. Die wissenschaftliche Disziplin, die sich mit der Systemlenkung befasst, ist die Kybernetik (von griech.: *kybernetes* – Steuermann). Zur Kybernetik vgl. u.a. HOPFENBECK (1997), S. 57 ff., BEIER (2002), S. 171 ff.
Die Systemeigenschaft der potenziellen Lenkbarkeit ist insbesondere im Rahmen der Tätigkeiten des Informationsmanagements für die Gestaltung und Steuerung von computergestützten Informationssystemen von Bedeutung.

[80] Vgl. GABRIEL/BEIER (2000), S. 33 u. 51. Die Fähigkeit eines Systems zur Anpassung an sich ändernde Bedingungen kann auch als Lernen bezeichnet werden. Vgl. hierzu GABRIEL/BEIER (2003), S. 57.

[81] Vgl. WALL (1996), S. 1, BIETHAHN/MUKSCH/RUF (2000), S. 89, HEINRICH (2001), S. 178 f.

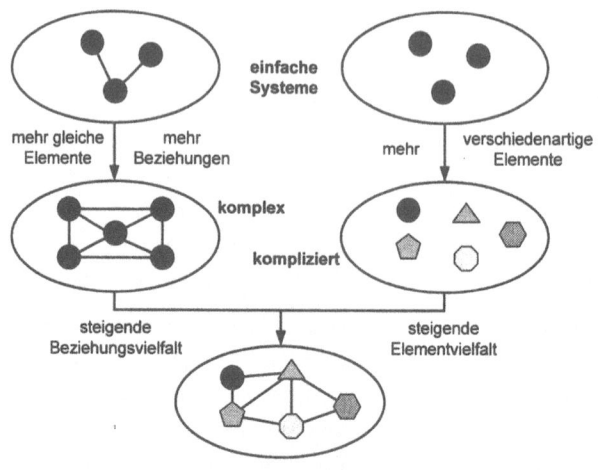

Abb. 2-6: Komplexität und Kompliziertheit von Systemen
Quelle: in Anlehnung an HEINRICH (2001), S. 179.

In der Praxis erweist sich das computergestützte Informationssystem als komplex und kompliziert, was die potenzielle Steuerbarkeit erschwert. Daher erscheint sowohl für eine Analyse computergestützter Informationssysteme im Rahmen eines Erklärungsmodells als auch für den (Neu-)Entwurf eines solchen Systems mit Hilfe eines Gestaltungsmodells eine Aufstellung von Ordnungskriterien notwendig, die eine (möglichst ganzheitliche) Kategorisierung der Elementarten und deren Beziehungen ermöglicht.

2.2.3 Ganzheitliche Beschreibung des computergestützten Informationssystems als sozio-technisches System

Das computergestützte Informationssystem als Erkenntnis- und Gestaltungsgegenstand der Wirtschaftsinformatik kann ebenfalls systemtheoretisch interpretiert werden, indem die für die weitere Betrachtung notwendigen Elemente und deren Beziehungen identifiziert werden. Im Rahmen der Systemorientierten Betriebswirtschaftslehre [82] wird das computergestützte Informationssystem als ein nach Elementarten abzugrenzendes Subsystem des Systems Unternehmen aufgefasst.[83] Das Unternehmen wird hierbei als ein von Menschen geschaffenes

---

[82] Die Konzeption des Systemorientierten Ansatzes der Betriebswirtschaftslehre im deutschsprachigen Raum geht zurück auf die Arbeit von ULRICH Anfang der 1970er Jahre. Vgl. hierzu ULRICH (1970).

[83] Vgl. STREUBEL (1996), S. 62, GABRIEL/BEIER (2000), S. 35 ff., GABRIEL/BEIER (2003), S. 45 f. Eine andere Abgrenzungsmöglichkeit ist z.B. die funktionale Abgrenzung, bei der die Subsysteme anhand der von ihnen zu erfüllenden Aufgaben identifiziert werden (z.B. ein computergestütztes Bestelldispositionssystem). Vg hierzu GABRIEL/BEIER (2000), S. 39 f., BEIER (2000), S. 168 f., GABRIEL/BEIER (2003), S. 48 f.

Gebilde aufgefasst, welches aus Menschen und Maschinen besteht und dessen Zweck darin besteht, Aufgaben zu erfüllen und dadurch Leistungen für die Gesellschaft bereitzustellen.[84] Das computergestützte Informationssystem (genauer: Informations- und Kommunikationssystem)[85] bildet die zur Erfüllung des Unternehmenszwecks relevanten Aspekte der Realität in Daten ab, durch deren Verknüpfung und Interpretation durch menschliche Aufgabenträger zu Informationen ein Handlungspotenzial zur Bewältigung von betrieblichen Aufgaben geschaffen wird.[86] Somit unterstützen sie den aufgabenbezogenen Austausch von Informationen zwischen Aufgabenträgern, d.h. die betriebliche Kommunikation.[87] In Analogie zur Systemorientierten Betriebswirtschaftslehre können folgende Elementarten als konstitutiv für ein computergestütztes Informationssystem angesehen (vgl. Abb. 2-7) werden:[88]

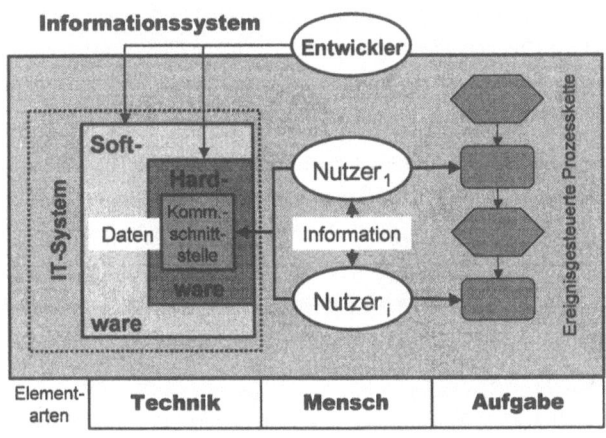

Abb. 2-7: Das computergestützte Informationssystem als soziotechnisches System

---

[84] Vgl. ULRICH (1970), S. 134.

[85] HEINRICH fasst Information und Kommunikation als zwei Sichtweisen auf ein und dasselbe Objekt auf, da für ihn das Generieren von Information ohne Kommunikation nicht möglich ist, und benutzt daher den verkürzten Begriff des Informationssystems. Vgl. hierzu HEINRICH (1993), Sp. 1749, HEINRICH/ROITHMAYR (1999), S. 259, HEINRICH (2002a), S. 1040.
STREUBEL (1996), S. 47 weist dagegen daraufhin, dass Informationen auch ohne einen Kommunikationsvorgang entstehen können, z.B. philosophische Erkenntnisse, die nicht auf empirischen Sachverhalten beruhen.

[86] Vgl. TEUBNER (1999), S. 19. HEINRICH (2002a), S. 1040 f. spricht in diesem Zusammenhang von der Erfüllung der Informations- und Kommunikationsfunktion durch die Nutzung einer Informationsinfrastruktur.

[87] Vgl. HEINRICH/BURGHOLZER (1991), S. 8.

[88] Vgl. hierzu u.a. PICOT/MAIER (1993), Sp. 923, HEINRICH/ROITHMAYR (1995), S. 259, GABRIEL/CHAMONI/ GLUCHOWSKI (1997), S. 39 ff., HEINRICH (2001), S. 15 f., HEINRICH (2002a), S. 1041 f.

- Die Elementart **Technik** (genauer: Informations- und Kommunikationstechnik) umfasst alle der zur Speicherung, Verarbeitung und Weitergabe von Daten zur Verfügung stehenden Ressourcen sowie die Art und Weise, wie diese organisiert sind.[89] Hierunter fallen somit sowohl alle Bestandteile eines informationstechnischen Systems (IT-System), die unter dem Begriff der *Hardware* subsumiert werden (z.B. Zentraleinheiten, Massenspeicher, Kommunikationsschnittstellen) als auch die Komponenten, die als *Software* bezeichnet werden (z.b. Systemprogramme wie Betriebssysteme oder Anwendungsprogramme wie etwa Textverarbeitungssysteme).[90] Im Rahmen des dieser Arbeit zugrunde liegenden Begriffsverständnisses werden innerhalb des IT-Systems beim Zusammenspiel von hard- und softwaretechnischen Komponenten Daten gespeichert, verarbeitet und übertragen.[91] Ein IT-System kann als ein geschlossenes System bezeichnet werden, wenn es (1) auf der Technik eines Herstellers aufbaut [92] oder (2) sich auf einen bestimmten Nutzerkreis bzw. auf ein räumliches Gebiet beschränkt.[93] Offene IT-Systeme sind demnach vernetzte, physisch verteilte Systeme, die sich an (Kommunikations-)Standards zum Datenaustausch mit anderen Systemen orientieren.[94]

- Der **Mensch** ist zunächst als Anwender der Informationstechnik (auch Nutzer oder Endbenutzer genannt) ein Element des Informationssystems. Als solcher tauscht er mit anderen Nutzern über Kommunikationskanäle Nachrichten aus, die für ihn Informationen darstellen können.[95] Darüber hinaus ist er in der Rolle des Entwicklers für *Hard-* bzw. *Software* im Rahmen von *Engineering*-Prozessen temporär (etwa bei Wartungs- und

---

[89] Vgl. KRCMAR (2003), S. 27. In der Literatur und im allgemeinen Sprachgebrauch wird **Technik** häufig mit **Technologie** gleich gesetzt. Der Technikbegriff (von griech.: τεχνη – Kunst, Handwerk) bezeichnet etymologisch eine Kunstfertigkeit bzw. ein Verfahren zur Lösung einer Aufgabe oder das Ergebnis/Produkt dieses Anwendungsprozesses. So wird dieser Begriff im heutigen Sprachgebrauch speziell zur Bezeichnung von Einrichtungen und Verfahren verwendet, die natur- oder ingenieurwissenschaftliche in Form von Maschinen, Geräten, Algorithmen u.ä. nutzbar machen. Der Technologiebegriff (von griech.: τεχνη und λογος – Wort, Aussage, Lehre) weist dagegen auf ein Wissen über Technik und deren Anwendungspotenzial hin, während Technik die konkrete Anwendung des Technologiewissens darstellt. Vgl. hierzu u.a. WALL (1996), S. 47 f., TEUBNER (1999), S. 21 f., VOß/GUTENSCHWAGER (2001), S. 2, KRCMAR (2003), S. 27 f.

[90] Zum Themenkomplex Hard- bzw. Software vgl. u.a. HANSEN/NEUMANN (2002), S. 28 ff. bzw. 279 ff., WIGAND u.a. (2003), S. 11 ff.

[91] Vgl. hierzu auch STREUBEL (2000), S. 69.

[92] Man spricht in diesem Zusammenhang auch von proprietären Systemen (von lateinisch *proprietas* – Eigentum), deren Nachteil u.a. in der fehlenden Interoperabilität liegt, also der Unfähigkeit, mit anderen, offenen Standards zusammenzuarbeiten. Vgl. VOßBEIN (1999), S. 103, BIRKENBIHL (2001), Abschnitt 6 ff., PUASCHITZ (2002), Abschnitt 1.

[93] Das System hat im Sinne der Systemtheorie (vgl. Abschnitt 2.2.1) keine Schnittstellen über seine Systemgrenzen hinweg. Geschlossene IT-Systeme (z.B. im Bereich der Großrechner) gelten als homogen und werden i.d.R. zentral verwaltet. Vgl. ECKERT (2003), S. 1 f.

[94] Offene IT-Systeme sind gekennzeichnet durch heterogene Hard- und Softwarekomponenten, für die keine zentrale Administration zu Verfügung steht. Vgl. ECKERT (2003), S. 2.

[95] Vgl. STREUBEL (1996), S. 67, GABRIEL/BEIER (2003), S. 47.

Pflegemaßnahmen) mit dem Informationssystem involviert.[96] Der Mensch nimmt als ein Element des computergestützten Informationssystems eine besondere Stellung ein, die im Gegensatz zu den technischen Komponenten durch freie Entscheidungsmöglichkeiten und Verhaltensspielräume gekennzeichnet ist.[97]

- Als letzte, für computergestützte Informationssysteme konstitutive Elementart kann die durch das IT-System unterstützte und vom Aufgabenträger zu bearbeitende **Aufgabe** identifiziert werden. Mit dieser Elementart wird die Zweckbestimmung (oder die Zweckbestimmungen) des computergestützten Informationssystems definiert: So können in den unterschiedlichen betrieblichen Funktionsbereichen entsprechend der zu erfüllenden Aufgabe computergestützte Informationssysteme z.b. für Vertriebsaufgaben oder für Aufgaben der Kostenanalyse im Bereich des Controlling eingesetzt werden.[98]

Zwischen den oben aufgeführten Elementarten eines computergestützten Informationssystems bestehen vielfältige Beziehungen sowohl zwischen Elementen gleicher als auch zwischen Elementen unterschiedlicher Art.[99] Es handelt sich demnach um ein komplex-kompliziertes, sozio-technisches System (vgl. hierzu Abschnitt 2.2.2 und Abb. 2-6). Aus diesem Grund wird für die verschiedenen Analysezwecke im Rahmen der Wirtschaftsinformatik das computergestützte Informationssystem des Unternehmens als Ganzes durch Fokussierung auf ausgewählte Elemente und/oder Beziehungen in unterschiedliche Subsysteme dekomponiert, um so

---

[96] Vgl. PICOT/MAIER (1992), Sp. 924. Zu den einzelnen Phasen des *Software-Engineering*-Prozesses vgl. GABRIEL (1990), S. 257 ff. HEINRICH (2001), S. 16 weist darauf hin, dass neben den oben aufgeführten Rollen auch jene Personen dem Informationssystem einer Unternehmens zugerechnet werden, die nur mittelbar von der Existenz des Informationssystem berührt werden (wie z.B. Kunden und Lieferanten). Die personelle Dimension ist somit weiter zu fassen als die unmittelbare Mensch-Maschine-Schnittstelle. Vgl. hierzu PICOT/MAIER (1992), Sp. 924.

[97] Vgl. VOßBEIN (1999), S. 23.

[98] Vgl. HEINRICH/ROITHMAYR (1999), S. 259, GABRIEL/BEIER (2000), S. 36, HEINRICH (2001), S. 16, GABRIEL/BEIER (2003), S. 46. Im Rahmen der Wirtschaftsinformatik wird der Begriff des Informationssystems meistens im Plural gebraucht, wobei die einzelnen, in Unternehmen eingesetzten computergestützten Informationssysteme ihre Bezeichnung häufig anhand der durch sie unterstützten Aufgabe (z.B. Lagerhaltungssystem, Finanzbuchhaltungssystem) erhalten. Die beispielhaft genannten Systeme werden allgemein auch als Anwendungssysteme bezeichnet und stellen als softwaremäßige Realisierung einer abgegrenzten Aufgabe nur einen Teil des computergestützten Informationssystems dar. Vgl. hierzu HEINRICH (2001), S. 14.
Darüber hinaus lassen sich computergestützte Informationssysteme gemäß ihrem Anwendungsfokus einerseits in betriebliche und überbetriebliche Informationssysteme einteilen, während sich andererseits auch branchenspezifische (z.B. Warenwirtschaftssysteme für den Handel) und branchenübergreifende (z.B. Buchhaltungssysteme) Informationssysteme unterscheiden lassen. Vgl. hierzu SCHWARZER/KRCMAR (1999), S. 11 ff., KRCMAR (2003), S. 26.

[99] So bestehen Beziehungen zwischen den verschiedenen menschlichen Aufgabenträgern, zwischen den zu bearbeitenden Aufgaben und zwischen den einzelnen informationstechnischen Komponenten. Darüber hinaus können aber auch Beziehungen zwischen Mensch und Aufgabe, Aufgabe und Technik sowie Technik und Mensch bestehen. Vgl. hierzu ausführlicher STREUBEL (1996), S. 66 ff., GABRIEL/BEIER (2003), S. 46 f.
Nach PICOT/MAIER (1992), Sp. 923 lässt sich aus dem Konzept des Mensch-Technik-Systems folgern, dass bestimmte Aufgaben besser vom Menschen ausgeführt werden können, während andere (formalisierbarere) Aufgaben besser der Maschine übertragen werden können.

die dem jeweiligen Erklärungs- und Erkenntnisinteresse entsprechenden Aspekte herauszustellen.

So ist neben der schon erörterten elementbezogenen Subsystembildung (vgl. Abb. 2-4) auch eine funktionale Abgrenzung anhand der durch das Informationssystem zu erfüllenden Aufgabe denkbar. Dabei werden – entsprechend der Methodik der Systemtheorie – auf der jeweils höheren Betrachtungsebene die unterschiedlichen Subsysteme als *Black Box* aufgefasst, die allein durch ihr von außen beobachtbares Verhalten bzw. ihren *Output* beschrieben werden (vgl. Abb. 2-8):[100] Auf den verschiedenen Hierarchiestufen können unterschiedliche Anwendungssysteme identifiziert werden. So kann beispielsweise auf der Ebene der betrieblichen Funktionsbereiche ein Anwendungssystem für die Beschaffung (AS-3) existieren, welches u.a. einen Prozess zur Bestelldisposition (Pr-4) z.B. für Standardmaterial beinhaltet. Dieser wiederum wird durch einzelne Funktionen (Fki) wie z.B. die Ermittlung einer optimalen Bestellmenge oder der Abgabe eines verbindlichen Bestellauftrags unterstützt.

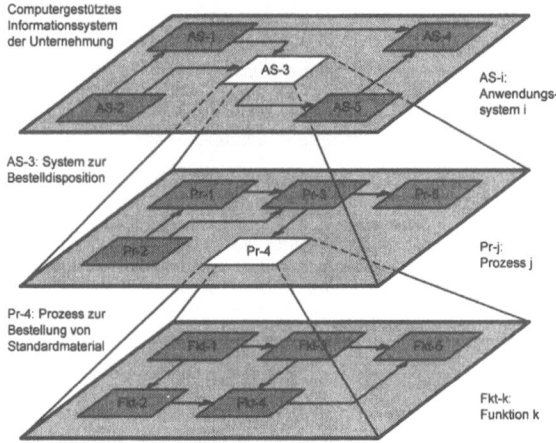

Abb. 2-8: Bildung von funktionalen Subsystemen
Quelle: in Anlehnung an GABRIEL/BEIER (2003), S. 49.

Im Zusammenhang mit den verschiedenen Möglichkeiten zur Identifizierung von Subsystemen hat sich Anfang der 1990er Jahre der **Architekturbegriff** [101] für betriebliche Informationssysteme durchgesetzt.[102] Im Rahmen der Wirtschaftsinformatik ist dieser Begriff i.d.R.

---

[100] Vgl. hierzu und zum folgenden Beispiel GABRIEL/BEIER (2003), S. 48 ff.

[101] Der Ursprung des deutschen Wortes Architektur lässt sich auf das lateinische *architectura* zurückführen, welches sowohl die Tätigkeit eines Baumeisters als auch das aus dieser Tätigkeit hervorgehende Werk bezeichnet. Vgl. hierzu WALL (1996), S. 33.

[102] Einer der ersten Ansätze für eine Architektur von Informationssystemen geht auf JOHN ZACHMAN zurück. Vgl. hierzu ZACHMAN (1987), S. 276 ff.

mit einer strukturierenden Sichtweise auf das komplex-komplizierte Informationssystem eines Unternehmens als Gestaltungsobjekt verbunden, indem – entsprechend dem systemtheoretischen Ansatz – verschiedene Sichten auf das Informationssystem gebildet werden. Die Auswahl bzw. Abgrenzung dieser einzelnen Teilsichten oder Ebenen hängt dabei vom jeweiligen Gestaltungsinteresse ab.[103] Eine Konzeption dieser verschiedenen Sichten und Ebenen über definierte Schnittstellen zu einer integrierten Gesamtsicht wird im Bereich der Wirtschaftsinformatik auch als **Architekturmodell** bezeichnet.[104] Das Ziel von Architekturmodellen besteht darin, durch die Bildung von Sichten bzw. Ebenen Ordnungskriterien für die Gestaltung von Informationssystemen zu schaffen, die so zu einer Reduktion der Komplexität (Beziehungsvielfalt) und Kompliziertheit (Elementvielfalt) dieser Systeme führen. Dabei kommt insbesondere der Beachtung von bestehenden Interdependenzen zwischen den einzelnen Sichten untereinander eine große Bedeutung zu, ohne dabei den Bezug zu einer alle Teilsichten bzw. Ebenen integrierenden Gesamtsicht des jeweiligen Architekturmodells zu verlieren.[105]

Abschließend sei darauf hingewiesen, dass es bei der Analyse von computergestützten Informationssystemen anhand der hier vorgestellten Ordnungskriterien vermieden werden sollte, einzelne Teilsysteme (wie z.B. das technische Subsystem) stärker herauszustellen als andere. Eine derartige Fokussierung geht häufig mit einer (zu) starken Eingrenzung des Betrachtungs- und Gestaltungsgegenstands einher, da hier die Einordnung der einzelnen Teilsysteme in einen übergeordneten Gesamtzusammenhang – wie dies im Rahmen eines ganzheitlich ausgerichteten Informationsmanagements vorgenommen wird[106] – vernachlässigt wird.[107]

---

[103] Hierbei werden bei computergestützten Informationssystemen häufig spezielle Aspekte oder Bestandteile dieser Systeme (meist technischer Art) betont. Dies zeigt sich z.B. bei Komposita wie Softwarearchitektur oder Datenarchitektur. Vgl. WALL (1996), S. 38, STREUBEL (1996), S. 70 f., STREUBEL (2000), S. 52 f. HEINRICH (1999), S. 64 weist dementsprechend darauf hin, dass für Informationssysteme nicht eine einzige Architektur existiert, sondern mehrere Architekturen ein und desselben Informationssystems nebeneinander stehen oder aufeinander aufbauen können.

[104] Vgl. KRCMAR (1990), S. 398. Beispiele für Architekturmodelle in der Wirtschaftinformatik sind u.a. das ‚Ganzheitliche Modell der Informationssystem-Architektur (ISA)' von KRCMAR oder die ‚Architektur integrierter Informationssysteme (ARIS)' von SCHEER. Vgl. hierzu die jeweilige Erstveröffentlichung in KRCMAR (1990), S. 395 ff. bzw. SCHEER (1991), S. 13 ff.

[105] Vgl. hierzu KRCMAR (2003), S. 44.

[106] Insbesondere ist eine (u.U. ausschließlich) technikzentrierte Sichtweise – also die Überbetonung des technischen Teilsystems eines computergestützten Informationssystems – zu vermeiden und stattdessen ein umfassenderes Verständnis des sozio-technischen Informationssystems notwendig, in dem die Technik nur einen Teil neben den anderen Elementarten Mensch und Aufgabe darstellt. Vgl. hierzu STREUBEL (1996), S. 1, GABRIEL/BEIER (2000), S. 13 f.

[107] So können die bei der Subsystembildung vorgenommenen Vereinfachungen und Abstraktionen die Gestaltungsaktivitäten im Bereich des Informationsmanagements zwar erleichtern, jedoch bergen sie auch die Gefahr, existierende Ursachen-Wirkungszusammenhänge durch zu starke Simplifizierungen nicht zu erkennen und damit u.U. verfehlte Gestaltungsempfehlungen zu treffen. Vgl. hierzu STREUBEL (1996), S. 71 f., GABRIEL/BEIER (2000), S. 41 f., GABRIEL/BEIER (2003), S. 50 f.

2.3 Das computergestützte Informationssystem im Rahmen des Informationsmanagements

Das Umfeld, in dem Unternehmen agieren, ist häufig durch eine hohe Änderungsdynamik und Diskontinuitäten gekennzeichnet[108] und stellt damit gestiegene Anforderungen an die Anpassungsflexibilität von Unternehmen. Insbesondere die dynamische Entwicklung im Bereich der Informationstechnologie und die damit einhergehende Veränderung der Aufgabenerfüllung[109] in Unternehmen und Verwaltungen erfordert für einen effektiven und effizienten Einsatz eines computergestützten Informationssystems systematisches Leitungshandeln. Der folgende Abschnitt erörtert das Informationsmanagement als jene wissenschaftliche Teildisziplin der Wirtschaftsinformatik, die sich mit der Analyse, Gestaltung und dem Einsatz von computergestützten Informationssystemen in Unternehmen beschäftigt. Hierzu wird zunächst das Informationsmanagement als unternehmerische Führungsaufgabe herausgearbeitet, um anschließend die Sicherheit von computergestützten Informationssystemen und den Datenschutz in das Zielsystem des Informationsmanagements einzuordnen.

2.3.1 Informationsmanagement als unternehmerische Führungsaufgabe

Mit der wachsenden Bedeutung der Wettbewerbsrelevanz von Informationen[110] ist in Unternehmen die Notwendigkeit verbunden, sämtliche Tätigkeiten zu koordinieren, die den (Produktions-)Faktor Information betreffen.[111] Dazu kann das gesamte Aufgabenspektrum in einer Organisation, das sich mit der Verarbeitung von Informationen befasst, unter den Begriff der **Informationswirtschaft** subsumiert werden (vgl. Abb. 2-9):[112]

---

[108] Als zentrale Einflussfaktoren hierfür können seit Beginn der 1990er Jahre u.a. der verstärkte Wandel vom Verkäufer- zum Käufermarkt, verkürzte Produktentwicklungs- bzw. -lebenszyklen und Globalisierungstendenzen genannt werden. Vgl. hierzu GERSTNER (1995), S. 19, HOPFENBECK (1997), S. 391 ff.

[109] Hier sind z.B. zu nennen: zunehmende Prozessorientierung, die darauf abzielt, die Grenzen bisher funktional orientierter Arbeitsabläufe zu überwinden, und die Einführung flacher Hierarchien und die damit verbundene Dezentralisierung von Entscheidungskompetenzen. Vgl. hierzu STREUBEL (1996), S. 3 f.

[110] Zur Information als strategischer Wettbewerbsfaktor vgl. BIETHAHN/MUKSCH/RUF (2000), S. 18, HILDEBRAND (2001), S. 75 ff. GABRIEL/BEIER (2003), S. 22.

[111] Information wird als konstitutiv für jeden betrieblichen Leistungsprozess angesehen und tritt dort in verschiedenen Funktionen mit entsprechend unterschiedlichen Eigenschaften auf. Zur Diskussion, inwieweit sich Information als eigenständige Kategorie in ein klassisches Produktionsfaktorensystem – wie z.B. in das von GUTENBERG (1983), S. 7 f. - eingliedern lässt oder als immanenter Bestandteil schon bestehender Faktoren aufzufassen ist, vgl. STREUBEL (1996), S. 35 ff., SCHWARZE (1998), S. 29 ff., HILDEBRAND (2001), S. 75 ff., BEIER (2002), S. 69 ff.

[112] Vgl. GABRIEL/BEIER (2000), S. 3, GABRIEL/BEIER (2003), S. 21.

Das computergestützte Informationssystem 29

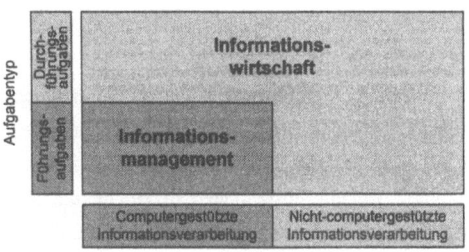

Informationsverarbeitung in Organisationen

Abb. 2-9: Abgrenzung von Informationswirtschaft und Informationsmanagement
Quelle: in Anlehnung an GABRIEL/BEIER (2003), S. 27.

Somit umfasst das Aufgabenfeld der Informationswirtschaft sowohl Führungs- als auch Durchführungsaufgaben[113] bezüglich des computergestützten Informationssystems, d.h. sämtliche Informationsflüsse fallen – unabhängig von deren Unterstützung durch Informationstechnik – in diesen Geltungsbereich.[114]

Informationsmanagement hingegen umfasst ausschließlich die Gesamtheit aller Führungsaufgaben in einer Organisation bezogen auf deren computergestütztes Informationssystem, das anhand seiner Elementarten (d.h. bezüglich der schon realisierten oder potenziellen Technikunterstützung für eine durch einen menschlichen Aufgabenträger zu bearbeitende Problemstellung) analysiert, gestaltet und gesteuert wird.[115] Somit stellt bei einem funktionalen Be-

---

[113] Hierbei werden unter Führungsaufgaben alle Tätigkeiten verstanden, die der zielgerichteten Beeinflussung bzw. der zielorientierten Gestaltung und Steuerung des gesamten Unternehmens als soziales, komplex-kompliziertes System dienen. Vgl. hierzu KUHN (1990), S. 2, GABRIEL/BEIER (2000), S. 27. Durchführungsaufgaben besitzen dagegen einen ausführenden und unterstützenden Charakter und beeinflussen dementsprechend fremdes Verhalten nicht. Vgl. hierzu BEIER (2002), S. 39.

[114] Damit kann die Informationswirtschaft in einem betriebswirtschaftlichen Sinn aufgefasst werden als eine umfassende Faktorwirtschaft, vergleichbar z.B. mit der Personal- oder Materialwirtschaft. Vgl. STREUBEL (1996), S. 14, VOß/GUTENSCHWAGER (2001), S. 61.

[115] Vgl. GRIESE (1990), S. 643, STREUBEL (1996), S. 10, GABRIEL/BEIER (2000), S. 10, GABRIEL/BEIER (2003), S. 27. Eine Aufstellung von Definitionen Informationsmanagement ist u.a. zu finden bei SCHELLMANN (1997), S. 18 ff., VOß/GUTENSCHWAGER (2001), S. 58 ff. Die historischen Ursprünge des Kompositums Informationsmanagement gehen auf den englischsprachigen Begriff *Information Management* zurück, der gegen Ende der 1970er Jahre in der US-amerikanischen Bundesverwaltung und in amerikanischen Unternehmen geprägt wurde – vgl. hierzu ORTNER (1991), S. 322 – während in der deutschsprachigen Literatur erste Arbeiten zum Informationsmanagement gegen Mitte der 1980er Jahre zu finden sind – Vgl. STREUBEL (1996), S. 9 f., GABRIEL/BEIER (2000), S. 9 f., TEUBNER (1999), S. 81 f., HILDEBRAND (2001), S. 33, GABRIEL/BEIER (2003), S. 26. So erschien im deutschsprachigen Raum im Jahr 1987 erstmals das Lehrbuch zum Informationsmanagement von HEINRICH, das mittlerweile in der siebten Auflage vorliegt. Vgl. hierzu HEINRICH (2002b). Die dort vorgestellten Konzepte zum Informationsmanagement haben ihren Ursprung in den Arbeiten von FINKELSTEIN und MARTIN aus den 1970er Jahren zum so genannten *Information Engineering*, das zum Ziel hatte, Informationssysteme mit Methoden und Techniken zu schaffen, die den Anforderungen von Unternehmen besser gerecht wurden als bis zu jenem Zeitpunkt bekannte Techniken. Vgl. hierzu VOß/GUTENSCHWAGER (2001), S. 60 f. Zum Konzept des *Information Engineering* vgl. MARTIN/FINKELSTEIN (1981), MARTIN (1986), HEINRICH (1996), FINKELSTEIN (1992).

griffsverständnis das Informationsmanagement eine Teilmenge der Informationswirtschaft dar.[116]

HEINRICH fasst die Wahrnehmung der Führungsaufgaben im Rahmen des Informationsmanagements zu einer eigenständigen betrieblichen Funktion (in Analogie zu anderen betrieblichen Funktionen wie z.b. Beschaffung, Produktion, Vertrieb) zusammen und bezeichnet diese als Informationsfunktion, wobei er insbesondere deren Querschnittscharakter – also die Eigenschaft, alle anderen betrieblichen Funktionsbereiche zu durchdringen – herausstellt.[117] VOß/GUTENSCHWAGER betonen darüber hinaus die Bedeutung von Informationen im Rahmen der mit Hilfe der Informationstechnik zu bearbeitenden Aufgabenstellung: Informationsmanagement dient danach (1) der wirtschaftlichen Planung, Beschaffung, Verarbeitung und Allokation von Informationen als Ressource zur Unterstützung des Menschen im Entscheidungsprozess (Aufgabe) sowie (2) der Gestaltung der dazu erforderlichen (technischen und nicht-technischen) Rahmenbedingungen.[118]

Aus den obigen Ausführungen lässt sich ein Ebenenmodell eines ganzheitlich orientierten Informationsmanagements ableiten, das die Informationstechnik nicht überbetont, sondern neben die Elemente Mensch und Aufgabe stellt (vgl. Abb. 2-10):[119]

---

[116] Hiervon abzugrenzen ist die institutionelle Sicht, gemäß derer die Begriffe Informationswirtschaft bzw. Informationsmanagement als Bezeichnung für eine Organisationseinheit (z.B. Abteilung) innerhalb eines Unternehmens benutzt werden. Vgl. hierzu STREUBEL (1996), S. 11 f., SCHELLMANN (1997), S. 16, GABRIEL/BEIER (2000), S. 11 ff.

[117] Vgl. HEINRICH (1993), Sp. 1749 f., HEINRICH (2001), S. 138 f., HEINRICH (2002a), S. 1040 f., HEINRICH (2002b), S. 8. Hiernach umfasst die Informationsfunktion die Gesamtheit aller Aufgaben einer Wirtschaftseinheit, die sich mit Information und Kommunikation als wirtschaftliches Gut i.S.e. Produktionsfaktors befassen. Vgl. hierzu auch SCHELLMANN (1997), S. 27.

[118] Vgl. VOß/GUTENSCHWAGER (2001), S. 70 f.

[119] Die Betrachtung des Informationsmanagements mit Hilfe eines Ebenenmodells geht zurück auf WOLLNIK (1988), S. 38. Eine ähnliche Herangehensweise ist auch bei PICOT/FRANK (1993), S. 434, KRCMAR (2003), S. 45 ff. zu finden.

Das computergestützte Informationssystem 31

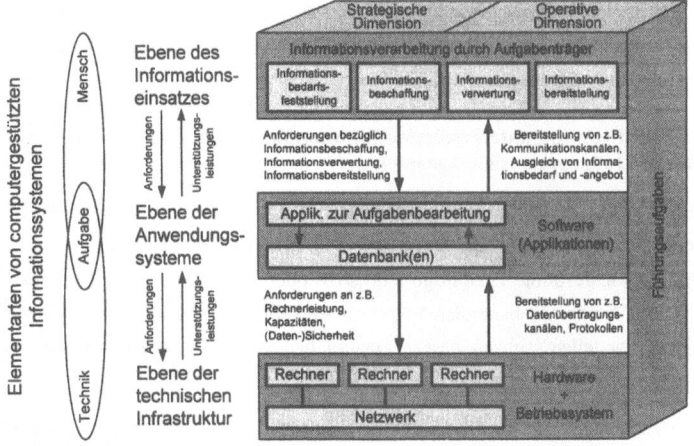

Abb. 2-10: Ebenenmodell des Informationsmanagements
Quelle: in Anlehnung an VOß/GUTENSCHWAGER (2001), S. 74.

Mit Hilfe der technischen Infrastruktur werden Basisdienstleistungen für die Bearbeitung von betrieblichen Problemstellungen in Form von Rechnern und Netzwerken zur Verfügung gestellt.[120] Auf diese überwiegend hardware-technischen Komponenten[121] setzen auf der nächsten Ebene die von einem menschlichen Nutzer zur Aufgabenbearbeitung benötigten Applikationssysteme (*Software*) auf, wobei im Zusammenhang mit betrieblicher Anwendungssoftware häufig Datenbanken wichtige Grundfunktionalitäten bereitstellen.[122] Diese Ebene vereint damit die technischen Komponenten eines computergestützten Informationssystems mit der Problemlösungsfähigkeit eines menschlichen Nutzers, der sich der bereitgestellten *Software*-Anwendungen zur Unterstützung seiner Aufgabenbearbeitung bedient.[123] Die auf der Ebene der technischen Infrastruktur zur Verfügung gestellten Daten werden über die Anwendungsebene dem Aufgabenträger zugeführt, damit dieser im Rahmen seiner individuellen Informationsverarbeitung aus diesen Daten die entsprechenden Informationen verwer-

---

[120] Netzwerke dienen der Übertragung von Daten i.S.e. Überwindung von räumlichen Distanzen. Sie stellen damit die Grundlage für die auf einer semiotisch höheren Ebene einzuordnenden Kommunikationskanäle (vgl. hierzu Abschnitt 2.1 und Abb. 2-2). Allgemein zur Datenübertragung und zu Netzwerken vgl. SPANIOL (1992), Sp. 419 ff., HANSEN/NEUMANN (2002), S. 1097 ff.

[121] Als Softwarekomponente ist auf dieser Ebene nur das Betriebssystem (inklusive der für die Nutzung von Netzwerken benötigten Protokolle) zu nennen, welches die *Hardware* für die Anwendungssysteme nutzbar macht.

[122] Zum Themenkomplex Datenbanken vgl. KRIEGER/STUCKY (1992), Sp. 455 ff., GABRIEL/RÖHRS (1995), GABRIEL/RÖHRS (2003), zum Begriff der betrieblichen Anwendungssoftware vgl. HANSEN/NEUMANN (2002), S. 150 f.

[123] Zum Informationsverarbeitungsprozess vgl. u.a. STREUBEL (1996), S. 28 ff., WALL (1996), S. 12 ff., BEIER (2002), S. 43, REIF-MOSEL (2002), S. 112 f., GABRIEL/BEIER (2003), S. 51.

ten kann.[124] Mit Hilfe dieses Ebenenmodells lassen sich im folgenden Abschnitt die Ziele und die damit verbundenen Führungsaufgaben des Informationsmanagements jeweils in ihrer strategischen und operativen Bedeutung näher erörtern.

2.3.2 Sicherheit von computergestützten Informationssystemen und Datenschutz als Ziele des Informationsmanagements

Eine wichtige Aufgabe der Unternehmensführung ist das Aufstellen von betrieblichen Zielen und die damit verbundene Ausrichtung der Unternehmenspolitik.[125] Allgemein können Ziele als von Menschen angestrebte zukünftige Vorgänge oder Zustände definiert werden,[126] die den Charakter von handlungssteuernden Vorgaben aufweisen und damit zugleich einen Beurteilungsmaßstab darstellen, anhand dessen Handlungen und Maßnahmen bewertet werden können.[127]

Unternehmensziele können – je nach Betrachtungsebene – in unterschiedliche Kategorien eingeteilt werden: **Strategische Ziele** beziehen sich auf die Positionierung des Unternehmens im Wettbewerb, indem durch eine umfassende Analyse mögliche Erfolgspotenziale eines Unternehmens geschaffen und gesichert werden. Sie geben damit auf einem hohen Abstraktionsniveau einen Rahmen für **operative Ziele** vor, welche die strategischen Vorgaben konkretisieren und durch entsprechende Maßnahmen umsetzen.[128] Auf einer anderen Ebene können **Sachziele**, die sich auf das Leistungsprogramm eines Unternehmens und damit auf die Art, Menge und den Zeitpunkt der am Markt angebotenen Güter und Dienstleistungen beziehen, unterschieden werden von **Formalzielen**, die Ausdruck der Rationalität des unternehmerischen Handelns sind.[129] Sachziele besitzen somit Instrumentalcharakter, d.h. sie

---

[124] Zur Abgrenzung von Daten und Informationen vgl. Abschnitt 2.1.

[125] Vgl. BEIER/GABRIEL/STREUBEL (1997), S. 3, GABRIEL/BEIER (2001), S. 3, GABRIEL/BEIER (2003), S. 59. Dies erscheint insbesondere deshalb wichtig, da Unternehmen als von Menschen künstlich geschaffene Systeme ihre Ziele eigenständig wählen können (im Gegensatz zu natürlichen Systemen, die ihre Ziele in sich tragen) – vgl. hierzu WALPOTH (1992), S. 10 f. Damit sind Unternehmen auch der Gefahr des Vorliegens von Zielkonflikten ausgesetzt. Zu weiteren, möglichen Zielbeziehungen (wie z.B. Zielkomplementarität, -indifferenz) vgl. HEINEN (1976), S. 120 ff., KUHN (1990), S. 28 f., MAG (1995), S. 48 ff., WÖHE (2002), S. 100.

[126] Vgl. HAHN (1994), S. 60, BIETHAHN/MUKSCH/RUF (2000), S. 235.

[127] Vgl. HAMEL (1992), Sp. 2634 ff., NAGEL (1992), Sp. 2627, MAG (1995), S. 47. Voraussetzung für die Bewertung von Handlungsalternativen ist eine vollständige Operationalisierung der Ziele anhand der Zieldimensionen Inhalt (Zielgröße), Vorschrift (Zielausmaß) und Dauer (Zeitraum der Zielerreichung). Vgl. hierzu KUHN (1990), S. 28, MAG (1995), S. 47, HOPFENBECK (1997), S. 362 f., WÖHE (2002), S. 98.

[128] Vgl. KUHN (1990), S. 81 ff., BEIER/GABRIEL/STREUBEL (1997), S. 61, HOPFENBECK (1997), S. 394, GABRIEL/BEIER (2001), S. 6.
ENGELHARDT/KLEINALTENKAMP (1990), S. 1 und HAMEL (1992), Sp. 533 pointieren den Unterschied zwischen strategischen und operativen Entscheidungen mit den Aussagen: ‚doing the right things' (strategisch) und ‚doing the (right) things right' (operativ) und betonen damit die Wirksamkeit (Effektivität als Maßgröße für die Zielerreichung) von strategischen und die Wirtschaftlichkeit (Effizienz) von operativen Entscheidungen. Zum Strategiebegriff in der Betriebswirtschaftslehre vgl. KIRSCH (1993), Sp. 4096 ff.

[129] Vgl. KOSIOL (1972), S. 223, HAMEL (1992), Sp. 2638 ff., BEIER/GABRIEL/STREUBEL (1997), S. 6, GABRIEL/BEIER (2001), S. 6, GABRIEL/BEIER (2003), S. 61.

dienen der Erreichung der Formalziele.[130] Aus dem Zielsystem für das gesamte Unternehmen können Teilbereichsziele (z.B. für Funktionsbereiche) abgeleitet werden, die im Rahmen der dadurch entstehenden **Zielhierarchie** eine Konkretisierung der übergeordneten Unternehmensziele darstellen und zu diesen in einer Ziel-Mittel-Beziehung stehen."[131]

Auch die Ziele des Informationsmanagements sind aus den Gesamtzielen des Unternehmens abgeleitete Ziele. Diese betreffen das betriebliche, computergestützte Informationssystem und weisen bei den Sach- und Formalzielen sowohl strategische als auch operative Dimensionen auf (vgl. Abb. 2-11).[132]

Zielart	Zielkategorie	Strategisch	Operativ
	Sachziel	• Leistungspotenzial der Informationsfunktion erhöhen	• Bedarfsgerechte Informationsbzw. Datenbereitstellung
Formalziele	Ergebnisziele	• Informationsqualität erhöhen	• Zeitliche, räumliche Adäquanz der Informationsbereitstellung
		• Datenschutz als Qualitätsmerkmal etablieren u. kommunizieren	• Datenschutzaudit und Datenschutzprüfsiegel einführen
	Potenzialziele	• Erhaltung der Sicherheit des computergestützten Informationssystems	• Einsatz von Verschlüsselungsfunktionen auf Ebene der technischen Infrastruktur und der Anwendungssystemebene
		• Einhaltung von Datenschutzvorschriften	• Einsatz von Funktionen zur Anonymisierung und Pseudonymisierung
		• Flexibilität des computergest. Informationssystems erhöhen	• Umstellung vom Großrechner auf Client-Server-Systeme
	Wirtschaftlichkeitsziele	• Produktivität des computergest. Informationssystems erhöhen	• Antwortzeiten des computergest. Informationssystems verringern
	Verhaltensziele	• Nutzerakzeptanz und -zufriedenheit sicherstellen	• Einhaltung von Ergonomieempfehlungen

Abb. 2-11: Ausgewählte Ziele des Informationsmanagements

Formalziele können – in Anlehnung an eine Differenzierung von SCHOLZ (1992), Sp. 539 f. – unterteilt werden z.b. in (1) Ergebnisziele, die einer näheren Qualifizierung der erbrachten Leistung dienen (z.B. Erfüllung bestimmter Qualitätsanforderungen), (2) Wirtschaftlichkeitsziele (z.B. Rentabilität, Liquidität), (3) Potenzialziele, die bestimmte Eigenschaften des Unternehmens als Ganzes oder eines Teilbereichs beschreiben (z.B. Flexibilität, Verfügbarkeit) und (4) Verhaltensziele (z.B. Akzeptanz). Vgl. hierzu auch WALL (1996), S. 57 f.

[130] Vgl. WÖHE (2002), S. 99.

[131] Vgl. HAMEL (1992), Sp. 2636 ff., NAGEL (1992), Sp. 2628 f., HOPFENBECK (1997), S. 363, BIETHAHN/ MUKSCH/RUF (2000), S. 252 f., WÖHE (2002), S. 102, GABRIEL/BEIER (2003), S. 62.

[132] Vgl. BEIER/GABRIEL/STREUBEL (1997), S. 11, GABRIEL/BEIER (2001), S. 8, GABRIEL/BEIER (2003), S. 62 f.

HEINRICH sieht als übergeordnetes **strategisches Sachziel des Informationsmanagements** die Umsetzung des Leistungspotenzials der Informationsfunktion durch Schaffung und Aufrechterhaltung eines adäquaten computergestützten Informationssystems zur Erreichung der strategischen Unternehmensziele.[133] Das Informationsmanagement schafft somit die technischen, organisatorischen und personellen Voraussetzungen für eine wirksame und effiziente Bereitstellung von Informationen zur Unterstützung von Entscheidungsträgern im Rahmen ihrer Führungstätigkeiten.[134]

Aus diesen strategischen Sachzielen, die einen groben Handlungsrahmen vorgeben, lassen sich die **operativen Sachziele des Informationsmanagements** durch eine sukzessive Konkretisierung im so genannten *Top-Down*-Verfahren ableiten, bei dem Ziele auf einer höheren (strategischen) Ebene zu den untergeordneten (operativen) Zielen in einer Ziel-Mittel-Beziehung stehen.[135] Als operatives Sachziel des Informationsmanagements kann z.B. die Gestaltung einer bedarfsgerechten Informations- bzw. Datenbereitstellung genannt werden, so dass Entscheidungsträgern die von ihnen benötigten Daten zum richtigen Zeitpunkt, im richtigen Kontext und in adressatengerechter Form zur Verfügung stehen.[136]

Während die Sachziele den Zweck des Informationsmanagements beschreiben, spezifizieren die Formalziele, mit welcher Qualität bzw. unter welchen Rahmenbedingungen diese Sachziele erreicht werden sollen.[137] Als **strategische Formalziele des Informationsmanagements** können z.B. die Wirtschaftlichkeit der Informationsverarbeitung und die Sicherheit des computergestützten Informationssystems, d.h. die jederzeitige Verfügbarkeit und Unverfälschtheit der für die Erfüllung des Sachziels notwendigen Daten bzw. Informationen mit den dazugehörigen Anwendungsprozessen, genannt werden.[138] Darüber hinaus gilt die Einhaltung von gesetzlichen Bestimmungen, welche die Gestaltung und den Einsatz von computerge-

---

[133] Vgl. HEINRICH (1993), Sp. 1751, HEINRICH (2002b), S. 21 u. 95.

[134] Vgl. WALL (1996), S. 57, SCHWARZE (1998), S. 51, VOß/GUTENSCHWAGER (2001), S. 56 f.
In diesem Zusammenhang wird häufig das Paradoxon von der Informationsarmut im Datenüberfluss angeführt – vgl. hierzu NIESCHLAG/DICHTL/HÖRSCHGEN (2002), S. 1236 u. 1246 –, um eine wenig wirksame und ineffiziente Informationsversorgung der Führungskräfte zu betonen: Entscheidungsträger haben zwar i.d.R. über das computergestützte Informationssystem Zugriff auf alle relevanten Daten, allerdings sind sie im konkreten Entscheidungsfall aufgrund der großen Datenmenge u.U. nicht in der Lage, die notwendige Information abzuleiten.

[135] Vgl. HILDEBRAND (2001), S. 36. Allgemein zur vertikalen Zielkoordination und den dazugehörigen Verfahren vgl. KUHN (1990), S. 33, MAG (1995), S. 49 f. u. 167.

[136] Vgl. STREUBEL (1996), S. 12, SCHWARZE (1998), S. 53.

[137] Vgl. HEINRICH (2002a), S. 1044, HEINRICH (2002b), S. 21, WÖHE (2002), S. 99.

[138] Vgl. HEINRICH (1993), Sp. 1751 f., HILDEBRAND (2001), S. 38 f., HEINRICH (2002b), S. 97 ff.
Die Sicherheit von computergestützten Informationssystemen kann in Anlehnung an die Formalzielklassifikation von SCHOLZ (1993), S. 539 f. als Potenzialziel aufgefasst werden, da hiermit eine bestimmte Eigenschaft des computergestützten Informationssystems, nämlich dessen jederzeitige Verfügbarkeit und Unverfälschtheit, spezifiziert wird. Vgl. hierzu auch WALL (1996), S. 58.
HOHLBEIN/HOFMANN (1994), S. 5 f. sehen ebenfalls die Sicherheit als einen elementaren Bestandteil der Qualität von informationstechnischen Systemen.

stützten Informationssystemen betreffen, als Formalziel des Informationsmanagements. Hier kann auf einer strategischen Ebene die konsequente Einhaltung von Datenschutzanforderungen bzw. sogar deren Übererfüllung einen Wettbewerbsvorteil gegenüber Konkurrenten darstellen, insbesondere wenn diese über nur ein geringeres bzw. nur den Mindestanforderungen entsprechendes oder – wenn der Unternehmensstandort in einer Volkswirtschaft ohne kodifizierte Datenschutzvorschriften liegt (z.B. in den USA) – gar kein Datenschutzniveau besitzen.[139]

Operative Formalziele des Informationsmanagements, die eine Konkretisierung der strategischen Vorgaben darstellen, bestehen häufig darin, die Wirtschaftlichkeit einzelner Teilbereiche des computergestützten Informationssystems (z.B. von bestimmten Anwendungssystemen) zu gewährleisten.[140] Die hier beispielhaft aufgeführten Ziele stehen in vielfachen Wechselbeziehungen zueinander, so dass es nicht sinnvoll erscheint, eine Zielhierarchie aufzustellen.[141]

In organisatorischer Hinsicht können diejenigen Führungsaufgaben des Informationsmanagements, die sich mit der Sicherheit des computergestützten Informationssystems bzw. mit der Umsetzung datenschutzrechtlicher Vorschriften auseinander setzen, als Sicherheits- bzw. Datenschutzmanagement bezeichnet werden. Diese stellen damit Teilbereiche des Informationsmanagements dar.[142] Sicherheit und Datenschutz können somit als notwendige Eigenschaften von computergestützten Informationssystemen betrachtet werden, insbesondere wenn diese als von Kunden und Mitarbeitern wahrgenommene Qualitätsmerkmale des com-

---

[139] Die Einhaltung von Datenschutzvorschriften kann hierbei als Ergebnisziel aufgefasst werden (vgl. Abb. 2-10), da die am Markt angebotenen Güter oder Dienstleistungen der Sachzielebene damit einer qualitativen Spezifizierung unterliegen. Darüber hinaus kann der Datenschutz auch als Potenzialziel bezüglich des computergestützten Informationssystems aufgefasst werden, wenn schon bei dessen Gestaltung bzw. Umgestaltung die Einhaltung von Vorschriften zum Datenschutz als Systemeigenschaften implementiert wurden. Zur Diskussion, inwieweit der Datenschutz einen Wettbewerbsvorteil darstellt vgl. z.B. BÜLLESBACH (1999b), S. 3 ff., HOEREN (2000a), S. 263 ff., MÜLLER (2000), S. 25, BÄUMLER (2001), Abschnitt 2 ff., BÄUMLER (2002), S. 105 ff., ROBNAGEL (2002a), S. 115 ff.

[140] Vgl. GABRIEL/BEIER (2003), S. 64.

[141] So beeinflusst z.B. die Performanz eines computergestützten Informationssystems – ausgedrückt in Form von Antwortzeiten nach Befehlseingabe durch den Nutzer – auch die Akzeptanz, die dieser dem System entgegenbringt. Eine gestiegene Nutzerakzeptanz kann wiederum die Produktivität des computergestützten Informationssystems erhöhen. Vgl. hierzu WALL (1996), S. 58.

[142] Vgl. hierzu und zu weiteren organisatorischen Aspekten des Informationsmanagements SCHELLMANN (1997), S. 63 ff., SCHWARZE (1998), S. 139 ff., Hildebrand (2001), S. 151 ff., GABRIEL/BEIER (2002), S. 27 ff., GABRIEL/BEIER (2003), S. 153 ff. u. 197, KRCMAR (2003), S. 281 ff.
HEINRICH (2002b), S. 278 ff. u. 290 ff. grenzt vom Sicherheitsmanagement noch das Katastrophenmanagement als eigenständigen Teilbereich des Informationsmanagements ab. Dieses umfasst neben der Prognose von Eintrittswahrscheinlichen bezüglich Katastrophen das Herstellen und die Aufrechterhaltung der Verfügbarkeit der technischen Infrastruktur nach einer Katastrophe. Bei dem in dieser Arbeit verfolgten Begriffsverständnis ist das Katastrophenmanagement ein Teil des Sicherheitsmanagements.

putergestützten Informationssystems aufgefasst werden und somit Erfolgspotenziale und Wettbewerbsvorteile gegenüber Konkurrenten erschließen können.[143]

---

[143] In diesem Zusammenhang sei auf die mit (Sicherheits-)Zertifizierungen und Datenschutzaudits verbundene positive Außenwirkung verwiesen, die mit den durch unabhängige Gutachter beglaubigten Prüfsiegeln verbunden sein können. Vgl. zur Zertifizierung RANNENBERG (1998), S. 4 ff., RANNENBERG (1999a), S. 154 ff., HOPPE/PRIEß (2003), S. 301 ff., BSI (2004b), Abschnitt 1 ff., zu Prüfsiegeln und Auditierung im Bereich des Datenschutzes vgl. VOẞBEIN (2002b), S. 150 ff., DIEK (2002), S. 157 ff., HANSEN/PROBST (2002), S. 163 ff.
Zum Begriff der Qualität als der Gesamtheit von Merkmalen und Eigenschaften eines Objekts oder eines Prozesses bezüglich der Eignung, festgelegte und vorausgesetzte Forderungen zu erfüllen, vgl. MÜLLER-BÖLING (1993), Sp. 3627 ff., HAEDRICH (1995), Sp. 2205 ff., CORSTEN (2000), S. 818 ff., HEINRICI (2002b), S. 135 ff.,

3 Sicherheit als materielle Gestaltungsanforderung an computergestützte Informationssysteme

Mit der zunehmenden Durchdringung nahezu aller gesellschaftlichen Bereiche mit Informations- und Kommunikationstechnik wächst auch die Abhängigkeit sowohl von deren Verfügbarkeit als auch von der korrekten und von Nutzern bzw. Betreibern der computergestützten Informationssysteme beabsichtigten Ausführung der Informationsverarbeitungsprozesse. So ist insbesondere auch durch den Wandel des Internet von einem wissenschaftlichen Kommunikationsmedium zu einer wirtschaftlich relevanten Infrastruktur und der damit verbundenen Erweiterung des sozialen und wirtschaftlichen Handlungsspektrums des Einzelnen neben der technischen auch eine gesellschaftliche und wirtschaftliche Betrachtungsebene hinzugekommen, so dass inzwischen von der Informationsgesellschaft bzw. einer digitalen Wirtschaft mit virtuellen Marktplätzen, auf denen elektronischer Handel als eine neue Form wirtschaftlicher Transaktionen stattfindet, gesprochen wird.[144]

Die Sicherheit der diesen virtuellen Aktionsräumen zugrunde liegenden computergestützten Informationssysteme gilt hierbei als ein Schlüsselfaktor für deren Akzeptanz.[145] Das mangelnde Vertrauen menschlicher Nutzer in die Vertrauenswürdigkeit informationstechnischer Systeme resultiert hierbei aus der für den Menschen existenten Intransparenz der innerhalb dieser Systeme stattfindenden Verarbeitungsprozesse.[146] Die Etablierung von Sicherheit als einer notwendigen Eigenschaft informationstechnischer Systeme darf hierbei weder aus einer ausschließlich technischen Perspektive noch aus der (einseitigen) Sicht des Betreibers des Informationssystems betrachtet werden, sondern sollte (1) ganzheitlich gestaltet sein – d.h. neben der Technik auch den Menschen und die zu bearbeitende Auf-

---

[144] Vgl. MÜLLER/EYMANN/KREUTZER (2003), S. 1. Zur Wechselwirkung zwischen Informationstechnik und Gesellschaft vgl. HANSEN/NEUMANN (2002), S. 99 ff.

[145] Vgl. SCHODER/MÜLLER (1999), S. 255 ff., MÜLLER/GERD TOM MARKOTTEN (2000), S. 487, MÜLLER/ECKERT (2003), S. 1.

[146] Die Prozesse innerhalb digitaler Systeme der Informationstechnik basieren auf der Verarbeitung von magnetischen bzw. elektromagnetischen Zeichen, die sich der unmittelbaren Wahrnehmung durch den Menschen entziehen. Damit entfällt für alle rechtsverbindlichen Vorgänge, die mit Hilfe informationstechnischer Systeme durchgeführt werden, die Möglichkeit des Augenscheinbeweises: So genügt es beispielsweise im Rechtsverkehr nicht, die handschriftliche Unterschrift durch ein elektronisches Analogon zu ersetzen, da nicht nur der genuin-individuelle Schriftzug an sich, sondern häufig auch die Erfüllung bestimmter Randbedingungen, die den Kontext einer Unterschrift ausmachen, zu den unmittelbar vom Menschen wahrgenommenen Vorgängen gehört – z.B. die notarielle Bestätigung der Identität einer natürlichen Person durch Einsichtnahme in deren Personalausweis, die sich in der Rechtsformulierung ‚Ausgewiesen durch Personalausweis' widerspiegelt. Vgl. hierzu DIERSTEIN (1997), S. 37 f., ESPEY/RUDINGER (1999), S. 178 ff., DIERSTEIN (2003a), S. 4, DIERSTEIN (2003b), S. 19.
Zu den rechtsverbindlichen Eigenschaften einer eigenhändigen Unterschrift vgl. HAMMER (1993), S. 272, BIZER/HAMMER/PORDESCH (1995), S. 105.

gabenstellung betrachten – und (2) die Interessen aller am computergestützten Informationssystem Beteiligten (Hersteller, Betreiber, Nutzer, Kunden) berücksichtigen.[147]

Das folgende Kapitel erörtert die Sicherheit als eine notwendige Gestaltungsanforderung an computergestützte Informationssysteme. Hierzu wird zunächst der Begriff der Sicherheit im Kontext von computergestützten Informationssystemen erörtert, um anschließend ausgewählte Maßnahmen zur Gestaltung der Sicherheit von computergestützten Informationssystemen vorzustellen.

3.1 Sicherheit im Kontext von computergestützten Informationssystemen

Der folgende Abschnitt leitet zunächst den dieser Arbeit zugrunde liegenden ganzheitlich orientierten Sicherheitsbegriff ab und zeigt – nach einer Erörterung der in diesem Zusammenhang vorzufindenden Begriffsvielfalt – ausgewählte Ziele für die Sicherheit computergestützter Informationssysteme auf. Anschließend werden potenzielle Gefahren vorgestellt, die diese Sicherheitsziele bedrohen. Der Abschluss dieses Abschnitts zeigt ein mögliches Vorgehensmodell zur Etablierung von Sicherheit im Bereich der computergestützten Informationssysteme auf.

3.1.1 Ableitung des Sicherheitsbegriffs für computergestützte Informationssysteme

Eine inhaltliche Festlegung, was unter Sicherheit zu verstehen ist, wird durch die Mehrdeutigkeit des Sicherheitsbegriffs erschwert, da dieser Term nicht nur umgangssprachlich vorbesetzt ist, sondern darüber hinaus in verschiedenen wissenschaftlichen Fachdisziplinen auf unterschiedliche Weise und zum Teil synonym Verwendung findet.[148] Im Bereich computergestützten Informationssysteme findet der Sicherheitsbegriff meist Verwendung in Form von unterschiedlichen Komposita, die im Zeitablauf – entsprechend der technischen Entwicklung der Informationsverarbeitung vom zentralisierten Großrechner zu dezentralen, mobilen Informationssystemen – die Verschiebung des jeweiligen Betrachtungsschwerpunkts widerspiegelt (vgl. Abb. 3-1). Im Folgenden werden diese Begriffskomposita aufgegriffen und in ihren jeweiligen Kontext eingeordnet, um anschließend den dieser Arbeit zugrunde liegenden, ganzheitlich orientierten Sicherheitsbegriff abzuleiten.

---

[147] Vgl. RANNENBERG/PFITZMANN (1996), S. 7, FOX (1998), S. 658, MÜLLER/RANNENBERG (1999), S. 138, RANNENBERG (1999b), RANNENBERG (2000), S. 489.

[148] Zur Mehrdeutigkeit und inhaltlichen Vorbesetzung des Sicherheitsbegriffs vgl. DIERSTEIN (2001), S. 11, DIERSTEIN (2003c), S. 5. Eine Analyse des Begriffs aus einer philosophischen Perspektive ist zu finden bei BIRNBACHER (1996), S. 20 ff. Sozialwissenschaftliche Aspekte des Sicherheitsbegriffs bietet EGGER (1992), S. 515 f.
Im englischen Sprachraum lässt sich der deutsche Begriff der Sicherheit sprachlich differenzierter ausdrücken: *safety* umschreibt hier den Schutz von Leib und Leben vor zufälligen Ereignissen wie Naturkatastrophen oder Fahrlässigkeit, während *security* den Schutz immaterieller Güter (z.B. Information) vor beabsichtigten Angriffen meint. Vgl. hierzu POHL/WECK (1993), S. 20, JURECIC (1996), S. 16, RANNENBERG (1999b), S. 55, FEDERRATH/PFITZMANN (2000), S. 704, MÜLLER/EYMANN/KREUTZER (2003), S. 389.

Sicherheit als materielle Gestaltungsanforderung 39

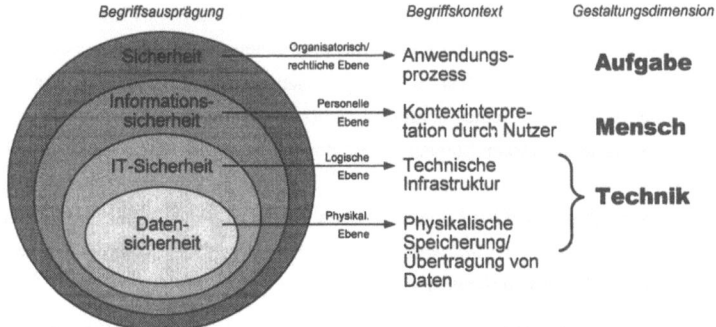

Abb. 3-1: Ableitung eines ganzheitlich orientierten Sicherheitsbegriffs für computergestützte Informationssysteme

Mit dem Begriff der **Datensicherheit** wird die Betrachtung ausschließlich auf Daten als eine an ein physikalisches Trägermedium gebundene, syntaktisierte Signal- bzw. Zeichenfolge fokussiert.[149] Nach dem Regelwerk des technischen Normierungsgremiums DIN wird unter Datensicherheit die Sachlage verstanden, bei der Daten so weit wie möglich vor Beeinträchtigungen oder Missbrauch zu bewahren sind.[150] Mit diesem Begriff wird somit die Notwendigkeit betont, ausschließlich Daten als eine für die Informationsverarbeitung grundlegende Ressource zu schützen.[151] Wie in Abschnitt 2.1 ausgeführt stellt der Datenaspekt nur einen Teilbereich eines computergestützten Informationssystems dar, so dass mit dem Begriff der Datensicherheit eine Begrenzung auf die physikalische Speicherung bzw. Übertragung von Daten innerhalb des technischen Subsystems des computergestützten Informationssystems vorgenommen wird. Darüber hinausgehende Aspekte der Informationsverarbeitung werden durch den Begriff der Datensicherheit nicht abgedeckt.

Eine Erweiterung des Betrachtungsschwerpunkts auf die Ebene der informationstechnischen Infrastruktur findet mit dem Begriff der **IT-Sicherheit** bzw. Sicherheit (in) der Informationstechnik statt. Hiermit wird über den Datenfocus hinaus die jederzeitige Verfügbarkeit von hard- und softwaretechnischen Systemkomponenten und deren korrekte Ausführung von Datenverarbeitungsprozessen verstanden.[152] Eine juristische Legaldefinition des Begriffs findet

---

[149] Vgl. hierzu Abschnitt 2.1.
[150] Vgl. DIN 44300 (1988), Teil I.
[151] Vgl. hierzu STRAUB (1991), S. 40, KERSTEN (1995), S. 12, ECKERT (2003), S. 4, HOPPE/PRIEB (2003), S. 25. Hiervon abzugrenzen ist der Begriff der **Datensicherung**, der jenes Teilgebiet der Datensicherheit bezeichnet, das sich ausschließlich mit der regelmäßigen Speicherung von Daten (*Backups*) und der damit verbundenen Fähigkeit beschäftigt, im Falle eines Datenverlustes jederzeit die Verfügbarkeit der Daten wiederherzustellen zu können. Vgl. hierzu KERSTEN (1995), S. 12, BSI (2003b), S. 7, ECKERT (2003), S. 5, STEINKE (2004), Abschnitt 2.
[152] Vgl. AMANN/ATZMÜLLER (1992), S. 287, BÜLLESBACH (1996), S. 64, KLASEN/ROSENBAUM (1996), S. 17, OPPLIGER (1997), S. 2, HORSTER/KRAAIBEEK (2000), S. 2 ff.

sich in § 2 Abs. 2 BSIG, wonach IT-Sicherheit etabliert wird durch das Ergreifen von Sicherheitsmaßnahmen zur Erreichung definierter Sicherheitsziele für informationstechnische Systeme oder deren Komponenten.[153] IT-Sicherheit bezieht sich somit auf den gesamten Bereich der technischen Infrastruktur eines computergestützten Informationssystems, mit dem Daten automatisiert verarbeitet werden können.[154] Mit der Betonung des Verarbeitungsaspektes von Daten innerhalb des informationstechnischen Systems durch *Software* (Betriebssystem und Anwendungsprogramme) wird die logische Ebene – d.h. die durch eine programmiertechnische Leistung im Rahmen des *Software Engineering* ermöglichten Datenoperationen – eines computergestützten Informationssystems betont.[155]

Mit der Einbindung des Menschen als Nutzer in das computergestützte Informationssystem findet eine Erweiterung der technischen Infrastruktur zu einem sozio-technischen System statt. Durch die kognitive Fähigkeit des Menschen die mit Hilfe des informationstechnischen Systems dargestellten Daten im entsprechenden Kontext zu interpretieren, findet ein Wechsel von der (automatisierten) Datenverarbeitung zur (nutzerorientierten) Informationsverarbeitung statt.[156] So wird mit dem Begriff der **Informationssicherheit** die Eigenschaft eines computergestützten Informationssystems beschrieben, nur solche Systemzustände anzunehmen, die zu keiner unautorisierten Informationskenntnisnahme oder -veränderung führen,[157] womit im Rahmen der Informationssicherheit dem Aspekt der (ungestörten) Kommunikation zwischen menschlichen Nutzern besondere Bedeutung zukommt. Im Gegensatz zur Datenübertragung innerhalb des technischen Systems liegt die ökonomische Relevanz der Kommunikation in deren pragmatischer Dimension, da die aus den Daten durch den Empfänger abgeleitete Information nicht nur Entscheidungsrelevanz besitzen kann, sondern u.U. Handlungen erst ermöglicht.[158]

---

[153] Vgl. hierzu auch HOLZNAGEL (2003), S. 11.

[154] Vgl. KERSTEN (1995), S. 73.

[155] Zum *Software Engineering* vgl. GABRIEL (1990), S. 257 ff., BALZERT (2000), S. 51 ff.

[156] Zur Abgrenzung von Daten und Informationen vgl. Abschnitt 2.1 und insbesondere Abb. 2-2.

[157] Vgl. LIPPOLD (1992), Sp. 913, POHL/WECK (1993), S. 21, ECKERT (2003), S. 4. Informationssicherheit wird hierbei nicht als ein rein technisches, sondern als ein interdisziplinäres Forschungsgebiet aufgefasst. Vgl. hierzu auch KERSTEN (1995), S. 12.

[158] Vgl. HOLBEIN/HOFMANN (1994), S. 9. In diesem Zusammenhang betonen AMANN/ATZMÜLLER (1992), S. 289, dass nicht die (übertragenen) Daten, sondern die (kommunizierten) Informationen den eigentlichen ökonomischen Wert darstellen. So bezieht sich der Begriff der Vertraulichkeit (vgl. Abschnitt 3.2.1) üblicherweise auf Informationen und nicht auf Daten. ECKERT (2003), S. 6 spricht in diesem Zusammenhang beispielsweise von Informationsvertraulichkeit, aber von Datenintegrität, um nicht in unzulässiger Weise veränderte Daten zu kennzeichnen. Auch stellen die Kommunikationsinhalte, die zwischen menschlichen Nutzern unter Zuhilfenahme von Verschlüsselungstechniken übertragen werden, für einen unberechtigten Empfänger, der nicht im Besitz des entsprechenden Schlüssels zur Entschlüsselung ist, lediglich Daten dar, während berechtigte Empfänger in der Lage sind, die in den übertragenen Daten enthaltene Information unter Anwendung des Entschlüsselungsalgorithmus abzuleiten.

Sicherheit als materielle Gestaltungsanforderung 41

Mit dem Begriff der **Sicherheit** computergestützter Informationssysteme bzw. Sicherheit (in) der Informationsverarbeitung wird zusätzlich zu den zuvor erörterten Sichtweisen eine rechtlich-organisatorische Perspektive in die Betrachtung einbezogen. Die Sicherheit computergestützter Informationssysteme ist hierbei zum einen im Kontext der jeweiligen vom (von) Nutzer(n) zu bearbeitenden Aufgabenstellung und der damit verbundenen organisatorischen Aspekte zu betrachten.[159] Zum anderen ist auf dieser Ebene auch die Einhaltung von rechtlichen Rahmenbedingungen notwendig, die den Einsatz von computergestützten Informationssystemen und deren Sicherheit betreffen.[160] Sicherheit der Informationsverarbeitung ist demnach dann gewährleistet, wenn die mit einem computergestützten Informationssystem zu bearbeitende Aufgabenstellungen in technischer, ökonomischer und juristischer Hinsicht von befugten Nutzern erfüllt werden.[161] Der hier abgeleitete ganzheitlich orientierte Sicherheitsbegriff korrespondiert damit über die Betrachtungs- und Gestaltungsdimensionen Technik, Mensch und Aufgabe mit den Elementarten des computergestützten Informationssystems.[162]

Die Sicherheit computergestützter Informationssysteme weist dabei zwei wesentliche Aspekte auf, welche die Vertrauenswürdigkeit eines Systems bestimmen (vgl. Abb. 3-2):

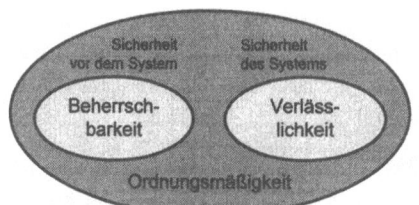

Abb. 3-2: Aspekte der Sicherheit computergestützter Informationssysteme

Die **Verlässlichkeit** als die Eigenschaft eines computergestützten Informationssystems, keine unzulässigen Systemzustände anzunehmen und spezifizierte Funktionen zuverlässig (d.h. zeitgerecht und in definierter Qualität) zu erbringen, umfasst in erster Linie die technische Funktionsfähigkeit eines computergestützten Informationssystems, deren Erhaltung primär im Interesse des Systembetreibers liegt.[163] Aus der Sicht des Nutzers bzw. Betroffenen i.S.d.

---

[159] Vgl. BÜLLESBACH (1996), S. 64, KONRAD (1998), S. 12, RÖHM (2000), S. 18.
[160] STELZER (1993), S. 27. Hierzu zählen z.B. Rechtsnormen zum Datenschutz, Vorschriften für den Einsatz digitaler Signaturen oder – je nach Unternehmenspositionierung – Normen aus dem Telekommunikations- oder Medienrecht.
[161] Vgl. STELZER (1990), S. 504.
[162] Vgl. hierzu Abschnitt 2.2.3 und Abb. 2-7.
[163] Vgl. POHL/WECK (1993), S. 20, DIERSTEIN (1997), S. 49, DIERSTEIN (2001), S. 12, DIERSTEIN (2003c), S. 12, ECKERT (2003), S. 5.

Datenschutzes beinhaltet dagegen die **Beherrschbarkeit** die Sicherheit vor einem computergestützten Informationssystem in dem Sinne, dass diese von den Funktionen des Systems und deren Auswirkungen nicht in einer unzulässigen Weise beeinträchtigt werden.[164] Beide Aspekte können unter dem Begriff der **Ordnungsmäßigkeit** zusammengefasst werden. Dieser beschreibt – im Gegensatz zur eher objektbezogenen Sichtweise der IT-Sicherheit – eine verfahrensbezogene Eigenschaft von computergestützten Informationssystemen, die sich auf die Erfüllung von vorgegebenen Anforderungen an den Betrieb eines computergestützten Informationssystems im Rahmen der Informationsverarbeitung auf Ebene der Geschäftsprozesse bezieht.[165] So betrachtet die Ordnungsmäßigkeit – in Anlehnung an die Grundsätze ordnungsmäßiger DV-gestützter Buchführungssysteme (GoBS)[166] – insbesondere die Nachvollziehbarkeit und inhaltlichen Korrektheit der vom computergestützten Informationssystem ausgeführten Funktion, wie dies z.B. im Tätigkeitsbereich der DV-Revision nachgeprüft wird.[167]

3.1.2 Ausgewählte Sicherheitsziele für computergestützte Informationssysteme

Die Etablierung von Sicherheit in computergestützten Informationssystemen orientiert sich häufig an der Vorgabe und Umsetzung von Zielen.[168] Hierbei existiert eine Vielzahl von Sicherheitszielen, denen eine unterschiedliche Gewichtung – je nach Anwendungskontext des betrachteten computergestützten Informationssystems – zukommen kann. Diejenigen Sicherheitsziele, die für alle computergestützten Informationssysteme gelten, werden Sicherheitsgrund- oder -basisziele genannt:[169]

- **Verfügbarkeit** bezeichnet den Zustand eines computergestützten Informationssystems, in welchem die Funktionalität des technischen Subsystems, d.h. die Nutzbarkeit der informationstechnischen Ressourcen derart gewährleistet ist, dass sowohl die für die Informationsverarbeitung benötigten Daten als auch die für deren Nutzung benötigten Verarbei-

---

Bei computergestützten Informationssystemen in privaten Haushalten liegt i.d.R. eine Personalunion von Systembetreiber und Nutzer vor.

[164] Vgl. DIERSTEIN (1997), S. 50, DIERSTEIN (2001), S. 13 f., DIERSTEIN (2003a), S. 11 f.

[165] Vgl. hierzu KERSTEN (1995), S. 72 ff., DIERSTEIN (2001), S. 11 f.

[166] Vgl. BMF (1995), S. 738 ff.

[167] Vgl. PHILLIP (1998), S. 313 ff. Zur DV-Revision als Prüfungstätigkeit vgl. DE HAAS/ZERLAUTH (1995), S. 16 ff., SCHUPPENHAUER (1998), S. 33 ff.

[168] Die Umsetzung der eher abstrakten Sicherheitsziele erfolgt dabei mit so genannten Sicherheitsgrundfunktionen oder -diensten (z.B. Identifikation/Authentifikation von Nutzern), die als eine übergeordnete Funktionsklasse mehrere konkrete Umsetzungsmechanismen (z.B. Eingabe von Benutzernamen und Passwort) beinhalten. Vgl. HORSTER (1993), S. 512, RUNGE (1994), S. 314.

[169] FEDERRATH/PFITZMANN (2000), S. 705 bezeichnen diese auch als ‚klassische Schutzziele'. Mit dem gestiegenen Komplexitätsgrad des Sicherheitsproblems durch die zunehmende Vernetzung und dem Vordringen des Internet im privaten und öffentlichen Bereich sind im Zeitablauf neue Sicherheitsziele entwickelt worden, um z.B. die schutzwürdigen Belange des Einzelnen bezüglich seines informationellen Selbstbestimmungsrechts zu wahren. Dies zeigt sich beispielsweise am erweiterten Schutzzielkanon für personenbezogene Daten im § 10 DSG NW.

tungsfunktionen zeitgerecht und in definierter Qualität berechtigten Nutzern zur Verfügung stehen.[170]

- Die Gewährleistung des Schutzziels der **Integrität** impliziert, dass eine unbefugte und/oder unbemerkte Veränderung von Daten (Datenintegrität) oder von Funktionen des informationstechnischen Systems (Funktionsintegrität) nicht möglich ist.[171] Datenintegrität liegt dann vor, wenn die auf der physikalischen Ebene des informationstechnischen Systems gespeicherten und übertragenen Daten seit der letzten Modifikation durch berechtigte Instanzen (Nutzer oder Programme) unverändert und vollständig, d.h. korrekt sind.[172] Die Funktionsintegrität beinhaltet, dass die Funktionen des informationstechnischen Systems nicht durch absichtliche Änderungen zu falschen, unvollständigen oder vorgetäuschten Abläufen und Ergebnissen führen.[173]

- Mit der Erfüllung des Sicherheitsziels der **Vertraulichkeit** soll ein unbefugter Informationsgewinn bzw. ein unbefugtes Erschließen von Informationen durch eine nicht berechtigte Einsichtnahme in Daten ausgeschlossen werden. Dies bedingt, dass der Zugriff auf Daten als technische Repräsentationsform von Informationen nur durch berechtigte Instanzen (Nutzer oder Programme) erfolgt.[174] Zu den Schutzobjekten der Vertraulichkeit

---

[170] Vgl. BISKUP (1993), S. 250, KERSTEN (1995), S. 75 f., SCHNEIDER (1998), Abschnitt 1, PFITZMANN u.a. (2000), S. 16, RÖHM (2000), S. 19, ECKERT (2003), S. 10, HOLZNAGEL (2003), S. 13, HOPPE/PRIEB (2003), S. 24, POHLMANN/BLUMBERG (2004), S. 85. Es ist darauf hinzuweisen, dass die Verfügbarkeitsaspekte Zeit und Qualität nicht in dem Sinne gegeneinander substituierbar sind, dass die Übererfüllung des einen Aspekts die Minderleistung des anderen kompensiert. So ist die Verfügbarkeit der Ressource Daten nicht gegeben, wenn der Zugriff auf benötigte Daten zwar schneller als definiert ist, aber aufgrund einer ab einer bestimmten Übertragungsleistung störanfälligen Leitung fehlerhaft erfolgt.

[171] Vgl. ECKERT (2003), S. 7, HOLZNAGEL (2003), S. 13.

[172] Die in der Literatur häufig in diesem Zusammenhang genannte Integritätseigenschaft von Daten hinsichtlich ihrer inhaltlichen Richtigkeit und Aktualität – vgl. hierzu z.B. KERSTEN (1995), S. 77, HOLZNAGEL (2003), S. 13, HOPPE/PRIEB (2003), S. 24 – entzieht sich den Möglichkeiten der syntaktischen Ebene, auf welcher der Datenbegriff im Rahmen dieser Arbeit einzuordnen ist (vgl. hierzu Abschnitt 2.1 und Abb. 2-2). Inwieweit Daten als technische Repräsentationsform von Informationen den tatsächlichen Sachverhalten der Realität entsprechen, gehört zum Problembereich der Abbildbarkeit und Modellierbarkeit der Wirklichkeit und ist damit auf einem höheren Abstraktionsniveau einzuordnen als dies mit dem Datenbegriff möglich wäre. Dem Problem, dass eine Veränderung der Daten auch eine Veränderung der auf der semiotisch höheren Ebene einzuordnenden Information nach sich ziehen kann, könnte mit dem Begriff der die Datenintegrität umfassenden Informationsintegrität begegnet werden, der in der Literatur allerdings nicht gebräuchlich ist.

[173] Vgl. SCHNEIDER (2000b), Abschnitt 1, HOLZNAGEL (2003), S. 13, HOPPE/PRIEB (2003), S. 24.

[174] Vgl. KERSTEN (1995), S. 76, HOLZNAGEL (2003), S. 13, HOPPE/PRIEB (2003), S. 24.
Traditionell wird der Zugriff auf Akten, die der Geheimhaltung unterliegen, durch die Einteilung in verschiedene Vertrauensstufen wie ‚nicht vertraulich/offen', ‚geheim', ‚streng geheim' geregelt. Im Bereich der computergestützten Informationssysteme wird dieses Berechtigungskonzept durch abgestufte Zugriffsrechte für Nutzer realisiert, wobei eine effektive Zugriffskontrolle die eindeutige Identifikation der Nutzer und deren Authentifikation als Identitätsbestätigung voraussetzt. Vgl. hierzu KERSTEN (1995), S. 76. Trotz der Kontrolle der Datenzugriffe kann ein unberechtigter Informationsgewinn und damit eine Verletzung der Vertraulichkeit vorliegen wie das Beispiel des unzulässigen Informationsflusses zeigt (vgl. Abb. 3-3): Nutzer 1 liest entsprechend seiner Zugriffsrechte die Daten der Datei A aus (1), für die Nutzer 2 keine Zugriffsberechtigung besitzt. Nutzer 1 schreibt nun diese Daten in eine Datei B (2), auf die Nutzer 2 lesend zugreifen darf (3) und somit unberechtigt einen Informationsgewinn über den Inhalt der Datei A erlangt.

gehören hierbei nicht nur die zwischen den Nutzern des computergestützten Informationssystems übertragenen Nachrichten, sondern auch die näheren Umstände der Kommunikation wie z.B. Daten über den Sende- bzw. Empfangsvorgang.[175]

- Mit der zunehmenden Relevanz der Telekommunikation und dem damit verbundenen Anstieg des Austauschs elektronischer Dokumente über offene Netze (wie dem Internet) kommt dem Sicherheitsziel der **Verbindlichkeit** eine immer größere Bedeutung zu. Verbindlichkeit ist gewährleistet, wenn eine nachweisbare Zurechenbarkeit von Aktivitäten innerhalb computergestützter Informationssysteme zu den diese zu verantwortenden Instanzen gewährleistet ist.[176] Dies setzt voraus, dass die Identität der die Aktivitäten verursachenden Instanz (Nutzer oder Programm) nicht nur feststellbar, sondern auch eindeutig beweisbar (authentifizierbar) ist, so dass ein nachträgliches Abstreiten der Aktivität nicht möglich ist.[177] Mit der Verbindlichkeitseigenschaft kann sowohl die Einhaltung gesetzlicher oder vertraglicher Anforderungen und damit Rechtsverbindlichkeit für das computergestützte Informationssystem sichergestellt als auch die Forderung nach Abrechenbarkeit von Dienstleistungen des computergestützten Informationssystems erfüllt werden.[178]

Es ist anzumerken, dass bei einer Verletzung obiger Sicherheitsgrundziele Unterschiede hinsichtlich des jeweiligen Entdeckungszeitpunkts bestehen können, wie Abb. 3-4 verdeutlicht:

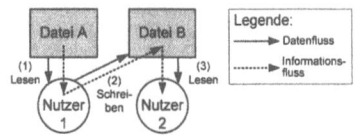

Abb. 3-3: Unzulässiger Informationsfluss
Quelle: in Anlehnung an ECKERT (2003), S. 9.

[175] Vgl. KONRAD (1998), S. 13, VOßBEIN (1999), S. 52 f., HOLZNAGEL (2003), S. 13 f.
So lassen sich beispielsweise aus den oben genannten Protokolldaten einer Kommunikationsverbindung mit Hilfe einer Verkehrsanalyse Kenntnisse über Benutzeridentitäten und Kommunikationsbeziehungen gewinnen. Vgl. hierzu HORSTER (1993), S. 511.

[176] Vgl. KERSTEN (1995), S. 77, ECKERT (2003), S. 10, HOPPE/PRIEß (2003), S. 25.

[177] Insbesondere bei Kommunikationsvorgängen über offene Netze, die rechtsverbindliche Transaktionen zum Ziel haben, soll ein nachträgliches Leugnen der Abgabe oder des Erhalts von Willenserklärungen über offene Netze ausgeschlossen werden.

[178] Vgl. RANNENBERG (1999b), S. 55 f., VOßBEIN (1999), S. 55, FEDERRATH/PFITZMANN (2000), S. 704, ECKERT (2003), S. 11.

Sicherheit als materielle Gestaltungsanforderung 45

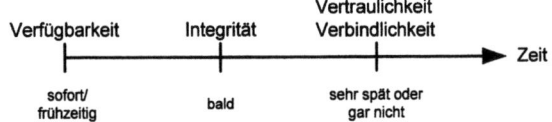

Abb. 3-4: **Potenzieller Entdeckungszeit der Verletzung eines Sicherheitsgrundziels**
Quelle: in Anlehnung an KERSTEN (1995), S. 78.

Eine Einschränkung der Verfügbarkeit von Ressourcen des computergestützten Informationssystems sowohl in zeitlicher als auch in qualitativer Hinsicht wird i.d.R. sofort nach (versuchter) Inanspruchnahme der Ressource bemerkt, während ein Integritätsverlust von Daten und/ oder Funktionen häufig mit einer zeitlichen Verzögerung entdeckt wird – nämlich wenn sich als Folge nicht-integerer Daten oder Funktionen falsche Ergebnisse oder abnormales Systemverhalten einstellen.[179] Eine Verletzung der (Rechts-)Verbindlichkeit wird meistens erst im Streitfall – also z.B. bei Leugnung des Absendens oder Erhaltens von Willenserklärungen über offene Netze – bemerkt, während ein Verlust der Vertraulichkeit u.U. gar nicht entdeckt wird, da die für den unberechtigten Informationsgewinn eingesehenen Daten nicht erkennbar modifiziert werden müssen.[180]

Neben den dargestellten Grundzielen der Sicherheit computergestützter Informationssysteme können je nach dessen Anwendungsbereich oder Ausrichtung des computergestützten Informationssystems weitere in den Zielkanon aufgenommen werden. So gewinnt im Kontext vernetzter und zunehmend mobiler computergestützter Informationssysteme insbesondere der Schutz des informationellen Selbstbestimmungsrechts an Bedeutung.[181] Hierbei kann z.B. mit dem Schutzziel der Wahrung der **Anonymität** bei der Nutzung computergestützter Informationssysteme gewährleistet werden, dass die Identität eines Nutzers als personenbezogenes Datum geschützt wird.[182]

---

[179] Vgl. KERSTEN (1995), S. 78.

[180] Lediglich bei einer Protokollauswertung der Dateizugriffe könnte auf eine Verletzung der Vertraulichkeit geschlossen werden, wobei auch diese Maßnahme des indirekten Aufdeckens eines unberechtigten Informationsgewinns bei dem in Abb. 3-3 dargestellten Beispiel des unzulässigen Informationsflusses i.d.R. nicht funktioniert.

[181] Nach dem Recht auf informationelle Selbstbestimmung darf grundsätzlich jeder Einzelne darüber entscheiden, was mit seinen personenbezogenen Daten geschieht. Eine Verarbeitung personenbezogener Daten ist nach dem Prinzip des Verbots mit Erlaubnisvorbehalt ausschließlich nur dann zulässig, wenn (1) der Betroffene der Verarbeitung zustimmt oder (2) eine gesetzliche Ermächtigungsgrundlage die Verarbeitung gestattet. Vgl. hierzu z.B. DONOS (1998), S. 69 ff., HOBERT (2000), S. 80 ff.

[182] Unter Anonymisierung wird eine derartige Veränderung von personenbezogenen Daten verstanden, die bei der Nutzung computergestützter Informationssysteme anfallen, so dass die nachträgliche Zuordnung der Daten zur natürlichen Person des Nutzers nicht mehr oder mit einem unverhältnismäßigen Aufwand hergestellt werden kann. Vgl. hierzu ECKERT (2003), S. 11, BSI (2004a), Kapitel 1. Weitere Schutzziele für com-

Die oben erörterten Sicherheitsgrundziele für computergestützte Informationssysteme sind nicht unabhängig voneinander, sondern es bestehen vielmehr Wechselwirkungen und Interdependenzen zwischen den einzelnen Zielen.[183] Auch sind mögliche Wechselwirkungen mit anderen Zielen des Informationsmanagements wie z.b. Wirtschaftlichkeit oder Akzeptanz zu beachten. Die Sicherheit von computergestützten Informationssystemen sollte deshalb nicht isoliert mit Mitteln der Informationstechnik etabliert werden, sondern sollte auch das organisatorische Umfeld und den Nutzer mit einschließen.[184]

3.1.3 Potenzielle Gefährdungen der Sicherheit von computergestützten Informationssystemen

Die Sicherheit computergestützter Informationssysteme ist vielfältigen Ereignissen – Gefahren genannt – ausgesetzt, die eine Gewährleistung der jeweils für ein konkretes Informationssystem definierten Sicherheitsziele negativ beeinflussen und zu materiellen wie immateriellen Schäden führen können.[185] Diese Zusammenhänge lassen sich mit Hilfe eines Kausalmodells darstellen (vgl. Abb. 3-5):[186]

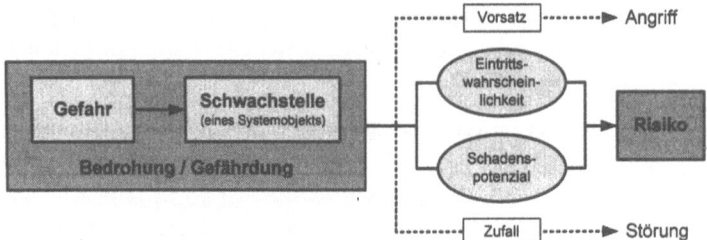

Abb. 3-5: Kausalmodell der Sicherheit computergestützter Informationssysteme

Als **Gefahren** werden hierbei alle potenziell gefährdenden Ereignisse bezeichnet, die zu Beeinträchtigungen des computergestützten Informationssystems führen können, wobei als Ur-

---

putergestützte Informationssysteme sind zu finden z.B. bei FEDERRATH/PFITZMANN (2000), S. 704 ff., MÜLLER/EYMANN/KREUTZER (2003), S. 391 ff.

[183] So ist z.B. die Integrität und Verbindlichkeit eines computergestützten Informationssystems nicht mehr gewährleistet, wenn die Vertraulichkeit bestimmter Informationen (z.B. Passwörter) kompromittiert ist. Vgl. hierzu zu weiteren Interdependenzen von Sicherheitszielen computergestützter Informationssysteme PFITZMANN u.a. (2000), S. 14 ff.

[184] Vgl. HOLZNAGEL (2003), S. 15.

[185] Als Schaden wird der Nachteil definiert, der durch Minderung oder Verlust von Vermögen entsteht, wobei neben primären bzw. direkten Schäden auch indirekte Schäden wie z.B. Imageverlust eines Unternehmens bei der monetären Bewertung des Vermögensverlustes beachtet werden müssen. Vgl. hierzu KERSTEN (1995), S. 82, HOPPE/PRIEB (2003), S. 28.

[186] Ähnliche Kausalmodelle finden sich u.a. bei SCHERFF (1985), S. 3 ff., STELZER (1993), S. 29 ff., KONRAD (1998), S. 22 ff.

sprung der Gefahr (Gefahrenursache oder -quelle) neben Umwelteinflüssen und der Technik selbst auch der Mensch, der sich der Technik bedient, identifiziert werden kann.[187] Gefahren werden dann wirksam und führen zu Schäden, wenn sie das computergestützte Informationssystem physisch oder logisch erreichen. Dies setzt voraus, dass eine **Schwachstelle** (oder Sicherheitslücke) als eine Eigenschaft des computergestützten Informationssystems vorliegt, die das Eintreten eines gefährdenden Ereignisses begünstigt.[188] Schwachstellen können hierbei objektbezogen aufgefasst werden, die sich sowohl auf Objekte der physischen Ebene (*Hardware*), auf logische Objekte (Daten inklusive *Software*), aber auch auf den Menschen als Element des computergestützten Informationssystems beziehen können.[189] Als **Bedrohung** oder Gefährdung des computergestützten Informationssystems kann die Kombination aus potenzieller Gefahr und konkret vorhandener Schwachstelle bezeichnet werden.[190] Inwieweit eine Bedrohung tatsächlich zur Beeinträchtigung des computergestützten Informationssystems führt, kann mit dem Begriff **Risiko** beschrieben werden, mit dessen Hilfe die Eintrittswahrscheinlichkeit einer Bedrohung und deren mögliches Schadensausmaß quantifiziert werden kann und der somit die Verwundbarkeit des computergestützten Informationssystems beschreibt.[191]

Je nachdem, ob eine Bedrohung unbeabsichtigt (zufällig) oder vorsätzlich zu einer Beeinträchtigung führt, wird zwischen Störung des bzw. Angriff auf das computergestützte Informationssystem unterschieden (vgl. Abb. 3-6):

---

[187] Vgl. KONRAD (1998), S. 24, VOßBEIN (1999), S. 58 ff., HOPPE/PRIEß (2003), S. 30 ff.

[188] Vgl. STELZER (1993), S. 40, KONRAD (1998), S. 28, GEIGER (2000), S. 132, STELZER/KILLENBERG (2004), S. 17.

[189] Vgl. KERSTEN (1995), S. 82. Der Mensch als Nutzer eines computergestützten Informationssystems kann z.B. im Rahmen der Aktivitäten des so genannten *Social Engineering* eine Schwachstelle darstellen. Bei dieser Methode versuchen Dritte von einem berechtigten Nutzer dessen Zugangsdaten zum computergestützten Informationssystem (i.d.R. Benutzernamen und dazugehöriges Passwort) häufig durch Vortäuschen der Identität des Systemadministrators zu erlangen, um dann selbst im Namen des berechtigten Nutzers in unzulässiger Weise das computergestützte Informationssystem zu beeinträchtigen. Vgl. zum *Social Engineering* RAEPPLE (2001), S. 94 u. 392, FEIL/BILTZINGER/BRÄUHÄUSER (2002), S. 212 ff., BSI (2003a), Abschnitt G 5.42, POMMERENING (2003), Kapitel 1.

[190] STELZER (1993), S. 33 f. und KONRAD (1998), S. 25 f. bezeichnen dies auch als gefährdendes Ereignis.

[191] Vgl. ECKERT (2003), S. 14, STELZER/KILLENBERG (2004), S. 17. Der Risikobegriff gilt als einer der zentralen Terme im Kontext der Sicherheit von computergestützten Informationssystemen, mit dessen Hilfe im Rahmen der Gestaltung von informationstechnischen Systemen die Art und der Umfang von Sicherheitsmaßnahmen bestimmt und begrenzt werden können, indem ein Grenzwert für Risiken bestimmt wird, ab dem ein technisches System als sicher eingestuft wird. Der probalistische Risikobegriff basiert dabei auf der Formel: Risiko = Schadenswahrscheinlichkeit × Schadenspotenzial. Vgl. hierzu STRAUB (1991), S. 42 ff., HAMMER (1999), S. 97 ff., HAMMER (2000), S. 167 f., RAEPPLE (2001), S. 11 ff. Zur Problematik dieser Sichtweise vgl. HAMMER (1999), S. 103 ff.

Unbeabsichtigt eingetretene Bedrohungen (Störungen)		Vorsätzlich ausgenutzte Bedrohungen (Angriffe)	
Fahrlässigkeit	**Höhere Gewalt**	**Aktive Angriffe (Sabotage)**	**Passive Angriffe (Spionage)**

• Menschliches Versagen
• Mangelhaftes System-Design
	• Katastrophen
	• Technischer Defekt
	• Systemalterung
	• Umwelteinflüsse
		• Logische Manipulation
		• Physische Manipulation von *Hardware*
		  - Diebstahl
		  - Zerstörung
			• Abhören
			  - des Dateninhalts
			  - von Kommunikationsbeziehungen
			• Logischer Diebstahl

Verfügbarkeit	**Verfügbarkeit**	**Verfügbarkeit Integrität**	**Vertraulichkeit**
Primär betroffene Schutzziele			

Abb. 3-6: Bedrohungsarten bezüglich der Sicherheit computergestützter Informationssysteme

Führt eine Bedrohung unbeabsichtigt oder zufällig zu Beeinträchtigungen des computer-gestützten Informationssystems wird dies als **Störung** bezeichnet, wobei als Sicherheitsziel insbesondere die Verfügbarkeit der für die Informationsverarbeitung nötigen technischen Ressourcen betroffen ist. Als Ursache von Störungen können sowohl höhere Gewalt in Form von (Natur-)Katastrophen (z.B. Brand, Blitzschlag oder Überschwemmung) als auch technische Defekte (durch Alterung von Geräten, Stromausfall oder Spannungsspitzen) sowie Anfälligkeiten gegen Umwelteinflüsse (wie z.B. Temperaturschwankungen, Gase, Dämpfe oder Luftfeuchtigkeit) identifiziert werden.[192] Zum anderen können Störungen auch durch Fahrlässigkeit verursacht werden und sind dann häufig auf unsachgemäße Bedienung (Fehlbedienung), menschliches Versagen, aber auch mangelhaftes System-Design (logische Hard- bzw. Softwarefehler) zurückzuführen.[193]

Mit dem Begriff **Angriff** wird dagegen eine vorsätzliche Ausnutzung von Schwachstellen eines computergestützten Informationssystems bezeichnet, d.h. es handelt sich um eine bewusst und gezielt herbeigeführte Bedrohung.[194] Hierbei zielt der aktive Angriff (auch Sabotage genannt) darauf ab, die Komponenten des technischen Subsystems eines computerge-

---

[192] Vgl. HOLZNAGEL (2003), S. 19 f., HOPPE/PRIEß (2003), S. 45 ff.

[193] Fahrlässigkeit wird im juristischen Sprachgebrauch als geringere Form des Verschuldens angesehen, da der Schuldige zwar die Folgen seines Handelns nicht gekannt und gewollt hat, sie aber bei Beachtung der sachgemäßen und zumutbaren Sorgfalt hätte verhindern können. Vgl. hierzu HOPPE/PRIEß (2003), S. 45.

[194] Angriffe basieren i.d.R. auf einem dreistufigen Ablauf: So wird ein externer Angreifer in einem ersten Schritt versuchen, Informationen über das anzugreifende Systeme zu ermitteln, um auf dieser Grundlage anschließend mögliche Schwachstellen zu analysieren, die dann für einen Angriff genutzt werden können. Bei internen Angreifern, die entweder als Nutzer oder als sonstige Organisationsangehörige mit dem computergestützten Informationssystem direkt oder indirekt involviert sind und somit über relevante Informationen über das System oder ggf. auch über Zugangsberechtigungen zum System verfügen, entfällt zumindest die Phase der Informationssammlung. Vgl. hierzu RAEPPLE (2001), S. 98 f., HOPPE/PRIEß (2003), S. 34.

Sicherheit als materielle Gestaltungsanforderung

stützten Informationssystems zu zerstören bzw. ihre Leistungsfähigkeit zu beeinträchtigen (Verletzung der Verfügbarkeit) oder Daten und Systemfunktionen so zu verändern, dass dem Angreifer eine unzulässige Nutzung des computergestützten Informationssystems ermöglicht wird (Verletzung der Integrität von Daten und Funktionen).[195] Sabotageangriffe zielen damit (1) auf physische Manipulation in Form materieller Zerstörung, Beeinträchtigung oder Veränderung von hardwaretechnischen Komponenten und (2) auf logische Manipulationen von Daten und Funktionen des computergestützten Informationssystems.[196] Passive Angriffe (Spionage) kompromittieren dagegen die Vertraulichkeit von Informationen, ohne eine Änderung der den Informationen zugrunde liegenden Daten oder eine Einschränkung der Verfügbarkeit von Ressourcen vorzunehmen.[197] Neben dem unautorisierten Lesen von Daten aus Dateien kann ein passiver Angreifer durch das Abhören von Datenleitungen in vernetzten Systemen für ihn wichtige Informationen (wie z.B. Benutzerkennung und Passwort), aber auch Informationen über Kommunikationsbeziehungen (wie z.B. Teilnehmeridentitäten, Daten über Zeitpunkt und Dauer der Verbindung) ausspähen.[198] Darüber hinaus zählt das

---

[195] Vgl. RULAND (1993), S. 23 ff., OPPLIGER (1997), S. 313 ff., ECKERT (2003), S. 14 f.

[196] Logische Manipulationen beruhen i.d.R. darauf, dass durch vorhandene oder nachträglich hinzugefügte Systemanomalien ein Fehlverhalten von Komponenten des technischen Systems erzeugt wird. Bekannte Beispiele hierfür sind so genannte Trojanische Pferde, Viren und Würmer:
- Bei Trojanischen Pferden, deren Name auf die Kriegslist des Odysseus in der griechischen Antike zur Überwindung der uneinnehmbaren Mauern der Stadt Troja zurückgeht, handelt es sich um Programme, die neben scheinbar nützlichen auch nicht dokumentierte, schädliche Funktionen enthalten und diese unabhängig vom Nutzer und ohne dessen Kenntnis ausführen, um Daten auszuspähen, zu verändern oder zu löschen.
- Mit Viren werden sich selbst reproduzierende (kopierende), aber nicht selbständige Programmroutinen bezeichnet, die sich in ein eigenständiges Programm hineinkopieren und bei Ausführung dieses Wirtsprogramms schädigende Funktionen ausführen, indem sie Daten (inklusive Programmen) verfälschen oder löschen.
- Mit Würmern werden selbständige Programme bezeichnet, die sich in einem Netzwerk selbst reproduzieren können. Auch wenn ein Wurm keine direkte Schadensfunktion ausüben sollte, kann seine Ausbreitung in Netzwerken zu Überlastungen führen, welche die Verfügbarkeit des computergestützten Informationssystems einschränken.

Als abschließendes Beispiel für eine aktive Angriffsart, die auf eine Einschränkung bzw. den Verlust der Verfügbarkeit des computergestützten Informationssystems abzielt, sei auf *Denial-of-Service* (DoS)-Angriffe verwiesen: Hierbei wird die Datenübertragungskapazität eines vernetzten Rechners (häufig ein *Web-Server* eines bekannten Unternehmens) durch eine künstlich erzeugte Überlast an Anfragen derart in Anspruch genommen, dass es zu einer kompletten Blockade dieses Rechners kommt. DoS-Angriffe werden mittels logischer Zugriffe über Netzwerke ausgeführt und basieren auf speziellen Eigenschaften oder Schwachstellen der zugrunde liegenden Netzwerkprotokolle. Vgl. hierzu und zu weiteren Beispielen KURTH (1993), S. 86 ff., RAEPPLE (2001), S. 61 ff., BUSCH/WOLTHUSEN (2002), S. 131 ff., ROSSBACH (2002), S. 134 ff., BSI (2003d), Abschnitt 1, BSI (2003e), Abschnitt 1, ECKERT (2003), S. 25 ff., HOLZNAGEL (2003), S. 21 ff., HOPPE/PRIEß (2003), S. 42.

[197] Vgl. MOHR (1993), S. 34, RULAND (1993), S. 19 ff., ECKERT (2003), S. 15, HOLZNAGEL (2003), S. 25.

[198] Als Beispiel für eine Methode dieser Angriffsart kann der Einsatz von so genannten *Sniffer*-Programmen genannt werden, die den Datenverkehr in einem Netzwerk analysieren und das Mitlesen von Nachrichten ermöglichen. War bisher für den Einsatz eines solchen Programms ein physischer Zugang zum Datennetz notwenig, entfällt diese Hürde für den Angreifer mit der zunehmenden Verbreitung von Funknetzwerken (*Wireless Local Area Network* - WLAN). Hier reicht es aus, in die Reichweite des Funknetzes, die sich konstruktionsbedingt nicht auf einen bestimmten geographischen Zugangsbereich (z.B. ein Gebäude) begrenzen lässt, zu gelangen, um so den Datenverkehr im Funknetz von außerhalb des Unternehmensgeländes abzu-

unerlaubte Kopieren von Dateien und/oder Programmen (logischer Diebstahl) zu den Zielen passiver Angriffe.[199]

3.1.4 Der Sicherheitsprozess nach dem IT-Grundschutzhandbuch des BSI

Das IT-Grundschutzhandbuch stellt eine Empfehlung des Bundesamtes für Sicherheit in der Informationstechnik (BSI) für standardisierte Maßnahmen zur Absicherung von informationstechnischen Systemen (Grundschutz genannt) dar, der 1994 erstmals veröffentlicht, seitdem kontinuierlich weiterentwickelt bzw. ergänzt wurde und sich als ein pragmatischer Ansatz für die Absicherung von Informations- und Kommunikationstechnik etabliert hat.[200] Das IT-Grundschutzhandbuch hat das Ziel, durch geeignete Anwendung von organisatorischen, infrastrukturellen und technischen Maßnahmen ein Sicherheitsniveau für computergestützte Informationssysteme zu erreichen, das für einen vom BSI als normal bezeichneten Schutzbedarf ausreichend ist und als Basis für so genannte hochschutzbedürftige computergestützte Informationssysteme dienen kann.[201] Dem IT-Grundschutzkonzept liegt die Idee zugrunde, dass für die meisten in Unternehmen und Behörden eingesetzten computergestützten Informationssysteme eher geringe bis mittlere Sicherheitsanforderungen bestehen, für die ein ausreichender Mindestschutz durch die Realisierung von standardisierten Sicherheitsmaßnahmen verwirklicht werden kann.[202]

Um die Heterogenität im Bereich der Informationstechnik bewältigen zu können, verfolgt das IT-Grundschutzhandbuch einen modularen Ansatz. Hierbei spiegeln die einzelnen Module – Bausteine genannt – Bereiche des IT-Einsatzes wider, die vom BSI als typisch erachtet werden (z.B. *Client-Server*-Netze, Anlagen für Telekommunikation, Applikationskomponenten). Für diese Bausteine wird dann zunächst die zu erwartende Gefährdungslage beschrieben und anschließend ein für dieses Modul spezifisches Maßnahmenbündel beschrieben, das Maßnahmen aus den Bereichen Infrastruktur, Organisation (inklusive Personal), Hard- und Software, Kommunikation und Notfallvorsorge kombiniert.[203] Darüber hinaus wird ein Vorgehensmodell – Sicherheitsprozess genannt – empfohlen, welches im Rahmen eines Soll-Ist-Vergleichs zur Feststellung des bestehenden und Erreichung eines angestrebten Sicherheitsniveaus dient (vgl. Abb. 3-7):[204]

---

hören – Vgl. BSI (2003c), S. 12, ECKERT (2003), S. 660 ff. Auch kann die elektromagnetische Abstrahlung von Bildschirmen mittels spezieller Geräte innerhalb bestimmter Entfernungen rekonstruiert und so der Bildschirminhalt sichtbar gemacht werden. Vgl. RAEPPLE (2001), S. 79 f., HOPPE/PRIEẞ (2003), S. 38 ff.

[199] Vgl. HOPPE/PRIEẞ (2003), S. 35.

[200] Vgl. GORA/STARK (2002), S. 625.

[201] Vgl. BSI (2003a), S. 14, RAUSCHEN/DIESTERER (2004), S. 26.

[202] Vgl. KONRAD (1998), S. 63.

[203] Vgl. BSI (2003a), S. 14.

[204] Vgl. zum Folgenden BSI (2003a), S. 35 ff., HUMPERT (2004), S. 7 ff.

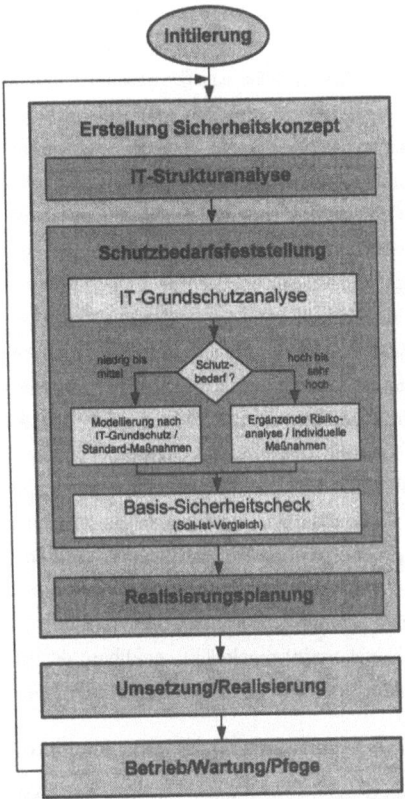

Abb. 3-7: **Der Sicherheitsprozess nach IT-Grundschutz-Ansatz des BSI**

Der Sicherheitsprozess wird initiiert durch die Definition der vom betrachteten computergestützten Informationssystem zu erfüllenden Sicherheitsziele und der Institutionalisierung eines für den Sicherheitsprozess verantwortlichen Sicherheitsmanagements. Die Kernaufgabe des Sicherheitsmanagements liegt in der Erstellung des **IT-Sicherheitskonzepts**, das die Grundlage für die Realisierung der erforderlichen Sicherheitsmaßnahmen darstellt. Ausgangspunkt für die Erstellung dieses Sicherheitskonzepts bildet eine **Strukturanalyse** der vorhandenen Informationstechnik, die sich i.d.R. am Netzplan des computergestützten Informationssystems orientiert. Hierzu wird jede informationstechnische Komponente eindeutig bezeichnet und kurz in ihrer Funktion beschrieben, wobei funktionsgleiche Komponenten in Gruppen zusammengefasst werden können. Der so erfasste Ist-Zustand des computergestützten Informationssystems wird anschließend im Rahmen der **Schutzbedarfsfeststellung** hinsichtlich seiner Gefährdungslage bewertet. Das Ziel der Schutzbedarfsfeststellung besteht darin, für jede erfasste Komponente des computergestützten Informationssystems (einschließlich der von ihr zu verarbeitenden Daten) zu entscheiden, welcher Schutzbedarf hinsichtlich der festgelegten Sicherheitsziele besteht. Hierbei sieht das Grundschutzhandbuch des BSI eine qualitative Klassifikation der Schutzbedarfe in die Kategorien ‚niedrig/mittel' für Komponenten, deren Schadensauswirkungen als eher begrenzt eingeschätzt werden, und ‚hoch/sehr hoch' für potenziell beträchtliche bis katastrophale (d.h. Existenz bedrohende) Schadensauswirkungen vor.[205] Während das Grundschutzhandbuch für die niedrige bzw. mittlere Schutzbedarfskategorie vorgefertigte (standardisierte) Sicherheitsmaßnahmen vorsieht, wird ab einem hohen Schutzbedarf eine zusätzliche Risikoanalyse für die betroffene Komponente mit den hieraus umzusetzenden individuellen Sicherheitsmaßnahmen empfohlen. In beiden Fällen ergibt sich aus dem als **Basis-Sicherheitscheck** bezeichneten Vergleich zwischen den aus der Analyse empfohlenen und den schon realisierten Sicherheitsmaßnahmen (Soll-Ist-Vergleich) der **Realisierungsplan** für noch fehlende oder mangelhafte Maßnahmen.[206] Bei der Realisierung selbst sind dann die konsolidierten und priorisierten Sicherheitsmaßnahmen umzusetzen.[207] Hierbei geht das im Februar 2002 vom BSI veröffentlichte Qualifizierungs- und Zertifizierungsschema für den IT-Grundschutz Unternehmen und Behörden die Möglichkeit, die wirkungsvolle Umsetzung von IT-Grundschutzmaßnahmen im Rahmen eines Audits durch unabhängige Grundschutz-Auditoren überprüfen und zertifizieren zu lassen.[208] Mit der Aufrechterhaltung der festgelegten Sicherheitsziele im laufenden Betrieb kehrt der Sicherheitsprozess nach dem IT-Grundschutzkonzept regelmäßig zur Phase der Erstellung des Sicherheitskonzepts zurück, um damit einen kontinuierlichen Prozess zu ermöglichen.[209]

3.2 Bausteine einer Sicherheitsarchitektur für computergestützte Informationssysteme

Im folgenden Abschnitt werden ausgewählte Sicherheitsmaßnahmen erläutert, die im Rahmen des Sicherheitsmanagements definiert werden, um die durch die Sicherheitspolitik vorgegebenen und im Sicherheitskonzept festgeschriebenen Sicherheitsziele zu gewährleisten.[210] Die Zusammenhänge zwischen Sicherheitszielen, potenziellen Schwachstellen von computerge-

---

[205] Als mögliche Schadensszenarien für diese Klassifikation sieht das Grundschutzbuch folgende Leitfragen vor: Verstoß gegen Gesetze/Verträge, Beeinträchtigung des informationellen Selbstbestimmungsrechts/der persönlichen Unversehrtheit/der Aufgabenerfüllung, negative Außenwirkung, finanzielle Auswirkungen. Vgl. BSI (2003a), S. 43.

[206] Vgl. RAUSCHEN/DISTERER (2004), S. 27.

[207] Im Rahmen der Konsolidierung ist zu prüfen, für welche IT-Grundschutzmaßnahmen eine Realisierung ggf. entfallen kann, da diese durch eine ebenfalls umzusetzende höherwertige Sicherheitsmaßnahme ersetzt werden kann. Vgl. BSI (2003a), S. 77.

[208] Vgl. GORA/STARK (2002), S. 625. Zum IT-Grundschutz-Zertifikat vgl. MÜNCH (2002), S. 346 ff.

[209] Vgl. BSI (2003a), S. 35.

[210] Hierbei werden unter dem Begriff der Sicherheitsmaßnahme alle Sicherheitsdienste, Sicherheitsmechanismen und organisatorischen Maßnahmen subsumiert, die eine Sicherheitsarchitektur für ein computergestütztes Informationssystem konstituieren können.

stützten Informationssystemen und möglichen Sicherheitsmaßnahmen sind in Abb. 3-8 verdeutlicht:[211]

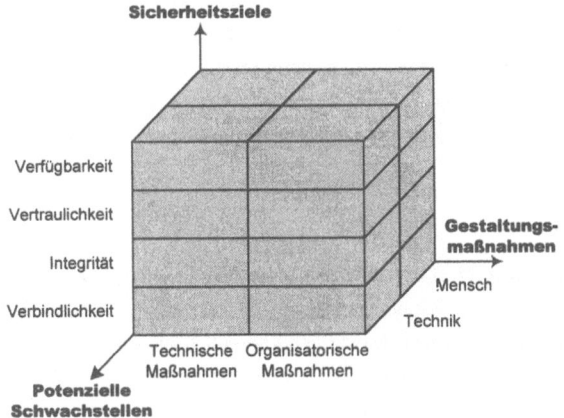

Abb. 3-8: **Dimensionen der Sicherheit von computergestützten Informationssystemen**

Neben den zu unterstützenden Schutzzielen können als Dimensionen technische und organisatorische Sicherheitsmaßnahmen unterschieden werden, die jeweils in Beziehung zu den potenziellen Schwachstellen eines computergestützten Informationssystems gesetzt werden.[212] Durch entsprechende Schnitte in den Kubus können unterschiedliche Betrachtungs- und Analyseebenen ausgewählt werden, um die Wirksamkeit einzelner Sicherheitsmaßnahmen einordnen und bewerten zu können.

Im Folgenden werden zunächst ausgewählte, primär technisch orientierte Gestaltungsmaßnahmen für die Sicherheit computergestützter Informationssysteme erörtert, um anschließend ausgewählte organisatorische Sicherheitsmaßnahmen vorzustellen.

---

[211] Eine ähnliche Darstellung mit abweichender Skalierung findet sich bei HOPPE/PRIEß (2003), S. 49.

[212] Je nach Vorgabe durch die Sicherheitspolitik kann die Anzahl und Granularität der für ein betrachtetes computergestütztes Informationssystem relevanten Schutzziele variieren. Darüber hinaus ist darauf hinzuweisen, dass die Einteilung der Sicherheitsmaßnahmen in technische und organisatorische Gestaltungsmaßnahmen den jeweiligen Schwerpunkt der betrachteten Maßnahme widerspiegelt: So bedürfen auch primär als technisch eingeordnete Sicherheitsmaßnahmen zu ihrer Anwendung einer organisatorischen Unterstützung (z.B. benötigen die technischen Verfahren zur Authentifikation von Nutzern die entsprechenden organisatorischen Regelungen zur Erzeugung und Verwaltung von Passwörtern). Aber auch primär als organisatorisch eingestufte Maßnahmen weisen häufig eine technische Komponente auf (so gehören z.B. Datensicherungskonzepte – so genannte *Backups* – eher zu den organisatorischen Gestaltungsmaßnahmen, auch wenn der eigentliche Vorgang der Datensicherung technischer Art ist).

3.2.1 Ausgewählte primär technische Sicherheitsmaßnahmen für computergestützte Informationssysteme

Bei den primär technisch orientierten Sicherheitsmaßnahmen ist die Kryptologie eine wichtige Basistechnologie zur Realisierung von Sicherheitszielen, da sie die Grundlage für zahlreiche Sicherheitsmaßnahmen bildet. Weiterhin werden Sicherheitsdienste zur Authentifizierung und Autorisierung von Nutzern, *Firewall*-Konzepte zur Absicherung von Rechnernetzen und Maßnahmen zur Überwachung computergestützter Informationssysteme vorgestellt.

3.2.1.1 Kryptographie

Unter Kryptographie wird die Lehre von den Methoden zur Ver- und Entschlüsselung von Nachrichten zum Zweck der Geheimhaltung von Informationen gegenüber Dritten verstanden.[213] Sie dient damit primär dem Schutz der Vertraulichkeit von Informationen, gilt aber darüber hinaus als eine Schlüsseltechnologie zur Gewährleistung der Sicherheit computergestützter Informationssysteme, da mit Hilfe von kryptographischen Authentifikationsmechanismen sowohl eine unbemerkte Manipulation von Daten verhindert werden kann (Schutz der Integrität) als auch eine nachweisbare Zurechenbarkeit von Daten zum jeweiligen Urheber gewährleistet werden kann (Schutz der Verbindlichkeit).[214]

3.2.1.1.1 Kryptographische Verfahren zum Schutz der Vertraulichkeit

Allgemein versteht man unter Verschlüsseln die Umwandlung (Transformation) einer verständlichen, lesbaren Nachricht (Klartext genannt) in einen für unberechtigte Dritte unverständlichen Schlüsseltext (*Chiffrat*) unter Verwendung einer Transformationsvorschrift (Verschlüsselungsalgorithmus). Dabei wird die Anwendung des Verschlüsselungsalgorithmus durch eine veränderliche Größe – den so genannten Schlüssel – parametrisiert.[215] Die Rücktransformation des *Chiffrats* in den ursprünglichen Klartext unter Zuhilfenahme des dafür nötigen Schlüssels wird als Entschlüsselung bezeichnet.[216] Ein allgemeines kryptographisches

---

[213] Die Kryptographie gehört neben der Kryptoanalyse zur Kryptologie, die allgemein als Wissenschaft vom Entwurf und der Anwendung kryptologischer Verfahren gilt (von griechisch *Kryptos Logos* – das versteckte Wort). Dabei beschäftigt sich die Kryptoanalyse mit der (unberechtigten) Entschlüsselung von verschlüsselten Nachrichten ohne Zugriff auf den hierfür notwendigen Schlüssel zu haben. Vgl. zur Kryptologie und ihren beiden Teilbereichen z.B. BAUER (1994), S. 24 f., SCHMEH (2001), S. 13 f. , SINGH (2004), S. 18 ff.

[214] Vgl. HEUSER (1996), S. 9, HOLZNAGEL (2003), S. 87, MÜLLER/EYMANN/KREUTZER (2003), S. 398.

[215] Vgl. HEUSER (1996), S. 9, BSI (2002a), S. 15, HEPP/THOME (2002), S. 819. Es ist anzumerken, dass sich die Kryptographie die unterschiedlichen Ebenen der Semiotik zu Nutze macht (vgl. hierzu Abschnitt 2.1): Die Umwandlung des Klartextes in das *Chiffrat* findet auf der syntaktischen Ebene statt. Es handelt sich dementsprechend um eine Transformation von Daten mit dem Zweck, die auf der semiotisch höheren Ebene der Pragmatik einzuordnende Informationen zu schützen.

[216] Die Basis aller Ver- und Entschlüsselungsverfahren – Ausnahme: Quantenkryptographie, vgl. hierzu TITTEL u.a. (1999), S. 25 ff. – bilden einfache mathematische Elemtaroperationen wie (1) Substitution (d.h. das Er-

System zum Schutz der Vertraulichkeit von Informationen kann wie folgt beschrieben werden:[217] $C = E(M, K)$ – Das *Chriffrat* C wird gebildet durch Anwendung der Verschlüsselungsfunktion E (von engl. *Encipher, Encryption*) und des Schlüssels K (engl. *Key*) auf den Klartext M (engl. *Message*). Der Klartext M lässt sich unter Anwendung der Entschlüsselungsfunktion D (engl. *Decipher, Decryption*) und des entsprechenden Schlüssel K aus dem Schlüsseltext C zurück gewinnen – $M = D(C, K)$.[218] Hierbei darf nach dem Prinzip von KERCKHOFFS die Sicherheit des Krypto-Systems – also dessen Fähigkeit, den Verfahren und Methoden der Kryptoanalyse zu widerstehen – nicht von der Geheimhaltung des verwendeten Verschlüsselungsalgorithmus abhängen, sondern sollte ausschließlich auf der Geheimhaltung der benutzten Schlüssel beruhen.[219] Darüber hinaus ist die Sicherheit kryptographischer Verfahren positiv korreliert mit der Länge des/der benutzten Schlüssel (gemessen in Bit), d.h. längere Schlüssel bewirken eine höhere Sicherheit gegen kryptoanalytische Angriffe.[220] Wird

---

setzen von Zeichen durch andere Zeichen nach einer Substitutionsvorschrift), (2) Permutation bzw. Transposition (d.h. das Ändern der Anordnung von Zeichen nach einer entsprechenden Regel), sowie (3) arithmetischen Grundoperationen wie Addition, Subtraktion, Multiplikation, Division sowie die Modulo-Arithmethik, die auf ganzzahliger Division beruht (wird eine ganze Zahl z durch eine ganze Zahl n dividiert, so erhält man den ganzzahligen Rest r, so dass gilt: $r = z \bmod n$, z.B. 13 mod 5 = 3, da $13 = 2 \cdot 5 + 3$). Vgl. hierzu SCHAUMÜLLER-BICHL (1992), S. 54 ff., HOPPE/PRIEB (2003), S. 93.

[217] Vgl. hierzu z.B. HEPP/THOME (2002), S. 819, ECKERT (2003), S. 223 ff.

[218] Zu den bekanntesten historischen kryptographischen Verfahren zählt das nach dem römischen Kaiser und Feldherrn benannte *Cäsar-Chiffre*. Hierbei handelt es sich um ein einfaches Verfahren der Zeichensubstitution, welches darauf beruht, dass jeder Buchstabe des Klartextes ersetzt wird durch denjenigen Buchstaben im lateinischen Alphabet, der um eine vorher als Schlüssel festgelegte Position weiter hinten im Alphabet steht (so wird z.B. bei einem Substitutionsschlüssel von K=3 ein A durch ein D, ein B durch ein E usw. ersetzt). Einen Überblick über die historische Entwicklung der Kryptographie ist z.B. zu finden bei BAUER (1995), S. 5 ff., GERLING (2000), S. 21 ff., BEUTELSPACHER (2002), S. 9 ff., SINGH (2004), S. 25 f.

[219] Dieses auf den niederländischen Philosophen AUGUSTE KERCKHOFFS VON NIEWENHOF im Jahr 1883 in seinem Buch ‚*La cryptographie militaire*' – vgl. hierzu GERLING (2000), S. 18 f., HOLZNAGEL (2003), S. 88 f. – formulierte Prinzip gilt als ein grundlegendes Gestaltungsprinzip für alle modernen Krypto-Systeme, da andernfalls das kryptographische Verfahren kompromittiert und damit unbrauchbar ist, sobald der geheime Transformationsalgorithmus bekannt wird. Basiert die Sicherheit des Verfahrens dagegen auf der Geheimhaltung des/der Schlüssel kann bei deren Entdeckung das Verfahren selbst mit anderen Schlüsseln weiterhin genutzt werden. Im Gegenteil, durch die Offenlegung des Verschlüsselungsalgorithmus und dessen öffentlicher Analyse können vorhandene Schwachstellen eher entdeckt und u.U. beseitigt werden. So wird ein Verschlüsselungsalgorithmus als umso sicherer angesehen, je länger er einer (öffentlichen) Kryptoanalyse widersteht. Vgl. hierzu BSI (2002a), S. 15 f., SINGH (2004), S. 27, HOPPE/PRIEB (2003), S. 92 f., HOLZNAGEL (2003), S. 88 f. Allgemein zum Algorithmenentwurf in der Kryptographie vgl. GOLLMANN (1994), S. 105 ff.

[220] So werden Verschlüsselungsverfahren auch in Abhängigkeit der benutzten Schlüssellänge als ‚schwach' oder ‚stark' bezeichnet. Dabei sind diese Bewertungen bzw. die als sicher geltende Schlüssellänge von der (Leistungs-)Fähigkeit des zum Betrachtungspunkts herrschenden Techniksstands abhängig, den so genannten Schlüsselraum (also die maximal mögliche Anzahl unterschiedlicher Schlüssel: so beträgt bei binären Schlüsseln der Länge i die Anzahl möglicher Schlüssel 2^i) in akzeptabler Zeit zu durchsuchen. Vgl. hierzu ECKERT (2003), S. 227 ff., HOPPE/PRIEB (2003), S. 94 f., HOLZNAGEL (2003), S. 89. Zu potenziellen kryptoanalytischen Angriffsarten auf eine verschlüsselte Nachricht vgl. WOBST (2003), S. 201 f.

für das Ver- und Entschlüsseln derselbe Schlüssel verwendet, so spricht man von einem **symmetrischen Verschlüsselungsverfahren** (vgl. Abb. 3-9).[221]

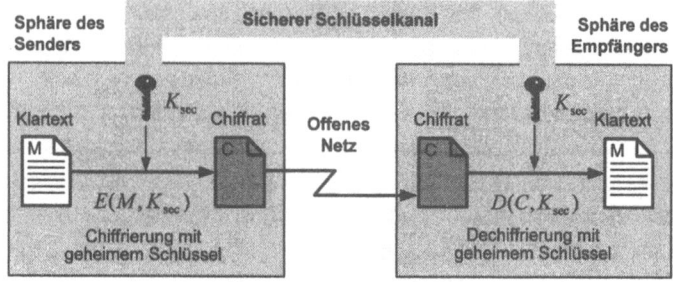

Abb. 3-9: Symmetrische Verschlüsselung

Die Sicherheit der symmetrischen Verschlüsselung beruht darauf, dass Sender und Empfänger den gemeinsamen Schlüssel K_{Secret} geheim halten, weshalb diese Verschlüsselungsverfahren auch *Secret-Key*-Verschlüsselungen genannt werden.[222] Bekannte Beispiele für symmetrische Verschlüsselungsverfahren sind u.a. der AES (*Advanced Encryption Standard*), der den DES (*Data Encryption Standard*) als ANSI-Standard abgelöst hat, und der IDEA (*International Data Encryption Standard*).[223]

Im Gegensatz dazu zeichnen sich **asymmetrische Verschlüsselungsverfahren** dadurch aus, dass jeder Kommunikationsteilnehmer ein Schlüsselpaar besitzt – bestehend aus einem jedem frei zugänglichen öffentlichen Schlüssel (*public key*) und einem nur dem Eigentümer bekannten privaten Schlüssel (*private key*), der zwar mathematisch untrennbar mit dem öffentlichen Schlüssel zusammenhängt, aber aus diesem nicht ableitbar ist.[224] Die Asymmetrie des

---

[221] Vgl. GRIMM (1996), S. 28, POHLMANN (1996), S. 17, GERLING (1997), S. 198, RÖHM (2000), S. 25.
Dabei sind moderne symmetrische Verschlüsselungsverfahren so aufgebaut, dass Ver- und der Entschlüsselungsalgorithmus identisch sind und als jeweilige Umkehrfunktion zueinander aufgefasst werden können: $M = E^{-1}(C,K)$. Vgl. MÜNZENBERGER (1996), S. 33, BEUTELSPACHER (1998), S. 22, MÜLLER/EYMANN/KREUTZER (2003), S. 399.

[222] Die praktische Einsetzbarkeit von symmetrischen Verschlüsselungsverfahren wird dabei durch zwei grundlegende Anwendungsvoraussetzungen eingeschränkt: (1) Der Austausch des gemeinsamen, geheimen Schlüssels muss über einen als sicher geltenden Kommunikationskanal erfolgen und (2) die Menge der zu generierenden Schlüssel wächst mit Anzahl der Kommunikationspartner stark an: Bei n Personen müssen (n-1)! Schlüssel generiert, ausgetauscht und verwaltet werden, wenn jede Person mit jeder anderen verschlüsselt kommunizieren will. Dagegen liegt der Vorteil symmetrischer Verfahren in der vergleichsweise hohen Geschwindigkeit beim Ver- und Entschlüsseln. Vgl. hierzu HEUSER (1996), S. 19, MÜNZENBERGER (1996), S. 33, POHLMANN (1996), S. 18, HOLZNAGEL (2003), S. 90, HOPPE/PRIEB (2003), S. 96.

[223] Eine ausführliche Darstellung und Bewertung der aufgeführten symmetrischen Verschlüsselungsverfahren ist zu finden bei ECKERT (2003), S. 250 ff.

[224] Vgl. RÖHM (2000), S. 27, BSI (2002a), S. 18, HOLZNAGEL (2003), S. 90. Das Konzept der asymmetrischen Verschlüsselung geht zurück auf DIFFIE/HELLMAN (1976), S. 644 ff.

Verfahrens wird in der Anwendung der beiden Schlüsselkomponenten ersichtlich (vgl. Abb. 3-10):

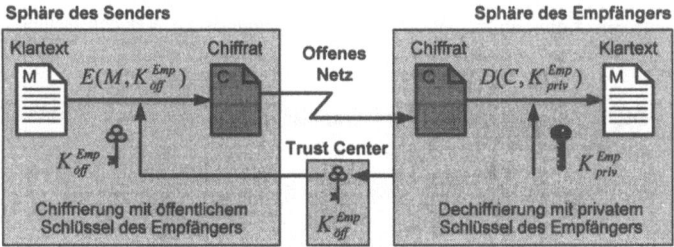

Abb. 3-10: Asymmetrischer Verschlüsselung

Zum Verschlüsseln einer Nachricht verwendet der Sender den frei zugänglichen öffentlichen Schlüssel des Empfängers $K_{\textit{öff}}^{Emp}$. Die Entschlüsselung des entstandenen *Chiffrats C* zurück in den Klartext *M* kann ausschließlich über den privaten Schlüssel des Empfängers K_{priv}^{Emp} erfolgen.[225] Aus der Tatsache, dass der öffentliche Schlüssel eines Kommunikationsteilnehmers für alle anderen jederzeit frei zugänglich ist, leitet sich für asymmetrische Verschlüsselungssysteme auch die Bezeichnung *Public-Key*-Verfahren ab.[226] Die Vorteile dieser Verfahren gegenüber symmetrischen Verschlüsselungssystemen liegen zum einen darin, dass unabhängig von der Anzahl der Kommunikationspartner nur ein Schlüsselpaar pro Kommunikationsteilnehmer generiert werden muss und zum anderen das Problem der Schlüsselverteilung aufgrund der frei zugänglichen öffentlichen Schlüssel vernachlässigbar ist.[227] Der Nachteil von asymmetrischen Verschlüsselungsverfahren liegt aufgrund der hohen Berechnungskomplexität in der geringeren Performanz bei der Ver- und Entschlüsselung. Aus diesem Grund

---

[225] Vgl. MÜNZENBERGER (1996), S. 35, HENHAPL/MÖLLER (2000), S. 58, BSI (2002a), S. 18.
Die mathematischen Zusammenhänge bei der asymmetrischen Verschlüsselung beruhen auf der Idee der so genannten ‚Einweg-Funktion' – also einer mathematischen Funktion, die in eine Richtung zwar leicht (schnell) auszuwerten ist, deren Umkehrfunktion bisher als unmöglich gilt: So beruht z.B. die Sicherheit asymmetrischer Verschlüsselungsalgorithmen darauf, dass das Produkt n aus zwei großen Primzahlen p und q, also n = p · q, zwar sehr schnell zu berechnen ist, eine Zerlegung des Produkts n in die einzelnen Primfaktoren aber mathematisch extrem aufwendig ist. Vgl. hierzu HEPP/THOME (2002), S. 821 f., HOPPE/PRIEß (2003), S. 101, MÜLLER/EYMANN/KREUTZER (2003), S. 403, WOBST (2003), S. 202. Zu den zahlentheoretischen Aspekten von asymmetrischen Verschlüsselungsverfahren vgl. COHEN (2001), S. 129 ff.

[226] Beispiele hierfür sind u.a. der RSA-Algorithmus, benannt nach den Wissenschaftlern RONALD RIVEST, ADI SHAMIR und LEONARD ADLEMAN, die ihn 1977 entwickelt haben, ElGamal von 1985 oder so genannte Elliptische Kurven. Eine ausführliche Darstellung dieser und weiterer asymmetrischer Algorithmen ist zu finden bei BAUER (1995), S. 160 ff., MÜNZENBERGER (1996), S. 36 ff., ECKERT (2003), S. 267 ff.

[227] Vgl. BSI (2002a), S. 19 f., HOPPE/PRIEß (2003), S. 101. Der Zugang zum öffentlichen Schlüssel des jeweiligen Kommunikationspartners erfolgt i.d.R. über vertrauenswürdige Instanzen (so genannte *Trust Center*), die eine korrekte Zuordnung des öffentlichen Schlüssels zum Schlüsselinhaber über Zertifikate sicherstellen. Vgl. hierzu ECKERT (2003), S. 310, HOLZNAGEL (2003), S. 91.

werden sie auch mit den schnelleren symmetrischen Verfahren zu **Hybrid-Verschlüsselungssystemen** kombiniert, bei denen ein spontan und zufällig erzeugter symmetrischer Schlüssel (so genannter *Session Key*), der zur Verschlüsselung benutzt wurde, bei der Übertragung über einen unsicheren Kommunikationskanal durch asymmetrische Verschlüsselung geschützt wird.[228]

3.2.1.1.2 Digitale Signaturen als kryptographische Anwendung zum Schutz der Verbindlichkeit

Bei der Übertragung von Nachrichten über offene Kommunikationsnetze (wie z.B. das Internet) ist nicht nur die Vertraulichkeit der übertragenen Informationen zu schützen. Darüber hinaus kann der Empfänger einer elektronischen Nachricht nur dann auf deren Inhalt vertrauen (und diesen zur Grundlage seines eigenen rechtsverbindlichen Handelns machen), wenn es ihm möglich ist, (1) den Absender der Nachricht zuverlässig zu identifizieren (Gewährleistung der Verbindlichkeit) und (2) die Unversehrtheit der Nachricht für den Zeitraum vom Absenden bis zum Empfang festzustellen (Schutz der Integrität).[229] Eine nachweisbare Zurechenbarkeit (Verbindlichkeit) einer empfangenen Nachricht zur Identifizierung des Absenders und die Überprüfung deren Integrität kann mit Hilfe von elektronischen bzw. digitalen Signaturen sichergestellt werden. Diese dienen als eine Art '**Siegel für digitale Daten**', welches mit dem in früheren Zeiten benutzten Wachssiegeln vergleichbar ist bzw. sie stellen ein digitales Äquivalent zur handgeschriebenen Unterschrift dar.[230] Digitale Signaturen sind eine spezielle Anwendung von asymmetrischen Verschlüsselungsverfahren, wobei für die Erzeugung und Überprüfung einer digitalen Signatur die beiden Schlüsselkomponenten des asymmetrischen Krypto-Systems in einer anderen Reihenfolge als bei beim Verschlüsselungsvorgang benutzt werden (vgl. Abb. 3-11):

---

[228] Vgl. SELKE (2000), S. 73 ff., BSI (2002a), S. 23, HOLZNAGEL (2003), S. 91, HOPPE/PRIEß (2003), S. 103 f., MÜLLER/EYMANN/KREUTZER (2003), S. 403 f.. Ein solches hybrides Verfahren wird z.B. von der Verschlüsselungssoftware PGP verwendet. Vgl. hierzu GERLING (2000), S. 107 ff., HEPP/THOME (2002), S. 822.

[229] Vgl. STEINACKER (1992a), S. 17, HOLZNAGEL (2003), S. 49.

[230] So bot ein unversehrtes Wachssiegel dem Empfänger eines damit verschlossenen Briefes die Gewissheit, dass dessen Inhalt unterwegs weder gelesen noch verändert wurde. Darüber hinaus ließ das in das Siegel eingeprägte Wappen Rückschlüsse auf die Identität des Absenders zu. Vgl. hierzu HOLZNAGEL (2003), S. 49 f.
Die funktionalen Anforderungen an digitale Signaturen ergeben sich dabei aus den rechtsverbindlichen Eigenschaften einer handschriftlichen Unterschrift als genuin-individuellen Schriftzug: (1) Die Unterschrift gibt Auskunft über die Identität des Unterzeichners (Identitätsfunktion), (2) die Unterschrift bezeugt, dass das unterschriebene Dokument vom Unterzeichner als anerkannt wurde (Echtheitsfunktion), (3) die Unterschrift erklärt das Dokument für inhaltlich vollständig (Abschlussfunktion) und (4) dem Unterzeichner wird die rechtliche Bedeutung des zu unterschreibenden Dokuments aufgezeigt (Warnfunktion). Vgl. hierzu HAMMER (1993), S. 272, BIZER/HAMMER/PORDESCH (1995), S. 105, ECKERT (2003), S. 307.

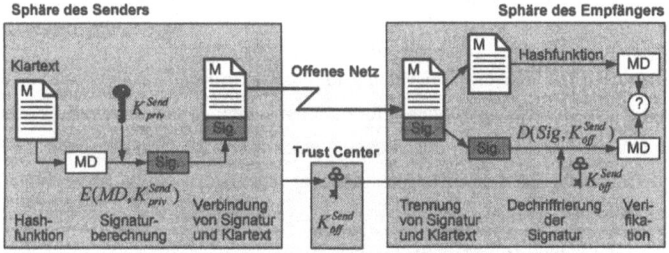

Abb. 3-11: Funktionsweise einer digitalen Signatur

Der Absender einer Nachricht benutzt seinen privaten (geheimen) Schlüssel K_{priv}^{Send}, um aus dem zu übertragenden Dokument unter Anwendung des Verschlüsselungsalgorithmus eine eindeutige (d.h. nur für dieses Dokument gültige) Signatur zu berechnen.[231] Aus Gründen der Performanz wird i.d.R. nicht das gesamte Dokument signiert, sondern nur der aus diesem Dokument berechnete so genannte *Hash*-Wert *MD* (engl. *Message Digest*), der auch als ‚digitaler Fingerabdruck' bezeichnet wird und eine individuelle und eindeutige Kurzform des Dokuments darstellt.[232] Dieser *Hash*-Wert wird dann unter Anwendung des privaten Schlüssels des Absenders K_{priv}^{Send} unter Anwendung des asymmetrischen Verschlüsselungsalgorithmus in die digitale Signatur transformiert. Der Empfänger einer Nachricht kann nun mit Hilfe der mit dem Dokument übertragenen Signatur zunächst die **Authentizität** des Kommunikationspartners überprüfen, d.h. ob die Nachricht tatsächlich von diesem Absender stammt, da nur dieser in der Lage war, mit seinem privaten Schlüssel diese Signatur zu erzeugen. Er entschlüsselt dafür aus der Signatur unter Benutzung des frei zugänglichen öffentlichen Schlüssels des Absender K_{off}^{Send} den ursprünglichen (d.h. vom Absender gebildeten) *Hash*-Wert zurück, was nur gelingt, wenn der öffentliche Schlüssel des Absenders zu der bei der Signaturerzeugung benutzten privaten Schlüsselkomponente des Absenders passt. Zur Überprüfung der **Integrität** (d.h. der Unversehrtheit) des übertragenen Dokuments berechnet der Empfänger unter erneuter Anwendung des Hashverfahrens den *Hash*-Wert des Dokuments und vergleicht diesen mit dem zuvor aus der Signatur entschlüsselten *Hash*-Wert. Bei Über-

---

[231] Vgl. u.a. BIZER/BRISCH (1999), S. 17 f., ERTEL (2001), S. 102 f., SCHMEH (2001), S. 118 f., ECKERT (2003), S. 315 f.

[232] Hashverfahren sind mathematische Funktionen, die Eingabewerte (z.B. Dokumente) beliebiger Länge in einen Ausgabewert fixer Länge (*Hash*-Wert) komprimieren. Hashfunktionen sind dabei nicht umkehrbar, d.h. aus dem *Hash*-Wert kann aufgrund des Informationsverlustes bei der Komprimierung nicht das ursprüngliche Dokument rekonstruiert werden. Darüber hinaus sollen Hashfunktionen u.a. die Eigenschaft der Kollisionsfreiheit aufweisen, d.h. es dürfen keine zwei verschiedene Dokumente existieren, die den gleichen *Hash*-Wert aufweisen. Bekannte Hash-Algorithmen sind z.B. der SHA-1 (*Secure Hash Algorithm* 1) und der *Message Digest* 5 (MD5). Vgl. hierzu BIZER/BRISCH (1999), S. 100 ff., SELKE (2000), S. 91 ff., SCHMEH (2001), S. 139 ff., ECKERT (2003), S. 291 ff., HOPPE/PRIEß (2003), S. 102 f.

einstimmung beider Werte ist nachgewiesen, dass das Dokument während des Transports über ein offenes Netz nicht verändert wurde.[233]

Zusammenfassend lässt sich die Anwendung kryptographischer Verfahren zur Gewährleistung der Sicherheit computergestützter Informationssysteme folgendermaßen bewerten: Mit Hilfe von symmetrischen wie asymmetrischen Verschlüsselungsverfahren kann die Vertraulichkeit von Informationen (durch Verschlüsselung der Daten) geschützt werden. Darüber hinaus bieten digitale Signaturen als Anwendung asymmetrischer Kryptoverfahren die Möglichkeit, die Integrität und Verbindlichkeit von digitalen Dokumenten zu gewährleisten.

3.2.1.2 Maßnahmen zur Authentifizierung und Autorisierung

Zur Gewährleistung der Sicherheit computergestützter Informationssysteme und zur Einhaltung rechtlicher Rahmenbedingungen (z.B. Regelungen zum Datenschutz) für deren Betrieb dürfen Nutzer nur Zugriff auf Objekte des computergestützten Systems (Daten, Funktionen, Programme) haben, für die sie ihm Rahmen der Sicherheitsarchitektur als berechtigt vorgesehen sind. Zur Umsetzung dieser Vorgaben ist es zunächst notwendig, die Identität eines Nutzers, der Zugang zum computergestützten Informationssystem ersucht, festzustellen und zu überprüfen, um anschließend die Handlungsmöglichkeiten dieses Nutzers im Rahmen eines vorgegebenen Berechtigungskonzepts kontrollieren zu können und ihm so Zugriff auf die für ihn vorgesehenen Systemressourcen zu gewähren.[234]

Der Vorgang zur Feststellung und Überprüfung der Identität eines zugangsuchenden Nutzers wird als **Authentifizierung** bezeichnet und ist Voraussetzung für die Vergabe nutzerspezifischer Berechtigungen bezüglich Systemressourcen sowie für die Überwachung von Nutzeraktivitäten während der Nutzung des computergestützten Informationssystems.[235] Eine Authentifizierung von Nutzern kann erfolgen anhand von spezifischer Information, Besitz einer Sache, biometrischen Merkmalen sowie Kombinationen hieraus: Die Überprüfung der Identität eines Nutzers erfolgt häufig durch spezifische (d.h. nur dem Nutzer bekannter) Infor-

---

[233] Vgl. BIZER/BRISCH (1999), S. 104, ECKERT (2003), S. 315 f., HOLZNAGEL (2003), S. 51 f.
Es ist anzumerken, dass durch die Verwendung des privaten Schlüssels des Senders zum Verschlüsseln des gesamten Dokuments die Vertraulichkeit desselben nicht gewährleistet werden kann, da jeder mit Hilfe des frei zugänglichen öffentlichen Schlüssels des Senders das entstandene *Chiffrat* entschlüsseln kann. Um gleichzeitig Vertraulichkeit des Dokuments durch Verschlüsselung herzustellen, ist eine doppelte Anwendung der asymmetrischen Verschlüsselung notwendig, indem das signierte Dokument vor der Übertragung mit dem öffentlichen Schlüssel des Empfängers chiffriert wird. Nur dieser ist dann in der Lage, das entstandene *Chiffrat* in das signierte Dokument zurück zu transformieren. Vgl. hierzu HOPPE/PRIEß (2003), S. 109.

[234] Der Begriff des **Zugangs** bezeichnet in diesem Zusammenhang die Möglichkeit, sich auf logischer Ebene als berechtigter Nutzer des computergestützten Informationssystems auszuweisen, während der Begriff des **Zugriffs** darüber hinaus gehend die Nutzung der für ihn vorgesehenen Daten, Funktionen und Programme beschreibt. Beide Begriffe bedingen eine physische (häufig i.S.e. räumlichen) Erreichbarkeit des computergestützten Informationssystems, die als **Zutritt** bezeichnet wird. Vgl. KIEFER (1996), S. 49 f., HOPPE/PRIEß (2003), S. 32 f.

[235] Vgl. WECK (1993), S. 150, KERSTEN (1995), S. 89 f., HOPPE/PRIEß (2003), S. 61.

Sicherheit als materielle Gestaltungsanforderung 61

mation durch Eingabe einer Nutzerkennung und eines dazugehörigen Passwortes.[236] Bei einer Authentifizierung durch Besitz muss der Nutzer einen Gegenstand (physisches *Token* genannt) als Beweis seiner Identität vorlegen (z.b. in Form einer Chipkarte), was allerdings die entsprechende *Hardware* (z.b. ein Kartenlesegerät) zur Überprüfung dieses physischen *Token* voraussetzt.[237] Bei biometrischen Authentifikationsverfahren wird die Identität eines Nutzers entweder anhand seiner statischen, individuellen physiologischen Merkmale (Fingerabdruck, Gesichtsgeometrie, Iris oder Retina des Auges) oder anhand von dynamischen, verhaltenstypischen und personengebundenen Eigenschaften (handgeschriebene Unterschrift, Stimme, Gestik, Mimik) überprüft.[238] Hierbei werden die mit dem jeweiligen biometrischen Erkennungssystem erfassten Daten mit den gespeicherten Referenzdaten einer zugangsberechtigten Person verglichen und Zugang zum computergestützten Informationssystem gewährt oder verwehrt.[239]

Nachdem ein Nutzer nach erfolgreicher Authentifizierung Zugang zum computergestützten Informationssystem erhalten hat, erfolgt eine Zuweisung von zuvor festgelegten Berechtigungen für diesen Nutzer bezüglich des Zugriffs auf Ressourcen des computergestützten Informationssystems, die der Nutzer zur Erfüllung seiner Aufgaben benötigt. Dieser Vorgang der Vergabe und Überprüfung von benutzerabhängigen Zugriffsrechten auf Objekte des computergestützten Informationssystems wird als **Autorisierung** bezeichnet.[240] Die Aufgaben der Rechteverwaltung eines computergestützten Informationssystems bestehen darin, entspre-

---

[236] Vgl. HORSTER (1993), S. 513 f., POHL (2000a), Abschnitt 3, SCHNEIDER (2000a), S. 96, ECKERT (2003), S. 367. Hierbei stellt das Passwort (oder alternativ eine persönliche Identifikationsnummer – PIN) ein nur dem Nutzer bekanntes Geheimnis dar, das seine Identität gegenüber dem computergestützten Informationssystem bestätigt. Allgemein zum Passwort und dessen korrekten Gebrauch vgl. WECK (1993), S. 153 f., OPFERMANN (2000), Abschnitt 3.

[237] Auch ist eine Kombination aus spezifischem Wissen und Besitz möglich: Dies ist z.B. bei der Verwendung von geheimer PIN und einer so genannten Transaktionsnummer (TAN) der Fall. Der Nutzer ist hierbei in Besitz einer Liste mit nicht fortlaufenden Transaktionsnummern, von denen er für jeden Authentifikationsvorgang eine in Verbindung mit seiner PIN verwendet. Die TAN verliert dabei nach einmaliger Nutzung ihre Gültigkeit, so dass bei der nächsten Authentifizierung die auf der TAN-Liste folgende Nummer verwendet werden muss. Vgl. BSI (2000b), S. 34.

[238] Vgl. TELETRUST (2000), S. 6, ECKERT (2003), S. 397. Auch ist diese Erfassung und Überprüfung von Merkmalskombinationen denkbar (etwa Erkennen von Fingerabdruck kombiniert mit der Erfassung der Stimme).

[239] Grundsätzlich können zwei biometrische Authentifikationsverfahren unterschieden werden: (1) Bei der biometrischen Authentifizierung durch Verifikation wird anhand der gespeicherten biometrischen Daten lediglich überprüft, ob eine Person tatsächlich diejenige ist, für die sie sich ausgibt. Zuvor muss ein Nutzer deshalb seine Identifikation in Form einer Nutzerkennung dem biometrischen Erkennungssystem mitteilen, die dann mit Hilfe des biometrischen Verfahrens überprüft wird. Bei dieser Verifikation wird das eingehende Muster mit dem zur Nutzerkennung gespeicherten Referenzmuster verglichen. (2) Dagegen wird bei der biometrischen Authentifikation durch Identifikation zusätzlich noch die Identität einer Person festgestellt, indem eingehende Biometriedaten mit allen gespeicherten Mustern von zugangsberechtigten Nutzern verglichen werden. Vgl. hierzu TELETRUST (2000), S. 21, KLISCHE (2002), 232.

[240] Vgl. KERSTEN (1995), S. 91, SCHNEIDER (2000a), S. 97, HOPPE/PRIEB (2003), S. 83 f.

chende Mechanismen zur Vergabe und Überprüfung von Zugriffsrechten bereitzustellen.[241] Dies kann z.B. erfolgen mit Hilfe von Zugriffskontrolllisten (*Access Control List* – ACL), einer listenartig organisierten Datenstruktur, welche die Namen bzw. Identifikationen der zugriffsberechtigten Nutzer bzw. Rollen (bei einer rollenbasierten Rechteverwaltung) für ein zu schützendes Objekt enthält und mit diesem zusammen abgespeichert wird.[242]

Authentifizierung und Autorisierung von Nutzern sind präventive technische Maßnahmen für die Sicherheit computergestützter Informationssysteme: Während die Authentifizierung durch die Feststellung und Bestätigung der Identität eines Nutzers die Voraussetzung zur Sicherstellung von Vertraulichkeit und Verbindlichkeit schafft, kann mit Maßnahmen der Autorisierung darüber hinaus auch die Integrität und Verfügbarkeit gewährleistet werden, da eine unberechtigte Veränderung oder gar Löschung von Daten verhindert wird. Darüber hinaus schaffen Authentifizierung und Autorisierung die Voraussetzungen für die Durchführung weiterer Sicherheitsmaßnahmen (wie z.B. der Protokollierung von Aktivitäten von Nutzern zur Gewährleistung der Zurechenbarkeit und zur eventuellen Beweissicherung).[243]

3.2.1.3 *Firewall*-Systeme zur Absicherung von Rechnernetzen

Mit der Anbindung von bisher isoliert betriebenen (geschlossenen) lokalen (d.h. auf ein geographisches Gebiet begrenzten) Netzwerken von Unternehmen und Behörden (*Local Area Networks* – LAN) an offene Netze wie z.B. das Internet und der Verwendung von Internettechnologie im unternehmensinternen LAN (insbesondere der Protokollfamilie TCP/IP) ergeben sich neue Bedrohungen für die Sicherheit computergestützter Informationssysteme.[244]

---

[241] Vgl. ECKERT (2003), S. 445. Folgende Kategorien können hierbei als grundlegende Konzepte für Autorisierungsverfahren unterschieden werden: (1) Bei benutzerbestimmbaren Zugriffskontrollstrategien (*Discretionary Access Control* – DAC) ist der Eigentümer eines Objekts (z.B. einer Datei) für dessen Schutz verantwortlich. Nach nach eigenem Ermessen Zugriffsrechte an andere Instanzen (Personen, Prozesse) weitergeben, d.h. Zugriffsrechte werden hier auf der Basis einzelner Objekte durch den Objekteigentümer vergeben. (2) Dagegen werden bei regelbasierten Zugriffskontrollstrategien (*Mandatory Access Control* – MAC) systemweit geltende Rechte definiert, indem Nutzer und Objekte in Sicherheitsklassen eingeteilt werden und für alle möglichen Nutzer-Objekt-Kombinationen Regeln (meist in Form einer so genannten Zugriffskontrollmatrix) hinterlegt werden, die Zugriffe erlauben bzw. untersagen. (3) Bei rollenbasierten Zugriffskontrollstrategien (*Role Based Access Control* – RBAC) werden Zugriffsrechte zu so genannten Rollen zusammengefasst und anschließend den zu schützenden Objekten zugeordnet. Rollen stellen hierbei eine Zusammenfassung von Zugriffsrechten dar, die zur Erfüllung bestimmter Aufgaben (z.B. für die Administration eines computergestützten Informationssystems) benötigt werden. Nutzer werden hierbei – entsprechend ihrer zu erfüllenden Aufgabe(n) – mindestens einer vorher definierten Rolle zugewiesen. Vgl. hierzu MURAUER (2001), S. 1-4 f. u. 5-1 ff., ECKERT (2003), S. 180 f. u. 457, HOPPE/PRIEß (2003), S. 85.

[242] Vgl. WECK (1993), S. 176 ff., KERSTEN (1995), S. 107, ECKERT (2003), S. 453 ff. Zugriffskontrolllisten werden z.B. in UNIX-Betriebssystemen zur Autorisierung von Nutzern verwendet. Ein rollenbasiertes Berechtigungskonzept wird z.B. bei der integrierten Anwendungssoftware SAP R/3 verwendet. Vgl. hierzu SCHNEIDER (2000a), S. 98.

[243] Vgl. HOPPE/PRIEß (2003), S.90.

[244] So wird ein lokales Netzwerk auf Basis des TCP/IP-Protokolls auch Intranet genannt. Vgl. hierzu HORN (1999), S.14. Ein Kommunikationsprotokoll hat dabei die Aufgabe, Vereinbarungen und Regeln für eine ungehinderte Kommunikation zwischen Kommunikationspartnern zur Verfügung zu stellen. Protokolle bedienen sich häufig eines Schichtenmodells, welches eine hierarchische Zusammenstellung von einzelnen

Sicherheit als materielle Gestaltungsanforderung 63

Hierdurch ergibt sich zum einen die Notwendigkeit, die netzwerkbasierten Ressourcen des computergestützten Informationssystems durch Kontrollmaßnahmen an definierten Übergängen zwischen dem als vertrauenswürdig eingestuften, unternehmensinternen Netzwerk und dem Internet vor unberechtigtem Zugang und Zugriff aus dem Internet zu schützen. Zum anderen soll berechtigten Nutzern des unternehmensinternen Netzes der Zugriff auf die Dienste des Internet zur Erledigung ihrer Aufgaben ermöglicht werden.[245] Diese zentrale Kontrolle des Datenverkehrs an der Schnittstelle von zu schützendem internen Netz und dem Internet ist Aufgabe von so genannten *Firewall*-Systemen. Das Prinzip des *Firewall*-Konzepts besteht darin, jeglichen Datenverkehr zwischen zwei Netzen durch die *Firewall* als zentrale Kontrollinstanz zu leiten, um so Zugriffe auf das interne Netz, aber auch aus diesem heraus auf das Internet kontrollieren zu können (vgl. Abb. 3-12):[246]

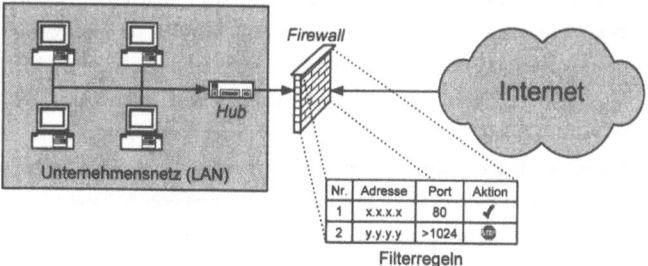

Abb. 3-12: Funktionsweise einer *Firewall*

Allgemein wird als *Firewall* eine Kombination aus *Hard-* und *Software* bezeichnet, die als alleiniger Übergang zwischen zwei zu trennenden Netzwerken auf Basis des TCP/IP-Protokolls dient, von denen ein Netzwerk einen höheren Schutzbedarf aufweist.[247] Das Aufgabenspektrum von *Firewall*-Systemen umfasst dabei die Kontrolle der Kommunikationsaktivitäten

---

Kommunikationsdiensten darstellt. Höhere Dienste (Schichten) greifen über definierte Schnittstellen auf die Dienste der darunter liegenden Schichten zurück. Eine zu übertragende Nachricht wird dabei in einzelne Datenpakete aufgeteilt, die dann mit Hilfe der einzelnen Schichten des Protokolls an den Empfänger gelangen. Vgl. hierzu HANSEN/NEUMANN (2002), S. 1146 ff. Zu den protokolltypischen Sicherheitsproblemen von TCP/IP vgl. ECKERT (2003), S. 70 ff.

[245] Vgl. THIERMANN (1995), S. 548, RAEPPLE (2001), S. 213, MÜLLER/EYMANN/KREUTZER (2003), S. 409.

[246] Vgl. MÜTZE (1996), S. 625, OPPLIGER (1997), S. 384 ff., ECKERT (2003), S. 510. Der Begriff der *Firewall* leitet sich aus dem Bereich des Feuerschutzes bei Gebäudekomplexen ab, wo eine *Firewall* als Brandschutzmauer die Aufgabe hat, die Ausbreitung eines Brandes zwischen zwei Gebäuden zu verhindern. Vgl. ZWICKY/COOPER/CHAPMAN (2001), S. 22, ECKERT (2003), S. 518.

[247] Vgl. BSI (2003a), Kapitel 7.3. Darüber hinaus können *Firewall*-Systeme auch innerhalb des unternehmensinternen Netzes eingesetzt werden, um Netzbereiche, die unterschiedliche Sicherheitsanforderungen aufweisen, voneinander abzugrenzen, um so individuell kontrollierbare Sicherheitsbereiche zu schaffen. Vgl. CHESWICK/BELLOVIN (1994), S. 53 f., ECKERT (2003), S. 518, MÜLLER/EYMANN/KREUTZER (2003), S. 408 f.

durch Filterung des Datenverkehrs (1) auf physischer Ebene zwischen zwei eigenständigen, miteinander verbundenen Netzen und (2) auf logischer Ebene zwischen zwei Teilbereichen eines physischen Netzes (so genannter Domänen, die als Zonen unterschiedlichen Sicherheitsniveaus aufgefasst werden können). Darüber hinaus kann eine Protokollierung von Kommunikationsaktivitäten zwischen den Netzen und ggf. eine Alarmierung bei unberechtigten Zugangs- bzw. Zugriffsversuchen stattfinden.[248]

Technisch betrachtet existieren zwei Grundkonzepte, nach denen *Firewall*-Systeme realisiert werden können, die durch Kombination zu unterschiedlichen *Firewall*-Architekturen zusammengestellt werden können:[249] **Paketfilter** (auch Überwachungsrouter genannt) arbeiten auf der so genannten Netzwerk- und Transportschicht des Kommunikationsprotokolls und stellen damit die einfachste Variante einer *Firewall* dar. Zur Kontrolle der ein- und ausgehenden Datenpakete werden in Tabellenform Filterregeln hinterlegt, welche die im Rahmen der Sicherheitsstrategie festgelegten Zugriffsbeschränkungen umsetzen.[250] **Application Gateways** (auch *Proxy Server* genannt) besitzen eine größere Schutzwirkung, da sie in der Lage sind, neben den von Paketfiltern kontrollierten Protokollschichten auch Daten der höchsten Protokollebene – der Anwendungsschicht – zu überwachen, indem anwendungsspezifische Daten von Internetdiensten in den Filterprozess einbezogen werden.[251] Darüber hinaus kann z.B. durch die Kombination von *Firewall*-Systemen mit kryptographischen Anwendungen ein virtuelles privates Netzwerk (VPN) aufgebaut werden, welches einen vertraulichen Datenaus-

---

[248] Vgl. ENGEL/RÖSCH (2002), S. 188 f. Mit einer Firewall kann damit eine Sicherheitsstrategie realisiert werden, die neben Zugangs- und Zugriffsrestriktionen auch Authentifikationsanforderungen umfasst. Die *Firewall* leitet hierbei nur diejenige Datenpakete weiter, die diese Strategie erfüllen und protokolliert sämtliche Ereignisse. Die Protokolldaten können anschließend zur Aufdeckung von Angriffsversuchen, aber auch zu Abrechnungszwecken analysiert werden. Vgl. ECKERT (2003), S. 519.

[249] Diese unterscheiden sich in ihrer Schutzwirkung im Wesentlichen durch die Protokollebene, auf der die Kontrolle des Datenverkehrs durchgeführt wird. Grundsätzlich gilt hierbei: Je höher die *Firewall* im Schichtenmodell des Protokolls angesiedelt ist, desto besser ist ihre Schutzwirkung, aber umso höher ist auch der Aufwand für ihre Administration. Vgl. hierzu RAEPPLE (2001), S. 213, MÜLLER/EYMANN/ KREUTZER (2003), S. 409. Zum Aufbau verschiedener *Firewall*-Architekturen vgl. ECKERT (2003), S. 541 ff., HOPPE/PRIEß (2003), S. 144 ff.

[250] Vgl. LUCKHARDT (1997), S. 308 f., OPPLIGER (1997), S. 386 ff., RAEPPLE (2001), S. 214, ZWICKY/COOPER/ CHAPMAN (2001), S, 175 ff., ENGEL/RÖSCH (2002), S. 191, ECKERT (2003), S. 520 ff., HOPPE/PRIEß (2003), S. 139. Hierbei sollten die Filterregeln nach dem Erlaubnisprinzip aufgebaut sein, d.h. es ist alles verboten, was nicht ausdrücklich durch eine Regel erlaubt wird. Leitlinien zur Erstellung von Filterregeln sind u.a. zu finden bei ECKERT (2003), S. 526 ff.

[251] Hierzu werden für jeden Dienst der Anwendungsebene (wie z.B. HTTP, FTP, SMTP usw.) spezielle Filter bereitgestellt, die als Stellvertreter (*Proxies*) Verbindungsanfragen von Anwendungen aus beiden Netzbereichen entgegennehmen und nach erfolgreicher Prüfung an die jeweilige Zieladresse weiterleiten. Aus diesem Grund bieten *Application Gateways* zwar eine größere Schutzwirkung gegen externe (und interne) Angriffe als Paketfilter, sind aber auch aufwendiger zu administrieren. Vgl. OPPLIGER (1997), S. 388 f., RAEPPLE (2001), S. 220, ENGEL/RÖSCH (2002), S. 190, ECKERT (2003), S. 537 ff., HOPPE/PRIEß (2003), S. 141.

tausch zwischen geographisch verteilten Standorten eines Unternehmens über ein offenes Netz ermöglicht.[252]

Firewall-Systeme sind präventiv wirkende technische Sicherheitsmaßnahmen, deren Schutzwirkung sich in erster Linie gegen Gefahren in Form von logischen Angriffen auf das unternehmensinterne Netzwerk richtet. Aber auch nicht erwünschte Kommunikationsverbindungen aus dem als vertrauenswürdig eingestuften Netz heraus – wie sie z.B. bei Nichtbeachtung von Sicherheitsvorschriften durch berechtigte Nutzer des computergestützten Informationssystems zustandekommen – können durch den Einsatz von *Firewall*-Systemen unterbunden werden.[253]

3.2.1.4 Ausgewählte Maßnahmen zur Überwachung von computergestützten Informationssystemen

Der Prozess zur Etablierung von Sicherheit in computergestützten Informationssystemen (vgl. Abb. 3-7) ist nicht nur durch planerische Tätigkeiten und deren Umsetzung gekennzeichnet, sondern verlangt auch eine Überwachung des Einsatzes eines computergestützten Informationssystems, um so die Wirksamkeit der implementierten Sicherheitsarchitektur zu kontrollieren. Hierzu müssen Maßnahmen eingesetzt werden, die zum einen das Auftreten von sicherheitskritischen Ereignissen möglichst zeitnah registrieren und die für den Systembetrieb zuständige(n) Person(en) entsprechend alarmieren, zum anderen eine nachträgliche Analyse einer Sicherheitsverletzung und ggf. eine Beweissicherung erlauben:

- **Einbruchserkennungssysteme** (*Intrusion Detection Systems* – IDS) dienen der automatischen Entdeckung potenziell sicherheitskritischer Vorgänge in computergestützten Informationssystemen und können damit *Firewall*-Systeme im Bereich der präventiven Sicherheitsmaßnahmen sinnvoll ergänzen.[254] Hierzu protokollieren und analysieren sie die Netzwerkaktivitäten in Echtzeit und sind damit in der Lage, nicht nur Angriffe von außen, sondern auch interne Angriffe, die von berechtigten Nutzern des computergestützten Informationssystems ausgehen, zeitnah zu erkennen.[255] Neben der automatischen Erkennung

---

[252] Vgl. HAAS/ZIEGELBAUER (1997), S. 60, ZWICKY/COOPER/CHAPMAN (2001), S. 126 ff., HANSEN/NEUMANN (2002), S. 1270 ff., ECKERT (2003), S. 565 ff., HOPPE/PRIEB (2003), S. 164 ff., MÜLLER/EYMANN/KREUTZER (2003), S. 411 f.

[253] Hierbei hängt die Wirksamkeit von *Firewall*-Systemen unmittelbar von den ihrem Einsatz zugrunde liegenden Regeln und deren Implementierung ab. So kann eine unvollständige oder fehlerhafte Konfiguration der *Firewall* erhebliche Sicherheitsprobleme nach sich ziehen. Vgl. VEIT (1999), S. 47 ff., FOX (2000), S. 549, ECKERT (2003), S. 219.

[254] Vgl. FOX (2000), S. 549, HOLZ/MEIER/KÖNIG (2002), S. 144. Bei IDS handelt es sich im Gegensatz zu *Firewall*-Systemen um reine *Software*-Lösungen. Vgl. HOPPE/PRIEB (2003), S. 189.

[255] Vgl., HENNEKE (2002), S. 200, HOPPE/PRIEB (2003), S. 188, MÜLLER/EYMANN/KREUTZER (2003), S. 411, SCHEERHORN/NEDON (2003), S. 233. Grundsätzlich lassen sich zwei Kategorien von IDS unterscheiden: (1) Missbrauchserkennende IDS, die bekannte Charakteristika und Muster von Angriffen – Angriffssignatur genannt, vgl. hierzu NORTHCUTT/NOVAK (2001), S. 189 – im Datenverkehr des zu überwachenden Netzwerks entdecken. (2) Anomalieerkennende IDS untersuchen Nutzerverhalten bzw. Netzwerkaktivitäten auf Abweichungen von als üblich definierten Verhaltensprofilen. Diese sind damit in der Lage, auch auf noch unbe-

sicherheitsrelevanter Vorfälle können IDS darüber hinaus auch Funktionen für automatisierte Abwehrreaktionen auf diese potenziellen Angriffe beinhalten, die als *Intrusion Response* bezeichnet werden.[256]

Aufgrund der umfangreichen Datenerfassung und der intensiven Auswertung des Nutzerverhaltens kann ein Konflikt mit dem informationellen Selbstbestimmungsrecht des Datenschutzes nur dann ausgeschlossen werden, wenn betroffene Nutzer dieser zweckgebundenen Verwertung ihrer personenbezogenen Daten zustimmen.[257]

- Zum Schutz des computergestützten Informationssystems vor logischen Manipulationen durch schon vorhandene, während des Systembetriebs hinzugefügte Systemanomalien (auch *Malware* genannt – von *malicious software*) müssen im Rahmen der Überwachungsaktivitäten Schutzmaßnahmen in Form von **Anti-Viren-Programmen** etabliert werden.[258] Hierbei handelt es sich um *Software* (Virenscanner genannt), die auf logischer Ebene Datenträger, einzelne Dateien und Systemspeicherbereiche auf die Muster bekannter *Malware* untersucht und bei Übereinstimmung mit einem bekannten Muster den Nutzer alarmiert und versucht, das schädigende Programm zu entfernen.[259] Neben der dezentralen Implementierung von Anti-Viren-*Software* auf jedem einzelnen Arbeitsplatz des computergestützten Informationssystems erscheint es ratsam, in Unternehmensnetzwerken

---

kannte Angriffsarten zu reagieren Vgl. VON HELDEN/KARSCH (1998), S. 11, RAEPPLE (2001), S. 230, HOLZ/ MEIER/KÖNIG (2002), S. 145.

[256] Vgl. MÜLLER/EYMANN/KREUTZER (2003), S. 411. So können zu *Intrusion Response*-Systemen (IRS) erweiterte IDS z.B. das Schadensausmaß durch Abschottungsmaßnahmen begrenzen, Beweismittel sichern, den Angreifer ausfindig machen und ggf. einen Gegenangriff starten, der allerdings juristisch bedenklich ist. Vgl. VON HELDEN/KARSCH (1998), S. 80 ff., HENNEKE (2002), S. 203 f.

[257] Vgl. VON HELDEN/KARSCH (1998), S. 77 ff., NORTHCUTT/NOVAK (2001), S. 208 ff., MÜLLER/EYMANN/ KREUTZER (2003), S. 411.

[258] Unter dem Begriff der *Malware* werden alle Arten von Programmen verstanden, die für den berechtigten Nutzer verdeckte und unerwünschte Funktionen enthalten, die zur Einschränkung oder gar zum Verlust der Vertraulichkeit und Verfügbarkeit von Daten und Systemfunktionen führen können. Als spezifische Ausprägungen von *Malware* sind Viren, Würmer und Trojanische Pferde zu nennen, die z.B. über E-Mails in das computergestützte Informationssystem gelangen können. Vgl. BSI (2003e), S. 5. Zur Unterscheidung von Viren, Trojanischen Pferden oder Würmern vgl. Abschnitt 3.1.3. Im allgemeinen Sprachgebrauch wird *Malware* häufig vereinfachend mit Viren gleichgesetzt. Dies spiegelt sich auch in der Bezeichnung des Anti-Viren-Programms wider, das aber i.d.R. auch die andere Arten von *Malware* erkennt. Vgl. HOPPE/ PRIEB (2003), S. 191.

[259] Hierbei können Virenscanner unterschiedliche Verfahren (auch in Kombination) einsetzen, um *Malware* in einem computergestützten Informationssystem zu entdecken: Neben der oben aufgeführten (1) Signaturerkennung, bei der gefährdete Bereiche des computergestützten Informationssystems nach Mustern schon bekannter *Malware* durchsucht werden, kann im Rahmen einer (2) heuristischen Suche nach Befehlsfolgen (Operationen) in ausführbaren Dateien gesucht werden, die als charakteristisch für *Malware* gelten (z.B. Sprungbefehle vom Anfang an das Ende einer Datei, wo sich typischerweise der Virencode dann befindet). Bei der (3) Integritätsprüfung von ausführbaren Dateien (Programme) berechnet das Virenschutzprogramm eine Prüfsumme des im computergestützten Informationssystems gespeicherten Programms und vergleicht diese mit der ihm bekannten Prüfsumme des gleichen, aber garantiert nicht infizierten Programms. Vgl. hierzu BSI (1997), Kapitel 2.3, FITZ/HALANG (2002), S. 76 ff.

Sicherheit als materielle Gestaltungsanforderung 67

die Funktionalität dieser Sicherheitsmaßnahme zusätzlich an zentralen Stellen (z.B. E-Mail-Servern) vorzuhalten.

Bei der Benutzung von Anti-Viren-*Software* ist zu beachten, diese regelmäßig mit den neuesten vom Hersteller erhältlichen Virensignaturen zu aktualisieren, um die Wirksamkeit der Erkennungsleistung aufrechtzuerhalten.[260]

- Auch mit Maßnahmen zur allgemeinen **Protokollierung** des Systembetriebes durch entsprechende Protokollierungsprogramme kann die Sicherheit computergestützter Informationssysteme überwacht werden. Allgemein wird unter Protokollierung das Erstellen von manuellen oder automatisierten Aufzeichnungen von relevanten Ereignissen oder Vorgängen verstanden, die beim Einsatz eines computergestützten Informationssystems auftreten.[261] Mit der Protokollierung des laufenden Betriebes wird der Zweck verfolgt, nachträglich feststellen zu können, ob sicherheitsgefährdende Ereignisse aufgetreten sind oder gar eine Sicherheitsverletzung stattgefunden hat. Darüber hinaus können die Protokolle auch zur Ermittlung eines Angreifers und zur Beweissicherung herangezogen werden.[262] Die Wirksamkeit der Protokollierung als Sicherheitsmaßnahme ist dabei nur gegeben, wenn die Protokolldateien in regelmäßigen Abständen durch hierfür qualifiziertes Personal (z.B. IT-Sicherheitsbeauftragter, Datenschutzbeauftragter, Revisor) ausgewertet werden.[263]

Da auch die beim Vorgang der Protokollierung entstandenen Protokolldateien i.d.R. personenbezogene Daten der berechtigten Nutzer des computergestützten Informationssystems enthalten (und damit den datenschutzrechtlichen Normen des informationellen Selbstbestimmungsrechts unterliegen), ist im Rahmen des für das computergestützte Informationssystem vorliegenden Betriebskonzepts sicherzustellen, dass die Verarbeitung dieser personenbezogenen Daten der hierfür vorgesehenen besonders engen Zweckbindung unterliegt.[264]

Während die Protokollierung eine passiv orientierte Sichermaßnahme darstellt, mit der *ex post* durch Analyse der während des Systembetriebs erstellten Protokolldateien festgestellt werden

---

[260] Vgl. HOLZNAGEL (2003), S. 33.

[261] Vgl. BSI (2003a), Kapitel M 2.110, HOPPE/PRIEß (2003), S. 187. Die bei diesem Vorgang anfallenden Protokolldaten werden dabei in Protokolldateien gespeichert, die dann für eine Auswertung zur Verfügung stehen. *Software* zur Protokollierung ist häufig schon Bestandteil von Betriebssystemen (z.B. die Programme syslog oder loginlog bei UNIX).

[262] Vgl. BSI (2003a), Kapitel G 2.22, HOPPE/PRIEß (2003), S. 194.

[263] Vgl. BSI (2003a), Kapitel M 2.64.

[264] Nach § 14 Abs. 4 und § 31 BDSG dürfen zur Sicherstellung eines ordnungsgemäßen Betriebs einer Datenverarbeitungsanlage die Protokolldaten nur zu dem Zweck verwendet werden, der Anlass für ihre Speicherung war. Nach § 20 Abs. 2 BDSG besteht darüber hinaus eine grundsätzliche Löschungspflicht dieser Dateien, sobald kein zwingender Grund mehr für ihr weiteres Vorhalten existiert.

kann, ob eine Sicherheitsverletzung stattgefunden hat, kann mit Hilfe von aktiv und präventiv wirkenden Überwachungsmaßnahmen wie *Intrusion Detection*-Systemen oder Anti-Viren-Programmen eine Gefährdung der Sicherheit computergestützter Informationssysteme nicht nur *in statu nascendi* entdeckt werden, sondern auch entsprechende Gegenmaßnahmen eingeleitet werden.[265]

3.2.2 Ausgewählte primär organisatorische Sicherheitsmaßnahmen für computergestützte Informationssysteme

Bei den im Rahmen der Sicherheitsarchitektur vorgestellten Sicherheitsdiensten (bzw. -mechanismen zu deren Umsetzung) handelt es sich primär um technisch orientierte Sicherheitsmaßnahmen. Diese bedürfen zur Entfaltung ihrer Wirksamkeit der Ergänzung durch organisatorische Maßnahmen, die im folgenden Abschnitt vorgestellt werden.

3.2.2.1 Ableitung organisatorisch orientierter Sicherheitsmaßnahmen aus dem allgemeinen Betriebskonzept des computergestützten Informationssystems

Mit dem Betriebskonzept wird ein strukturierter Rahmen für die Ableitung organisatorischer Sicherheitsmaßnahmen vorgegeben. Die Durchführung dieser Maßnahmen findet dabei regelmäßig als wiederkehrende Abläufe primär während der Einsatzphase eines computergestützen Informationssystems statt. Beispielhaft können als typische sicherheitsbezogene Aufgaben im Rahmen des allgemeinen Betriebskonzepts Maßnahmen für die Notfallplanung und das Vorhalten von redundanten Systemressourcen genannt werden:

- Wird beim Eintreten einer Sicherheitsverletzung ein Zustand des computergestützten Informationssystems erreicht, bei dem innerhalb einer zuvor definierten Zeitspanne einer Wiederherstellung der Verfügbarkeit von betriebsnotwendigen Ressourcen nicht möglich ist und sich daraus ein hinreichend großer Schaden ergibt, liegt ein Notfall vor.[266] Schon bei Eintritt eines Ereignisses, in dessen Folge ein Notfall entstehen könnte, sollten Maßnahmen ergriffen werden, die zu einer Schadensreduzierung führen. So ist für das Eintreten von Bedrohungen, die im Rahmen der Risikoanalyse als potenzielle Notfälle definiert sind, ein **Notfallkonzept** zu erstellen, das genaue Angaben darüber enthält, welche Aktivitäten im Fall des Eintretens eines Notfalls zur Schadensreduzierung auszuführen sind und welche Kompetenzen und Aufgaben mit der Rolle des Notfall-Verantwortlichen verbunden sind.[267] Das Notfallkonzept umfasst für *ex ante* festgelegte Schadensereignisse, die eine existenzielle Bedeutung für den Betrieb des computergestützten Informations-

---

[265] Vgl. zur Wirksamkeit von Maßnahmen zur Überwachung des computergestützten Informationssystems auch HOPPE/PRIEß (2003), S. 194 ff.

[266] Vgl. BSI (2003a), Kapitel M 6.2, HOPPE/PRIEß (2003), S. 227.

[267] Inwieweit eine Bedrohung im Rahmen der Risikoanalyse als möglicher Notfall eingestuft wird, unterliegt – genauso wie die Festlegung der kritischen Schwelle, oberhalb derer ein Schaden als hinreichend groß angenommen wird – einer unternehmensindividuellen Bewertung. Vgl. HOPPE/PRIEß (2003), S. 227.

Sicherheit als materielle Gestaltungsanforderung 69

systems haben, jeweils Notfall-Pläne, die konkrete Handlungsanweisungen und Verhaltensregeln beinhalten, um eine möglichst schnelle Wiederherstellung der Verfügbarkeit von informationstechnischen Ressourcen zu ermöglichen.[268] Weiterhin sind Wiederanlaufpläne ein wichtiger Bestandteil des Notfall-Konzepts, die insbesondere dann erforderlich sind, wenn nach einer Betriebsunterbrechung das Basissystem des computergestützten Informationssystems wieder hochgefahren werden muss.[269] Die einzelnen Notfall-Pläne sind in einem Notfallhandbuch zu dokumentieren, welches die mit der Notfallbehebung betrauten Personen bzw. Teams schrittweise bis zum Wiederanlauf des computergestützten Informationssystems führt.[270]

- Eng verbunden mit dem Notfall-Konzept sind organisatorisch orientierte Maßnahmen zum Vorhalten von Redundanzen bezüglich einzelner Elemente des computergestützten Informationssystems, um im Fall des Ausfalls von Komponenten zeitnah die Funktionsfähigkeit des computergestützten Informationssystems zur Unterstützung kritischer Geschäftsprozesse wiederherstellen zu können.[271] Speziell für die Wiederherstellung der im computergestützten Informationssystem gespeicherten Daten, die als Ressource die unternehmensindividuellen Geschäftsprozesse abbilden, ist ein **Datensicherungskonzept** zu erstellen, welches die unternehmenskritischen Daten redundant vorhält. Das Grundprinzip der Datensicherung besteht darin, von vorher festgelegten Datenbeständen

---

[268] Ereignisse, für die Notfall-Pläne erstellt werden, weisen typischerweise den Charakter von (Natur-) Katastrophen auf: Brand, Wassereinbruch, Explosion, totaler Stromausfall. Vgl. RAEPPLE (2001), S. 130, BSI (2003a), Kapitel M 6.9.

[269] Vgl. HOPPE/PRIEB (2003), S. 229.

[270] Vgl. GLESSMANN (2000), Abschnitt 1, BSI (2003a), Kapitel M 6.3. Diese Notfall-Dokumentation sollte aus Gründen der Aktualisierbarkeit weniger in Form eines gedruckten Handbuchs vorliegen, sondern eher als tragbares, rechnergestütztes und autarkes Informationssystem (z.B. in Form eines Notebook oder PDA) realisiert werden, das die Vorteile einer hypertext-basierten Navigation mit einer schnellen und unkomplizierten Aktualisierbarkeit verbindet. Die Zugänglichkeit zur NotfallDokumentation, die auch die Erreichbarkeit des/der Notfall-Verantwortlichen (Standort, Telefonnummer usw.) beinhaltet, sollte für alle berechtigten Nutzer des computergestützten Informationssystems sichergestellt sein. Zur Überprüfung der Wirksamkeit von Maßnahmen im Bereich der Notfall-Vorsorge dienen Notfall-Übungen, die den Ablauf von Notfall-Plänen erproben und dabei bisher nicht erkannte Mängel aufdecken. Vgl. BSI (2003a), Kapitel M 6.12, HOPPE/PRIEB (2003), S. 229 f.

[271] Der Begriff der Redundanz als mehrfaches Vorhandensein von Systemelementen bezieht sich hierbei sowohl auf die technische Ebene des computergestützten Informationssystems (wie z.B. *Hardware*-Komponenten), auf die logische Ebene (Sicherung von Daten), aber auch auf die personelle Ebene (schnelle Verfügbarkeit von Spezialisten für z.B. Datenbanken oder bestimmte Anwendungssysteme). Im Rahmen von *Disaster*- bzw. *Business-Recovery*-Konzepten werden je nach benötigter Reaktionszeit nach einem Notfall verschiedene Redundanzstufen unterschieden: Bei so genannten ‚kalten Lösungen' werden lediglich Raumkapazitäten und rudimentäre infrastrukturelle Einrichtungen (z.B. Strom- und Datenleitungen) für das Ausweichen des computergestützten Informationssystem nach einer Katastrophe vorgehalten. Bei ‚warmen Lösungen' werden zusätzlich noch Rechnerkapazitäten verfügbar gehalten, ohne allerdings den für das sofortige Aufrechterhalten von Geschäftsprozessen benötigten Daten- und Anwendungsprogrammbestand vorzuhalten. Bei ‚heißen Lösungen' existiert aufgrund der Kritikalität von Geschäftsprozessen ein zweites eigenständiges computergestütztes Informationssystem parallel betrieben, welches quasi in Echtzeit den gleichen Datenbestand aufweist wie das originäre computergestützte Informationssystem. Vgl. LOHSE (1998), Abschnitt 1 ff., BSI (2003a), Kapitel M 6.6.

(inklusive der für deren Verarbeitung benötigten Programme) in regelmäßigen Zeitintervallen Sicherungskopien (*Backups*) anzulegen, um Betriebsunterbrechungen durch Systemausfälle möglichst kurz zu halten.[272] Obwohl der eigentliche Vorgang der Datensicherung auf technischen Verfahren beruht, hängt die Wirksamkeit dieser Sicherungsmaßnahme in hohem Maße von deren organisatorischer Einbettung ab. Hierzu werden im Datensicherungskonzept die grundsätzlichen Aspekte wie z.B. Zeitpunkt der Sicherung und deren Umfang, Sicherungsintervall, Art der Datensicherung und Rekonstruktionsplan festgelegt.[273] Das Ziel der Datensicherung besteht darin, eine schnelle und möglichst lückenlose Wiederherstellung der Verfügbarkeit von Daten und dazugehörigen Programmen in einem wirtschaftlich vertretbaren Ausmaß zu ermöglichen.[274]

3.2.2.2 Ausgewählte aufbau- und ablauforganisatorische Maßnahmen im Bereich der Sicherheit computergestützter Informationssysteme

Für organisatorisch orientierte Sicherheitsmaßnahmen kann – in Anlehnung an die klassische Organisationstheorie – zwischen aufbau- und ablauforganisatorischen Maßnahmen unterschieden werden. Hierbei zeigt die Aufbauorganisation die statische Struktur eines Unternehmens (z.B. in Form eines Organigramms) durch die für eine bestimmte Dauer beständige personale Zuordnung von Rollen und dessen Inhabern auf einzelne Stellen als kleinste Organisationseinheit eines Unternehmens, während die Ablauforganisation die Gestaltung von Arbeitsprozessen innerhalb einer Organisationseinheit beschreibt.[275] Somit beinhalten aufbauorganisatorisch orientierte Sicherungsmaßnahmen die Zuordnung von Aufgaben aus dem Bereich der Sicherheit computergestützter Informationssysteme auf spezielle Stellen des Unter-

---

[272] Vgl. RAEPPLE (2001), S. 127, HOPPE/PRIEß (2003), S. 221.

[273] Vgl. BSI (2003a), Kapitel M 6.32, M 635. Je nach organisatorischer Ausgestaltung des Datensicherungskonzepts variiert das technische Datensicherungsverfahren. So können als Arten der Datensicherung u.a. unterschieden werden (1) die **Datenspiegelung**, die eine zeitgleiche redundante Speicherung der im computergestützten Informationssystem verarbeiteten Daten ermöglicht, (2) eine **Volldatensicherung**, die zu festgelegten Zeitpunkten den gesamten, für die Datensicherung vorgesehenen Datenbestand sichert, während (3) eine **inkrementelle Datensicherung** nur diejenigen Daten sichert, die sich seit dem letzten *Backup* geändert haben. Vgl. HOPPE/PRIEß (2003), S. 222 ff.
Im engen Zusammenhang mit der Art der Datensicherung steht die Auswahl der hierfür vorgesehenen Sicherungsmedien (z.B. Wechselplatten, Bandlaufwerke, optische Datenträger usw.), die sich hinsichtlich ihrer Leistungskriterien (wie z.B. Speicherkapazität, Zugriffszeit, Transferrate, Haltbarkeit) unterscheiden Vgl. hierzu HANSEN/NEUMANN (2002), S. 701 ff.

[274] Hierbei gilt einerseits, dass der Aufwand zur Wiederherstellung des benötigten Datenbestandes zwar umso geringer ist, je häufiger ein *Backup* erstellt wurde. Andererseits entsteht mit jeder Datensicherung in Abhängigkeit vom zu sichernden Datenvolumen ein Bedarf an Personal-, Leitungs- und Speicherkapazität, der in einem angemessenen Verhältnis zum potenziellen Schaden durch Datenverlust stehen muss. Vgl. RAEPPLE (2001), S. 127. So ist im Rahmen des Betriebskonzepts zu analysieren, welche Datenbestände als unternehmenskritisch gelten und in welchen Intervallen aus Gründen der Aktualität eine Datensicherung adäquat erscheint.

[275] Vgl. GAITANIDES (1992), Sp. 1 ff., HOFFMANN (1992), Sp. 208 ff. Als Rolle wird hierbei die nicht-personalisierte (d.h. an keine namentlich genannte Person gebundene) Zusammenstellung von Verantwortlichkeiten, Pflichten und Berechtigungen bezeichnet, die zur Erfüllung bestimmter Aufgaben ein spezifisches Handlungsmuster bilden. Vgl. GRIMM (1994), S. 77, KOHL (1994), S. 158.

nehmens, während im Rahmen der Ablauforganisation prozessorientierte Maßnahmen zur Schaffung und Verbesserung der Sicherheit computergestützter Informationssysteme geregelt werden.[276] Beispielhaft werden im folgenden Abschnitt ausgewählte aufbau- bzw. ablauforganisatorisch orientierte Sicherheitsmaßnahmen beschrieben.

Für den Bereich der Sicherheit computergestützter Informationssysteme sind im Rahmen der Aufbauorganisation spezielle Stellen einzurichten, um Verantwortlichkeiten und Kompetenzen in diesem Bereich eindeutig festzulegen. Während die Bestellung eines Datenschutzbeauftragten ab einer bestimmten Unternehmensgröße gesetzlich vorgeschrieben ist, ist die Institutionalisierung eines **Sicherheitsbeauftragten** für das computergestützte Informationssystem optional.[277] Dieser ist der zentrale, in Form einer Stabsstelle direkt der Unternehmensleitung unterstellte direkte Ansprechpartner für alle Sicherheitsaspekte, die das computergestützte Informationssystem betreffen, zuständig und kann bei der Wahrnehmung seiner Aufgaben durch dezentrale, z.B. einzelnen Funktionsbereichen zugeordneten Sicherheitsadministratoren unterstützt werden (vgl. Abb. 3-13):[278]

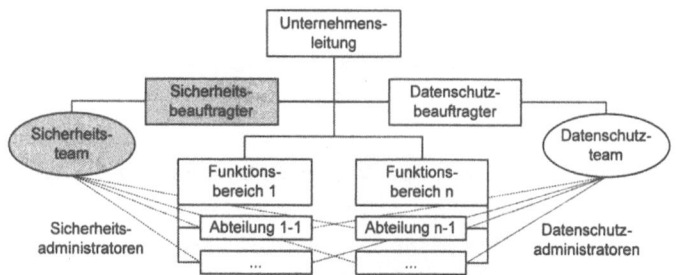

Abb. 3-13: **Aufbauorganisatorische Einordnung des Sicherheitsbeauftragten**
Quelle: in Anlehnung an HOPPE/PRIEB (2003), S. 210.

Neben den aus dem Tätigkeitsfeld des Datenschutzbeauftragten bekannten Aufgaben der Beratung, Mitwirkung und Schulung/Sensibilisierung im Bereich der Sicherheit

---

[276] Vgl. VOßBEIN (1999), S. 137. Dabei sind aufbau- und ablauforganisatorische Regelungen interdependent zueinander, da Veränderungen der Aufbauorganisation i.d.R. auch Veränderungen in der Ablauforganisation nach sich ziehen und umgekehrt. Vgl. HOPPE/PRIEB (2003), S. 206.

[277] So ist nach § 4 f BDSG ein Datenschutzbeauftragter schriftlich zu bestellen, wenn mindestens fünf Arbeitnehmer ständig mit der automatisierten Verarbeitung personenbezogner Daten beschäftigt sind. Vgl. zur gesetzlichen Verpflichtung der Benennung von Beauftragten (wie z.B. den Arbeitsschutzbeauftragten) SCHMIDT-LEITHOFF (1992), Sp. 283 ff.

[278] Vgl. SCHAUMÜLLER-BICHL (1992), S. 259. Hierbei ist die zu wählende Institutionalisierungsform für den Sicherheitsbeauftragten u.a. abhängig von der Größe des Unternehmens und der vorhandenen Organisationsform. Vgl. PAGALIES (1995), S. 190 f., Voßbein (1999), S. 148 f. Zur hier dargestellten Funktionalorganisation vgl. BRAUN/BECKERT (1992), Sp. 640 ff.

computergestützter Informationssysteme besteht die zentrale Verantwortungsbereich in den Handlungsfeldern des Sicherheitsmanagements.[279]

Zur Gewährleistung der Sicherheit computergestützter Informationssysteme bei der Aufgabenerfüllung durch den jeweiligen Stelleninhaber sind präventive personenbezogene Sicherheitsmaßnahmen zu ergreifen, die den einzelnen Aufgabenträger als Nutzer des computergestützten Informationssystems in den Mittelpunkt stellen, um diesen für den Themenkomplex der Sicherheit computergestützter Informationssysteme zu sensibilisieren bzw. zu deren Einhaltung zu qualifizieren. Mit der **Sensibilisierung** von Nutzern durch hierfür geeignete Maßnahmen wird die Erhöhung der individuellen Aufmerksamkeit bezogen auf sicherheitsrelevante Ereignisse bezeichnet.[280] Hierbei wird die Fähigkeit des Einzelnen oder von Gruppen, grundlegende Annahmen über die Risikofaktoren des eigenen Handelns bei der Aufgabenerfüllung als Sicherheitsbewusstsein bezeichnet.[281] Als Maßnahmen zur Erhöhung des Sicherheitsbewusstseins ist neben der Durchführung von Sicherheitsaudits oder der unternehmensinternen Publikation von sicherheitsrelevanten Informationen insbesondere die sicherheitsbezogene **Qualifizierung** der Nutzer des computergestützten Informationssystems zu nennen. Diese beinhaltet alle zu zielgruppengerechten Schulungskonzepten zusammengefassten Maßnahmen, die zum Aufbau, Erhalt und Ausbau von Fähigkeiten zur Bewältigung von sicherheitsspezifischen Anforderungen in den jeweiligen Aufgabengebieten der Nutzer notwendig sind.[282]

Zusammenfassend ist anzumerken, dass Sicherheit als Eigenschaft computergestützter Informationssysteme als Technikfolger aufgefasst werden kann, da i.d.R. erst nach der Entwicklung von neuen Technologien Maßnahmen für deren Sicherheit bzw. für deren sichere Anwendung entwickelt werden.[283]

Die Sicherheit computergestützter Informationssysteme wird nicht nur durch die zum Schutz dieser Systeme eingesetzten technisch-organisatorischen Sicherheitsmaßnahmen beeinflusst,

---

[279] Vgl. HOPPE/PRIEß (2003), S. 208. Die fachlichen und persönlichen Anforderungen an die Person des Sicherheitsbeauftragten sind der Bedeutung seiner Position entsprechend hoch: So sind aus fachlicher Sicht neben fundierten Kenntnissen aus dem Bereich der Informationsverarbeitung und IT-Sicherheit auch Kompetenzen aus den Bereichen der Organisationstheorie und das Beherrschen von Rechtsnormen mit sicherheitsrelevantem Bezug erforderlich. An persönlichen Anforderungen sind u.a. Vertrauenswürdigkeit und Führungsqualitäten zu nennen. Vgl. PAGALIES (1995), S. 197 f., VOßBEIN (1999), S. 149, HOPPE/PRIEß (2003), S. 209.

[280] Vgl. HOPPE/PRIEß (2003), S. 202. Die besondere Bedeutung der Sensibilisierung von Nutzern zeigt sich auf in empirischen Studien zur Sicherheit computergestützter Informationssysteme: So wird der Stellenwert der Sicherheit computergestützter Informationssysteme auch auf den mittleren und höheren Managementebenen eher gering eingeschätzt. Fehlendes Sicherheitsbewusstsein von Nutzern wird als eines der Hauptprobleme zur Verbesserung der Sicherheit computergestützter Informationssysteme genannt. Vgl. KES (2002), Abschnitt 10.

[281] Vgl. WEHNER (1995), S. 27.

[282] Vgl. HOPPE/PRIEß (2003), S. 2000. Zu weiteren Maßnahmen zur Sensibilisierung von Nutzern vgl. BSI (2003a), Kapitel M 2.198.

[283] Vgl. MÜLLER/EYMANN/KREUTZER (2003), S. 407.

sondern unterliegt auch rechtlichen Rahmenbedingungen, die – je nach Einsatzgebiet des computergestützten Informationssystems – zu beachten sind. Darüber hinaus ist mit dem Themenkomplex der Sicherheit computergestützter Informationssysteme auch eine große Relevanz auf einer über das einzelne computergestützte Informationssystem hinausgehenden rechtlichen und gesellschaftlichen Ebene verbunden, die in den nächsten Abschnitten erläutert wird.

3.3 Ausgewählte rechtliche Rahmenbedingungen für die Sicherheit von computergestützten Informationssystemen

Neben technisch-organisatorischen Aspekten sind bei der Absicherung von computergestützten Informationssystemen auch rechtliche Rahmenbedingungen zu beachten. Diese Normen schränken zum einen den Einsatz von technisch machbaren und aus Betreibersicht wünschenswerten Maßnahmen für die Systemsicherheit aus Gründen des Datenschutzes ein,[284] zum anderen verpflichten sie Unternehmen aber auch, geeignete Maßnahmen zum Schutz dieser Systeme zu ergreifen, um die Funktionsfähigkeit von it-gestützten Geschäftsprozessen zu gewährleisten.

Im folgenden Abschnitt werden zunächst ausgewählte deutsche Rechtsvorschriften erläutert, welche die Sicherheit von Informationssystemen nicht einschränkend, sondern aktiv im Sinne einer Vorschrift zur Maßnahmenergreifung beeinflussen.[285] Hierzu werden mit dem Gesetz zur Kontrolle und Transparenz im Unternehmensbereich (KonTraG), dem Bundesdatenschutzgesetz (BDSG) und dem Telekommunikationsgesetz (TKG) zunächst drei Rechtsnormen erläutert, die eine aktive Sicherung bestehender computergestützter Informations- und Kommunikationssysteme fordern. Anschließend werden mit dem Strafgesetzbuch (StGB), dem Gesetz gegen unlauteren Wettbewerb (UWG) und dem Urheberrechtsgesetz (UrhG) drei ausgewählte Rechtsnormen erörtert, die indirekt bei einer Verletzung der Sicherheit von computergestützten Informationssystemen Anwendung finden und so eine eher passive Pflicht zur Maßnahmenergreifung (z.B. im Rahmen einer Beweissicherung) beinhalten.

3.3.1 Gesetz zur Kontrolle und Transparenz im Unternehmensbereich (KonTraG)

Für viele Unternehmen sind mit dem Vordringen des Internet und der zunehmenden technischen Vernetzung neue Risiken für unternehmenskritische Geschäftsprozesse entstanden, die den Fortbestand des Unternehmens gefährden können und mit den traditionellen Risiko-

---

[284] Beispiele für solche Maßnahmen sind u.a. die Rückverfolgbarkeit von Kommunikationsverbindungen, längere Aufbewahrungsfristen von Verbindungsdaten zum Zweck der Revision oder die inhaltliche Kontrolle des Datenverkehrs auf schadhafte Programme.

[285] Einen Überblick zu Regelungen des deutschen Datenschutzrechts, auf den im Rahmen dieser Arbeit verzichtet wird, ist u.a. zu finden bei LANGE (2001). Eine Beschränkung auf deutsche Rechtsnormen erscheint legitim, da eine erschöpfende Erörterung aller für global vernetzte Informationssysteme relevanten Vorschriften kaum möglich ist.

vermeidungs- und -überwälzungsstrategien unvollständig oder gar nicht bewältigt werden können.[286]

Das am 27. April 1998 verabschiedete Artikel-Gesetz zur Kontrolle und Transparenz im Unternehmensbereich (KonTraG)[287] gibt grundsätzlich einen neuen Rahmen für die Aufsichtspflichten innerhalb deutscher Unternehmen vor. Es verfolgt zum einen das Ziel, die Transparenz und Überwachung im Unternehmensbereich zu verbessern und zum anderen die zunehmende Ausrichtung deutscher Publikumsgesellschaften auf internationale Kapitalmärkte in der Gesetzgebung stärker zu berücksichtigen.[288] So standen beim Entwurf des KonTraG in erster Linie die Organisationsaufgaben des Vorstandes einer Aktiengesellschaft sowie dessen Informationspflichten gegenüber dem Aufsichtsrat im Mittelpunkt, da eine entsprechend verbesserte Informationsversorgung dieses Kontrollgremiums nach Auffassung des Gesetzgebers eine wesentliche Grundlage für eine effektive Überwachung des Vorstandes bildet.[289] Beim KonTraG handelt es sich nicht um ein selbständiges Gesetz, denn die einzelnen Artikel des KonTraG beinhalten ausschließlich Änderungsvorschriften zu zahlreichen bestehenden und für Kapitalgesellschaften relevanten Rechtsnormen.[290]

Mit dem Erlass des KonTraG hat der deutsche Gesetzgeber auf die in vielen Industrienationen in den 1990er Jahren geführte Diskussion zur so genannten *corporate governance* – wie im angelsächsischen Sprachgebrauch der rechtliche und faktische Ordnungsrahmen für die Leitung und Überwachung eines Unternehmens bezeichnet wird – reagiert. Das Gesetz ist somit auch eine Umsetzung der Inhalte der OECD-Richtlinie *‚Principles of Corporate Governance'*.[291]

---

[286] Vgl. GERSTENBERG (2002), S. 1.

[287] Vgl. BGBl 1998 I, S. 786 ff.

[288] Vgl. BÖCKING/DÖRNER/PFITZER (2000), S. 1285, SPIEGEL (2002), S. 71. Vgl. hierzu ebenfalls die amtliche Begründung zum Entwurf der Bundesregierung zum KonTraG in BUNDESREGIERUNG (1998), S. 11.

[289] Vgl. THEISEN (2002), S. 10.

[290] Vgl. BECKER (1998), S. 11. Das KonTraG enthält u.a. Änderungen zum Aktiengesetz (AktG) und zum Handelsgesetzbuch (HGB) sowie zu deren jeweiligen Einführungsgesetzen (EGAktG, EGHGB), zum Publizitätsgesetz (PublG), Wertpapierhandelsgesetz (WpHG), Gesetz über eine Berufsordnung der Wirtschaftsprüfer (WPO), Gesetz betreffend die Kapitalgesellschaften mit beschränkter Haftung (GmbHG), Gesetz über Kapitalanlagegesellschaften (KAGG), Gesetz über die Angelegenheiten der freiwilligen Gerichtsbarkeit (FGG) sowie zur Börsenzulassungsverordnung (BörsZulV).

[291] Vgl. FREG (2002), Abschnitt 2. Allgemein beschäftigt sich *corporate governance*, welches sich wissenschaftstheoretisch auf die *Principal-Agent-Theory*, Transaktionskostentheorie und die Theorie der Verfügungsrechte stützt, mit der Art und Weise der Unternehmensführung und Unternehmensüberwachung. Während in der Vergangenheit diese Fragen eher auf Einzelaspekte und einzelne Interessengruppen (wie Vorstand, Aufsichtsrat, Kapitalgeber) gerichtet waren, wird heute zunehmend eine ganzheitliche Sichtweise in der Art eingenommen, dass die Bedeutung der einzelnen Interessengruppen insgesamt und deren Beziehungen zueinander Beachtung findet. Eine zentrale Frage der *corporate governance* ist, inwieweit die Verantwortung der Unternehmensführung gegenüber Kapitalgebern durch (auch it-gestützte) Führungs- und Überwachungssysteme unterstützt werden kann. Vgl. hierzu PEEMÖLLER (2000), S. 653 ff., GERKE (2002), S. 3 ff. Die OECD-Richtlinie ist abrufbar unter http://www.oecd.org/pdf/M00035000/M00035543.pdf.

Sicherheit als materielle Gestaltungsanforderung

Die für computergestützte Informationssysteme zentrale Vorschrift des Gesetzes ist Art. 1 KonTraG, der eine Ergänzung des AktG durch § 91 Abs. 2 AktG vornimmt. Hiernach werden Vorstände von Aktiengesellschaften und die Geschäftsführer anderer Kapitalgesellschaften[292] dazu verpflichtet, „...geeignete Maßnahmen zu treffen, insbesondere ein Überwachungssystem einzurichten, damit den Fortbestand der Gesellschaft gefährdende Entwicklungen früh erkannt werden."[293] Dabei werden Umfang und Struktur dieser Maßnahmen der Selbstorganisation der jeweiligen Gesellschaft überlassen, da der Gesetzgeber darauf verzichtet hat, Sollstrukturen und spezifische Anforderungen für das geforderte Überwachungssystem zu spezifizieren.[294] Mit der Einführung des § 91 Abs. 2 AktG soll die allgemeine Leitungsaufgabe der Unternehmensführung hervorgehoben werden. Der Umfang dieser Pflicht richtet sich dabei nach Größe, Branche und Struktur des jeweiligen Unternehmens.[295]

Obwohl im Gesetz nicht explizit erwähnt, kann nach herrschender Meinung aus diesen Vorschriften eine Verpflichtung abgeleitet werden, auch geeignete Maßnahmen zum Schutz der informationstechnischen Systeme zu ergreifen, denn die wachsende Bedeutung der Informationstechnik in Unternehmen führt auch zu einer stärkeren Beachtung der mit ihrem Einsatz verbundenen Risiken: Eine sowohl in zeitlicher Hinsicht angemessene als auch bezüglich Menge und Qualität unverfälschte Informationsbereitstellung und die Integration von Informationstechnik und Internet in bestehende Unternehmensprozesse sind zu einer wichtigen Strategie vieler Unternehmen geworden.[296] So werden nicht nur wesentliche Geschäftsprozesse zunehmend über (z.T. global) vernetzte Informationssysteme abgewickelt, sondern die in diesen Systemen gespeicherten Informationen haben darüber hinaus eine (über-)lebensnotwendige Bedeutung für das jeweilige Unternehmen erlangt.[297] In diesem Zusammenhang wird der Unternehmensleitung empfohlen, das Informationssystem des Unternehmens nicht nur

---

[292] In der amtlichen Begründung zum Entwurf des KonTraG werden explizit Gesellschaften mit beschränkter Haftung in den Wirkungsbereich des Gesetzes eingeschlossen, da davon auszugehen ist, dass diese entsprechend ihrer Größe, Komplexität und Struktur mit Aktiengesellschaften vergleichbar sind. Vgl. hierzu BUNDESREGIERUNG (1998), S. 15.
Weiterhin werden nach herrschender Literaturmeinung mit der Einführung des Kapitalgesellschaften- und Co-Richtlinien-Gesetz (KapCoRiLiG) auch Offene Handelsgesellschaften (OHG) und Kommanditgesellschaften (KG) den Kapitalgesellschaften gleichgestellt, wenn diese keine natürliche Person als persönlich haftenden Gesellschafter haben. Vgl. hierzu BUSCH/WOLTHUSEN (2002), 39, LANGENBUCHER (2002), Abschnitt 3.

[293] § 91 Abs. 2 AktG. Verletzt die Unternehmens- oder Geschäftsleitung diese Pflicht, kann sie für Schäden, die durch die Einrichtung eines geeigneten Überwachungssystems im Sinne des KonTraG hätten vermieden werden können, persönlich in Haftung genommen werden. Vgl. hierzu BECKER (1998), S. 14, HOLZNAGEL/ SONNTAG (2002), S. 986.

[294] Vgl. HUGO (2002), Abschnitt 2, THEISEN (2002), S. 11.

[295] Vgl. BUNDESREGIERUNG (1998), S. 15, FREG (2002), Abschnitt 3.

[296] Vgl. HUGO (2002), Abschnitt 3, WEIDENHAMMER (2002), S. 2 f.

[297] Vgl. LANGENBUCHER (2002), Abschnitt 4, BECKER (1998), S. 6 f. FREG (2002), Abschnitt 4 hebt im Rahmen der durch das KonTraG verschärften Überwachungspflichten des Vorstandes bzw. der Geschäftsleitung insbesondere die potenzielle Manipulation von Daten des genutzten, unternehmensweiten Informationssystems hervor. Ebenso zu finden bei BECKER (1998), S. 13.

einer rein technischen, sondern auch einer juristischen Prüfung und Kontrolle zu unterziehen, um etwaige Schwachstellen aufzudecken und Verbesserungsmaßnahmen einzuleiten.[298] Damit das vom KonTraG geforderte Überwachungssystem seine Frühwarnfunktion erfüllen kann, bedarf es einer unternehmensinternen Kontrollinstanz. Als Aufgabenträger hierfür kann die Interne Revision benannt werden, deren Kontrollen und Prüfungen durch ein alle Geschäftsbereiche und -prozesse erfassendes Informations- und Kommunikationssystem unterstützt werden sollten.[299] Im Rahmen der externen Kontrolle wird die Umsetzung des geforderten Überwachungssystems und dessen Funktionsfähigkeit von Wirtschaftsprüfern, deren Prüfungspflichten dementsprechend erweitert wurden, im Zuge der Jahresabschlussprüfung gem. § 317 HGB geprüft.[300]

3.3.2 Bundesdatenschutzgesetz (BDSG)

Das Bundesdatenschutzgesetz (BDSG) trat in einer novellierten Fassung am 23. Mai 2001 in Kraft[301] und regelt primär den Umgang mit so genannten personenbezogenen Daten.[302] Der Zweck des Gesetzes besteht nach § 1 Abs. 1 BDSG darin, den Einzelnen davor zu schützen, dass er durch den Umgang anderer mit seinen personenbezogenen Daten in seinem Persön-

---

[298] Vgl. FREG (2002), Abschnitt 9, HOLZNAGEL/SONNTAG (2002), S. 987. Aus juristischer Sicht kann dann von einer Verletzung der Aufsichts- und Kontrollpflichten bezüglich der Sicherheit von Informationssystemen gesprochen werden, wenn nach dem zum Zeitpunkt der Verletzung herrschenden Stand der Technik die Ursache für den Schaden hätte vermieden werden können. Vgl. hierzu BECKER (1998), S. 9.

[299] Vgl. HUGO (2002), Abschnitt 2. Nach einer Umfrage der Zeitschrift für die Sicherheit der Wirtschaft – WIK (http://www.wik.info) hatte die Einführung des KonTraG zur Folge, dass der Themenkomplex der Unternehmenssicherheit eine stärkere Einbindung in die Aufbau- und Ablauforganisation der befragten Unternehmen erfuhr, meist verbunden mit einer unmittelbaren Zuordnung zur Vorstand- oder Geschäftsleitungsebene. Vgl. hierzu auch HUGO (2002), Abschnitt 4.

[300] Vgl. BUSCH/WOLTHUSEN (2002), S. 39, VAN MEGEN (2003), S. 7. Zum Ausmaß der Erweiterung der Prüfungspflichten von Wirtschaftsprüfern vgl. BÖCKING/DÖRNER/PFITZER (2002), S. 1286 f., LANGENBUCHER (2002), Abschnitt 3, THEISEN (2002), S. 13 ff.

[301] Nach Beschluss des Bundesrates vom 11.05.2001 ist das novellierte BDSG am 22.05.2001 im Bundesgesetzblatt (BGBl) veröffentlicht worden und wurde damit einen Tag später wirksam (vgl. BGBl 2001 I, S. 904 ff.). Eine Novellierung des seit dem 20.12.1990 unveränderten Gesetzes war notwendig geworden aufgrund der Richtlinie 95/46/EG des Europäischen Parlaments und des Rates vom 24.10.1995 zum Schutz natürlicher Personen bei der Verarbeitung personenbezogener Daten und zum freien Datenverkehr (kurz: EU-Datenschutzrichtlinie), die in nationales, deutsches Recht umzusetzen war (vgl. Amtsblatt der Europäischen Gemeinschaften Nr. L 281 vom 23.11.1995, S. 31 ff.).
Eine ursprünglich angestrebte grundlegende Novellierung des deutschen Datenschutzrechts ist wegen der Überschreitung der Umsetzungsfrist der EU-Datenschutzrichtlinie auf eine zweite Stufe verschoben worden. Um ein Zwangsgeld gegen die Bundesrepublik Deutschland in dem zu diesem Zeitpunkt bereits anhängigen Vertragsverletzungsverfahren wegen Fristüberschreitung vor dem EuGH zu vermeiden, wurden in einer ersten Stufe die notwendigen Änderungen zur Umsetzung der EU-Datenschutzrichtlinie auf Bundesebene vorgenommen. Vgl. hierzu PETRI (2002), S. 726, SCHNEIDER (2002), S. 717, TAUSS (2002), S. 122 ff.

[302] Unter personenbezogenen Daten werden nach § 3 Abs. 1 BDSG alle Einzelangaben über persönliche oder sachliche Verhältnisse einer bestimmten oder bestimmbaren natürlichen Person verstanden. Dies bedeutet, dass die Regelungen des BDSG auch dann Anwendung finden, wenn keine unmittelbare Identifikation einer natürlichen Person vorliegt, diese aber indirekt gewonnen werden kann. Vgl. hierzu BUSCH/WOLTHUSEN (2002), S. 42, BUNDESDATENSCHUTZBEAUFTRAGTER (2002c), S. 74 f., HOLZNAGEL/SONNTAG (2002), S. 970.

lichkeitsrecht beeinträchtigt wird.[303] Unter den Anwendungsbereich des novellierten BDSG fallen nach § 1 Abs. 2 BDSG alle Institutionen, die personenbezogene Daten erheben, verarbeiten oder in irgendeiner anderen Weise nutzen, d.h. das BDSG gilt sowohl für privatwirtschaftliche Unternehmen als auch für öffentliche Stellen des Bundes und der Länder (soweit für letztere nicht die entsprechenden Landesdatenschutzgesetze nach dem Subsidiaritätsprinzip Anwendung finden).[304] Darüber hinaus zeigt das BDSG auch eine Reihe von zum Teil restriktiven Rahmenbedingungen auf, die bei der Spezifikation und Implementierung von Sicherheitsmaßnahmen für computergestützte Informationssysteme berücksichtigt werden müssen.[305]

Mit § 9 BDSG werden öffentliche und privatwirtschaftliche Stellen, die selbst oder im Auftrag personenbezogene Daten erheben, verarbeiten oder nutzen, verpflichtet, technische und organisatorische Maßnahmen zu treffen, um den Anforderungen des BDSG zu entsprechen. Allerdings ergibt sich nach § 9 Satz 2 BDSG die Erforderlichkeit der Maßnahmen nur, wenn der Aufwand ihrer Implementierung in einem angemessenen Verhältnis zum angestrebten Schutzzweck steht.[306] Das Gesetz selbst verzichtet darauf, bestimmte einzelne Maßnahmen zu spezifizieren oder zwingend vorzuschreiben, sondern legt in Form einer Anlage zum § 9 Satz 1 BDSG katalogmäßig fest, welche Wirkungen mit den zu ergreifenden Kontrollmaßnahmen bei einer automatisierten (d.h. rechnergestützten) Datenverarbeitung erzielt werden sollen:[307]

- Unbefugten ist der Zutritt zu den Datenverarbeitungsanlagen, mit denen personenbezogene Daten verarbeitet werden, zu verwehren, d.h. es ist eine **Zutritts**kontrolle zu diesen Anlagen zu etablieren (vgl. Abb. 3-14).[308] Über **Zugangs**kontrollen ist zu verhindern, dass die Datenverarbeitungssysteme von unbefugten Personen genutzt werden können.[309] Mit

---

[303] Das hiermit angesprochene Grundrecht auf informationelle Selbstbestimmung ist vom BVerfG im so genannten Volkszählungsurteil vom 15.12.1983 aus dem allgemeinen Persönlichkeitsrecht des Art. 2 Abs. 1 GG i.V.m. Art. 1 Abs. 1 GG abgeleitet worden (vgl. hierzu BVerfG, Beschluss v. 15.12.1983 – 1 BvR 209, 269, 362, 420, 440, 484/83, BVerfGE 65,1). Das Recht auf informationelle Selbstbestimmung besagt, dass der Einzelne grundsätzlich selbst über die Verwendung seiner personenbezogenen Daten entscheiden kann. Vgl. hierzu HOFFMANN-RIEM (1998), S. 11, LANGE (2001), S. 4 ff., BUNDESDATENSCHUTZBEAUFTRAGTER (2002c), S. 14 f.

[304] Ausgenommen hiervon wird – entsprechend dem Wortlaut der EU-Datenschutzrichtlinie – die Erhebung, Verarbeitung und Nutzung von personenbezogenen Daten ausschließlich für persönliche oder familiäre Tätigkeiten. Vgl. DUHR u.a. (2002), S. 5. Zur Subsidiarität des BDSG vgl. u.a. WÄCHTER (1994), S. 219, LANGE (2001), S. 8.

[305] Vgl. BUSCH/WOLTHUSEN (2002), S. 40, SPIEGEL (2002), S. 72.

[306] Vgl. hierzu die Gesetzesbegründung in BUNDESREGIERUNG (2000), S. 92 f.

[307] Vgl. BUNDESDATENSCHUTZBEAUFTRAGTER (2002c), S. 38. Zur Kritik an § 9 BDSG (inklusive Anlage zum § 9 BDSG) vgl. SCHILD (1998), Abs. 70 ff.

[308] Nach der Gesetzesbegründung ist der Zutritt räumlich zu verstehen und erfasst daher ausschließlich den physischen Zutritt durch unbefugte Personen. Vgl. hierzu BUNDESREGIERUNG (2000), S. 93. Mögliche Maßnahmen hierfür sind z.B. Sicherheitsschlösser, Zutrittsberechtigungsregelungen, Ausweisleser etc.

[309] Zugang i.S.d. BDSG erfasst damit das nicht berechtigte Eindringen in das computergestützte Informationssystem selbst. Vgl. BUNDESREGIERUNG (2000), S. 93. Maßnahmen zur Zugangskontrolle sind z.B. Funk-

Hilfe von **Zugriff**skontrollen soll gewährleistet werden, dass die zur Benutzung des Datenverarbeitungssystems berechtigten Personen ausschließlich auf die Daten zugreifen können, für die sie die entsprechende Berechtigung besitzen. Insbesondere soll sichergestellt werden, dass personenbezogene Daten nicht unbefugt gelesen, kopiert oder verändert werden können.[310]

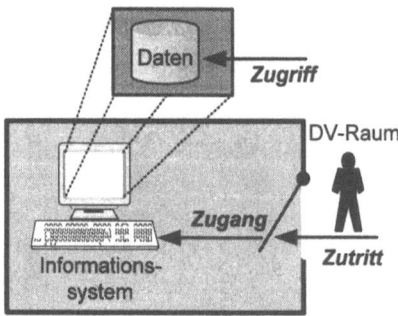

Abb. 3-14: **Zutritt, Zugang und Zugriff im Sinne des BDSG**

- Ferner ist durch eine **Weitergabekontrolle** sicherzustellen, dass personenbezogene Daten bei einer elektronischen Übertragung oder Speicherung auf einem Datenträger nicht unbefugt gelesen, kopiert oder verändert bzw. entfernt werden können. Darüber hinaus muss festgestellt werden können, an welchen Stellen eine Übermittlung von personenbezogenen Daten durch Einrichtungen der Datenübertragung vorgesehen ist.[311]

- Mit einer **Eingabekontrolle** ist zu gewährleisten, dass nachträglich überprüft werden kann, ob und von wem personenbezogene Daten innerhalb des Datenverarbeitungssystems eingegeben, verändert oder gelöscht wurden.[312]

---

tionen zur Identifizierung und Authentifizierung von Nutzern. Im BDSG werden die Begriffe Datenverarbeitungsanlage und -system synonym verwendet.

[310] Nach der Gesetzesbegründung soll durch Zugriffskontrollen verhindert werden, dass ein grundsätzlich zur Tätigkeit innerhalb des Datenverarbeitungssystems berechtigter Nutzer Zugriff auf Daten erlangt, von denen er keine Kenntnis erlangen sollte, d.h. die sich außerhalb seiner Berechtigung befinden. Vgl. hierzu BUNDESREGIERUNG (2000), S. 93 f. Maßnahmen zur Durchsetzung von Zugriffskontrollen sind u.a. Aufstellen eines Berechtigungskonzepts auf der Grundlage der Zugangskontrolle und der Einsatz von Verschlüsselungstechnik.

[311] Unter die Weitergabekontrolle fallen sämtliche Aspekte der Weitergabe personenbezogener Daten, so z.B. die elektronische Übertragung (über Netzwerke), der Datenträgertransport und die Übermittlungskontrolle. Vgl. BUNDESREGIERUNG (2000), S. 94. Als Maßnahmen zur Gewährleistung der Weitergabekontrolle können z.B. die Daten verschlüsselt werden, die zum Empfang von personenbezogenen Daten berechtigten Stellen vorab festgelegt werden und eine Bestandskontrolle der transportierbaren Datenträger durchgeführt werden. Vgl. hierzu DUHR u.a. (2002), S. 33 f.

[312] Dies kann z.B. durch eine Protokollierung der Eingabe erfolgen. Vgl. DUHR (2002), S. 34.

Sicherheit als materielle Gestaltungsanforderung

- Werden personenbezogene Daten im Auftrag verarbeitet, so ist im Rahmen einer **Auftragskontrolle** sicherzustellen, dass die Verarbeitung nur entsprechend den Anweisungen des Auftragsgebers erfolgt.[313]

- Mit Hilfe der **Verfügbarkeitskontrolle** soll gewährleistet werden, dass personenbezogene Daten gegen zufällige Zerstörung oder Verlust geschützt sind. Darüber hinaus besteht ein Trennungsgebot, wonach sichergestellt werden muss, dass zu unterschiedlichen Zwecken erhobene Daten auch getrennt verarbeitet werden können.[314]

Neben diesem Maßnahmenkatalog, der als rechtliche Rahmenbedingung für die Sicherheit von computergestützten Informationssystemen aufgefasst werden kann – sofern diese Systeme personenbezogene Daten verarbeiten – enthält das Gesetz mit § 9 a BDSG erstmals eine Regelung zum so genannten **Datenschutzaudit**.[315] Hiernach können die Anbieter von Datenverarbeitungssystemen und -programmen zur Verbesserung des Datenschutzes und der Datensicherheit ihr jeweiliges Datenschutzkonzept sowie ihre technischen Einrichtungen durch unabhängige und zugelassene Gutachter prüfen und bewerten lassen sowie das Ergebnis dieser Prüfungen veröffentlichen. Es handelt sich hierbei allerdings um eine freiwillige und nicht verpflichtende Vorschrift für die Ergreifung zusätzlicher Maßnahmen zum Datenschutz und zur Sicherheit von computergestützten Informationssystemen mit dem Ziel mehr Transparenz und Wettbewerb für den Datenschutz zu etablieren.[316]

Es ist darauf hinzuweisen, dass es bei den technischen und organisatorischen Maßnahmen des § 9 BDSG von Bedeutung ist, dass diese Maßnahmen als ein zusammenwirkendes Schutzsystem verstanden werden müssen.[317] Mit der Novellierung des BDSG im Jahr 2001 ist auf eine stärker technikbezogene Spezifizierung der Sicherheits- und Kontrollmaßnahmen bisher verzichtet worden, so dass die Regelungen zur Sicherheit von Informationssystemen immer noch

---

[313] Hierunter fallen z.B. Maßnahmen wie eine schriftliche Fixierung der Anweisungen inklusive einer Kontrolle der Einhaltung des Auftrags. Vgl. DUHR u.a. (2002), S. 34.

[314] Die Verfügbarkeitskontrolle ist aufgrund des Art. 17 Abs. 1 EU-Datenschutzrichtlinie neu in das BDSG aufgenommen worden. Nach der Gesetzesbegründung soll hiermit der Verlust beispielsweise durch Stromausfall, Blitzschlag oder Wasserschäden verhindert werden. Vgl. BUNDESREGIERUNG (2000), S. 95, GERHOLD/ HEIL (2001), S. 382. Maßnahmen in diesem Bereich sind z.B. der Einsatz einer unterbrechungsfreien Stromversorgung und von Brandmeldern, das Anlegen von Sicherungskopien und deren Lagerung an besonders geschützten Orten.
Das Trennungsgebot lehnt sich an die Regelung des § 4 Abs. 2 Nr. 4 TDDSG an, wonach personenbezogene Daten über die Inanspruchnahme verschiedener Teledienste durch einen Nutzer getrennt verarbeitet werden müssen und eine Zusammenführung dieser Daten unzulässig ist, soweit dies nicht für Abrechnungszwecke erforderlich ist. Vgl. hierzu BUNDESREGIERUNG (2000), S. 95.

[315] Ausführlich zu Zielen und Aufgaben des Datenschutzaudits vgl. BACHMEIER (1996), S. 680, ROßNAGEL (2000), S. 1 ff., ROßNAGEL (2002b), S. 138 ff.

[316] Vgl. GERHOLD/HEIL (2001), S. 379, BÄUMLER (2002), S. 108 ff.

[317] Vgl. BUNDESDATENSCHUTZBEAUFTRAGTER (2002c), S. 39.

sehr deutlich der zur Zeit der Entstehung des BDSG vorherrschenden Technik der zentralisierten Großrechner entsprechen.[318]

3.3.3 Telekommunikationsgesetz (TKG)

Mit dem Erlass des Telekommunikationsgesetzes (TKG) am 25. Juli 1996 [319] wurde gem. § 1 TKG das Ziel verfolgt, den Wettbewerb auf dem bis dahin monopolistisch geprägten deutschen Telekommunikationsmarkt zu fördern.[320] Es handelt sich beim TKG demnach primär um ein sektorspezifisches Wettbewerbsrecht und weniger um technisches Fernmelderecht.[321] Mit dem Erlass des Gesetzes soll u.a. gewährleistet werden, dass im Interesse der Nutzer, Betreiber und Hersteller bzw. Anbieter von Telekommunikationsanlagen und -diensten auch mit der Liberalisierung und Privatisierung im Telekommunikationsbereich die Sicherheit von Telekommunikationsanlagen und deren Betrieb gewährleistet bleibt.[322]

In den Anwendungsbereich des TKG fallen nach §§ 87, 89 TKG alle Unternehmen, die geschäftsmäßig Telekommunikationsdienste erbringen oder daran mitwirken.[323] Der Begriff der Telekommunikation beschränkt sich hierbei nach § 3 Nr. 16 TKG nicht nur auf Sprachkommunikation, sondern umfasst allgemein den technischen Vorgang des Aussendens, Übermittelns und Empfangens von Nachrichten jeglicher Art mit Hilfe von Telekommunikationsanlagen, was den Anwendungsbereich des TKG nochmals erweitert:[324] Eine Definition des Begriffs der Nachricht ist im Gesetzestext nicht enthalten. Durch den dann anzuwendenden allgemeinen Sprachgebrauch wird eine Nachricht durch den Vorgang des Übermittelns gekennzeichnet.[325] Dies wird auch durch Definitionen der Wirtschaftsinformatik ge-

---

[318] Vgl. HANGE (2002), S. 248. Ähnlich zu finden bei ENQUETE-KOMMISSION (1998), Kapitel 2.4.

[319] Vgl. BGBl 1996 I, S. 1120 ff. Das TKG ist danach u.a. durch Art. 2 des Begleitgesetzes zum Telekommunikationsgesetz vom 17.12.1997 (TKG BegleitG – vgl. BGBl I 1997, S. 3108 ff.), durch Art. 2 Abs. 6 des Sechsten Gesetzes zur Änderung des Gesetzes gegen Wettbewerbsbeschränkungen vom 26.08.1998 (vgl. BGBl I 1998, S. 2544 ff.) sowie durch das Erste Gesetz zur Änderung des Telekommunikationsgesetzes vom 21.10.2002 (vgl. BGBl I 2002, S. 4186) geändert worden.

[320] Das TKG ist damit eine Umsetzung der *Full-Competition*-Richtlinie der EU (vgl. Richtlinie 96/19/EG vom 13.06.1996, Amtsblatt der Europäischen Gemeinschaften L 74/13 vom 22.03.1996) zur Einführung eines vollständigen Wettbewerbs auf den Telekommunikationsmärkten. Vgl. hierzu HOBERT (2000), S. 105.

[321] Vgl. BÜLLESBACH (1997), S. 23.

[322] Vgl. BUNDESAMT FÜR POST UND TELEKOMMUNIKATION (1997), S. 2.

[323] Eine Datenverarbeitung im Bereich der Telekommunikation gilt dann als geschäftsmäßig, wenn diese auf eine gewisse Dauer und auf Wiederholung angelegt ist. Hierbei wird auf die Intensität des Umgangs mit Daten, die bei der Telekommunikation und deren näheren Umstände anfallen, abgestellt und nicht auf das mit der Datenverarbeitung im Bereich der Telekommunikation verfolgte Ziel (z.B. im Sinne einer Gewinnerzielungsabsicht). Vgl. hierzu KÖNIGSHOFEN (1997), S. 165, SCHAAR (1997a), S. 18, SCHAAR (1997b), S. 113 f.

[324] Nach § 3 Nr. 17 TKG werden unter Telekommunikationsanlagen Systeme verstanden, die als Nachrichten identifizierbare elektromagnetische oder optische Signale senden, empfangen und kontrollieren können. Zum Begriff der Telekommunikation vgl. GABRIEL (1996a), S. 5 ff., GABRIEL (1996b), S. 5 ff., TADAY (1998), S. 2 ff., HANSEN/NEUMANN (2002), S. 417.

[325] Vgl. HOBERT (2000), S. 105, BROCKHAUS (2003), Abschnitt 1.

stützt: Nach HEINRICH ist eine Nachricht eine zur Weitergabe bestimmte Folge von Zeichen mit Bedeutung für einen Empfänger.[326] Damit gehört auch die Übertragung von Daten, wie sie in technischer Hinsicht z.b. bei der Vernetzung von computergestützten Informationssystemen in Unternehmen notwendigerweise vorkommt, zur Telekommunikation im Sinne des TKG. Somit fällt z.B. die E-Mail-Kommunikation in einem Unternehmen in den Anwendungsbereich des TKG.[327]

Die für die Sicherheit von computergestützten Informationssystemen relevanten Vorschriften befinden sich im elften Teil des Gesetzes unter dem Titel ‚Fernmeldegeheimnis, Datenschutz, Sicherung'. Der Schutzbereich des TKG umfasst vier Bereiche: nach § 87 Abs. 1 Nr. 1 und 2 TKG die (1) Einhaltung des Fernmeldegeheimnisses und die Wahrung des Datenschutzes sowie (2) den Schutz von programmgesteuerten Telekommunikations- und Datenverarbeitungssystemen vor unerlaubtem Zugriff. Nach § 87 Abs. 1 Nr. 3 und 4 TKG müssen angemessene, dem Stand der Technik entsprechende technische Vorkehrungen oder sonstige Maßnahmen ergriffen werden (3) zum Schutz gegen Störungen, die zu erheblichen Beeinträchtigungen von Telekommunikationsnetzen führen können, und (4) gegen äußere Angriffe auf Telekommunikations- und Datenverarbeitungsanlagen bzw. gegen die Einwirkung von Katastrophen. Durch die beiden letztgenannten Vorschriften ist insbesondere die Verfügbarkeit technischer Telekommunikationseinrichtungen zu sichern, wenn deren Störung oder Ausfall aufgrund ihrer infrastrukturellen Bedeutung für die Allgemeinheit eine erhebliche Funktionsbeeinträchtigung oder sogar einen Funktionsverlust zur Folge hat.[328] Hierbei ist nach § 87 Abs.1 TKG der für die Schutzmaßnahmen zu erbringende technische und wirtschaftliche Aufwand von der Bedeutung der zu schützenden Rechte und der zu sichernden Anlagen für die Allgemeinheit abhängig.[329]

Nach § 87 Abs. 2 TKG haben lizenzpflichtige Betreiber von Telekommunikationsanlagen[330] einen Sicherheitsbeauftragten zu benennen und ein Sicherheitskonzept für den Schutz der ein-

---

[326] Vgl. hierzu HEINRICH (2001), S. 125. Ebenso zu finden bei KRCMAR (2003), S. 15.

[327] Vgl. HOBERT (2000), S. 105 f. Nach § 89 Abs. 3 TKG dürfen zwar grundsätzlich nur die näheren Umstände der Telekommunikation und nicht der Inhalt durch den Betreiber erhoben, verarbeitet und genutzt werden, jedoch enthält § 89 Abs. 4 TKG eine Ausnahmeregelung für Nachrichteninhalte, deren Speicherung aus verarbeitungstechnischen Gründen Bestandteil des Dienstes ist. Damit ist auch die Speicherung und Verarbeitung der E-Mail-Kommunikation oder von Mailbox-Diensten legitimiert. Vgl. hierzu HOEREN (2003), S. 331.

[328] Vgl. BUNDESAMT FÜR POST UND TELEKOMMUNIKATION (1997), S. 2.

[329] Bei der technisch und wirtschaftlich ausgewogenen Umsetzung der Schutzmaßnahmen sind insbesondere die hohen Anforderungen an den Schutz personenbezogener Daten und des Fernmeldegeheimnisses zu berücksichtigen. Dabei ist auch noch von Bedeutung, ob die Telekommunikationsanlagen im privaten Bereich, im geschäftlichen Bereich oder in der Öffentlichkeit betrieben werden. Vgl. hierzu BUNDESAMT FÜR POST UND TELEKOMMUNIKATION (1997), S. 4.

[330] Nach § 6 Abs. 1 TKG besteht eine Lizenzpflicht dann, wenn (1) Übertragungswege betrieben werden, die die Grenzen eines Grundstücks überschreiten und für Telekommunikationsdienstleistungen für die Öffentlichkeit genutzt werden, und (2) ein Sprachtelefondienst auf der Basis selbst betriebener Netze angeboten wird.

gesetzten Telekommunikations- und Datenverarbeitungsanlagen zu erstellen, das der Regulierungsbehörde für Telekommunikation und Post (RegTP) zur Prüfung vorzulegen ist.[331] Aus diesem Sicherheitskonzept muss nach § 87 Abs. 2 TKG hervorgehen, (1) welche Telekommunikationsanlagen eingesetzt und welche Telekommunikationsdienste damit geschäftsmäßig erbracht werden, (2) von welchen Gefährdungen für diese Anlagen und damit das Erbringen der Dienste auszugehen ist und (3) welche technischen Vorkehrungen oder sonstigen Schutzmaßnahmen zur Erfüllung der Verpflichtungen aus § 87 Abs. 1 TKG getroffen oder geplant sind. Als Hilfe für die Etablierung von Schutzmaßnahmen hat die RegTP in Zusammenarbeit mit dem Bundesamt für Sicherheit in der Informationstechnik (BSI) einen Katalog von Sicherheitsanforderungen für das Betreiben von Telekommunikations- und Datenverarbeitungssystemen inklusive geeigneter Schutzmaßnahmen erarbeitet.[332]

Darüber hinaus hat der Gesetzgeber mit § 87 Abs. 3 TKG das Bundesministerium für Post und Telekommunikation ermächtigt, die Erfüllung der Pflichten zur Sicherheit in einer Rechtsverordnung näher zu regeln, wobei von Seiten des Ministeriums von dieser Ermächtigung zunächst keinen Gebrauch zu machen ist, solange die Betreiber die Gefährdungen für die Sicherheit ihrer Telekommunikations- und Datenverarbeitungsanlagen sachgerecht beurteilen und entsprechende Vorsorgemaßnahmen treffen.[333]

3.3.4 Die Anwendung des Strafgesetzbuchs und weiterer nebenstrafrechtlicher Rechtsnormen als rechtliche Folge einer Verletzung der Sicherheit computergestützter Informationssysteme

Der zunehmende Einsatz von Informationstechnik im privaten und öffentlichen Bereich hat auch zu neuen Erscheinungsformen der Kriminalität geführt, die in Zusammenhang mit dem Missbrauch computergestützter Informationssystemen stehen.[334] Eine Anpassung des deutschen Strafrechts war zwingend erforderlich, weil die mit der Verbreitung der Informationstechnik verbundenen neuen Formen der computergestützten Kriminalität nicht nur traditionelle strafrechtliche Rechtsgüter (wie z.B. Schutz von Leib und Leben), sondern auch immaterielle Güter (wie z.B. Giralgelder, Computerprogramme) bedrohen und gleichzeitig mit neuen Arten der Tatbegehung einhergehen.[335]

---

[331] Stellt die Regulierungsbehörde für Telekommunikation und Post im vorgelegten Sicherheitskonzept Mängel fest, so kann sie nach § 87 Abs. 2 TKG vom Betreiber deren Beseitigung verlangen.

[332] Dieser Katalog ist abrufbar bei der RegTP unter http://www.regtp.de/imperia/md/content/schriften/2.pdf.

[333] Vgl. BUNDESAMT FÜR POST UND TELEKOMMUNIKATION (1997), S. 3.

[334] Vgl. KOHLMANN/LÖFFELER (1990), S. 188. Zur Rolle der Informationstechnologie bei der Begehung von Straftaten vgl. POERTING (1990), S. 177 ff.

[335] Vgl. SIEBER (1995), Kapitel II.B.

So beinhaltet das Strafgesetzbuch (StGB)[336] seit dem Zweiten Gesetz zur Bekämpfung der Wirtschaftskriminalität (2. WiKG)[337] vom 1. August 1986 eine Reihe von Bestimmungen, die sich mit der so genannten Computerkriminalität als besonderer Form der Wirtschaftskriminalität auseinandersetzen.[338] Hierbei handelt es sich um Tatbestände, die unmittelbar erst durch den Einsatz von Informationstechnologie möglich werden, wobei ein IT-System sowohl Tatwerkzeug als auch unmittelbares Tatziel sein kann.[339] Gemeinsam ist diesen Delikten weiterhin, dass sie Antragsdelikte darstellen, d.h. die Strafverfolgung wird in der Regel nur auf Antrag des Geschädigten aufgenommen.[340]

Das materielle deutsche Strafrecht,[341] in dem es primär um die Beschreibung des strafbaren Verhaltens und die damit verbundene Strafandrohung geht, stellt eine Reihe von Tatbeständen unter Strafe, die sich unmittelbar auf die Verletzung der Sicherheitsziele von computergestützten Informationssystemen beziehen lassen (vgl. Abb. 3-15):[342]

---

[336] Das StGB ist am 15.05.1871 im damaligen Reichsgesetzblatt veröffentlich worden. Die dieser Arbeit zugrunde liegende Fassung ist vom 13.11.1998 (vgl. BGBl I 1998, S. 3322 ff.), zuletzt geändert durch das 34. Strafrechtsänderungsgesetz (34. StrÄndG) vom 22.08.2002 (vgl. BGBl. I 2002, S. 3390 ff.).

[337] Vgl. hierzu BGBl 1986 I, S. 721 ff.

[338] Zur Entwicklung der Computerkriminalität in Deutschland vgl. BKA (2001), S. 242 f.

[339] Vgl. ENGELKE (2002), S. 4, BUSCH/WOLTHUSEN (2002), S. 50. Eine Übersicht über die Veränderungen des deutschen Rechts in Zusammenhang mit der fortschreitenden Durchdringung der Gesellschaft mit Informationstechnik bietet SIEBER (1995), Kapitel I. Zum Begriffsverständnis des StGB bezüglich informationstechnischer Fachtermini vgl. POHL/CREMER (1990a), S. 493 ff.

[340] Die §§ 303a, 303b und 303c StGB sehen zudem die Möglichkeit der direkten Strafverfolgung durch Strafverfolgungsbehörden vor, sofern ein besonderes öffentliches Interesse an der Strafverfolgung besteht. Vgl. BUSCH/WOLTHUSEN, S. 50. Dem Strafrecht kommt bezüglich der Sicherheit von computergestützten Informationssystemen eine zweifache Bedeutung zu: Zum einen ist im Falle einer Verletzung der Sicherheit dieser Systeme zu prüfen, ob ein entsprechender Strafantrag bei der Staatsanwaltschaft gestellt werden kann. Dies setzt die Kenntnis der in Frage kommenden Straftatbestände voraus. Zum anderen ist es – ebenfalls aus Betriebersicht – wichtig, Beweismittel rechtzeitig und entsprechend den Regeln des Strafverfahrenrechts zu sichern.

[341] Zur Unterscheidung zwischen materiellem und formellem Strafrecht vgl. HASSEMER (2001), Kapitel I, HASSEMER (2002), S. 230 f.

[342] Vgl. zu den folgenden Sicherheitszielen für computergestützte Informationssysteme u.a. RANNENBERG/PFITZMANN/MÜLLER (1997), S. 22 f., GÖRTZ/STOLP (1999), S. 43 ff., HEINRICH (2002b), S. 278 ff., RANNENBERG (1998), S. 19 ff., SELKE (2000), S. 19 ff., ECKERT (2003), S. 6 ff., MÜLLER/EYMANN/KREUTZER (2003), S. 391 ff.

Gesetzliche Regelung	Betroffenes Schutzziel
§ 202a StGB – Ausspähen von Daten	Vertraulichkeit
§ 263a StGB – Computerbetrug	Integrität
§ 265a StGB – Erschleichen von Leistungen	Verfügbarkeit
§ 268 StGB – Fälschung technischer Aufzeichnungen	Integrität
§ 269 StGB – Fälschung beweiserheblicher Daten	Integrität
§ 270 StGB – Täuschung im Rechtsverkehr bei Datenverarbeitung	Integrität
§ 303a StGB – Datenveränderung	Integrität
§ 303b StGB – Computersabotage	Verfügbarkeit
§ 17 UWG – Verletzung von Geschäfts- und Betriebsgeheimnissen	Vertraulichkeit

Abb. 3-15: Gesetzliche Regelungen und korrespondierende Schutzziele für computergestützte Informationssysteme

So kann ein unberechtigter Informationsgewinn (Verletzung der Vertraulichkeit) durch das unbefugte Ausspähen von Daten nach § 202 a StGB mit einer Freiheitsstrafe von bis zu drei Jahren oder einer Geldstrafe geahndet werden, wenn diese Daten gegen unberechtigten Zugang besonders gesichert waren.[343] Handelt es sich beim Täter um einen Innentäter, d.h. um eine Person, die einen berechtigten Zugriff auf die Daten hat, diese aber unberechtigten Personen zugänglich macht, kann dieser Vertraulichkeitsverlust auch nach § 17 Abs. 1 des Gesetzes gegen unlauteren Wettbewerb (UWG)[344] als Verrat von Geschäfts- und Betriebsgeheimnissen verfolgt werden.[345] § 17 Abs. 2 UWG erfasst zudem die Betriebsspionage durch betriebsfremde Personen, die als unberechtigte Personen in das computergestützte Informationssystem eines Unternehmens eindringen. Beide Delikte werden nach § 22 UWG nicht nur auf Strafantrag des Geschädigten, sondern bei einem besonderen öffentlichen Interesse auch von den Strafverfolgungsbehörden direkt verfolgt.[346]

Eine Verletzung des Schutzziels der Integrität kann nach den §§ 263 a, 268, 269, 270, 303 a StGB bestraft werden. Hierbei handelt es sich um Straftatbestände, bei denen ein Täter eine

---

[343] Hierbei ist nach der Rechtsprechung der Begriff der ‚besonderen Sicherung' nicht als starke Schutzmaßnahme gegen unberechtigten Zugriff auf Daten zu verstehen. In der Regel ist diese Bedingung schon dadurch erfüllt, wenn ein betriebssysteminterner Zugriffskontrollmechanismus vorliegt. Vgl. hierzu BUSCH/ WOLTHUSEN (2002), S. 51.

[344] Das Gesetz gegen unlauteren Wettbewerb (UWG) vom 7.6.1909 ist zuletzt geändert worden am 25.10.1994 (vgl. BGBl I 1994, S. 3121 ff.).

[345] Vgl. POERTING (1990), S. 183, BUSCH/WOLTHUSEN (2002), S. 51. Dieser Fall liegt z.B. vor, wenn eine für den Datenzugriff berechtigte Person vertrauliche Daten kopiert und per E-Mail an unberechtigte Personen sendet. Ein Verlust der Vertraulichkeit ist in der Regel für den Betreiber und andere Nutzer des computergestützten Informationssystems nicht direkt nachvollziehbar, da keine Veränderung am Informationssystem selbst stattfindet. So wird diese Straftat u.U. niemals bemerkt.

[346] Vgl. KOHLMANN/LÖFFELER (1990), S. 197.

Veränderung bzw. Fälschung von Daten und Funktionen eines computergestützten Informationssystems vornimmt, um sich so z.B. einen rechtswidrigen Vermögensvorteil zu verschaffen.[347]

Während die obigen Schutzzielverletzungen gar nicht oder erst nach einer gewissen Zeit vom Betreiber oder Nutzer des computergestützten Informationssystems bemerkt werden, wird eine Einschränkung oder ein vollständiger Verlust der Verfügbarkeit von Systemfunktionalität bzw. der im Informationssystem gespeicherten Daten schon im Zeitpunkt der Schutzverletzung wahrgenommen.[348] Eine absichtliche Störung der Verfügbarkeit kann nach den §§ 265 a, 303 b StGB geahndet werden.[349]

Die Anwendbarkeit des materiellen deutschen Strafrechts muss durch ein entsprechend an die technologische Entwicklung angepasstes Strafprozessrecht (formelles Strafrecht), in welchem es im Wesentlichen um das Verfahren zur Aufklärung und die Verhandlung von Straftaten geht, unterstützt werden.[350] Traditionell knüpft das Strafverfahrensrecht in wichtigen Vorschriften an die Existenz körperlicher Gegenstände an, die als Beweismittel dienen können, und berücksichtigt nicht die Unkörperlichkeit von Informationen. Darüber hinaus ergibt sich für die Ermittlungsbehörden die Schwierigkeit der Feststellung des Ortes der Beweissicherung, wenn beweisrelevante Daten innerhalb von Kommunikationsnetzen gespeichert sind und sich damit u.U. sogar außerhalb des deutschen Rechtsgebiets befinden.[351]

Neben der Anwendung des StGB bzw. des UWG können bei einer Verletzung der Sicherheit von computergestützten Informationssystemen auch nebenstrafrechtliche Vorschriften zur Geltung kommen. So werden mit dem Urheberrechtsgesetz (UrhG)[352] die Rechte Dritter bei der Nutzung computergestützter Informationssysteme geschützt.[353] Das Urheberrecht schützt

---

[347] Vgl. SCHEREN (2000), S. 5.

[348] Vgl. hierzu KERSTEN (1995), S. 78.

[349] Vgl. POHL/CREMER (1990), S. 552 f.

[350] Vgl. SCHEREN (2000), S. 10, HASSEMER (2001), Kapitel I, HASSEMER (2002), S. 231.

[351] Vgl. SIEBER (1995), Kapitel II.E, ENQUETE-KOMMISSION (1998), Kapitel 2.7, SCHEREN (2000), S. 10 ff., VASSILAKI (2002a), S. 360 f.
Inwieweit das deutsche Strafrecht zur Anwendung kommt, hängt davon ab, ob für ein vorliegendes Delikt das Territorialprinzip, nach welchem das deutsche Strafrecht nur für Taten gilt, die im Inland begangen wurden, oder das Ubiquitätsprinzip gilt, das nach § 9 Abs.1 StGB für Taten gilt, die an jedem Ort begangen wurden, an dem ein Täter gehandelt hat. Hiernach unterliegen sowohl Computerdelikte, die von einem Täter in Deutschland aus an ausländischen Rechnern begangen werden, als auch Taten, die vom Ausland aus an deutschen Systemen verübt werden, dem deutschen Strafrecht, wobei deutsche Strafverfolgungsbehörden ausschließlich auf deutschem Hoheitsgebiet tätig werden dürfen. Vgl. hierzu SCHUMACHER/MOSCHGATH/ ROEDIG (2000), S. 205.

[352] Das UrhG vom 09.09.1965 (vgl. BGBl I 1965, S. 1273 ff.) ist zuletzt geändert worden durch Artikel 7 des Gesetzes zur Änderung des Rechts der Vertretung durch Rechtsanwälte vor den Oberlandesgerichten vom 23.07.2002 (vgl. BGBl I 2002, S. 2852 ff.). Die im hier diskutierten Zusammenhang relevanten Vorschriften des Urheberrechts bezüglich Software sind am 23.06.1995 erlassen worden (vgl. BGBl I 1995, S. 842 ff.).

[353] Vgl. VASSILAKI (2002a), S. 349.

künstlerische und wissenschaftlich-technische Leistungen, die eine gewisse Originalität und Kreativität aufweisen – hierunter lässt sich auch Software subsumieren –, wobei dieser Schutz unabhängig von einer irgendwie gearteten Registrierung (z.B. in Form eines *Copyright*-Vermerks) oder anderer Formalitäten besteht.[354] Der Einsatz von nicht legal erworbener Software – d.h. jegliche Nutzung von Software außerhalb der vom Hersteller im Rahmen einer Lizenz- oder Nutzungsvereinbarung genehmigten Zwecke (z.B. die mehrfache Nutzung von Einzelplatzlizenzen) – kann nach den Normen des Urheberrechts bezüglich Software der §§ 69 a-69 f UrhG geahndet werden, da Computerprogramme als geistiges Eigentum durch das Urheberrecht geschützt werden.[355] Bei einer Verletzung des Urheberrechts entstehen sowohl zivilrechtliche als auch strafrechtliche Ansprüche: Nach § 97 Abs. 1 UrhG kann der Geschädigte Schadensersatz vom Verursacher erwirken, wenn diesem Vorsatz oder Fahrlässigkeit nachgewiesen werden kann. Aus strafrechtlicher Sicht kann nach § 106 UrhG eine Verletzung des Urheberrechts durch eine Geldstrafe oder eine Freiheitsstrafe bis zu drei Jahren geahndet werden. Eine Verletzung des Urheberrechts durch den (unbeabsichtigten) Einsatz von nicht lizenzierter Software kann z.B. durch die Etablierung eines unternehmensweiten Systems zur Bestandsaufnahme und Überwachung der eingesetzten Softwarelizenzen (Lizenzmanagement) vermieden werden.[356]

3.3.5 Zusammenfassende Darstellung ausgewählter Rechtsnormen zur Sicherheit von computergestützten Informationssystemen

In diesem Abschnitt konnte aufgezeigt werden, dass mit dem KonTraG, dem BDSG und dem TKG Normen im deutschen Recht existieren, die – in Abhängigkeit vom jeweiligen Anwendungskontext (vgl. Abb. 3-16) – eine aktive Maßnahmenergreifung für die Sicherheit von computergestützten Informationssystemen für den Betreiber dieser Systeme zwingend vorschreiben.

---

[354] Vgl. HOEREN (2002), S. 255, RUSSLIES (2003), S. 86. Zum Softwarebegriff vgl. HANSEN/NEUMANN (2002), S. 150 ff.

[355] Vgl. ENGELKE (2002), S. 24, KAEDING (2003), Kapitel 1. Software wird hierbei als Literaturwerk angesehen und ist deshalb in § 2 Abs. 1 Nr. 1 UrhG explizit in der Kategorie der Sprachwerke genannt. Vgl. hierzu HOEREN (2002), S. 260. Zur Lizenz bzw. zum Lizenzvertrag vgl. BETTINGER/SCHNEIDER/SCHRAMM (2002), Abschnitt 1.

[356] Ein System zum Lizenzmanagement hat die Aufgabe, die Organisation, Planung und Kontrolle aller rechtlich, wirtschaftlich und technisch relevanten Vorgänge hinsichtlich der vorhandenen und zukünftigen Softwarelizenzen vorzunehmen. Rechtliches Ziel dieses Systems ist es, die Anzahl der gleichzeitigen Nutzungen von Software auf die Anzahl der vorhandenen Lizenzen zu beschränken. Vgl. hierzu REEPMEYER/BENSBERG (1994), S. 593, BSA (2003), Abschnitt 1 f.

Art der Maßnahmenergreifung	Rechtsnorm	Anwendungskontext	Gebot/Rechtsfolge
Aktiv	KonTraG	für Kapitalgesellschaften und gleichgestellte Rechtsformen	Maßnahmen (auch informationstechnische) zum Schutz des Fortbestands des Unternehmens und zum Erkennen von Risiken
Aktiv	BDSG	bei der Erhebung, Verarbeitung, Nutzung personenbezogener Daten (soweit nach Subsidiaritätsprinzip keine speziellere Rechtsnorm vorliegt)	technische und organisatorische Maßnahmen zum Schutz personenbezogener Daten (insb. Zutritts-, Zugangs-, Zugriffs-, Weitergabe-, Eingabe-, Auf-trags-, Verfügbarkeitskontrolle)
Aktiv	TKG	• für lizenzpflichtige Anbieter von geschäftsmäßig erbrachten Telekommunikationsdiensten • für Anbieter von geschäftsmäßig erbrachten Diensten zum Nachrichtenaustausch (z.B. in Computernetzwerken)	• Maßnahmen zum Schutz personenbezogener Daten und des Fernmeldegeheimnisses • Zugriffsschutz, Sicherstellung der Verfügbarkeit und Funktionsfähigkeit von Anlagen und Diensten • zusätzlich für lizenzpflichtige Anbieter: Sicherheitsbeauftragter, Sicherheitskonzept
passiv	StGB	bei Verletzung der Sicherheit von computergestützten Informationssystemen	Straftatbestände nach materiellem Strafrecht
passiv	UWG	bei Verletzung der Sicherheit (insb. der Vertraulichkeit) von computergestützten Informationssystemen	nebenstrafrechtliche Tatbestände
passiv	UrhG	beim Einsatz von lizenzpflichtiger Software	Schutz der Rechte Dritter bei der Nutzung von Software, nebenstrafrechtliche Tatbestände

Abb. 3-16: Zusammenfassende Darstellung ausgewählter die Sicherheit computergestützter Informationssysteme betreffender Rechtsnormen

Darüber hinaus kann eine Verletzung der Sicherheit computergestützter Informationssysteme die Anwendung strafrechtlicher bzw. nebenstrafrechtlicher Rechtsnormen zur Folge haben. Aus diesen Vorschriften lässt sich eine passive Pflicht zur Maßnahmenergreifung ableiten, die dem Schutz computergestützter Informationssystemen und der Rechte Dritter dient (z.B. für eine Beweissicherung). Neben den aufgeführten gesetzlichen Normen existiert darüber hinaus ein so genanntes untergesetzliches Regelwerk, das verbindliche Vorgaben für die Sicherheit von computergestützten Informationssystemen zur Verfügung stellt:[357] Wenn betriebliche computergestützte Informationssysteme primär rechnungslegungsrelevante Geschäftsprozesse abbilden, unterliegen sie nach den §§ 238 ff. HGB und den §§ 140 ff. AO auch den

[357] Vgl. HOLZNAGEL/SONNTAG (2002), S. 989.

Bestimmungen des Handels- und Steuerrechts und damit den vom Bundesfinanzministerium (BMF) veröffentlichten Grundsätzen ordnungsmäßiger DV-gestützter Buchführungssysteme (GoBS), welche den Einsatz der Datenverarbeitung im Bereich der Buchhaltung einschließlich vorgelagerter Systeme regeln.[358]

Ferner hat die Organisation für wirtschaftliche Zusammenarbeit und Entwicklung (OECD)[359] als ein internationales Forum für wichtige Fragen der weltwirtschaftlichen Zusammenarbeit Empfehlungen in Form von Richtlinien zur Sicherheit von Informationssystemen und -netzen ausgesprochen. Ziel dieser Richtlinien ist es, vor dem Hintergrund der Entwicklung einer globalen Informationsgesellschaft die Sensibilität von Regierungen, privatwirtschaftlichen Unternehmen und Anwendern von Informationssystemen für die Notwendigkeit von Sicherheitsmaßnahmen zu fördern.[360] Obwohl diese Leitlinien keine direkte rechtliche Bindung entfalten, werden die beteiligten OECD-Regierungen sie bei der Entwicklung von Politiken, Maßnahmen und Programmen im Bereich der Sicherheit von computergestützten Informationssystemen berücksichtigen, da die Leitlinien das Produkt eines Konsenses zwischen den OECD-Teilnehmern darstellen.

3.4 Gesellschaftliche Bedeutung der Sicherheit von computergestützten Informationssystemen

Mit dem Vordringen von Informationstechnologie in nahezu alle Lebensbereiche nimmt auch die Bedeutung der Sicherheit von informationstechnischen Systemen zu, da die Zukunft der Gesellschaft in einem hohen Maß von einer effizienten Beherrschung dieser Systeme abhängt. Sicherheit von computergestützten Informationssystemen wird damit ein wesentlicher Bestandteil der gesellschaftlichen Entwicklung (vgl. Abb. 3-17): Mit dem verstärkten Einsatz von Informationstechnologie haben sich nicht nur bestehende Märkte durch neue Nutzungsformen bzw. eine gesteigerte Nutzungsintensität verändert, es sind darüber hinaus neue Märkte z.B. im Bereich der Individual- und Massenkommunikation entstanden.[361] Sicherheit von Informationssystemen wirkt hier – in Abhängigkeit von ihrer Effizienz – positiv oder negativ auf den gesellschaftlichen Entwicklungsprozess ein, indem zum einen Schadenspotenziale, die aufgrund der Abhängigkeit der Gesellschaft von der Verfügbarkeit dieser Systeme bestehen, beeinflusst werden, zum anderen die beteiligten gesellschaftlichen Akteure

---

[358] Vgl. PHILIPP (1998), S. 312, HOLZNAGEL/SONNTAG (2002), S. 987 f. Die GoBS fordern zur Erfüllung der Ordnungsmäßigkeit der DV-gestützten Buchführung u.a. ein internes Kontrollsystem zur Sicherung und zum Schutz vorhandener buchführungsrelevanter Daten vor Verlusten und unberechtigten Veränderungen und die Erstellung eines Datensicherheitskonzeptes mit wirksamen Zugangs- bzw. Zugriffskontrollen. Vgl. hierzu BMF (1995), Abschnitt IV ff.

[359] Zur OECD vgl. GABLER (2000), S. 2277 f., WOLL (2000), S. 555.

[360] Vgl. OECD (2002), S. 689.

[361] Zum Wandel der Gesellschaft vgl. PICOT/REICHWALD/WIGAND (2003), S. 2 ff.

den Informationssystemen das dem Stand der Sicherheit entsprechende Vertrauen entgegenbringen.[362]

Abb. 3-17: Gesellschaftliche Aspekte der Sicherheit von
Informationssystemen
Quelle: in Anlehnung an BSI (2000b), S. 23.

Im folgenden Abschnitt werden ausgewählte Aspekte der Sicherheit von computergestützten Informations- und Kommunikationssystemen behandelt, die eine gesellschaftliche Relevanz besitzen. Hierfür wird zunächst der Schutz kritischer Infrastrukturen für die Funktionsfähigkeit einer Gesellschaft thematisiert, um anschließend die Sicherheit von offenen Kommunikationsnetzen aus einer volkswirtschaftlichen Perspektive zu untersuchen.

3.4.1 Schutz kritischer Infrastrukturen vor dem Hintergrund eines *Information Warfare*

3.4.1.1 Kritische Infrastrukturen

Mit der zunehmenden Nutzung von Informations- und Kommunikationstechnik und insbesondere dem Vordringen des Internet entstehen auch für den Staat neue Pflichten. Diese dienen dem Schutz elementarer, d.h. für das Funktionieren der Gesellschaft unabdingbarer und somit kritischer Bereiche vor neuen, aus der Techniknutzung resultierenden Bedrohungen.[363] Unter dem Begriff der kritischen Infrastruktur werden diejenigen Infrastruktureinrichtungen zusammengefasst, von deren Funktionieren die Funktions- und Handlungsfähigkeit der gesamten

---

[362] Vgl. BSI (2000b), S. 23.

[363] Zur Thematik der staatlichen Verantwortung für den Schutz ziviler Infrastrukturen, die sich aus den allgemeinen grundrechtlichen Schutzpflichten des Staates der Art. 2 Abs. 2 GG, Art. 2 Abs. 2 Satz 1 GG, Art. 5 Abs. 1 Satz 1 GG und den speziellen grundgesetzlichen Infrastruktur-Sicherungsaufträgen der Art. 10 Abs. 1 GG (Fernmeldewesen), Art. 87e GG (Eisenbahn) und Art. 87f GG (Post) ergibt, vgl. HOLZNAGEL (2000), S. 3 f., HOLZNAGEL/SONNTAG (2001), S. 128 ff. Zur Frage der Zulässigkeit und des Umfangs staatlicher Sicherheitspolitik vgl. FUHRMANN (2000), S. 144 ff., HOLZNAGEL/SONNTAG (2001), S. 129 ff. Zur Verletzlichkeit der Gesellschaft durch Informationstechnik aus juristischer Sicht vgl. ROßNAGEL (1996), S. 99 ff., HASSEMER (2001), Kapitel 2a, HASSEMER (2002), S. 232 ff.

Volkswirtschaft abhängt und die somit für die Gesellschaft unverzichtbar sind.³⁶⁴ Hierzu gehören alle Organisationen und Einrichtungen von (lebens-)wichtiger Bedeutung für das staatliche Gemeinwesen, wenn durch deren Ausfall oder Störung für größere Bevölkerungsgruppen nachhaltige Versorgungsengpässe oder andere dramatische Folgen eintreten.³⁶⁵ Die so charakterisierten Infrastrukturen lassen sich in folgende Gruppen einteilen, zwischen denen (wie Abb. 3-18 verdeutlicht) Abhängigkeiten hinsichtlich der Verfügbarkeit von vorgelagerten Infrastrukturdienstleistungen bestehen:³⁶⁶

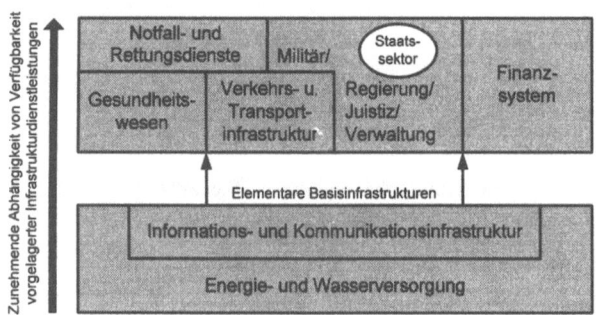

Abb. 3-18: Systematik kritischer Infrastrukturen

- Energie- und Wasserversorgung: Die vorwiegend leitungsgebundene Energieversorgung in Form von Elektrizität, Gas und Öl bzw. die Wasserversorgung bildet die Basisinfrastruktur, auf der alle anderen Infrastrukturdienstleistungen aufbauen. Ein Ausfall dieses elementaren Basisdienstes beeinträchtigt die Funktion sämtlicher auf eine Energieversorgung angewiesenen Infrastrukturdienstleistungen nachhaltig.

---

[364] Unter dem Begriff der (materiellen) Infrastruktur sollen in Anlehnung an JOCHIMSEN (1966), S. 100 die materiellen Voraussetzungen der wirtschaftlichen Entwicklung im Sinne der Verfügbarkeit von Basisdiensten wie z.B. Energieversorgung und Verkehrsverbindungen verstanden werden. Ebenso zu finden bei FREY (1978), S. 201 ff. HAMMER (1999), S. 28 versteht Infrastrukturen als sozio-technische Systeme, die in einem organisatorischen oder geographischen Bereich einheitliche Nutzungsoptionen für Anwender bereitstellen. Charakteristisch hierfür ist u.a. das Angebot gleicher Leistungen für viele Nutzer, die zeitliche Konstanz der angebotenen Leistungen und das Verbergen der internen Komplexität, welche zur Bereitstellung der Leistung beherrscht werden muss. Ähnlich zu finden bei HAMMER (1995), S. 293 f., REINERMANN (2002), S. 5.

[365] Vgl. BLATTNER-ZIMMERMANN (2000), S. 7, CERNY (2000), S. 3, KOCH (2000), S. 1, WEBER (2000b), Abschnitt 1, WINKEL (2000), S. 14 ff., BLATTNER-ZIMMERMANN (2001), S. 10, CERNY (2001), S. 49, BLATTNER-ZIMMERMANN (2002), S. 2, BSI (2002b), S. 1, REINERMANN (2002), S. 6, RITTER (2002), S. 3.

[366] Die aufgeführte Abgrenzung ist idealtypisch zu verstehen, da manche Einrichtungen Bestandteil mehrerer Gruppen sein können bzw. Vorleistungen für das Erbringen nachgelagerter Infrastrukturdienstleitungen erbringen. Vgl. zu folgender Aufzählung KÖHNTOPP (1999), Abschnitt 1.1, BLATTNER-ZIMMERMANN (2000), S. 7, KOCH (2000), S. 1 f., WEBER (2000b), Abschnitt 1, BLATTER-ZIMMERMANN (2001), S. 10, CERNY (2001), S. 49, WEBER (2001), S. 71, BLATTNER-ZIMMERMANN (2002), S. 2, BSI (2002b), S. 1.

- Informations- und Kommunikationsinfrastruktur: Hierunter fallen Rechnersysteme und (Tele-)kommunikationsanlagen, die häufig zur Steuerung bzw. Koordination anderer Infrastrukturen eingesetzt werden, wodurch sie – neben der Energieversorgung – ebenfalls eine Schlüsselposition innerhalb der Infrastrukturgruppen einnehmen.[367] Eine Störung dieser Infrastruktur, deren Funktionalität wiederum von der Energieversorgung abhängt, beeinträchtigt ebenfalls die nachgelagerten Infrastrukturdienstleistungen erheblich.[368]

- Verkehrs- und Transportinfrastruktur: Hierbei handelt es sich um raumüberbrückende Vertriebs- und Verteilsysteme in Form von Netzen für physische Ressourcen und Menschen, also z.B. das Straßen- oder Schienennetz, der Flug- oder Schifffahrtsverkehr.

- Gesundheitswesen: Hierunter fallen – neben der ärztlichen und pharmazeutischen Grundversorgung der Bevölkerung – Krankenhäuser, Laboratorien und ähnliche Einrichtungen.

- Finanzsystem: In diese Gruppe fallen alle mit finanziellen Transaktionen befassten Institutionen wie Banken, Versicherungen, aber auch Finanzintermediäre wie z.B. Börsen.

- Regierung, Verwaltung, Militär: Diese Kategorie beinhaltet ausschließlich öffentlich-rechtliche exekutiv oder judikativ orientierte Einrichtungen, Institutionen und Gebietskörperschaften, während die Dienstleitungen der anderen, hier aufgeführten Infrastrukturgruppen (mit Ausnahme der Polizei) auch privatrechtlich organisiert werden können.

- Notfall- und Rettungsdienste: Hierunter werden nicht nur Polizei, Feuerwehr und ärztliche Notfalldienste subsumiert, sondern insbesondere auch deren überregionale Koordinationseinrichtungen.

Informations- und Kommunikationssystemen kommt – neben der Energieversorgung – bei der Betrachtung der Verletzlichkeit von Infrastrukturen und damit deren **Kritikalität** (als Maß für ein mögliches Fehlverhalten einer Betrachtungseinheit) eine besondere Bedeutung zu:[369] Ursprünglich waren die meisten in der obigen Aufzählung genannten Infrastrukturbereiche weitgehend physisch und logisch voneinander getrennt. Aufgrund des technischen Fortschritts wurden diese mit Hilfe von Informations- und Kommunikationssystemen automatisiert und darüber hinaus zunehmend miteinander vernetzt. Hieraus ergeben sich starke Interdependenzen (vgl. Abb. 3-18), da Informations- und Kommunikationssysteme innerhalb der einzelnen Infrastrukturen quasi als Sub-Infrastrukturen die Verfügbarkeit und Leistungsfähigkeit der

---

[367] Vgl. KOMMISSION DER EUROPÄISCHEN GEMEINSCHAFTEN (2001), S. 2. Eine Übersicht über computergestützte kommunikationstechnische Infrastrukturen bieten u.a. HANSEN/NEUMANN (2002) S. 1101 ff. und TADAY (2002), S. 13 ff.

[368] Die Verfügbarkeit von Wasser und Energie sowie Informations- und Kommunikationsinfrastrukturen werden aufgrund ihrer elementaren Bedeutung für arbeitsteilige Volkswirtschaften auch mit dem Begriff der Daseinsvorsorge als staatliche Aufgabe in Verbindung gebracht. Vgl. hierzu FUHRMANN (2000), S. 146 f.

[369] Zum Begriff der Kritikalität vgl. WEBER (2001), S. 68 ff.

jeweiligen Infrastrukturdienstleistung sicherstellen.[370] Das sich aus dieser Abhängigkeit ergebende Bedrohungspotenzial für die Funktionsfähigkeit einer Gesellschaft wird im folgenden Abschnitt behandelt.

3.4.1.2 Information Warfare als Bedrohungsszenario des Informationszeitalters

Hochtechnologieländer zeichnen sich nicht nur durch technische Leistungsfähigkeit, sondern auch durch eine besondere Verletzlichkeit aus. Verletzlich sind politische, wirtschaftliche und technische Funktionsbereiche einer Gesellschaft in dem Grade, in dem ihre Handlungsfähigkeit von der Verfügbarkeit bzw. vom störungsfreien Verhalten dieser Bereiche abhängt. Mit der fortschreitenden Entwicklung und Ausbreitung von Informations- und Kommunikationssystemen haben sich neben den Arbeits- und Lebensbedingungen auch die Konfliktpotenziale und Mittel zur Konfliktaustragung verändert. Die politische Handlungsfähigkeit von Staaten und Bündnissystemen hängt zunehmend von der Fähigkeit ab, technische Systeme zur Informationsvermittlung und Systemsteuerung zu beherrschen.[371] Darüber hinaus eröffnet die globale Vernetzung von Informations- und Kommunikationssystemen neue Formen des kollektiven Handelns, die sich der Kontrolle durch einen Nationalstaat entziehen und dadurch bestehende politische oder militärische Machtstrukturen verändern können. Das Auftreten neuer, nicht-staatlicher Akteure, die in der Lage sind, politische, wirtschaftliche und militärische Systeme wirksam zu stören, verändert das bisher bekannte Spektrum internationaler Konflikte.[372]

Die neuen Möglichkeiten der Konfliktaustragung richten sich in erster Linie gegen die Informationsinfrastruktur von Hochtechnologieländern, von der praktisch alle gesellschaftlichen Funktionsbereiche in einem steigenden Ausmaß abhängen. Im Gegensatz zur direkten militärischen Waffengewalt wird hier unter Nutzung von Mitteln der Informationstechnik versucht, die Funktionsfähigkeit militärisch und zivil genutzter Kommunikations- und Führungssysteme zu (zer-)stören. Für diese Art der Konfliktaustragung ist es kennzeichnend, dass sie bereits deutlich unterhalb der Schwelle klassischer militärischer Auseinandersetzung beginnt.[373]

Die Verletzlichkeit der Informationsgesellschaft [374] hinsichtlich ihrer Abhängigkeit von der Verfügbarkeit von Informationsinfrastrukturen wird unter dem Begriff *Information Warfare*

---

[370] Vgl. KOCH (2000), S. 2.

[371] Vgl. GEIGER (2000), S. 129, GEIGER (2001), S. 32 ff. Auch zu finden bei ENQUETE-KOMMISSION (1998), Kapitel 2.3. Der Begriff der Verletzlichkeit wird in der Literatur häufig auf die Möglichkeit hoher Schäden reduziert; so z.B. bei HAMMER (1999), S. 112.

[372] Vgl. PCCIP (1997), S. 8 ff., GEIGER (2000), S. 129, GEIGER (2001), S. 32 f.

[373] Vgl. ANSORGE/STREIBL (1997), S. 1. Zu den Möglichkeiten dieser Art der Konfliktaustragung aus militärischer Sicht anhand eines fiktiven Szenario vgl. RITTER (2000), S. 1 ff., RITTER (2001), S. 101 ff.

[374] Zum Begriff der Informationsgesellschaft vgl. SIEBER (1995), Kapitel III.A, WELZEL (2000), S. 213, WIRTZ (2001a), S. 15 f.

diskutiert. Dieser Begriff ist eine Sammelbezeichnung für unterschiedliche Aktivitäten gegen militärische und zivile Einrichtungen eines Landes. Im militärischen Bereich werden hierbei Aktionen verstanden, mit deren Hilfe eine Überlegenheit hinsichtlich der eigenen Informationslage erreicht werden soll. Diese Aktivitäten richten sich in erster Linie gegen Informations- und Kommunikationssysteme bzw. Informationsverarbeitungsprozesse des Gegners.[375] *Information Warfare* steht in dieser Einordnung für den außerordentlich engen und vielschichtigen Zusammenhang zwischen informationstechnischem Fortschritt und militärischer Stärke.[376] Im zivilen Bereich wird unter dem Begriff der Einsatz informationstechnischer Mittel zur Störung der Funktionalität ziviler Einrichtungen zur Durchsetzung politischer, wirtschaftlicher oder krimineller Interessen verstanden.[377] In einem realen Konfliktfall sind die Grenzen zwischen militärischen und zivilen Angriffszielen von geringer Bedeutung, da insbesondere der Störung bzw. Zerstörung ziviler, kritischer Infrastrukturen eine konfliktentscheidende Bedeutung zukommen kann. Folgende Aktivitäten und Bereiche können zur begrifflichen Strukturierung unter *Information Warfare* subsumiert werden, wobei eine eindeutige Zuordnung der einzelnen Begriffe zum militärischen oder zivilen Bereich nicht eindeutig möglich ist, da sich die Mittel und Maßnahmen des *Information Warfare* gleichermaßen für kriegerische, terroristische oder (wirtschafts-) kriminelle Zwecke einsetzen lassen (vgl. Abb. 3-19):[378]

---

[375] In militärischer Hinsicht stellt *Information Warfare* nichts wesentlich Neues dar. Schon der Einsatz der Verschlüsselungsmaschine ENIGMA im Zweiten Weltkrieg auf deutscher Seite und deren Entschlüsselung durch die Alliierten zeigt die z.T. kriegsentscheidende Bedeutung von Informationen für militärische Entscheidungen. Gestiegen ist allerdings die Bedeutung der informatorischen Dimension, der teilweise eine gleichrangige Bedeutung wie der konventionellen Kriegsführung zu Wasser, zu Lande und in der Luft beigemessen wird. Vgl. hierzu GEIGER (2000), S. 130, MCLENDON (2002), Kapitel 7, RÖTZER (2002b), S. 245 ff.

[376] Dies belegen insbesondere die militärischen Operationen der Alliierten gegen den Irak im Golfkrieg 1991; vgl. hierzu BAUMANN (1998), S. 80, MCLENDON (2002), Kapitel 7.

[377] Zur Begriffsdefinition des *Information Warfare* vgl. POHL (1998a), Abschnitt 1 und 2, WEBER (2000a), Abschnitt 1.

[378] Eine erste und häufig zitierte Begriffsstrukturierung wird MARTIN C. LIBICKI zugeschrieben. Vgl. LIBICKI (1995), Abschnitt 1, LIBICKI (1997), Abschnitt 5.

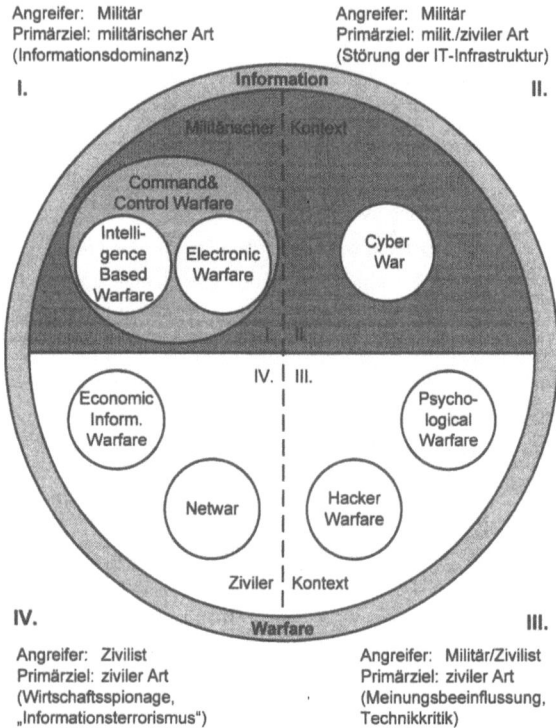

Abb. 3-19: **Strukturierung des Begriffs *Information Warfare***

- Kriegshandlungen, die die Kommando- und Kontrollstruktur (so genannte C³I-Systeme – *Command, Control, Communications and Intelligence*) [379] des Gegners (zer-)stören sollen, zählen zum **Command- and Control Warfare**. Ziel der Handlungen ist die Ausschaltung der gegnerischen Kommandozentrale und/oder die Störung des Informationsflusses und somit der Befehlskette zwischen einer Kommandozentrale und den vor Ort operierenden Einheiten.

Als eine Ausprägung dieser Kriegshandlungen gilt zum einen der ***Intelligence Based Warfare***, dessen Ziel die elektronische Aufklärung ist. Diese Art der Informationsbeschaf-

---

[379] Zum Begriff der C³I-Systeme vgl. BERNHARDT/RUHMANN (1997), Abschnitt 2, BAUMANN (1998), S. 80. *Information Warfare* hat in der Bedeutung von C³I-Maßnahmen eine lange Tradition. So war z.B. schon im 6. Jahrhundert v. Chr. die Verwendung von Feuer- und Fackelsignalen zur Kommunikation nachweislich üblich; vgl. hierzu BAUMANN (1998), S. 81. Eine Übersicht über Einrichtungen der US-Streitkräfte, die sich mit der Informationskriegsführung beschäftigen, ist zu finden bei BENDRATH (2001a), S. 8 ff. Eine Analyse der Entwicklung in den USA im Bereich des offensiven Informationskrieges ist zu finden bei BENDRATH (2001b), Abschnitt 1 ff.

fung dient sowohl sämtlichen militärischen Führungsebenen zur Koordination und Durchführung militärischer Operationen als auch autonomen Waffensystemen zur Zielbestimmung. Zum anderen soll mit Hilfe des *Electronic Warfare* Informationsbeschaffung und -austausch des Gegners unterbunden werden. Hierbei bekommt die Vereitelung gegnerischer Aufklärungsversuche durch kryptographische Verfahren zum Schutz der eigenen Informationen eine erfolgskritische Bedeutung.[380]

- Psychologische Manipulation der öffentlichen Meinung mit Mitteln der elektronischen Massenkommunikation werden unter den Begriff des *Psychological Warfare* zusammengefasst. Handlungen in diesem Bereich können sich sowohl gegen die Moral der kämpfenden gegnerischen Truppen als auch gegen die Zivilbevölkerung des Gegners richten.[381]

- Als *Hacker Warfare* werden Angriffe auf elektronisch gespeicherte Daten, Nachrichtensysteme und Rechneranlagen bzw. die Verbreitung von Programmen mit Schadensfunktion durch so genannte *Hacker* verstanden. Hierbei handelt es sich um einen (meist) jugendlichen Personenkreis, der aus unterschiedlichen Motiven – wie z.B. (übersteigertem) Geltungsbedürfnis oder aus politisch-ethischen Gründen – unter einem Pseudonym die Grenzen und Schwachstellen informationstechnischer Systeme auslotet und für seine Zwecke nutzt, um auf diese Art und Weise auch Kritik an der zunehmenden Technisierung und Technikgläubigkeit zu üben. Diese Handlungen lassen sich eher dem zivilen als dem militärischen Bereich zuordnen, obwohl sich Militärs der Fähigkeiten dieser Personengruppe für ihre Zwecke bedienen können.[382]

- Diebstahl, Missbrauch, Fälschung oder Zerstörung wirtschaftlich genutzter Daten wird als *Economic Information Warfare* bezeichnet.[383] So kann durch die Störung von Informationsflüssen der gesamtwirtschaftliche Handel – insbesondere die Funktionsfähigkeit von Börsensystemen oder elektronischen Abrechnungssystemen – stark beeinflusst werden.

---

[380] Vgl. LIBICKI (1995), Abschnitt 1, ANSORGE/STREIBL (1997), S. 2, LIBICKI (1997), Abschnitt 3 u. 5, GEIGER (2000), S. 130. Eine Beschreibung dieser Form der Kriegführung findet sich bei PALM (2002), S. 279 ff., ECKERT (2002), Abschnitt 1 ff., RÖTZER (2002a), Abschnitt 1 ff.

[381] Vgl. LIBICKI (1995), Abschnitt 1, ANSORGE/STREIBL (1997), S. 6 f., LIBICKI (1997), Abschnitt 5, MADSON (2000), Abschnitt 7, RITTER (2000), S. 5 f., RITTER (2001), S. 103 f. Eine nähere Beschreibung hierzu mit Beispielen ist zu finden bei MARESCH (2002), S. 156 ff., WERBER (2002), S. 175 ff.

[382] Vgl. LIBICKI (1995), Abschnitt 1, ANSORGE/STREIBL (1997), S. 3, LIBICKI (1997), Abschnitt 5, GEIGER (2000), S. 130. Zu möglichen Tätern und ihren potenziellen Motiven vgl. POHL/CERNY (1998), S. 1 ff., SCHUMACHER/MOSCHGATH/ROEDIG (2000), S. 203 ff.

[383] Diese Form der Wirtschaftskriminalität kann auch zu militärischen oder terroristischen Zwecken benutzt werden, so z.B. zur Finanzierung möglicher Aktionen. Vgl. hierzu RITTER (2000), S. 8, RITTER (2001), S. 105 f. POHL benutzt hierfür die Bezeichnung *Business Information Warfare* und versteht darunter alle Angriffe auf wesentliche Teile des Kerngeschäfts von Unternehmen und Behörden. Vgl. hierzu POHL (2000b), S. 1.

Aber auch Aktivitäten, die das Ausspähen von geschäftskritischen Daten wirtschaftlicher Konkurrenten zum Ziel haben, werden unter diesen Begriff gefasst.[384]

- Unter *Cyber War* werden in einem militärischen Sinn der Missbrauch und/oder die (Zer-) störung der militärischen und zivilen Informationsinfrastruktur des Gegners verstanden mit dem Ziel durch Behinderung von z.b. it-gestützten Logistik- und Versorgungseinrichtungen eine militärische Überlegenheit zu erreichen. Von diesem militärischen Kontext abzugrenzen ist der *Netwar*. Hierunter fallen Aktivitäten vorwiegend ziviler Personengruppen, bei denen die Sabotage von Datenbeständen oder informationstechnischen Systemen aus politisch-ethischen Motiven zu einer permanenten Bedrohung für die betroffene Institution wird. Diese auch als Informationsterrorismus bezeichneten Aktivitäten machen sich zunutze, dass in Informationssystemen gespeicherte Daten einen erheblichen wirtschaftlichen Wert darstellen können. Die Zerstörung oder Veröffentlichung dieser Daten kann für die betroffene Organisation Existenz bedrohend sein.[385]

Die Sicherung der Verfügbarkeit kritischer Infrastrukturen vor dem Hintergrund eines potenziellen *Information Warfare* umfasst Aufgabengebiete, die sich mit der globalen Vernetzung von Informationssystemen zunehmend der Kontrolle einzelner Staaten entziehen. Überlegungen zu Schutzkonzepten für kritische Infrastrukturen müssen dies berücksichtigen.[386]

3.4.1.3 Schutzinitiativen für kritische Infrastrukturen

Problematisch für die Erstellung von Schutzkonzepten erweisen sich einige, meist technisch bedingte Besonderheiten des *Information Warfare*. So ist durch die zunehmende Verbreitung von Rechnersystemen und die Offenheit des Internet die Verfügbarkeit von Angriffsmitteln jederzeit und von jedem Ort aus gegeben, da sowohl die softwaretechnischen Hilfsmittel (Programme) für das unbefugte Eindringen in IT-Infrastrukturen als auch das hierfür benötigte Wissen für jedermann frei zugänglich sind.[387] Darüber hinaus erschweren die Größe und die Anonymität des Internet sowie das Fehlen nationaler Grenzen und der damit nicht mehr vorhandenen direkten Kontroll- und Sanktionsmöglichkeiten durch staatliche Institutionen die Erstellung von effektiven Schutzkonzepten für it-gestützte, kritische Infrastrukturen.[388]

Eine erste, offizielle Wahrnehmung dieser Problematik fand im Jahr 1995 ihren Ausdruck in der *Presidential Decision Directive* (PDD) 39 des US-amerikanischen Präsidenten WILLIAM

---

[384] Vgl. LIBICKI (1995), Abschnitt 1, ANSORGE/STREIBL (1997), S. 3, LIBICKI (1997), Abschnitt 5, BAUMANN (1998), S. 80, GEIGER (2000), S. 130.

[385] Vgl. ANSORGE/STREIBL (1997), S. 3 f., BERNHARDT/RUHMANN (1997), Abschnitt 3, GEIGER (2000), S. 130, MINKWITZ/SCHÖFBÄNKER (2000), S. 6.

[386] Vgl. GEIGER (2000), S. 132.

[387] Vgl. PCCIP (1997), S. 9.

[388] Vgl. GEIGER (2000), S. 132, KOCH (2000), S. 5 f.

J. CLINTON (vgl. Abb. 3-20).[389] Diese Direktive mit dem Titel *Counterterrorism Policy* hatte das Ziel, die Wirksamkeit der bis dahin existierenden Infrastruktursicherheitsmaßnahmen festzustellen.

Die als unbefriedigend empfundenen Ergebnisse dieser ersten Untersuchung waren Anlass für den Erlass der *Executive Order* (EO) 13010 – *Critical Infrastructure Protection* am 15. Juli 1996, mit der die *President's Commission on Critical Infrastructure Protection* eingerichtet wurde. Die primäre Aufgabe dieser Kommission bestand darin, neben der Untersuchung von Verwundbarkeiten und Schwachstellen kritischer Infrastrukturen konkrete Maßnahmen zu deren Schutz und eventuell damit verbundene Gesetzesänderungen in Form eines Abschlussberichts vorzuschlagen.[390] Der am 13. Oktober 1997 vorgelegte Abschlussbericht mit dem Titel *Critical Foundations*[391] empfiehlt u.a. Informationen über kritische Infrastrukturen zu schützen, die Zusammenarbeit zwischen privaten Infrastrukturbetreibern und staatlichen Institutionen zu verbessern und ein nationales Melde- und Alarmsystem zu etablieren sowie die internationale Zusammenarbeit auf diesem Gebiet zu fördern.[392]

Die Umsetzung der meisten dieser Empfehlungen erfolgte am 22. Mai 1998 durch die *Presidential Decision Directive* 63, die ebenfalls den Titel *Critical Infrastructure Protection* trägt.[393] Als Ziel wird die Fähigkeit zum Schutz von kritischen Infrastrukturen vor vorsätzlichen Angriffen genannt. Unterbrechungen in diesen Bereichen sollen möglichst kurz, nicht häufig, beherrschbar, geographisch begrenzt und minimal nachhaltig sein.[394] Das hierfür notwendige Schutzsystem sieht für jeden zu schützenden Infrastrukturbereich eine eigenständige Leitbehörde vor, die jeweils über Verbindungsbeamte und Funktionskoordinatoren in einer übergeordneten Koordinationsgruppe (*Critical Infrastructure Coordination Group* – CICG) zusammengefasst werden.[395] Darüber hinaus erhielt im Rahmen dieser Direktive das *Federal Bureau of Investigation* (FBI) als polizeiliche Bundesbehörde der USA den Auftrag ein Informations-, Analyse- und Warnzentrum einzurichten. Dieses wurde am 26. Februar 1998 unter dem Namen *National Infrastructure Protection Center* (NIPC) gegründet und dient seit

---

[389] Die US-Regierung setzte sich allerdings schon in den 1980er Jahren mit der Verletzlichkeit von Infrastrukturen auseinander, wobei das heute vorhandene Bedrohungspotenzial aufgrund der Verbreitung des Internet noch nicht gegeben war. So wurde 1984 unter Präsident RONALD REAGAN das *National Telecommunications and Information Systems Security Committee* gegründet und ab 1987 bedingte der *Computer Security Act*, dass alle öffentlichen Einrichtungen ihre Computersysteme auflisten und entsprechend der Sensibilität der darin gespeicherten Daten sichern mussten; vgl. hierzu BOYSE (2001), S. 24 f.

[390] Vgl. KOCH (2000), S. 10. Zum organisatorischen Aufbau der PCCIP vgl. KOCH (2000), S. 9.

[391] Dieses Dokument ist verfügbar unter http://www.terrorism.com/homeland/PCCIPreport.pdf.

[392] Vgl. PCCIP (1997), S. 25 ff., KOCH (2000), S. 11 ff., BOYSE (2001), S. 24 f., REINERMANN (2002), S. 7. Zu den möglichen Folgen dieser Empfehlungen für die Bürgerrechte vgl. MADSEN (2000), Abschnitt 2.

[393] Eine Zusammenstellung von Direktiven der amerikanischen Präsidenten ist zu finden unter http://www.fas.org/irp/offdocs/pdd/index.html.

[394] Vgl. BOYSE (2001), S. 25, REINERMANN (2002), S. 8.

[395] Zur Struktur und Organisation des Infrastrukturschutzsystems vgl. KOCH (2000), S. 18 f.

dem als zentrale Schnittstelle für die Weiterleitung und Auswertung von Informationen bezüglich des Infrastrukturschutzes. Weiterhin ist das NIPC für Strafverfolgungsmaßnahmen in diesem Bereich zuständig.[396]

Die bisher letzte US-amerikanische Initiative zum Infrastrukturschutz bildet der am 7. Januar 2000 veröffentlichte *National Plan for Information Systems Protection*. Dieser vom *Critical Infrastructure Assurance Office* (CIAO)[397] ständig weiter zu entwickelnde Plan greift die Empfehlungen der PCCIP stärker differenziert sowie um Umsetzungsfristen ergänzt auf und behandelt in erster Linie staatliche Maßnahmen zum Schutz kritischer Infrastrukturen.[398] Mit der *Executive Order* 13228 – *Establishing Office of Homeland Security* vom 8. Oktober 2001 hat Präsident GEORG BUSH eine Stabsstelle eingerichtet, deren Aufgabe die Entwicklung umfassender Strategien zum Schutz der USA vor terroristischen Angriffen auch im Bereich der kritischen Infrastrukturen ist. Als beratendes Gremium wird in diesem Zusammenhang das *Homeland Security Council* tätig, dem zahlreiche Staatssekretäre verschiedener Ministerien und Vertreter der US-amerikanischen Geheimdienstorganisationen angehören.[399] Mit der *Executive Order* 13231 (mit dem Titel *Critical Infrastructure Protection in the Information Age*) vom 16. Oktober 2001 wurde darüber hinaus eine Kommission unter dem Namen *The President's Critical Infrastructure Protection Board* (PCIPB) eingerichtet. Die Aufgabe dieser aus Vertretern der wichtigsten Regierungsbehörden, Universitäten und Unternehmen zusammengesetzten Kommission besteht in der Erarbeitung von Strategien zum Schutz der Informationssysteme, die in kritischen Infrastrukturen zum Einsatz kommen.[400]

Ein erstes Ergebnis dieser interdisziplinären Zusammenarbeit ist der im September 2002 veröffentlichte Bericht *The National Strategy To Secure Cyberspace*. Hierin wird betont, dass die Zuständigkeiten für kritische Infrastrukturen nicht ausschließlich bei staatlichen Institutionen liegen. Vielmehr wird auch Unternehmen und Privatpersonen mit dem Gebot zum Schutz ihrer eigenen Computersysteme durch geeignete Maßnahmen ein Teil der Verant-

---

[396] Um seine Aufgaben zu erfüllen, bietet das NIPC u.a. einen internetbasierten Service mit dem Namen INFRAGARD (http://www.infragard.net) an. Hierbei handelt es sich um einen Dienst, der den Informationsaustausch zum Infrastrukturschutz zwischen Regierungsstellen, Privatwirtschaft und akademischen Institutionen unterstützen soll. Vgl. hierzu KOCH (2000), S. 19 f., REINERMANN (2002), S. 10.

[397] Diese Behörde (http://www.ciao.gov) ist die Nachfolgeorganisation der PCCIP und untersteht dem für Exportkontrollen zuständigen *Bureau of Export Administration* (BXA), welches u.a. auch für Kryptographie-Exportregulierungen zuständig ist. Beide Behörden gehören zum Geschäftsbereich des US-amerikanischen Wirtschaftsministeriums *Department of Commerce* (DoC). Vgl. KOCH (2000), S. 21.

[398] U.a. wird darin vorgeschlagen, ca. 2 Milliarden US-$ für Ausbildung im Bereich Infrastrukturschutz, für Systeme zum Erkennen von illegalem Eindringen in Rechnernetze und für Forschung und Entwicklung auf diesem Gebiet zur Verfügung zu stellen. Vgl. hierzu BOYSE (2001), S. 26.

[399] Die EO 13228 ist zu finden unter http://www.whitehouse.gov/news/releases/2001/10/20011008-2.html. Die zentralen Aufgabengebiete dieser Stabsstelle werden umschrieben mit *Detection* (Erkennung), *Preparedness* (Bereitschaft), *Prevention* (Vorbeugung) und *Protection* (Schutz).

[400] Vgl. PCIPB (2002), S. 2.

Sicherheit als materielle Gestaltungsanforderung 99

wortung übertragen.[401] Somit spricht sich dieser Bericht gegen einen rein regulatorischen Ansatz aus. Mit dem *Homeland Security Act* vom November 2002 ist eine zentrale US-Schutzbehörde mit dem Namen *Department of Homeland Security* (DHS) gegründet worden, deren Aufgabe – neben der Überwachung sensibler Objekte der US-Infrastruktur – darin besteht, Informationen bezüglich potenzieller Terrorakte gegen US-amerikanische Einrichtungen zu sammeln und zu analysieren.[402] Abb. 3-20 zeigt nochmals die oben beschriebenen US-amerikanischen Initiativen zum Schutz kritischer Infrastrukturen in chronologischer Reihenfolge auf.

Jahr	Initiative
1995	*Presidential Decision Directive* 39 – *Counterterrorism Policy*
1996	*Executive Order* 13010 – *Critical Infrastructure Protection*
1997	Abschlussbericht der *President's Commission on Critical Infrastructure Protection* (PCCIP)
1998	*Presidential Decision Directive* 63 – Critical Infrastructure Protection Gründung des *National Infrastructure Protection Center* (NIPC)
2000	Veröffentlichung des *National Plan for Information Systems Protection*
2001	*Executive Order* 13228 – *Establishing Office of Homeland Security* *Executive Order* 13231 – *Critical Infrastructure Protection in the Information Age* *President's Critical Infrastructure Protection Board*
2002	Entwurf des Berichts *The National Strategy To Secure Cyberspace* Gründung des *Department of Homeland Security* durch den *Homeland Security Act*

Abb. 3-20: US-amerikanische Initiativen zum Schutz kritischer Infrastrukturen

In Deutschland begann die Diskussion über den Schutz kritischer Infrastrukturen im Jahr 1997 mit der Bildung der ressort-übergreifenden Regierungsarbeitsgruppe KRITIS unter Führung des Bundesamtes für Sicherheit in der Informationstechnik (BSI). Diese hatte die Aufgabe, potenzielle Bedrohungsszenarien zu bestimmen, über Informationstechnik angreifbare kritische Infrastrukturen auf Schwachstellen zu überprüfen, Abwehrmaßnahmen hierfür

---

[401] Vgl. WILKENS (2002), S. 68, PCIPB (2002), S. 15 ff. Der Bericht empfiehlt u.a., dass den Nutzern von Computersystemen entsprechende Sicherheitsschulungen angeboten werden sollten. Weiterhin wird explizit darauf hingewiesen, dass bei allen sicherheitsstrategischen Maßnahmen der Datenschutz und die Bürgerrechte berücksichtigt werden müssen. Vgl. hierzu PCIPB (2002), S. 43.

[402] Vgl. ZIEGLER (2003), S. 70. Über das *Homeland Security Advisory System* (http://www.whitehouse.gov/homeland) kann der Grad der vom DHS geschätzten Terrorbedrohung abgerufen werden.

zu entwickeln und Vorschläge für ein Frühwarn- und Alarmsystem zu erarbeiten.[403] In weiten Teilen stimmen Aufgaben und Untersuchungsergebnisse mit denen der US-amerikanischen Initiativen überein, mit Ausnahme der ausschließlich in der deutschen Schutzinitiative behandelten *Outsourcing*-Problematik im Bereich der Informationstechnik.[404] Hervorgehoben wird von der Regierungsarbeitsgruppe insbesondere die Notwendigkeit zur internationalen Koordination von Schutzmaßnahmen und die Zusammenarbeit zwischen den einzelnen Infrastrukturgruppen.[405]

Um die Zusammenarbeit zwischen staatlichen Institutionen und der Privatwirtschaft zu fördern, hat sich in Deutschland 1999 der ‚Arbeitskreis zum Schutz von Infrastrukturen (AKSIS)' zusammengefunden. Hierbei handelt es sich um eine Interessenvereinigung von Unternehmen unterschiedlicher Branchenzugehörigkeit und Vertretern öffentlich-rechtlicher Institutionen. Das Hauptanliegen von AKSIS besteht vor allem darin, die Abhängigkeiten im Bereich der kritischen Infrastrukturen zu analysieren und Maßnahmen für einen sektorübergreifenden Schutz zu erarbeiten.[406] Weitere Ziele bestehen in der Schaffung einer Vertrauensbasis zur gegenseitigen Information über Techniken und Verfahren zum Schutz von Infrastrukturen, im Austausch von Erfahrungen zu Risiken, Vorfällen und Problemen sowie in der Förderung des internationalen Dialogs in diesem Bereich. Darüber hinaus werden Szenarien entwickelt und Planspiele mit Bewertung der Auswirkungen von Infrastrukturstörungen auf die Funktionsfähigkeit gesellschaftlicher Bereiche wie Politik und Wirtschaft durchgeführt.[407]

Auf europäischer Ebene hat der Europäische Rat auf einer Tagung in Stockholm vom 23.-24. März 2001 beschlossen, zusammen mit der Kommission der Europäischen Gemeinschaften eine Strategie für die Sicherheit elektronischer Netze einschließlich praktischer Durchführungsmaßnahmen zu entwickeln.[408] Die Umsetzung dieses Beschlusses erfolgte am 06. Juni 2001 mit dem Vorschlag der Europäischen Kommission für einen europäischen Politik-

---

[403] Vgl. KRITIS (1999), Abschnitt 1.2, KOCH (2000), S. 28, REINERMANN (2002), S. 13.

[404] In der Verlagerung von IT-Dienstleistungen von Behörden und Unternehmen auf selbstständige Dienstleister sieht die Arbeitsgruppe die Gefahr von unerwünschter ‚Mehrleistung' z.B. in Form von Spionage; vgl. KRITIS (1999), Abschnitt 2.3, KOCH (2000), S. 28 f. Zum Begriff des Outsourcing im IT-Bereich vgl. HEINRICH (2002b), S. 114 ff., SCHWARZE (2000), S. 348 ff., GABRIEL/BEIER (2002), S. 42 ff.

[405] Vgl. KRITIS (1999), Abschnitt 5, BLATTNER-ZIMMERMANN (2002), Abschnitt 8. Allerdings wird im Gegensatz zu den USA im Rahmen des KRITIS-Berichts nicht betont, die Interessen der Privatwirtschaft an der Sicherheit informationstechnischer Infrastrukturen zu einer Staatsaufgabe zu machen; vgl. hierzu KOCH (2000), S. 28, KREMPL (2000), Abschnitt 9.

[406] U.a. wirken in diesem Arbeitskreis das Bundesministerium des Innern, das Bundesministerium der Verteidigung, das Bundesministerium für Wirtschaft und Technologie, Finanz-, Telekommunikations-, Verkehrsdienstleister und Energieversorgungsunternehmen sowie Vertreter von Behörden (z.B. des BSI) und Verbänden mit. Vgl. WINKEL (2000), S. 121 f., Blattner-Zimmermann (2002), Abschnitt 8. Die Initiative AKSIS ist zu finden unter http://www.aksis.de.

[407] Vgl. REINERMANN (2002), S. 15. Ein im November 2001 durchgeführtes computergestütztes Planspiel mit dem Namen CYTEX 200x zeigte die Verletzbarkeit nationaler Infrastrukturen auf. Vgl. hierzu SCHULZKI-HADDOUTI (2001), S. 48, KREMPL (2002), Abschnitt 1 ff.

[408] Vgl. EUROPÄISCHER RAT (2001), S. 9.

ansatz im Bereich der Sicherheit von (Telekommunikations-) Netzen. Dieser sieht u.a. als Maßnahmen vor, ein europäisches Warn- und Informationssystem einzurichten, den technischen Fortschritt in Bereich der Sicherheit von Netzen zu fördern und die internationale Zusammenarbeit auf diesem Gebiet zu verstärken.[409]

Insgesamt kann festgestellt werden, dass dem einzelnen Nationalstaat durch die zunehmende Vernetzung und Internationalisierung von Unternehmen und Kommunikationswegen relativ beschränkte Handlungsmöglichkeiten zum Schutz von Infrastrukturen gegeben sind. Sowohl eine Zusammenarbeit zwischen den einzelnen Infrastrukturgruppen sowie zwischen diesen und staatlichen Institutionen als auch die internationale Koordinierung von Maßnahmen und gesetzlichen Handlungsmöglichkeiten sind erforderlich, um dem Bedrohungspotenzial eines *Information Warfare* zu begegnen.[410]

3.4.2 Volkswirtschaftliche Aspekte der Sicherheit von Informationssystemen

Im folgenden Abschnitt werden gesamtwirtschaftliche Gesichtspunkte der Sicherheit von Informationssystemen behandelt, wobei der Schwerpunkt dieser Untersuchung auf offenen, also jedem frei zugänglichen Kommunikationsnetzen liegt. In einem ersten Schritt wird aufgezeigt, inwieweit die Sicherheit offener Kommunikationsnetze einen staatlichen Eingriff erfordern kann, um ein volkswirtschaftlich gewünschtes Sicherheitsniveau zu erreichen. Anschließend werden mögliche staatliche Regulierungsinstrumente auf ihre Eignung für diesen Bereich untersucht.

3.4.2.1 Sicherheit von offenen Kommunikationssystemen als potenzielle staatliche Regulierungsaufgabe

Der Übergang von der Industrie- zur Informationsgesellschaft ist nicht nur durch neue Handlungs- und Nutzungsmöglichkeiten geprägt, sondern auch durch neue Risiken sowohl für die Teilnehmer von öffentlich zugänglichen Kommunikationssystemen (z.B. dem Internet) als auch für die Gesellschaft im Allgemeinen.[411] Unterzieht man offene Kommunikationsnetze, die grundsätzlich allen Wirtschaftssubjekten zugänglich sind, einer ökonomischen Analyse hinsichtlich ihres Sicherheitsniveaus, so stellt sich aus gesamtwirtschaftlicher Perspektive die

---

[409] Darüber hinaus soll durch Sensibilisierung der Nutzer auf Risiken im Zusammenhang mit der Nutzung von Kommunikationsnetzen und mögliche Lösungen hingewiesen werden. Ferner soll die Harmonisierung von unterschiedlichen Standardisierungs- und Zertifizierungsmaßnahmen gefördert werden. Vgl. KOMMISSION DER EUROPÄISCHEN GEMEINSCHAFTEN (2001), S. 22 ff.

[410] Vgl. BLATTNER-ZIMMERMANN (2002), Abschnitt 7 u. 9.

[411] Die Risiken und Gefahren entstehen zum einen durch die starke Abhängigkeit der Konsum- und Produktionssphäre von Volkswirtschaften von den neuen Hochtechnologien, zum anderen durch neue Formen illegaler Aktivitäten wie diese im vorigen Abschnitt beschrieben wurden.

Frage nach dem optimalen (und damit allokationseffizienten) Ausmaß an Sicherheitsmaßnahmen für offene Kommunikationsnetze.[412]

Bei der in offenen Kommunikationsnetzen angebotenen Dienstleistung handelt es sich um den Transport von Daten von einem Teilnehmer zu einem oder mehreren anderen.[413] Durch die Übermittlung von Daten in offenen Kommunikationsnetzen können die Eigentumsrechte der Kommunikationsteilnehmer an diesen Daten z.b. durch eine Verletzung der Vertraulichkeit infolge eines Lauschangriffs bedroht bzw. beeinträchtigt werden.[414] Aus Interesse an der Wahrung von Eigentumsrechten an den Kommunikationsinhalten lässt sich eine positive Zahlungsbereitschaft der Wirtschaftssubjekte für die Implementierung von Sicherheitsmaßnahmen in offenen Kommunikationsnetzen ableiten. Das aus volkswirtschaftlicher Sicht optimale Niveau an Sicherheitsmaßnahmen, deren Nutzen in einer Reduzierung eines zu erwartenden Schadens bei einer Verletzung der Sicherheit liegt, ist dann erreicht, wenn die Kosten der zuletzt implementierten Sicherheitsmaßnahme für einen Teilnehmer mit dessen marginalen Nutzenzuwachs bzw. mit seiner zusätzlichen Zahlungsbereitschaft übereinstimmt.[415] Allerdings existiert ein so definiertes Optimum an Sicherheitsmaßnahmen für (Tele-)kommunikationsmärkte nur unter den idealtypischen Bedingungen des Marktmodells der vollständigen Konkurrenz.[416] In der Realität weisen Kommunikationsmärkte aber Spezifika auf, die zu Allokationsineffizienzen in Bezug auf die Sicherheit von Kommunikationsnetzen und -diensten führen und somit einen regulierenden Eingriff des Staates in diese Märkte begründen können (vgl. Abb. 3-21):

---

[412] Bei dieser Betrachtung wird von teilnehmerspezifischen Sicherheitsmaßnahmen abgesehen. Es werden lediglich Maßnahmen betrachtet, die anbieterseitig fest im Kommunikationsnetz etabliert sind und somit allen Netzteilnehmern ein identisches Sicherheitsniveau gewährleisten.

[413] Diese Transportdienstleistung ist eine allgemeine Eigenschaft von Netzwerken. Analog hierzu werden z.B. über das Schienennetz der Eisenbahn Personen und Güter, über Energienetze Öl, Gas und Strom transportiert.

[414] Die betroffenen Individuen erleiden i.d.R. einen Wohlfahrtsverlust, weil ihre Wertschätzung der Kommunikationsdienstleistung sinkt, wenn die zwischen ihnen übermittelten Kommunikationsinhalte anderen Wirtschaftssubjekten bekannt werden. Vgl. hierzu BLIND (1996a), S. 156.

[415] Dies gilt bei Unterstellung stetiger Grenzkosten- und Grenznutzenverläufe. Für eine formalisierte Darstellung mit Hilfe mikroökonomischen Instrumentariums vgl. BLIND (1996a), S. 160 ff.

[416] Zum wettbewerbspolitischen Leitbild der vollständigen Konkurrenz vgl. BERG (1999), S. 307 ff., AHRNS (1997), S. 41 ff.

Sicherheit als materielle Gestaltungsanforderung 103

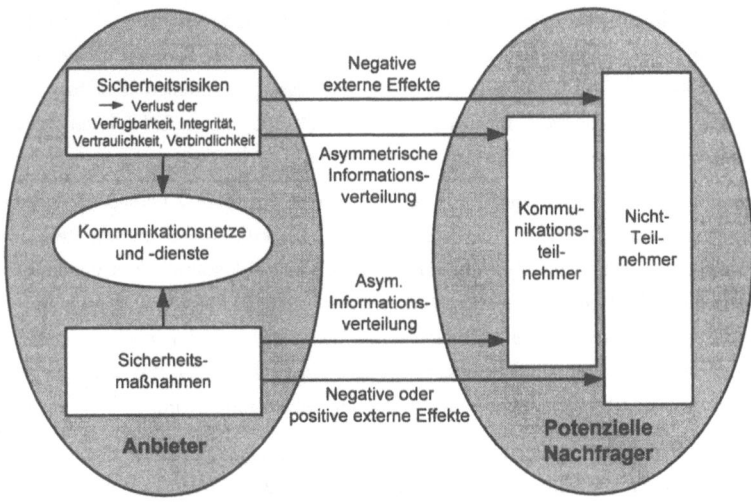

Abb. 3-21: Mögliche Begründungen für eine staatliche Regulierung von offenen Kommunikationsnetzen
Quelle: in Anlehnung an BLIND (1996a), S. 203.

- Zwischen den Kommunikationsteilnehmern als Nachfrager einer Kommunikationsdienstleistung und den Netzbetreibern als Anbieter dieser Leistung bestehen auf realen Märkten **Informationsasymmetrien** sowohl hinsichtlich der Sicherheitsrisiken des Kommunikationsvorgangs als auch bezüglich der Effektivität der netzwerkweit installierten (und somit allen Teilnehmer zugänglichen) Sicherheitsmaßnahmen.[417] Nachfrager von Kommunikationsdienstleistungen haben i.d.R. in beiden genannten Bereichen ein Informationsdefizit gegenüber der Anbieterseite, da sie sowohl die in Abb. 3-21 aufgeführten Risiken für Kommunikationsdienstleistungen und deren Eintrittswahrscheinlichkeiten unvollständig antizipieren als auch bezüglich der Qualität der vom Anbieter eingesetzten Sicherheitsmaßnahmen einer Fehleinschätzung unterliegen.[418] Der Informationsstand der Marktteilnehmer ist keine exogene Größe, sondern kann durch private Informationsstrategien beider Marktseiten endogen beeinflusst werden. Allerdings erweisen sich die für den Abbau von Informationsasymmetrien möglichen Strategien von Seiten der Anbieter durch Informationsbereitstellung (*Signaling*) und der Nachfrager durch zusätzliche Informationsgewinnung (*Screening*) in diesem Zusammenhang als ungeeignet, da Sicherheitsmaßnah-

---

[417] Vgl. KOMMISSION DER EUROPÄISCHEN GEMEINSCHAFTEN (2001), S. 20.

[418] Zwar wird dieses Informationsdefizit der Nachfrager im Laufe der Nutzungszeit geringer, es verbleibt jedoch eine gewisse Restunsicherheit. Grundsätzlich werden auch Netz- bzw. Dienstanbieter mit dieser Problematik konfrontiert. Sie besitzen aber im Gegensatz zur Nachfrageseite i.d.R. einen längeren Erfahrungshorizont und können somit die Effektivität ihrer Sicherheitssysteme z.B. aufgrund von Testauswertungen direkt abschätzen. Vgl. BLIND (1996a), S. 204 ff., BLIND (1996b), S. 379.

men im Allgemeinen eher den Charakter eines Vertrauensgutes haben, dessen Qualität sich aufgrund exogener stochastischer Einflussgrößen und der Komplexität des Kommunikationssystems von den Teilnehmern nie zuverlässig bestimmen lässt bzw. erst bei Eintritt eines Schadenfalls transparenter wird.[419] Dadurch ist die Effektivität von *Signaling*- oder *Screening*-Strategien stark eingeschränkt.[420]

Die Folge dieser Unwissenheit ist zum einen eine geringere Zahlungsbereitschaft der Kommunikationsteilnehmer für netzwerkweite Sicherheitsvorkehrungen, weil deren Nutzen unterschätzt wird. Zum anderen entstehen für die Anbieter von Kommunikationsnetzen und -diensten Anreize, diese Informationsdefizite der Nachfrager auszunutzen, indem Kosteneinsparungen auf dem Gebiet der Sicherheitsmaßnahmen vorgenommen werden. Beides führt letztlich dazu, dass aus volkswirtschaftlicher Perspektive ein zu geringes Niveau an Sicherheit für offene Kommunikationsnetze etabliert wird.[421]

- Des Weiteren kann ein staatlicher Eingriff in Kommunikationsmärkte durch das potenzielle Auftreten von **externen Effekten** begründet werden. Diese liegen allgemein immer dann vor, wenn ein wirtschaftlicher Akteur bei seinen ökonomischen Entscheidungen die Wohlfahrt anderer Wirtschaftssubjekte positiv oder negativ beeinflusst und dieser Akteur die von ihm ausgelösten Effekte bei seinem Wirtschaftlichkeitskalkül nicht berücksichtigt.[422] Ein negativer externer Effekt für einen unbeteiligten Dritten im Bereich der Kommunikationsnetze liegt beispielsweise dann vor, wenn bei einem Fehler in der Kommunikationsverbindung zwischen einem Arzt und dem Krankenhaus die Medikamentierung eines Patienten falsch übermittelt wird und dieser dadurch einen Schaden erleidet.[423] Hieraus folgt, dass bei der Entscheidung über das Sicherheitsniveau in offenen Kommunikationsnetzen nicht nur die Entscheidungskalküle von Netz- und Dienstean-

---

[419] Vgl. BLIND (1996a), S. 208, BLIND (1996b), S.379.

[420] Zu den Möglichkeiten und Grenzen des Abbaus asymmetrischer Informationsverteilung durch *Signaling* bzw. *Screening* vgl. FRITSCH/WEIN/EWERS (2001), S. 287 ff.

[421] Vgl. BLIND (1996a), S. 211, BLIND (1996b), S. 380, FRANKE/BLIND (1996), S. 39.

[422] Aus der Perspektive des beeinflussten Wirtschaftssubjekts geht in dessen Nutzenfunktion außer seinen eigenen Aktionsparametern mindestens ein Faktor ein, der nicht von ihm selbst kontrolliert werden kann. Eine allokative Ineffizienz bzw. ein Marktversagen liegt allerdings erst dann vor, wenn es sich um so genannte technologische Externalitäten handelt, bei denen ein direkter Zusammenhang zwischen den Nutzenfunktionen mehrerer Akteure besteht, der nicht über einen Marktmechanismus ausgeglichen werden kann (etwa in Form preislicher Kompensation wie dies bei pekuniären externen Effekten der Fall ist). Die relativen Marktpreise entsprechen dann nicht mehr der volkswirtschaftlichen Knappheiten und verursachen dadurch eine ineffiziente Ressourcenallokation. Vgl. hierzu AHRNS (1997), S. 15, HERDZINA (1997), S. 154 f., BERG/CASSEL/HARTWIG (1999), S. 193 ff. HARTWIG (1999), S. 138 ff., FRITSCH/WEIN/EWERS (2001), S. 96 ff.

[423] Als ein Beispiel für einer positiven externen Effekt in diesem Bereich kann die grundsätzliche Verwendung von Verschlüsselungsverfahren bei der Kommunikation genannt werden, mit deren Hilfe wichtige Sicherheitsziele wie Vertraulichkeit oder Integrität von Kommunikationsinhalten und somit u.U. auch Interessen von unbeteiligten Dritten berücksichtigt werden. Beispiele für positive externe Effekte sind hier zu finden bei FRITSCH/WEIN/EWERS (2001), S. 107 ff. Weitere Beispiele für negative Externalitäten im Bereich der Sicherheit von Kommunikationsnetzen sind zu finden bei BLIND (1996a), S. 213 ff.

bietern und die Präferenzen der Kommunikationsteilnehmer, sondern auch der von einem Kommunikationsvorgang indirekt betroffenen Nicht-Teilnehmern beachtet werden müssen.[424]

Die Folgen asymmetrischer Informationsverteilung und externer Effekte für die Sicherheit offener Kommunikationsnetze können auf einem unregulierten Markt zu einem volkswirtschaftlich suboptimalen Sicherheitsniveau führen, da durch die Verhaltensweise der Marktteilnehmer unzureichende Sicherheitsmaßnahmen ergriffen werden. Hieraus kann eine Legitimation für einen regulierenden staatlichen Eingriff in die Sicherheit offener Kommunikationsnetze abgeleitet werden.[425]

3.4.2.2 Mögliche staatliche Regulierungsinstrumente und deren Eignung für die Sicherheit von Informationssystemen

Das aus volkswirtschaftlicher Sicht zu niedrige Sicherheitsniveau von offenen Kommunikationssystemen, welches sich auf einem unregulierten Markt einstellen kann, erfordert einen Eingriff des Staates, um das bestehende Niveau zu verbessern bzw. ein gesamtwirtschaftlich gewünschtes, allokationseffizientes Maß an Sicherheitsmaßnahmen für offene Kommunikationsnetze und -dienste zu etablieren. Abb. 3-22 zeigt ausgewählte, potenzielle Möglichkeiten des Staates, in einen Markt einzugreifen, wobei diese staatlichen Regulierungsinstrumente eine zunehmende Beeinflussung der Marktmechanismen aufweisen.[426]

---

[424] Vgl. BLIND (1996a), S. 220, BLIND (1996b), S.380, WELZEL (2000), S. 217.

[425] Vgl. BLIND (1996a), S. 227 f., BLIND (1996b), S. 381, FRANKE/BLIND (1996), S. 39, KOMMISSION DER EUROPÄISCHEN GEMEINSCHAFTEN (2001), S. 8.

[426] Eine Übersicht über wirtschaftspolitische Instrumente zum Abbau von Allokationsineffizienzen bieten u.a. STREIT (2000), S. 287 ff., FRITSCH/WEIN/EWERS (2001), S. 119 ff. Zum Themenkomplex der Eigenverantwortung als Steuerungsimpuls für die Sicherheit vgl. VOßBEIN (1996), S. 92 ff.
Die Möglichkeit einer staatlichen Bereitstellung von Sicherheitsgütern und -leistungen in Form von öffentlichen Gütern wird hier nicht diskutiert, da diese Form eines Markteingriffs nur im Fall von beachtlichen positiven Externalitäten durch die Bereitstellung oder bei irreversiblen und von Einzelpersonen nicht tragbaren Schadenpotenzialen gerechtfertigt wäre. Dies ist hier in der Regel nicht zu erwarten. Vgl. BLIND (1996a), S. 124 ff.

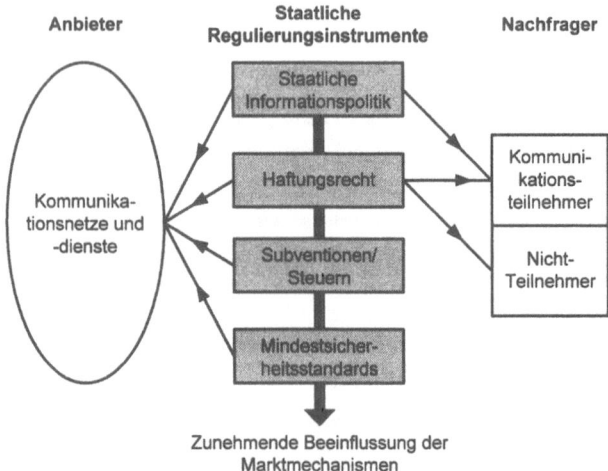

Abb. 3-22: **Mögliche staatliche Regulierungsinstrumente zur Beeinflussung des Sicherheitsniveaus offener Kommunikationsnetze**
Quelle: in Anlehnung an BLIND (1996b), S. 382

3.4.2.2.1 Staatliche Informationspolitik als Mittel zum Abbau von Informationsasymmetrien

Mit Hilfe der staatlichen Informationspolitik soll die Transparenz für die Marktteilnehmer hinsichtlich eines gehandelten Guts verbessert werden. Sie zielt auf eine Verminderung eines vorhandenen Informationsdefizits, um so die Grundlage für die Entscheidungen privater Wirtschaftssubjekte zu verbessern und damit *ex ante* auf mögliche Allokationsineffizienzen einzuwirken.[427] Staatliche Informationspolitik kann den Informationsstand der Teilnehmer von offenen Kommunikationssystemen hinsichtlich der Risiken und der Effektivität von Sicherheitsmaßnahmen in diesem Bereich verbessern, wobei ein direkter, unmittelbarer Eingriff in den Marktprozess nicht stattfindet. Bestehende Informationsasymmetrien sollen hierdurch vermindert oder sogar abgebaut werden. Nachfrager sollen in die Lage versetzt werden, ihre Präferenzen für die Sicherheit von offenen Kommunikationssystemen im Marktprozess auszudrücken, indem sie den Anbieter von Kommunikationsnetzen auswählen, der ihnen entsprechend ihrer Präferenzen und Zahlungsbereitschaft die gewünschte Sicherheit bietet.[428]

Staatliche Informationspolitik kann an beiden Marktseiten ansetzen (vgl. Abb. 3-22), um so die *Signaling*- bzw. *Screening*-Bemühungen von Anbietern und Nachfragern zu unterstützten.

---

[427] Zur staatlichen Informationspolitik vgl. STREIT (2000), S. 291 f.

[428] Anbieter von Kommunikationsnetzen und -diensten werden somit gezwungen, die von den Teilnehmern gewünschten Sicherheitsmaßnahmen zu realisieren, um nicht dem erhöhten Wettbewerbsdruck zu unterliegen und aufgrund rückläufiger Nachfrage aus dem Markt auszuscheiden. Vgl. BLIND (1996b), S. 381 f.

Sicherheit als materielle Gestaltungsanforderung 107

So können die Anbieter dazu verpflichtet werden, die Teilnehmer ihrer Kommunikationsnetze sowohl über die möglichen Risiken, die mit deren Nutzung verbunden sein können, als auch über die hierfür ergriffenen Sicherheitsmaßnahmen und deren Effektivität aufzuklären. Das Informationsdefizit der Nachfrager kann beispielsweise dadurch abgebaut werden, indem ihnen ein kostenloser Informationszugang über Risiken von und Sicherheitsmaßnahmen für offene Kommunikationsnetze und -dienste ermöglicht wird.[429]

Staatliche Informationspolitik zum Abbau von Informationsdefiziten zeichnet sich zwar durch eine kostengünstige Informationsgewinnung und -verbreitung durch die Anbieter aus und kommt somit Nachfragern über geringere Engelte bzw. Tarife zugute, dennoch ist die Effektivität dieses wirtschaftspolitischen Instruments begrenzt. Zum einen besitzen die Anbieter von Kommunikationsdiensten und -netzen über aktuelle Risiken im Bereich beabsichtigter Angriffs- und Manipulationsversuche nur unvollständige Informationen, so dass eine aktuelle Aufklärung der Nachfrager über Risiken und ergriffene Sicherheitsmaßnahmen erschwert wird. Zum anderen ist für Kontrollbehörden die Durchsetzung von Sanktionen bei Verbreitung von unrichtigen Informationen über die Effektivität von Sicherheitsmaßnahmen durch die Anbieter begrenzt. Dadurch erscheint die Anwendung staatlicher Informationspolitik zur Internalisierung von externen Effekten ungeeignet.[430]

3.4.2.2.2 Die Möglichkeiten des Haftungsrechts zum Abbau von Informationsasymmetrien und zur Internalisierung externer Effekte

Rechtsvorschriften aus dem Haftungsrecht gehören zu den ordnungspolitischen Rahmenbedingungen einer Volkswirtschaft. Sie regeln und beeinflussen das Zusammenleben von Wirtschaftssubjekten nach Eintreten eines Konflikt- oder Schadenfalls durch die Zuordnung von Verantwortlichkeiten und die Bestimmung von Kompensationsleistungen. Haftungsrechtliche Regelungen werden demnach *ex post* wirksam, beeinflussen aber *ex ante* durch mögliche

---

[429] Eine Möglichkeit kann darin bestehen, Kommunikationssysteme durch öffentlich-rechtliche Institutionen (wie z.B. das BSI oder technische Überwachungsvereine) hinsichtlich ihrer Sicherheitseigenschaften prüfen zu lassen und die Testergebnisse zu veröffentlichen. Vgl. BLIND (1996b), S. 382, KOMMISSION DER EUROPÄISCHEN GEMEINSCHAFTEN (2001), S. 22 f.
Das Bundesamt für Sicherheit in der Informationstechnik (BSI) führt gemäß BSI-Errichtungsgesetz auf Veranlassung eines Herstellers im Rahmen eines Zertifizierungsverfahrens Tests für Produkte der Informationstechnik durch. Die erteilten Zertifikate und Zertifizierungsreporte werden (sofern der Antragsteller dem zustimmt) durch die Zertifizierungsstelle veröffentlicht. Vgl. hierzu auch http://www.bsi.de/zertifiz/zert/index.htm.

[430] Vgl. BLIND (1996a), S. 226 ff. Bezieht man mögliche Verteilungseffekte von Informationsvorschriften für Anbieter von Kommunikationsnetzen und -diensten in die Analyse ein, so zeigt sich, dass die durch diese Vorschriften entstehenden Kosten letztlich von den Nachfragern zu tragen sind, die auch die eigentlichen Nutznießer der Kennzeichnungspflichten sind. Im Gegensatz dazu werden die Kosten öffentlich-rechtlicher Zertifizierungsstellen von der gesamten Gesellschaft (also auch von der Gruppe der Nicht-Teilnehmer) getragen. Vgl. hierzu BLIND (1996a), S. 228.

Präventions- bzw. Schadenvermeidungsaktivitäten der Wirtschaftssubjekte das Ausmaß möglicher Allokationsineffizienzen.[431]

Als Ausgestaltungsformen des Haftungsrechts wird zwischen Gefährdungs- und Verschuldungshaftung unterschieden.[432] Bei der Gefährdungshaftung hat ein den Schaden verursachendes Wirtschaftssubjekt (hier der Kommunikationsnetz- bzw. Diensteanbieter) in jedem Fall für alle durch seine Aktivitäten entstandenen Schäden aufzukommen, unabhängig davon, wie viel Sorgfalt bzw. Vorsichtsmaßnahmen getroffen wurden. Dagegen kann sich im Rahmen der Verschuldungshaftung ein Anbieter von der Kompensationspflicht befreien, wenn er Sicherheitsmaßnahmen ergriffen hat, die dem aktuellen Stand der Technik entsprechen.[433]

Die ökonomischen Anreize der Verschuldungshaftung sorgen dafür, dass Produzenten bzw. Anbieter einen legislativ vorgegebenen Sorgfaltsstandard einhalten. Nachfrager können davon ausgehen, dass Anbieter von offenen Kommunikationsnetzen und -diensten mit einem geringeren Sicherheitsstandard als dem gesetzlich vorgegebenen aus dem Markt ausscheiden, ferner der Umfang der asymmetrischen Informationsverteilung hierdurch ab- und die durchschnittliche Zahlungsbereitschaft für Sicherheitsmaßnahmen zunimmt. Voraussetzung hierfür ist die Definition eines Sicherheitsniveaus für offene Kommunikationsnetze und -dienste durch den Gesetzgeber, das dem volkswirtschaftlichen Optimum entspricht. Sind diese gesetzlichen Anforderungen nicht prohibitiv streng, so werden sich Netz- und Diensteanbieter aus ökonomischen Gründen daran halten, um sich drohenden Haftungsansprüchen von Kommunikationsteilnehmern oder Dritten in einem Schadensfall zu entziehen. Ebenso kann dadurch in der Regel von einer Reduktion der negativen externen Effekte ausgegangen werden.[434]

Im Rahmen der Gefährdungshaftung haftet ein Anbieter in jedem Fall für eintretende Schäden. Er wird daher jenes Sicherheitsniveau wählen, das seine Gesamtkosten (bestehend aus den Kosten der installierten Sicherheitsmaßnahmen zuzüglich der erwarteten Schadenkompensationsforderungen) minimiert. Ein suboptimales Sicherheitsniveau ist hier dann zu erwarten, wenn die Anbieter nach dem Eintreten von Schäden nicht zur Haftung herangezogen werden.[435]

---

[431] Vgl. KOBOLDT/LEDER/SCHMIDTCHEN (1992), S. 334, BLIND (1996a), S. 96, BLIND (1996b), S. 383. Erstgenannte bieten auch einen Überblick über die ökonomische Analyse des Rechts.

[432] In früheren ökonomischen Diskussionen bezüglich des Haftungsrechts stand dagegen die Vorteilhaftigkeit der Konsumentenhaftung (*caveat emptor*) gegenüber der Produzentenhaftung (*caveat venditor*) im Vordergrund. Vgl. hierzu z.B. BUCHANAN (1970), S. 64 ff., MCKEAN (1970), S. 3 ff. Eine ökonomische Analyse der Gefährdungs- bzw. Verschuldungshaftung bietet ENDRES (1991), S. 161 ff.

[433] Vgl. BLIND (1996a), S. 100, BLIND (1996b), S. 383.

[434] Vgl. BLIND (1996a), S. 231 ff., BLIND (1996b), S. 383.

[435] Das Abweisen von Ansprüchen geschädigter Kommunikationsteilnehmer oder Dritter durch die Rechtsprechung ist nicht unwahrscheinlich, da Anbieter von Kommunikationsnetzen und -diensten nicht immer eindeutig als Verursacher von Schäden identifiziert werden können. Zudem wirkt die mangelnde oder begrenz-

Das staatliche Regulierungsinstrument des Haftungsrechts setzt lediglich Rahmenbedingungen und beeinflusst daher den Marktprozess nicht unmittelbar, sondern entfaltet seine Wirkung über die Entscheidungskalküle der Marktteilnehmer. Als Ausgestaltungsform ist die Verschuldungshaftung zu wählen, da die Anbieter von offenen Kommunikationsnetzen und -diensten die gesetzlichen Mindestvorgaben aus ökonomischen Gründen in der Regel einhalten werden. Bei einer Gefährdungshaftung hingegen werden potenzielle Innovationsbemühungen der Anbieter aufgrund der mit Innovationen verbundenen Risiken gehemmt.[436]

3.4.2.2.3 Staatliche Subventionierung von Sicherheitsmaßnahmen in offenen Kommunikationsnetzen

Mit Subventionen wird direkt in den Marktmechanismus eingegriffen, indem Marktpreise mit dem Ziel der Internalisierung externer Effekte korrigiert werden. Der Grundgedanke der Subventionierung (bzw. einer Besteuerung) von Gütern und Diensten besteht darin, dass deren Nutzung bzw. die mit einer Nutzung verbundenen Aktivitäten künstlich verbilligt (verteuert) werden, bis die sozialen Grenzkosten mit den privaten Grenzkosten bei der gesamtwirtschaftlich optimalen Marktgleichgewichtsmenge übereinstimmen.[437]

Eine Verbesserung des Sicherheitsniveaus von bereits bestehenden Kommunikationsnetzen kann dadurch erreicht werden, dass Sicherheitsmaßnahmen durch Subventionen für die Netzbetreiber verbilligt werden und dadurch für diese Anbieter Anreize bestehen, nachträglich Maßnahmen zur Verbesserung der Sicherheit ihrer Netze und Dienste zu implementieren. Das für eine Gesellschaft optimale Sicherheitsniveau für offene Kommunikationsnetze wird dadurch erreicht, dass Anbieter als Subventionsempfänger die Implementierung von Sicherheitsmaßnahmen so weit ausdehnen, bis die durch die Subventionen gesunkenen Grenzkosten der Anbieter mit dem Grenznutzen der Kommunikationsteilnehmer übereinstimmen.[438]

---

te Kompensation immaterieller Schäden (z.B. eine Verletzung der Vertraulichkeit) faktisch wie eine Haftungsbegrenzung. Vgl. hierzu ENDRES (1991), S. 90 ff.

[436] Vgl. BLIND (1996b), S. 384.

[437] Der Fall einer Besteuerung wird als so genannte PIGOU-Steuer bezeichnet. Vgl. hierzu ausführlich FRITSCH/ WEIN/EWERS (2001), S. 127 ff. Die Besteuerung von Maßnahmen und Aktivitäten, die negative externe Effekte durch eine Verletzung der Sicherheit von Kommunikationsnetzen verursachen, kommt bisher keine praktische Relevanz zu. Während sich die Bemessungsgrundlage (z.B. das Volumen der gesendeten Daten) noch bestimmen lässt, bereitet die Festlegung eines Steuertarifs, der sich z.B. am Vertraulichkeitsgrad der Kommunikationsinhalte orientieren könnte, große Schwierigkeiten. Vgl. hierzu BLIND (1996a), S. 243, BLIND (1996b), S. 384.
Das Instrument der Subventionierung/Besteuerung hat vor allem bei der Internalisierung von negativen Effekten der Umweltnutzung Bedeutung erlangt. Beispiele hierfür sind u.a. die Mineralölsteuer und diverse Abwasserabgaben. Vgl. hierzu HARTWIG (1999), S. 143 f.

[438] Die Höhe des Subventionsbetrages für Netz- und Dienstebetreiber errechnet sich als Produkt aus Subventionsbemessungsgrundlage und Subventionstarif. Als Bemessungsgrundlage können Aufwendungen für Sicherheitsmaßnahmen (z.B. die Kosten für die Errichtung eines Verschlüsselungssystems) dienen. Der Subventionstarif ergibt sich im Idealfall als Differenz zwischen den sozialen und den teilnehmerspezifischen privaten Grenznutzen der Sicherheitsmaßnahmen. Vgl. hierzu BLIND (1996a), S. 245.

Darüber hinaus ergibt sich als eine zweite Handlungsoption, neue Kommunikationsnetze, die ein vorgegebenes Sicherheitsniveau bieten, in ihrer Markteinführungsphase finanziell pro Teilnehmer zu unterstützen. Dabei sollte sowohl die Subventionshöhe als auch der Subventionszeitraum begrenzt werden, um die finanzielle Belastung des Staatshalts zu limitieren.[439]

Die aufgezeigten Subventionslösungen zur Etablierung eines gesamtwirtschaftlich gewünschten Sicherheitsniveaus in offenen Kommunikationsnetzen stellen einen direkten Eingriff in den Preisbildungsprozess dar, wobei für den Staatshalt erhebliche finanzielle Belastungen während des Subventionszeitraums auftreten können. Trotzdem stellen Subventionen ein adäquates Instrument zur Internalisierung externer Effekte dar, während sie sich für den Abbau asymmetrischer Informationsverteilung nicht eignen. Insbesondere die Verteilungseffekte von Subventionsstrategien, die zu einer Verbilligung der Sicherheitssysteme von offenen Kommunikationsnetzen führen, sind durch ihre positiven externen Effekte aus gesamtwirtschaftlicher Sicht erwünscht.[440]

3.4.2.2.4 Gesetzliche Mindeststandards für die Sicherheit offener Kommunikationsnetze

Ein im Zusammenhang mit Produkt- oder Verfahrensrisiken häufig angewandtes Instrument staatlicher Regulierungspolitik ist die Vorgabe von gesetzlichen Mindestsicherheitsstandards. Hierbei handelt es sich in der Regel um Auflagen in Form von Verbots- und Gebotsvorschriften, die entweder Wirtschaftssubjekte unter Androhung von Sanktionen dazu zwingen, bestimmte Sicherheitsmaßnahmen zu ergreifen, oder die den Anbietern von Produkten oder Verfahren mit Risikopotenzialen nur dann eine Zulassung zum Markt gewähren, wenn bestimmte Mindestsicherheitsanforderungen erfüllt werden.[441]

Mindestsicherheitsstandards für offenen Kommunikationsnetze und -dienste sind grundsätzlich dazu geeignet, sowohl eine asymmetrische Informationsverteilung zwischen Anbietern und Nachfrager abzubauen als auch negative externe Effekte für Dritte von risikobehafteten Aktivitäten der Kommunikationsteilnehmer zu begrenzen. Durch die Festlegung verbindlicher Mindestsicherheitsstandards, welche die Betreiber von Kommunikationsnetzen erfüllen müssen, um von der zuständigen staatlichen Regulierungsbehörde (z.B. der Regulierungsbehörde für Telekommunikation und Post – RegTP) eine Zulassung zu erhalten, wird die be-

---

[439] Vgl. BLIND (1996a), S. 246 ff., BLIND (1996b), S. 384, FRANKE/BLIND (1996), S. 40.

[440] Hierbei ist die Entfaltung der Wirkung dieser gewünschten positiven externen Effekte vom Erreichen einer kritischen Masse von Kommunikationsteilnehmern, d.h. von der Diffusionsgeschwindigkeit des neu zu etablierenden Kommunikationssystems im Markt, abhängig. Vgl. BLIND (1996a), S. 249 ff, BLIND (1996b), S. 384.

[441] Vgl. BLIND (1996a), S. 116, HARTWIG (1999), S. 149 f., FRITSCH/WEIN/EWERS (2001), S. 126 f. Zur Bedeutung von Standards und Normen als Grundvoraussetzung für die Funktion und Interkonnektivität unterschiedlicher Kommunikationsnetze und -dienste vgl. BLIND (1996a), S. 250 ff. Einen Überblick über Standardisierungs- und Zertifizierungsprozesse und Kriterienkataloge im Bereich der Sicherheit von informationstechnischen Systemen bietet RANNENBERG (1998), S. 29 ff.

grenzte Kenntnis der Nachfrager von Kommunikationsdienstleistungen hinsichtlich der Effektivität der installierten Sicherheitsmaßnahmen reduziert. Darüber hinaus wird auf diese Weise ein Mindestsicherheitsniveau für offene Kommunikationsnetze etabliert und so das Ausmaß an möglichen negativen Externalitäten begrenzt.[442]

Bei der praktischen Ausgestaltung von Mindestsicherheitsstandards kann zwischen Objektnormen und Ergebnisnormen unterschieden werden. Die restriktivere (aber besser zu kontrollierende) Objektnorm fordert als materielle Norm von Produkten und Diensten das Erfüllen bestimmter Sollwerte, während die Ergebnisnorm als funktionale Norm – wie z.B. in § 87 TKG – lediglich verlangt, dass ein Produkt unter bestimmten Bedingungen (z.B. in Testsituationen) gewisse Sicherheitseigenschaften vorweist.[443] Eine Ergebnisnorm im Bereich der Kommunikationsnetze führt in der Regel zu ökonomisch effizienteren Lösungen als eine Objektnorm, da sie den Anbietern von Kommunikationssystemen einen größeren Handlungsspielraum einräumt.[444]

Mindestsicherheitsstandards stellen einen starken Eingriff in den Marktprozess dar, wobei sich dieses staatliche Regulierungsinstrument sowohl für die Internalisierung von externen Effekten als auch für den Abbau von asymmetrischer Informationsverteilung eignet. Allerdings können bei einer *ex ante* vorzunehmenden (u.U. falschen) Einschätzung der gesellschaftlichen Präferenzen bezüglich eines zu etablierenden Mindestsicherheitsniveaus in offenen Kommunikationsnetzen erhebliche Wohlfahrtsverluste entstehen, weil (1) die volkswirtschaftlichen Kosten von zu restriktiven Standards den gesamtwirtschaftlichen Nutzen übersteigen oder (2) bei zu niedrigen Vorgaben der maximale volkswirtschaftliche Nettonutzen aus den Sicherheitsmaßnahmen nicht erreicht wird.[445]

3.4.2.2.5 Zusammenfassende Bewertung und Politikempfehlung

Asymmetrische Informationsverteilung und negative externe Effekte im Bereich der Sicherheit von offenen Kommunikationsnetzen und -diensten verhindern, dass sich allein durch den unbeeinflussten Marktprozess ein volkswirtschaftlich optimales Maß an Sicherheit einstellt. Offene Kommunikationsnetze und -dienste bedürfen daher eines staatlichen Eingriffs, damit

---

[442] Vgl. BLIND (1996a), S. 254, BLIND (1996b), S. 385.

[443] § 87 Abs. 1 TKG verlangt vom Betreiber von Telekommunikationsanlagen „angemessene technische Vorkehrungen oder sonstige Maßnahmen zum Schutze 1. des Fernmeldegeheimnisses und personenbezogener Daten, 2. [...] gegen unerlaubte Zugriffe, 3. [...] gegen Störungen [...] und 4. [...] gegen äußere Angriffe und Einwirkungen von Katastrophen zu treffen. Dabei ist der Stand der technischen Entwicklung zu berücksichtigen."
Eine aktuelle Version des Telekommunikationsgesetzes ist zu finden unter http://www.bmwi.de/Homepage/download/telekommunikation_post/tkg.pdf.

[444] Zu den Arten und Ausgestaltungsmöglichkeiten technischer Normen vgl. KUHLMANN (1990), S. 174 ff.

[445] Vgl. BLIND (1996a), S. 385. Dagegen lassen sich die Kosten, die durch die Budgetierung von Regulierungsinstitutionen entstehen, direkt messen und daher auch bei Bedarf steuern bzw. begrenzen. Vgl. hierzu BLIND (1996b), S. 385.

sie dieses gesamtwirtschaftlich allokationseffiziente Sicherheitsniveau hervorbringen. Die betrachteten Regulierungsinstrumente stellen hierbei keine substitutiven, sondern eher komplementäre Lösungen dar. Die Aufgabe staatlicher Institutionen in diesem Bereich liegt primär darin, die unterschiedlichen Instrumente so aufeinander abzustimmen, dass sich ihre Vorteile gegenseitig verstärken und sich ihre Schwächen kompensieren.

Neben der unterschiedlichen Eignung der vorgestellten Instrumente, Informationsasymmetrien abzubauen und externe Effekte zu internalisieren, unterscheiden sie sich auch im Grade der Marktkonformität (d.h. in der Intensität des Markteingriffs) und in den anfallenden Kosten ihrer Anwendung.

Wirkung/ Ziel Instrument	Wirkungsaspekte			Anwendungsziel	
	Marktkonformität	Wirkungszeitpunkt	Wirkungsweise	Abbau von Informationsasymmetrien	Internalisierung ext. Effekte
Staatl. Informationspolitik	+	ex ante	indirekt	✓	—
Haftungsregeln	+	ex post	direkt	✓	✓
Subventionen	-	ex ante	direkt	—	✓
Mindeststandards	-	ex ante	direkt	✓	✓

+ geringer Markteingriff, - starker Markteingriff   ✓ geeignet, — nicht geeignet

Abb. 3-23: **Staatliche Regulierungsinstrumente und ihre Eignung zur Kompensation von Allokationsineffizienzen bezüglich der Sicherheit von Kommunikationsnetzen**

Wie Abb. 3-23 zeigt, erscheinen insbesondere das Haftungsrecht und die Festlegung von Mindestsicherheitsstandards dazu geeignet, ein gesamtwirtschaftlich gewünschtes Sicherheitsniveau durchzusetzen. So ist ein komplementärer Einsatz dieser beiden Instrumente auch deshalb sinnvoll, da sich die Wirkungszeitpunkte beider Instrumente ideal ergänzen.[446] Zudem liegen die Vorteile des Haftungsrechts in Form einer Gefährdungshaftung vor allem in der Vorgabe einer Präventionsanreizstruktur für die Betreiber von Kommunikationsnetzen und -diensten, die mit geringeren Verwaltungskosten verbunden ist als eine Verschuldungshaftung. Mögliche Beeinträchtigungen der Allokationseffizienz durch die komplexitätsbedingte Schwierigkeit, Netz- und Dienstebetreiber eine Schuld an der Verletzung der Sicherheit nach-

---

[446] Zur komplementären Beziehung zwischen Haftungsrecht und Regulierung in allgemeiner Form vgl. KOLSTAD/ULEN/JOHNSON (1990), S. 888 ff.

zuweisen, können durch das Vorschreiben von Mindestsicherheitsstandards ausgeglichen werden.[447] Darüber hinaus kann eine staatliche Forschungsförderung im Bereich der Grundlagenforschung zur Sicherheit von Informations- und Kommunikationssystemen bei der Festlegung dieser Standards die Entwicklung von volkswirtschaftlich suboptimalen Mindestsicherheitsstandards vermeiden helfen.[448] So kann auf nationaler Ebene das Bundesamt für Sicherheit in der Informationstechnik (BSI) diese Aufgabe koordinieren. Laut BSI-Errichtungsgesetz ist diese staatliche Forschungseinrichtung für die Untersuchung von Sicherheitsrisiken bei der Anwendung von Informationstechnik sowie für die Entwicklung von Verfahren und Geräten für die Sicherheit der Informationstechnik zuständig.[449] Zudem kann die Wirksamkeit der staatlichen Informationspolitik gesteigert werden, wenn diese sich auf aktuelle Forschungsergebnisse in diesem Bereich stützen kann, die durch eine unabhängige staatliche Forschungseinrichtung (wie das BSI) generiert werden.

Die Sicherheit und der Schutz von Kommunikationsnetzen ist zum einen durch die Liberalisierung vormals monopolistisch geprägter Strukturen im Bereich der Telekommunikation und zum anderen durch die zunehmende Konvergenz der Netze zu einer Herausforderung für die Politik geworden.[450] Insgesamt bleibt festzuhalten, dass es sich bei den vorgestellten Regulierungsinstrumenten nicht um Substitute, sondern um Komplemente handelt. So ist ein gleichzeitiger Einsatz ausgewählter Instrumente (Instrumentenmix) zur Vermeidung volkswirtschaftlicher Wohlfahrtsverluste im Bereich der Sicherheit offener Kommunikationsnetze und -dienste gerechtfertigt.[451]

---

[447] Vgl. BLIND (1996a), S. 266, BLIND (1996b), S. 387.

[448] Eine staatliche Förderung der Grundlagenforschung (z.B. an Universitäten) wird allgemein dadurch begründet, dass die mit diesem Instrument gewonnenen wissenschaftlichen Erkenntnisse die Eigenschaften öffentlicher Güter aufweisen. So ist das marktwirtschaftliche Ausschlussprinzip nicht vollständig anwendbar, da die Forschungsergebnisse spätestens ab ihrer kommerziellen Verwertung allen zugänglich sind. Darüber hinaus liegt eine Nichttrivialität im Konsum (von Forschungsergebnissen) vor, da die Nutzung des Gutes durch einen zusätzlichen Konsumenten die Nutzungsmöglichkeit anderer an dem Gut nicht beeinträchtigt (d.h. die Grenzkosten der Versorgung eines weiteren Nutzers sind vernachlässigbar gering). Vgl. hierzu BLIND (1996a), S. 262 f., BERG/CASSEL/HARTWIG (1999), S. 197 f., FRITSCH/WEIN/EWERS (2001), S. 354 ff.

[449] Vgl. § 3 Gesetz über die Errichtung des Bundesamtes für Sicherheit in der Informationstechnik (BSI-Errichtungsgesetz – BSIG) vom 17.12.1990, BGBl. I, S. 2834 ff. (abrufbar unter http://www.jura.unisb.de/BGBl/TEIL1/1990/19902834.1.HTML). Zu den forschungspolitischen Aufgaben im Bereich der Sicherheit von Informations- und Kommunikationssystemen vgl. auch GEIGER (2000), S. 135, GEIGER (2001), S. 45 f.

[450] Vgl. KOMMISSION DER EUROPÄISCHEN GEMEINSCHAFTEN (2001), S. 2.

[451] Vgl. FRANCKE/BLIND (1996), S. 40.

4 Datenschutz als rechtliche Gestaltungsanforderung an computergestützte Informationssysteme

Die technische Entwicklung im Bereich der elektronischen Informations- und Kommunikationsdienste stellt – insbesondere unter dem Aspekt einer globalen Vernetzung in Form des Internet – eine Herausforderung an die Gesellschaft dar und führt zu vielfältigen rechtlichen Anforderungen. Diese stete Entwicklung von Informations- und Kommunikationstechnologien hat den Datenschutz von Anfang an begleitet, doch sind mit der zunehmenden Vernetzung völlig neue Rahmenbedingungen entstanden, die geprägt sind von der Erkenntnis, dass klassische Schutzmechanismen (wie z.b. hoheitliche Ge- und Verbote) in einem global ausgerichteten Medium wie dem Internet nicht durchsetzbar sind.[452] Darüber hinaus macht das Zusammenwachsen von Telekommunikation, Computertechnik und audiovisuellen Medien der Unterhaltungselektronik zum Bereich ‚Multimedia' eine Überprüfung und Neubewertung bisheriger Rechtspositionen notwendig, da multimediale Informations- und Kommunikationsdienste eine Einordnung in bekannte Schemata wie Telekommunikation oder Rundfunk nicht mehr zulassen.

So hat der Gesetzgeber mit dem Telekommunikationsgesetz (TKG) und der Telekommunikations-Datenschutzverordnung (TDSV) im Bereich des Telekommunikationsrechts und dem Informations- und Kommunikationsdienstegesetz (IuKDG) und dem Mediendienste-Staatsvertrag (MDStV) im Bereich des Medienrechts nicht nur einen einheitlichen Ordnungsrahmen, sondern auch bereichsspezifische Regelungen zum Datenschutz geschaffen, die das bisher primär angewendete Bundesdatenschutzgesetz (BDSG) ergänzen. Die Notwendigkeit hierfür ergab sich aus unterschiedlichen Gründen:

- Die bestehenden gesetzlichen Normen konnten aufgrund der veränderten Sachlage nur unzureichend angewendet werden. Dies galt insbesondere für den Schutz personenbezogener Daten innerhalb einer global vernetzten Kommunikationsinfrastruktur, wie es das Internet darstellt.

- Es bestanden keine Regelungen, die den Einsatz und die Nutzung neuer Technologien (wie z.B. digitaler Signaturen) mit eindeutigen rechtlichen Rahmenbedingungen unterstützten, um so die Akzeptanz für diese neuen Techniken sowohl bei Anbietern als auch Nutzern elektronischer Informations- und Kommunikationsdienste zu erhöhen.

- Darüber hinaus mussten einheitliche wirtschaftliche Rahmenbedingungen für diese Dienste geschaffen werden.

Im folgenden Kapitel werden die datenschutzrechtlich relevanten Vorschriften der neuen Normen im Telekommunikations- und Medienbereich herausgearbeitet und dabei auch das Zu-

---

[452] Vgl. HOLZNAGEL (2003), S. 166.

sammenspiel von neuen und alten Regelungen (in Form des Bundesdatenschutzgesetzes) aufzuzeigen, wobei diejenigen Normen berücksichtigt werden, die bis zum 15. Juni 2004 erlassen wurden. Hierzu wird zunächst das aus dem allgemeinen Persönlichkeitsrecht des Grundgesetzes abgeleitete Recht auf informationelle Selbstbestimmung als Grundlage des deutschen Datenschutzrechts vorgestellt und das Bundesdatenschutzgesetz und die EU-Datenschutzrichtlinie als primäre Datenschutzregelungen erörtert. Die datenschutzrechtlich relevanten Normen des Telekommunikationsrechts (namentlich das Telekommunikationsgesetz und die Telekommunikations-Datenschutzverordnung) und des Medienrechts (namentlich das Informations- und Kommunikationsdienstegesetz auf Bundesebene und der Mediendienste-Staatsvertrag auf Ebene der Bundesländer) werden anschließend vorgestellt. Das Kapitel endet mit einer Erörterung der Anforderungen, die an eine Modernisierung des Datenschutzes gestellt werden und zeigt mögliche Modernisierungselemente für den bestehenden Datenschutz auf. Den Abschluss bilden eine Zusammenfassung der Ergebnisse und ein kritischer Ausblick.

4.1 Der Rechtsrahmen für den Datenschutz

Dieser Abschnitt erörtert die grundlegenden gesetzlichen Rahmenbedingungen im Bereich des Datenschutzes. Hierfür wird zunächst das Recht auf informationelle Selbstbestimmung aus dem allgemeinen Persönlichkeitsrecht abgeleitet, um anschließend das Bundesdatenschutzgesetz und die für das deutsche Datenschutzrecht relevanten Richtlinien der EU vorzustellen.

4.1.1 Persönlichkeitsrecht und informationelle Selbstbestimmung

Für den Datenschutz existieren zahlreiche Rechtsnormen, die nur vor dem Hintergrund des allgemeinen Datenschutzrechts verständlich sind. Daher soll hier ein Überblick über das aus dem allgemeinen Persönlichkeitsrecht abgeleitete Recht auf informationelle Selbstbestimmung gegeben werden. Hierzu wird zunächst auf den Privatsphärenschutz durch das Grundgesetz eingegangen, um auf dieser Basis dann das informationelle Selbstbestimmungsrecht und den Datenschutzbegriff herzuleiten.

4.1.1.1 Der Schutz der Privatsphäre durch das Grundgesetz

Den verfassungsrechtlichen Rahmen des allgemeinen Persönlichkeitsrechts der Bundesrepublik Deutschland bilden Art. 1 GG (Unantastbarkeit der Würde des Menschen) und Art. 2 GG (Recht auf freie Entfaltung der Persönlichkeit). Konkreter versteht man hierunter die Rechte des Einzelnen auf Identität, auf persönliche Ehre sowie auf Schutz der Privat- und Intimsphäre.[453] Weitere Persönlichkeitsrechte ergeben sich aus der Meinungs-, Rundfunk- und In-

---

[453] Vgl. SEIF (1986), S. 38, TADAY (1996), S. 48 f., TADAY (2000), S. 13.

formationsfreiheit gemäß Art. 5 Abs. 1 GG, aus der Gewährleistung des Post- und Fernmeldegeheimnisses gemäß Art. 10 GG und den kompetenzrechtlichen Vorgaben des Grundgesetzes für die Errichtung und den Betrieb von Telekommunikationssystemen.[454]

Nach JARRAS stellt das allgemeine Persönlichkeitsrecht einen speziellen Teilbereich der mit Art. 2 Abs. 1 GG festgelegten allgemeinen Handlungsfreiheit dar, der durch die in Art. 1 Abs. 1 GG geschützte Würde des Menschen eines besonderen Schutzes bedarf.[455] Historisch erwuchs die Anerkennung dieses Schutzbedürfnisses u.a. aus der Einsicht, dass der Schutz des privaten Lebensbereichs in Anbetracht der technischen Entwicklung weder durch das zivile noch durch das öffentliche Recht in einem ausreichenden Maß abgedeckt war. Aus diesem Grunde wurde das Persönlichkeitsrecht durch die Rechtsprechung des Bundesgerichtshofs (BGH) und des Bundesverfassungsgerichts (BVerfG) kontinuierlich und systematisch weiterentwickelt und somit den sich wandelnden Gefährdungen der Persönlichkeitsgüter durch die fortschreitende technische Entwicklung angepasst.[456] Auch auf europäischer Ebene wird durch Art. 8 der Europäischen Konvention zum Schutz der Menschenrechte (EMRK) der Schutz der Privatsphäre garantiert.[457]

4.1.1.2 Informationelle Selbstbestimmung als Grundlage des Datenschutzes

Dem Schutz des Einzelnen gegen eine unbegrenzte Erhebung, Speicherung, Verwendung und Weitergabe seiner persönlichen Daten dient das aus dem allgemeinen Persönlichkeitsrecht des Art. 2 Abs. 1 GG i.V.m. Art. 1 Abs. 1 GG abgeleitete **Grundrecht auf informationelle Selbstbestimmung**. Dies hat das BVerfG in seinem Urteil zur Volkszählung vom 15. Dezember 1983 herausgestellt und somit diesem Grundrecht zur rechtlichen und politischen Anerkennung verholfen.[458] Mit dem informationellen Selbstbestimmungsrecht sollte ein Gegengewicht zu der in den 1980er Jahren verstärkt und immer systematisierter stattfindenden Speicherung, Verknüpfung und Auswertung persönlicher Daten von Bürgern durch staatliche Institutionen geschaffen werden.[459] Das BVerfG begründet seine Position damit, dass

---

[454] Vgl. HOBERT (2000), S. 90 f. Das Fernmeldegeheimnis des Art. 10 GG schützt den Einzelnen zwar vor staatlichem Zugriff, kann aber durch Gesetze zwecks Strafverfolgung eingeschränkt werden (entsprechende Eingriffsbefugnisse zur Überwachung der Telekommunikation finden sich z.B. in der Strafprozessordnung oder im Außenwirtschaftsgesetz). Vgl. hierzu HOBERT (2000), S. 91. Das Post- und Fernmeldegeheimnis als Grundrecht schützt einen spezifischen Ausschnitt der kommunikativen Freiheitssphäre, der sich teilweise mit dem Schutzbereich allgemeiner Persönlichkeitsrechte überschneidet und gilt nach einem Urteil des OVG Bremen (Urteil v. 28.06.1994 – OVG 1 BA 30/92) als ‚datenschutzrechtliches Spezialgrundrecht', welches alle auf dem Fernmeldeweg übermittelten Daten schützt, unabhängig von deren Inhalt. Vgl. hierzu RIEß (1997), S. 143.

[455] Vgl. JARRAS (1989), S. 857.

[456] Vgl. VOGELSANG (1987), S. 39 ff., so auch bei TADAY (1996), S. 48 f.

[457] Vgl. BRÜHANN (1997), S. 32.

[458] Vgl. BVerfG, Beschluss v. 15.12.1983 – 1 BvR 209, 269, 362, 420, 440, 484/83, BVerfGE 65, 1 Vgl. hierzu auch HOFFMANN-RIEM (1998), S. 11, GÖRTZ/STOLP (1999), S. 177, HOBERT (2000), S. 91.

[459] Vgl. HOLZNAGEL (2003), S. 167.

der Einzelne grundsätzlich selbst über die Preisgabe seiner persönlichen Daten bestimmen können muss, um sich so seine Privatsphäre zu erhalten. Der Schutzbereich des informationellen Selbstbestimmungsrechts eröffnet damit dem Grundrechtsträger ein umfassendes Bestimmungsrecht über die seine Person betreffenden Daten.[460] Dabei ist darauf hinzuweisen, dass das Recht auf informationelle Selbstbestimmung kein absolutes, privatistisches Abwehrrecht des einzelnen Bürgers darstellt, sondern – bei Berücksichtigung von Aspekten des Prinzips freier Informationsnutzung innerhalb einer sozialen Gemeinschaft – auf Grundlage eines Gesetzes eingeschränkt werden darf.[461]

Mit dem grundgesetzlichen Schutz der Persönlichkeit hat das BVerfG dem Datenschutz Verfassungsrang verliehen, wobei jedoch kein neues Grundrecht geschaffen, sondern die bis dorthin geltende Rechtsprechung unter Berücksichtigung moderner Informations- und Kommunikationstechnik fortgeschrieben wurde.[462] Dabei regelt das informationelle Selbstbestimmungsrecht nicht nur das Verhältnis zwischen Staat und Bürgern, sondern es findet auch in den Rechtsbeziehungen Privater untereinander Geltung.[463]

Der Begriff **Datenschutz** lässt sich aus einem juristischen Kontext ableiten und beinhaltet hiernach den Schutz des Persönlichkeitsrechts desjenigen, der durch die Daten abgebildet wird.[464] Datenschutz bezieht sich auf die personenbezogenen Daten natürlicher Personen.[465] Daten gelten nach § 3 Abs. 1 Bundesdatenschutzgesetz (BDSG) dann als personenbezogen, wenn es sich um Einzelangaben über persönliche oder sachliche Verhältnisse eines bestimmten oder bestimmbaren Menschen (so genannter Betroffener im Sinne des Datenschutzrechts)

---

[460] Dieses Bestimmungsrecht über die geschützten Individualdaten beschränkt sich nicht nur auf die Freiheit, über die Preisgabe dieser Daten selbst zu bestimmen, sondern es verleiht der betroffenen Person darüber hinaus das Recht, über jeden späteren Umgang Dritter mit diesen Daten zu entscheiden. Vgl. hierzu HOLZNAGEL (2003), S. 167 f.

[461] Vgl. TADAY (1996), S. 54 ff., HOFFMANN-RIEM (1998), S. 12 f., TADAY (2000), S. 13 ff., BUNDESDATENSCHUTZBEAUFTRAGTER (2003), S. 15, TINNEFELD/EHMANN (1998), S. 85

[462] Eine Übersicht zur historischen Entwicklung des Datenschutzes mit Schwerpunkt auf dem deutschen Datenschutzrecht bietet TADAY (1996). S. 46 ff., GARSTKA (2003), S. 49 f., HOEREN (2004), S. 286 ff.

[463] Somit gelten aufgrund der so genannten Ausstrahlwirkung des informationellen Selbstbestimmungsrechts viele Vorschriften des Datenschutzrechts uneingeschränkt auch für z.B. Unternehmen, wenn diese Individualdaten von Bürgern erheben, verarbeiten oder nutzen. Vgl. BIZER (2003a), S. 23, HOLZNAGEL (2003), S. 168 f.

[464] Vgl. HOBERT (2000), S. 80 f. Eine etymologische Ableitung des Begriffs Datenschutz, insbesondere auch in Abgrenzung zum Begriff der Datensicherheit ist zu finden bei TADAY (1996), S. 73 ff., HOBERT (2000), S. 82, TADAY (2000), S. 5 ff.

[465] Die Frage nach Rechtsgrund und Reichweite dieses Grundrechts wird unter dem Stichwort ‚postmortaler Persönlichkeitsschutz' diskutiert, den das BVerfG aus Art. 1 Abs. 1 GG ableitet (Vgl. BVerfG, Beschluss v. 24.02.1971 – 1 BvR 435/68, abrufbar unter http://www.lrz-muenchen.de/~Lorenz/urteile/bghz50_133.htm). Danach endet die Verpflichtung aller staatlichen Gewalt, dem Einzelnen Schutz gegen Angriffe auf seine Menschenwürde zu gewähren, nicht mit dem Tod. Diese Begründung eines postmortalen Persönlichkeitsschutzes ist allerdings nicht unumstritten, da es sich letztlich um kein lebendes Rechtssubjekt handelt. Daher stützt sich ein weiterer Rechtsgrund des postmortalen Persönlichkeitsschutzes auf den Schutz des Andenkens an den Verstorbenen durch die Persönlichkeitsrechte der Angehörigen. Vgl. hierzu BIZER (2000), S. 233.

handelt.[466] Datenschutz soll sicherstellen, dass der Einzelne durch den Umgang mit seinen personenbezogenen Daten durch Dritte nicht in seinem Persönlichkeitsrecht beeinträchtigt wird. Ein rechtmäßiger Eingriff in dieses Recht auf informationelle Selbstbestimmung unterliegt einem **Verbot mit Erlaubnisvorbehalt** und ist demnach nur dann zulässig, wenn (1) der Betroffene einwilligt oder (2) eine gesetzliche Vorschrift den Eingriff ausdrücklich erlaubt (§ 4 Abs. 1 BDSG).[467] Hierbei haben die das Recht auf informationelle Selbstbestimmung einschränkenden Rechtsvorschriften in einem besonderen Maß dem **Gebot der Normenklarheit** zu genügen.[468]

Die durch Gesetz geregelten **Handlungsformen** bezüglich personenbezogener Daten sind die Erhebung (Beschaffung von Daten über den Betroffenen, unabhängig von der Art und Weise), Verarbeitung (Speicherung, Übermittlung an Dritte, Veränderung, Sperrung und Löschung) und Nutzung (jede Verwendung, soweit sie keine Verarbeitung ist. Es handelt sich hierbei im Wesentlichen um einen Auffangtatbestand. Nutzung umfasst z.B. auch die Verwendung von personenbezogenen Daten zur Aufgabenerledigung).[469] Als so genannte verantwortliche Stelle im Sinne des BDSG gilt dabei jede natürliche oder juristische Person bzw. öffentliche Stelle, die personenbezogene Daten selbst speichert oder im Auftrag speichern lässt.[470]

Die Verwendung von personenbezogenen Daten unterliegt hiernach einer engen und konkreten **Zweckbindung**: Personenbezogene Daten dürfen nur zu dem Zweck verwendet werden, dem der Betroffene zugestimmt hat.[471] Bei Vorliegen überwiegender Allgemeininteressen können allerdings Einschränkungen des Grundrechts auf informationelle Selbstbestimmung festgelegt werden. Dieser Ausgleich zwischen dem Grundrecht des Einzelnen und den Interessen der Allgemeinheit erfolgt i.d.R. durch Datenschutzgesetze oder durch bereichsspezifische Gesetze des Bundes bzw. der Länder, die jeweils dem speziellen Regelungsbereich angepasste Datenschutzregelungen enthalten. Hierunter fallen auf Bundesebene z.B. das Passge-

---

[466] Damit ist jede Angabe geschützt, welche die Lebensumstände einer Person betreffen, unabhängig davon, welchen Wert dieses Datum für den Betroffenen hat. Prämisse für die Anwendbarkeit datenschutzrechtlicher Normen ist lediglich, dass die Person über das personenbezogene Datum potenziell bestimmbar ist, d.h. Angabe und Person müssen einander zugeordnet werden können. Diese Zuordnungsmöglichkeit kann durch den Vorgang der **Anonymisierung** ausgeschlossen werden, der nach § 3 Abs. 6 BDSG voraussetzt, dass die personenbezogenen Daten derart verändert werden, dass sie nicht mehr oder nur mit unverhältnismäßigem Aufwand einer natürlichen Person zugeordnet werden können. Soweit und solange derart modifizierte Daten keine identifizierende Wirkung mehr besitzen unterliegen sie nicht mehr dem Regelungsbereich der Datenschutzgesetze. Vgl. hierzu HOLZNAGEL (2003), S. 170 f.

[467] Vgl. STRÖMER (2002), S. 346, BUNDESDATENSCHUTZBEAUFTRAGTER (2003), S. 24, HOEREN (2004), S. 301 f.

[468] So ist der Gesetzgeber verpflichtet, den Verwendungszweck der erhobenen personenbezogenen Daten präzise festzulegen, wenn eine gesetzliche Regelung einen Zwang zur Abgabe personenbezogener Daten begründet. Vgl. HOLZNAGEL (2003), S. 168.

[469] Vgl. hierzu § 3 Abs. 4 BDSG.

[470] Vgl. BUNDESDATENSCHUTZBEAUFTRAGTER (2003), S. 76.

[471] Vgl. HOLZNAGEL (2003), S. 174, HOEREN (2004), S.288.

setz, die Nachrichtendienst-, Sozial- oder Statistikgesetze, das Informations- und Kommunikationsdienste-Gesetz (IuKDG) und das Telekommunikationsgesetz (TKG) und auf der Ebene der Länder z.B. die Hochschul-, Melde- oder Polizeigesetze oder der Mediendienste-Staatsvertrag (MDStV).[472] Das BDSG ist subsidiär anzuwenden, d.h. es erfüllt die Funktion eines Auffanggesetzes, welches dann Anwendung findet, wenn keine anderen, spezielleren Gesetze greifen (vgl. Abb. 4-1).[473]

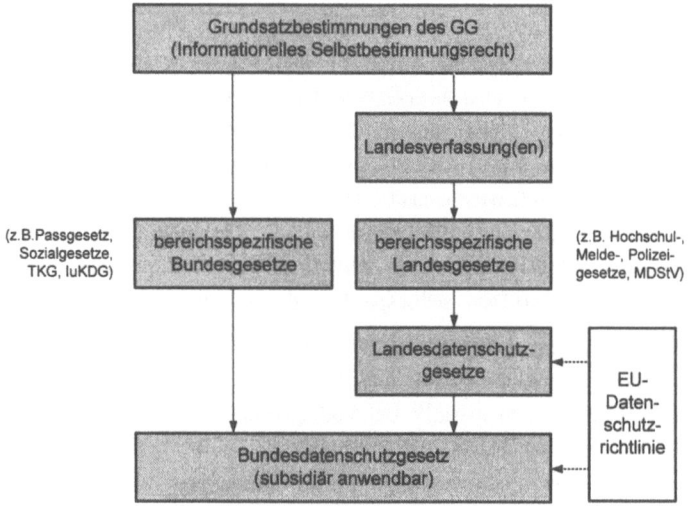

Abb. 4-1: Rangfolge von Datenschutznormen
Quelle: in Anlehnung an TINNEFELD (1991), S. 17.

Zusammenfassend besteht das **Ziel des Datenschutzes** als Individualschutz in der Gewährleistung eines fairen, rechtsstaatlich angemessenen und in gebotenen rechtlichen Formen stattfindenden Umgangs mit personenbezogenen Daten, um somit eine Ansammlung übermäßiger Machtpotenziale durch Informationskonzentration zu verhindern.[474] Datenschutz verweist auf ein Herrschaftsrecht an den eigenen Daten und steht somit an der Schnittstelle von Zugangsrechten Dritter und dem Exklusivrecht des Betroffenen auf Schutz seiner Privatsphäre.[475]

---

[472] Weitere Gesetze mit bereichsspezifischen Regelungen zum Datenschutz sind u.a. das zehnte Buch des Sozialgesetzbuchs, das Volkszählungsgesetz von 1987, das STASI-Unterlagengesetz von 1991, das Gesetz zur Bekämpfung der Organisierten Kriminalität von 1992, das Geldwäschegesetz von 1993 und das Verbrechensbekämpfungsgesetz von 1994. Vgl. hierzu SIEBER (1996), Abschnitt II.A.

[473] Vgl. HOBERT (2000), S. 98, GARSTKA (2003), S. 55, HOEREN (2004), S. 317.

[474] Vgl. BULL (1984), S. 85. Ebenso zu finden bei TADAY (1996), S. 77.

[475] Vgl. HOEREN (2000b), S. 165, HOEREN (2004), S. 286.

4.1.2 Das Bundesdatenschutzgesetz und die EU-Datenschutzrichtlinien

In diesem Abschnitt wird zunächst das Bundesdatenschutzgesetz (BDSG) als grundlegende Norm des deutschen Datenschutzrechts vorgestellt. Dabei wird auf Aufbau, Grundprinzipien, Schutzbereich und Schutzmaßnahmen des BDSG eingegangen. Den Abschluss bildet eine Erörterung der EU-Datenschutzrichtlinie, die als supranationale Rechtsnorm eine hohe Relevanz für das deutsche Datenschutzrecht besitzt.

4.1.2.1 Das Bundesdatenschutzgesetz (BDSG)

Bis zum Inkrafttreten des ersten BDSG am 01.01.1978 existierten, mit Ausnahme des Hessischen Datenschutzgesetzes von 1970, in der Bundesrepublik Deutschland einzelne den Datenschutz betreffende Normen, die aus heutiger Sicht dem Recht auf informationelle Selbstbestimmung zuzurechnen waren bzw. sind. Zu diesen auch heute noch gültigen Normen zählen z.B. das Arztgeheimnis mit der im Vergleich wohl ältesten historischen Dimension, das Berufs-, Brief-, Steuer-, Post- und Fernmeldegeheimnis sowie das Statistik- und Sozialgeheimnis.[476] Aufgrund der im vorigen Abschnitt beschriebenen Auffangfunktion kommt dem BDSG in praktischer Hinsicht eine große Relevanz zu: Bereichsspezifische datenschutzrelevante Bundes- oder Landesgesetze enthalten nur dem jeweiligen Gesetzeszweck entsprechende Erlaubnistatbestände für die Verarbeitung personenbezogener Daten in dem von ihnen geregelten Lebensbereich, so dass sich alle anderen gesetzlichen Anforderungen an den Datenschutz aus den allgemeinen Vorschriften des BDSG ergeben.[477] Eine erste novellierte und an die technische Entwicklung angepasste Fassung des BDSG trat am 01. Juni 1991 in Kraft, welche eine umfangreiche Änderung am 17. Dezember 1997 durch Art. 2 des Begleitgesetzes zum Telekommunikationsgesetz erfuhr.[478] Die bisher letzte größere Novellierung des BDSG fand anlässlich der Umsetzung der EU-Datenschutzrichtlinie in das deutsche Recht am 23. Mai 2001 statt.[479]

4.1.2.1.1 Aufgabe, Aufbau, Grundprinzipien und Schutzbereich des BDSG

Nach § 1 Abs. 1 BDSG ist es Aufgabe des BDSG, den Einzelnen vor einer Beeinträchtigung seines Persönlichkeitsrechts durch den Umgang mit seinen personenbezogen Daten zu schützen. Hierbei geht es nicht nur um den Schutz vor Missbrauch persönlicher Daten,

---

[476] Vgl. SIEBER (1996), Abschnitt II.C, TADAY (1996), S. 49, TADAY (2000), S. 25. Der Grund für datenschutzrelevante Regelung sowohl auf Bundes- als auch auf Länderebene ist in der im Grundgesetz festgelegten Kompetenzaufteilung zwischen Bund und Ländern zu finden. So unterliegt z.B. dem Bund nach Art. 73 Nr. 7 GG die ausschließliche Gesetzgebungskompetenz für Telekommunikation, während nach Art. 75 Nr. 2 GG das Presse- und Rundfunkwesen der konkurrierenden Gesetzgebung unterliegt.

[477] Vgl. HOLZNAGEL (2003), S. 170.

[478] Vgl. BGBl 1997 I, S. 3108 ff.

[479] Vgl. BGBl 2001 I, S. 904 ff. Die dieser Arbeit zugrunde liegende Fassung des BDSG ist vom 14. Januar 2003. Vgl. hierzu BGBl 2003 I, S. 66 ff.

sondern in erster Linie um die Durchsetzung des grundgesetzlich verankerten Rechts auf informationelle Selbstbestimmung.[480]

Das BDSG ist ein in sechs Abschnitte und eine Anlage eingeteiltes und 46 Paragraphen umfassendes Gesetz (vgl. Abb. 4-2).

Erster Abschnitt	(§§ 1-11 BDSG)	Allgemeine Bestimmungen
Zweiter Abschnitt		Datenverarbeitung der öffentlichen Stellen
Erster Unterabschnitt	(§§ 12-18 BDSG)	Rechtsgrundlagen der Datenverarbeitung
Zweiter Unterabschnitt	(§§ 19-21 BDSG)	Rechte des Betroffenen
Dritter Unterabschnitt	(§§ 22-26 BDSG)	Bundesbeauftragter für den Datenschutz
Dritter Abschnitt		Datenverarbeitung nicht-öffentliche Stellen und öffentlich-rechtliche Wettbewerbsunternehmen
Erster Unterabschnitt	(§§ 27-32 BDSG)	Rechtsgrundlagen der Datenverarbeitung
Zweiter Unterabschnitt	(§§ 33-35 BDSG)	Rechte des Betroffenen
Dritter Unterabschnitt	(§§ 36-38 BDSG)	Aufsichtsbehörde
Vierter Abschnitt	(§§ 39-42 BDSG)	Sondervorschriften
Fünfter Abschnitt	(§§ 43-44 BDSG)	Schlussvorschriften
Sechster Abschnitt	(§§ 45-46 BDSG)	Übergangsvorschriften

Abb. 4-2: Aufbau des BDSG

Nach den allgemeinen Bestimmungen im Ersten Abschnitt (§§ 1-11 BDSG) folgen im Zweiten Abschnitt Regelungen zur Datenverarbeitung im öffentlichen Bereich (§§ 12-26 BDSG). Der Dritte Abschnitt des BDSG (§§ 27-38 BDSG) behandelt die Datenverarbeitung privater Stellen und öffentlich-rechtlicher Wettbewerbsunternehmen. Der Vierte Abschnitt (§§ 39-42 BDSG) umfasst Sondervorschriften u.a. zur Verarbeitung und Nutzung personenbezogener Daten durch Forschungseinrichtungen und durch Medien. Der Fünfte Abschnitt (§§ 43, 44 BDSG) enthält als Schlussvorschriften insbesondere Straf- und Bußgeldvorschriften, während der sechste Abschnitt (§§ 45-46 BDSG) Übergangsvorschriften für die Anwendung des novellierten BDSG beinhaltet.

Bezüglich der **Grundprinzipien**, nach denen das BDSG gestaltet wurde, ist zunächst festzustellen, dass das BDSG als ein Auffanggesetz konzipiert ist (Subsidiarität des BDSG), d.h. es kommt erst dann zur Anwendung, wenn keine anderen, bereichsspezifischen Gesetze vorliegen (vgl. Abb. 4-1).[481] Als Leitideen bei der Gestaltung des BDSG sind folgende zu nennen:[482]

---

[480] Vgl. TADAY (1996), S. 57, TADAY (2000), S. 26 f.

[481] Beispielhaft genannt seien hier für den öffentlichen Bereich auf der Ebene des Bundes Melde-, Nachrichtendienst-, Sozial-, Statistikgesetze, auf der Ebene der Länder Hochschul-, Krankenhaus-, Melde- und Polizei-

- Prinzip der Normenklarheit, d.h. jeder muss ersehen können, wozu seine personenbezogenen Daten verwendet werden;

- Prinzip der Zweckbindung, nach welchem die Verarbeitung von personenbezogenen Daten einem bestimmten Zweck dienen muss und nicht willkürlich erfolgen kann;

- Prinzip der Erforderlichkeit, nach dem die erhobenen Daten zur Erfüllung der Aufgabe notwendig sind;

- Prinzip der Verhältnismäßigkeit, d.h. der Umfang der erforderlichen personenbezogenen Daten ist der jeweiligen Aufgabe anzupassen;

- Prinzip der Durchschaubarkeit, wonach speziell im Hinblick auf staatliche Stellen als datenverarbeitende Organe der Grundsatz informationeller Gewaltenteilung gilt und der Umgang staatlicher Stellen mit den personenbezogenen Daten so zu gestalten ist, dass der Bürger davon Kenntnis erlangen kann, wer wo über welche seiner personenbezogenen Daten, in welcher Weise und zu welchem Zweck verfügt.[483]

Der **Schutzbereich** des BDSG erstreckt sich nach § 1 Abs. 2 BDSG sowohl auf die Verarbeitung personenbezogener Daten im öffentlichen – also hoheitlichen – als auch im privaten Bereich.[484] Dabei ist die Anwendbarkeit des BDSG an unterschiedliche Voraussetzungen geknüpft (vgl. Abb. 4-3):

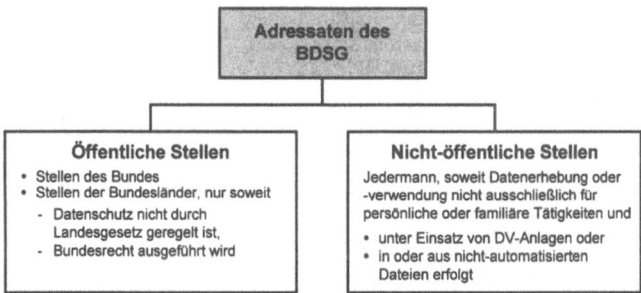

Abb. 4-3: Anwendungsbereich des BDSG
Quelle: in Anlehnung an HOLZNAGEL (2003), S. 173.

---

gesetze. Für den privatwirtschaftlichen Anwendungsbereich sind z.B. zu nennen das Aktien-, das Kreditwesen- und das Mieterschutzgesetz. Eine Übersicht hierzu bietet TADAY (1996), S. 66 ff.

[482] Vgl. hierzu TADAY (1996), S. 57, TADAY (2000), S. 27.

[483] Vgl. TINNEFELD/TUBIES (1989), S. 14.

[484] Nach Rechtsprechung des BGH können sich allerdings auch Unternehmen begrenzt auf den Schutz des allgemeinen Persönlichkeitsrechts berufen. Vgl. BGH, Urteil v. 08.02.1994 – VI ZR 286/1993 u. Urteil v. 03.06.1986 – VI ZR 102/85. Nach HOBERT (2000), S. 99 f. ist eine Ausweitung der Schutzwirkung des allgemeinen Persönlichkeitsrechts über natürliche Personen hinaus insoweit gerechtfertigt, als ein Unternehmen in ihrem sozialen Geltungsanspruch als Wirtschaftsunternehmen betroffen wird.

- Als Normadressaten des BDSG gelten – soweit keine spezielleren, bereichsspezifische Datenschutznormen vorliegen – zunächst die öffentlichen Stellen des Bundes wie Bundesbehörden, Rechtspflegeorgane und andere öffentlich-rechtlich organisierte Einrichtungen bzw. Vereinigungen des Bundes.[485] Daneben gelten die Vorschriften des BDSG auch für öffentliche Stellen der Bundesländer, soweit der Anwendungsbereich nicht durch eine landesgesetzliche Datenschutzvorschrift geregelt ist oder sie Bundesrecht ausführen.[486]
- Nicht-öffentliche Stellen sind den Vorschriften des BDSG nur eingeschränkt unterworfen. Hiernach ist das BDSG im privaten Bereich nur anwendbar, wenn die Erhebung und Verwendung personenbezogener Daten (1) unter Einsatz von Datenverarbeitungsanlagen stattfindet oder (2) personenbezogene Daten in bzw. aus nicht-automatisierten Dateien verarbeitet werden.[487] Keine Anwendung findet das BDSG dagegen, wenn die Nutzung personenbezogener Daten ausschließlich aus persönlichen (i.S.v. familiären) oder ideellen Zecken erfolgt.[488]

---

[485] Hierzu zählen z.B. Bundeskanzleramt, Bundesverfassungsgericht, Bundesamt für Verfassungsschutz, Kraftfahrt-Bundesamt, Bundesanstalt für Arbeit u.v.a.m. Vgl. hierzu TADAY (1996), S. 58.

[486] Führen öffentliche Stellen der Bundesländer landesspezifische Gesetze aus, so unterliegen sie den datenschutzrechtlichen Vorschriften des jeweiligen Landesdatenschutzgesetzes. Vgl. HOLZNAGEL (2003), S. 172.

[487] Nach § 3 Abs. 2 S. 2 BDSG gilt als eine nicht-automatisierte Datei jede nicht-automatisierte Sammlung personenbezogener Daten, die gleichartig aufgebaut und nach bestimmten Merkmalen zugänglich ist und ausgewertet werden kann. So liegt eine nicht-automatisierte Dateie z.B. vor, wenn personenbezogene Daten in Karteien oder Formularsammlungen verarbeitet werden. Vgl. BUNDESDATENSCHUTZBEAUFTRAGTER (2003), S. 75.

[488] Vgl. TADAY (1996), S. 58, HOBERT (2000), S. 100, TADAY (2000), S. 29.

4.1.2.1.2 Schutzmaßnahmen des BDSG

Zur Sicherstellung des Rechts auf informationelle Selbstbestimmung beinhaltet das BDSG vier Klassen von Maßnahmen, die den Betroffenen schützen sollen:

- Zulässigkeitsregeln,
- Rechte des Betroffenen,
- Maßnahmen zur Datenschutzkontrolle und
- Straf- und Bußgeldvorschriften.[489]

Kommt das BDSG subsidiär zur Anwendung, ist zunächst die **Zulässigkeit** der personenbezogenen Datenverarbeitung zu prüfen. Diese Zulässigkeit ist nach § 4 Abs. 1 BDSG als ein Verbot mit Erlaubnisvorbehalt geregelt. Danach ist die Verarbeitung personenbezogener Daten grundsätzlich verboten, es sei denn, es liegen entweder entsprechende Rechtsvorschriften oder die Einwilligung des Betroffenen vor.[490] Hierbei kommen als gesetzliche Erlaubnisnormen i.S.d. § 4 Abs. 1 BDSG alle Rechtsnormen mit unmittelbarer Außenwirkung in Betracht, also auch Rechtsverordnungen oder Satzungen, die von Körperschaften und Verbänden aufgrund gesetzlich eingeräumter Befugnisse erlassen worden sind (z.B. Gemeinde- oder Hochschulsatzungen).[491]

Einige grundlegende Erlaubnisnormen für die Erhebung, Verarbeitung und Nutzung personenbezogener Daten finden sich im BDSG selbst. So enthalten die §§ 13-17 BDSG einen ausführlichen Erlaubniskatalog für die personenbezogene Datenverarbeitung im öffentlichen Bereich, während der nicht-öffentliche Bereich in den §§ 28-30 BDSG geregelt ist. Hierbei wird nach dem Grundsatz der Erforderlichkeit die Qualität und Quantität der zu verarbeitenden personenbezogenen Daten so eingeschränkt, dass nur die personenbezogenen Daten verarbeitet werden dürfen, die zur Erfüllung der Aufgabe notwendig sind. Eine zentrale Bedeutung bezüglich der Verwendung von personenbezogenen Daten kommt § 14 Abs. 1 BDSG zu: Hiernach dürfen die erhobenen Daten von öffentlichen Stellen nur zu dem Zweck verwendet werden, zu dem die Erhebung erfolgte (Grundsatz der Zweckbindung). Für nicht-öffentliche Stellen bzw. öffentlich-rechtliche Wettbewerbsunternehmen enthält § 28 Abs. 1 Nr. 1 BDSG eine entsprechende Regelung, wonach auch dort die Verarbeitung personenbezo-

---

[489] Vgl. TADAY (1996), S. 59, TADAY (2000), S. 35.

[490] Vgl. TADAY (1996), S. 59, BUNDESDATENSCHUTZBEAUFTRAGTER (2003), S. 24, HOBERT (2000), S. 100 f., TADAY (2000), S. 37, HOLZNAGEL (2003), S. 173, HOEREN (2004), S. 301 f.
Nach Auffassung des Bundesarbeitsgerichts (BAG) ist eine Verarbeitung von personenbezogenen Daten ebenfalls zulässig, sofern sie auf der Grundlage einer Ermächtigung im Rahmen eines Tarifvertrages oder einer Betriebsvereinbarung beruht. Vgl. BAG, Beschluss vom 27.05.1986 – 1 ABR 48/84 über Mitbestimmung bei und Zulässigkeit von Telefondatenverarbeitung (abgedruckt in NJW, 40. Jg. (1987), Heft 11, S. 674-680). Vgl. hierzu auch HOEREN (2004), S. 304 f.

[491] Vgl. TINNEFELD/EHMANN (1998), S. 220.

gener Daten nur im Rahmen einer Zweckbestimmung innerhalb eines Vertragsverhältnisses oder vertragsähnlichen Vertrauensverhältnisses zulässig ist und keine schutzwürdigen Belange des Betroffenen beeinträchtigt werden.[492] Jeder weitere Umgang mit diesen personenbezogenen Daten, der über den gesetzlich bzw. vertraglich festgelegten Verarbeitungszweck hinausgeht, muss daher entweder von einer weiteren gesetzlichen Erlaubnisvorschrift oder von der Einwilligung des Betroffenen gedeckt sein.[493]

Damit der Betroffene auch nach der zulässigen Erhebung seiner personenbezogenen Daten kontrollieren kann, dass die Verarbeitung dieser Daten ausschließlich im gesetzlich oder durch Einwilligung vorgegebenen Rahmen erfolgt, sieht das BDSG unabdingbare Kontrollrechte gegenüber der datenverarbeitenden Stelle vor (vgl. Abb. 4-4):

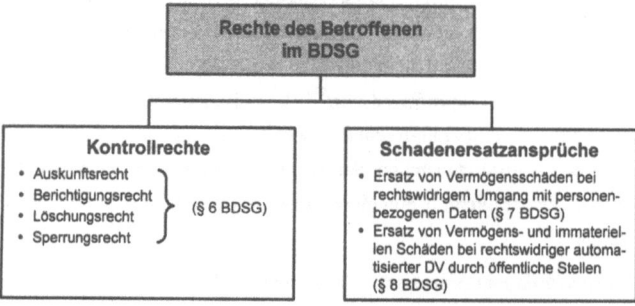

Abb. 4-4: Datenschutzrechte des Betroffenen nach BDSG
Quelle: in Anlehnung an HOLZNAGEL (2003), S. 177.

Die **Rechte des Betroffenen** ergeben sich für den öffentlichen Bereich aus § 6 i.V.m. §§ 19-21 BDSG bzw. für den nicht-öffentlichen Bereich aus den §§ 33-35 BDSG.[494] Hiernach hat jeder Bürger ein Recht auf (1) Auskunft über die zu seiner Person gespeicherten Daten, (2) Berichtigung der zu seiner Person gespeicherten Daten, wenn diese unrichtig sind, (3) Sperrung dieser Daten, wenn sich deren Richtigkeit bzw. Unrichtigkeit nicht eindeutig feststellen lässt oder eine Löschung trotz Vorliegen der dafür notwendigen Voraussetzungen nicht erfolgen kann, (4) Löschung der zu seiner Person gespeicherten Daten, wenn ihre Speicherung unzulässig war oder nach Wegfall der ursprünglich erfüllten Voraussetzungen für deren Spei-

---

[492] Vgl. TADAY (1996), S. 60, HOBERT (2000), S. 101, TADAY (2000), S. 37.

[493] Diese Einwilligung hat dabei den Anforderungen des § 4 a BDSG zu genügen: Hiernach setzt eine rechtswirksame Einwilligung voraus, dass (1) es sich um eine freie Entscheidung des Einwilligenden handelt, (2) der Einwilligende über den Gegenstand und die Tragweite seiner Entscheidung informiert ist, (3) bei Abgabe der Einwilligungserklärung die Schriftform oder deren elektronisches Äquivalent eingehalten wird und (4) die Einwilligung textlich besonders hervorgehoben wird, wenn diese mit anderen Erklärungen zusammen erteilt wird. Vgl. hierzu HOLZNAGEL (2003), S. 174 f.

[494] Für als Landesbehörden geltende Institutionen gelten analoge Regelungen der jeweiligen Landesdatenschutzgesetze. So regelt z.B. § 5 i.V.m. §§ 18-20, 25 DSG NRW in der Fassung vom 09.06.2000 die Rechte des Betroffenen in Nordrhein-Westfalen.

cherung.⁴⁹⁵ Als Grundvoraussetzung für die praktische Wahrnehmung dieser Rechte ist zu beachten, dass der Betroffene Kenntnis darüber erlangen muss, wer welche seiner persönlichen Daten verarbeitet (es sei denn, diese Kenntnis kann – wie z.B. bei Vertragsverhältnissen – unterstellt werden). Im nicht-öffentlichen Bereich gilt dabei grundsätzlich, dass der Betroffene bei der erstmaligen Speicherung der Daten zu seiner Person benachrichtigt wird, sofern die Datenverarbeitung ohne seine Kenntnis erfolgt.⁴⁹⁶ Auch im öffentlichen Bereich ergibt sich nach § 16 Abs. 3 BDSG eine Benachrichtigungspflicht, wenn personenbezogene Daten an nicht-öffentliche Stellen übermittelt werden.⁴⁹⁷ Darüber hinaus haben öffentliche Stellen des Bundes nach § 18 Abs. 2 BDSG ein Verzeichnis der eingesetzten Datenverarbeitungsanlagen und der dort verarbeiteten Dateien mit personenbezogenen Daten zu führen, welches dem Bundesbeauftragten für den Datenschutz zu melden ist. Ferner sind öffentliche Stellen dazu verpflichtet, die ordnungsgemäße Anwendung von Datenverarbeitungsprogrammen, mit denen personenbezogene Daten verarbeitet werden, zu überwachen.⁴⁹⁸ Neben den erörterten Kontrollrechten stehen dem Betroffenen u.U. Schadensersatzansprüche gegenüber der datenverarbeitenden Stelle zu, wenn er infolge eines rechtswidrigen Datenverarbeitungsvorgangs einen Vermögensschaden erlitten hat. Ein eigener Haftungstatbestand steht mit § 7 S. 1 BDSG für alle Schäden zur Verfügung, die durch schuldhaftes Verhalten sowohl öffentlicher als auch privater datenverarbeitender Stellen entstehen.⁴⁹⁹ Darüber hinaus begründet § 8 Abs. 1 BDSG einen verschuldungsunabhängigen Haftungstatbestand für automatisierte Datenverarbeitungsvorgänge im öffentlichen Bereich, bei dessen Vorliegen eine Behörde unabhängig vom Vorliegen eines Verschuldens schadensersatzpflichtig gegenüber dem Betroffenen ist,

---

⁴⁹⁵ Vgl. TADAY (1996), S. 61 ff., BUNDESDATENSCHUTZBEAUFTRAGTER (2003), S. 52 ff., TADAY (2000), S. 41 ff.

⁴⁹⁶ Zur Problematik der Transparenz der Verarbeitung von personenbezogenen Daten für den Betroffenen vgl. BURKERT (1999), S. 90 f., der das Wissen des Betroffenen über die Speicherung seiner Daten als Legitimationsvoraussetzung für die Verarbeitung personenbezogener Daten ansieht. Ähnlich zu finden unter dem Begriff des Informationszugangs bei BLEYL (1998), S. 32 ff., DONOS (1998), S. 137.

⁴⁹⁷ Analoge Regelungen finden sich in den jeweiligen Landesdatenschutzgesetzen (so. z.B. § 16 DSG – Datenschutzgesetz – NRW).

⁴⁹⁸ Ähnliches gilt auf Länderebene: So haben z.B. laut § 10a DSG NRW öffentliche Stellen ein Datenschutzaudit durchzuführen, nach welchem ihr Datenschutzkonzept sowie ihre technischen Einrichtungen durch unabhängige und zugelassene Gutachter geprüft und bewertet sowie das Ergebnis der Prüfung veröffentlicht werden. Das Datenschutzaudit wird als ein Instrument zur Verbesserung des Datenschutzes angesehen. Vgl. hierzu BACHMEIER (1996), S. 680, ROßNAGEL (1997b), S. 505 ff., ROßNAGEL (1999a), Abschnitt 1.1, ROßNAGEL (1999b), S. 41 ff., ROßNAGEL (2000a), S. 4 ff.

⁴⁹⁹ Haftungsvoraussetzung ist hierbei, dass (1) die verantwortliche Stelle die personenbezogenen Daten des Betroffenen inhaltlich unrichtig oder unzulässig – also weder gesetzlich noch durch Einwilligung gedeckt – erhoben, verarbeitet oder genutzt hat und (2) dabei schuldhaft – d.h. vorsätzlich oder fahrlässig – gehandelt hat. Nach § 7 S. 2 BDSG wird dieses Vorliegen des Verschuldens vermutet, da der Betroffene i.d.R. keinen Einblick in die Sphäre der datenverarbeitenden Stelle hat, so dass diese die Beweislast trifft, selbst nachzuweisen, dass sie bei ihrem Handeln die gebotenen Sorgfalt beachtet hat. Vgl. HOLZNAGEL (2003), S. 176.

wenn sie dessen personenbezogene Daten unrichtig oder unzulässig erhoben, verarbeitet oder genutzt hat.[500]

Ein Grundrecht wie der Datenschutz braucht neben der gesetzlichen auch eine faktisch-organisatorische Unterstützung. Das BDSG zeigt zwei Ansätze auf, um die Einhaltung des Datenschutzes sicherzustellen: Zum einen wird ein Aufsichts- und Sanktionssystem zur **Kontrolle des Datenschutzes** vorgeschrieben, zum anderen soll hierzu ergänzend die Einhaltung des Datenschutzes durch die Verwendung präventiver Schutzmaßnahmen bei der Erhebung bzw. Nutzung personenbezogener Daten gefördert werden. Deshalb ist für den Bund, die Länder, aber auch für Behörden und die datenverarbeitende Wirtschaft zur Kontrolle des Datenschutzes die Einrichtung eines Beauftragten für den Datenschutz vorgesehen.[501] Dabei wird zwischen behördlichen Datenschutzbeauftragten im öffentlichen Bereich und betrieblichen Datenschutzbeauftragten im nicht-öffentlichen Bereich unterschieden. Zur Kontrolle der öffentlichen Institutionen des Bundes wählt der Deutsche Bundestag gemäß §§ 22 ff. BDSG einen Bundesdatenschutzbeauftragten für die Dauer von fünf Jahren, wobei eine einmalige Wiederwahl möglich ist.[502] In den Bundesländern wird die Einhaltung der einzelnen Landesdatenschutzgesetze durch den jeweiligen Landesdatenschutzbeauftragten ausgeübt. Nach § 18 Abs. 1 BDSG haben Bundesbehörden und selbständige öffentliche Stellen die Ausführung der datenschutzrechtlich relevanten Rechtsvorschriften für ihren Bereich durch die Bestellung eines Datenschutzbeauftragten sicherzustellen.[503] Privatwirtschaftliche Institutionen haben nach § 4 f Abs. 1 BDSG dann einen betrieblichen Beauftragten für den Datenschutz zu bestellen, soweit sie (1) mindestens fünf Arbeitnehmer beschäftigen, die personenbezogene Daten automatisiert verarbeiten oder (2) zwanzig Arbeitnehmer bei anderer Verarbeitung personenbezogener Daten (z.B. in Aktenform) beschäftigen.[504] Die Aufgaben des betrieblichen Datenschutzbeauftragten ergeben sich aus § 4 g BDSG, wonach er bei der speichernden Stelle den Datenschutz sicherzustellen hat.[505] § 4 f Abs. 2 BDSG nennt als Voraussetzung für die Ausübung der Tätigkeit eines Datenschutzbeauftragten lediglich die zur Erfüllung seiner Auf-

---

[500] Vgl. HOLZNAGEL (2003), S. 176.

[501] Vgl. TADAY (1996), S. 63 ff., BUNDESDATENSCHUTZBEAUFTRAGTER (2003), S. 40 ff., TADAY (2000), S. 45 ff.

[502] Ausführlicher zum Bundesdatenschutzbeauftragten vgl. TINNEFELD (2003), S. 439.

[503] Insbesondere zum behördlichen Datenschutzbeauftragten vgl. GOLA (1999), S. 314 ff., SCHILD (2001a), S. 31 ff.

[504] Vgl. TADAY (1996), S. 63 ff., TADAY (2000), S. 45 ff., BUNDESDATENSCHUTZBEAUFTRAGTER (2002b), S. 7.

[505] Gemäß § 4 g BDSG hat der Datenschutzbeauftragte (1) die Einhaltung der Datenschutzgesetze zu überwachen, (2) die ordnungsgemäße Anwendung der Datenverarbeitungsprogramme zu überwachen und (3) die mit der Verarbeitung personenbezogener Daten betrauten Mitarbeiter zu schulen, um das notwendige Problembewusstsein zu schaffen, (4) die zum Schutz des informationellen Selbstbestimmungsrechts erforderliche Vorabkontrolle bei besonders risikoreicher Datenverarbeitung durchzuführen. Vgl. hierzu TADAY (1996), S. 64, TADAY (2000), S. 47 ff., BUNDESDATENSCHUTZBEAUFTRAGTER (2002b), S. 14 ff., BUNDESDATENSCHUTZBEAUFTRAGTER (2003), S. 42 f. Zur Vorabkontrolle vgl. VOẞBEIN (2003), S. 427 ff.

gaben erforderliche Fachkunde und Zuverlässigkeit. Das Landgericht Ulm hat in einem Urteil vom 31.10.1990 das Berufsbild näher spezifiziert (vgl. Abb. 4-5).[506]

Abb. 4-5: Qualifikatorische Anforderungen an den Datenschutzbeauftragten

Neben dem verwaltungsrechtlichen Instrumentarium enthält das BDSG in den §§ 43-44 BDSG einen Katalog an **Bußgeld- und Strafvorschriften**, denen eine präventive Funktion zukommen soll.[507] Für die Straftatbestände, die im Wesentlichen Verstöße gegen Zulässigkeitsregeln, unberechtigtes Beschaffen oder Zweckentfremdung von personenbezogenen Daten umfassen, ist festzuhalten, dass Verstöße nur auf Antrag verfolgt werden. Das Strafmaß beträgt im Falle einer Verurteilung bis zu zwei Jahre Freiheitsentzug oder eine Geldstrafe. Die Bußgeldvorschriften finden dann Anwendung, wenn die Verstöße gegen das BDSG als Ordnungswidrigkeit einzuschätzen sind (z.B. bei Verstößen gegen die Melde- oder Benachrichtigungspflicht, die Auskunftspflicht oder die Pflicht zur Bestellung eines Datenschutzbeauftragten). Bei der Bemessung des Bußgeldes, welches nach § 43 Abs. 3 BDSG bis zu 250.000 € betragen kann, wird zugrunde gelegt, in welchem Ausmaß die schutzwürdigen Interessen des Betroffenen verletzt worden sind.[508]

Aufsichts- und Sanktionsmaßnahmen kommen als repressive Mittel erst dann zur Anwendung, wenn Verletzungen des Datenschutzes bereits vorliegen. Aus diesem Grund verpflichtet § 9 BDSG öffentliche und nicht-öffentliche Stellen, die personenbezogene Daten verarbeiten,

---

[506] Vgl. LG Ulm Az 5T 153/90-01. Zum Anforderungsprofil an den Datenschutzbeauftragten vgl. auch BvD-ARBEITSKREIS (2001), S. 273, SCHILD (2001a), S. 32 f., BUNDESDATENSCHUTZBEAUFTRAGTER (2002a), S. 8 f.

[507] Kritisch zur Präventivwirkung der Sanktionsmaßnahmen des BDSG äußern sich HOEREN/LÜTKEMEIER (1999), S. 108 f.

[508] Vgl. Vgl. TADAY (1996), S. 65 f., TADAY (2000), S. 49.

schon präventiv technische und organisatorische Maßnahmen zu ergreifen, die erforderlich sind, um eine rechtmäßige Ausführung der Vorschriften des BDSG zu gewährleisten.[509] Eine Konkretisierung dieser Vorgabe findet für den Bereich der automatisierten Datenverarbeitung durch eine Anlage zu § 9 S. 1 BDSG statt, welche die verantwortliche Stelle zur Einrichtung einer Vielzahl von Kontrollmaßnahmen verpflichtet (vgl. Abb. 4-6):[510]

Kontrollbereiche	Inhalt der Kontrolle	Potenzielle Umsetzungsmaßnahmen
Zutrittskontrolle	Vermeidung des Zutritts Unbefugter zu DV-Systemen, mit denen personenbezogene Daten verarbeitet werden	Räumliche Abschottung der betreffenden DV-Anlagen durch Errichtung von Zutrittsschranken
Zugangskontrolle	Verhinderung unbefugter Nutzung von DV-Systemen	Authentifikation von berechtigten Nutzern durch Passwort oder biometrische Merkmale
Zugriffskontrolle	Beschränkung der DV-Systemnutzung durch Berechtigte auf die in ihren Zuständigkeitsbereich fallenden Daten	Rechtevergabe und Rechtekontrolle
Weitergabekontrolle	Schutz personenbezogener Daten vor unbefugter Kenntnisnahme oder Manipulation während der elektronischen Übertragung oder des Transports auf Datenträgern	Verschlüsselung, Verwendung digitaler Signaturen
Eingabekontrolle	Gewährleistung der Feststellbarkeit, ob bzw. von wem personenbezogen in ein DV-System eingegeben, verändert oder gelöscht worden sind	Protokollierung von Nutzeraktivitäten im Bereich personenbezogener Daten
Auftragskontrolle	Sicherstellung, dass im Auftrag durchgeführte Datenverarbeitung entsprechend den Weisungen des Auftraggebers erfolgt	Vertragsgestaltung, Festlegung von Datenverarbeitungsverfahren
Verfügbarkeitskontrolle	Schutz personenbezogener Daten vor Verlust	Regelmäßige Datensicherungsaktivitäten (*Backup*)
Datentrennungskontrolle	Gewährleistung, dass zu unterschiedlichen Zwecken erhobene personenbezogene Daten getrennt verarbeitet werden	Physikalisch getrennte Speicherung unterschiedlich erhobener personenbezogener Daten

Abb. 4-6: Kontrollbereiche der Anlage zu § 9 S. 1 BDSG
Quelle: in Anlehnung an HOLZNAGEL (2003), S. 179.

Darüber hinaus lässt § 9 a BDSG zur Verbesserung des Datenschutzes den datenverarbeitenden Stellen die Möglichkeit, ein Datenschutzaudit – d.h. die Prüfung und Bewertung der personenbezogenen Datenverarbeitung – durch unabhängige und zugelassene Gutachter durchzuführen zu lassen und die Ergebnisse dieser Untersuchung zu veröffentlichen.[511] Hierdurch soll die Erreichung eines hohen Datenschutzniveaus nicht nur als die Erfüllung einer gesetzlichen

---

[509] Vgl. HOLZNAGEL (2003), S. 178.

[510] Hierbei beschränkt sich die Anlage zur § 9 S. 1 BDSG darauf, die Ziele der jeweiligen Kontrollbereiche vorzugeben und überlässt deren Realisierung der datenverarbeitenden Stelle. Vgl. HOLZNAGEL (2003), S. 178.

[511] Die näheren Anforderungen an das Datenschutzaudit werden nach § 9 a S. 2 BDSG durch ein noch zu erlassendes Gesetz geregelt. Dadurch entsteht für die bislang angebotenen Auditierungsverfahren im Bereich des Datenschutzes eine Rechtsunsicherheit. Vgl. hierzu BUNDESDATENSCHUTZBEAUFTRAGTER (2002a), S. 17.

Pflicht, sondern als Qualitätsmerkmal einer Dienstleistung im Wettbewerb besonders herausgestellt werden.[512]

4.1.2.2 Ausgewählte EU-Richtlinien im Bereich des Datenschutzes

Das Europäische Parlament und der Rat der Europäischen Union (EU) haben am 24.10.1995 eine Richtlinie des Europäischen Parlaments und des Rates zum Schutz natürlicher Personen bei der Verarbeitung personenbezogener Daten und zum freien Datenverkehr (kurz EU-Datenschutzrichtlinie) erlassen.[513] Das Ziel dieser Richtlinie liegt in einer Angleichung der datenschutzrechtlichen Vorschriften der einzelnen EU-Mitgliedstaaten, um damit ein gleichwertiges Datenschutzniveau bei der Verarbeitung personenbezogener Daten innerhalb der Europäischen Union zu erreichen.[514] Mit diesem Erlass wurde weltweit erstmalig für den Schutz personenbezogener Daten supranationales Recht gesetzt. Gleichzeitig wurde die EU erstmals im Bereich der Grund- und Freiheitsrechte gesetzgeberisch tätig.[515] Die EU-Datenschutzrichtlinie enthält flexible Rahmenregelungen, auf deren Grundlage die EU-Mitgliedstaaten datenschutzspezifische, nationale Bestimmungen schaffen können.

Die Richtlinie stellt keinen konzeptionellen Neuentwurf, sondern eine Synthese der bislang vor allem in der Bundesrepublik Deutschland, Frankreich und Großbritannien herrschenden Datenschutznormen dar, wobei die Grundstruktur der Richtlinie stark dem deutschen Datenschutzrecht i.f.d. BDSG nachempfunden ist.[516] Gegenüber dem BDSG erweitert die EU-Datenschutzrichtlinie den nationalen Rechtsrahmen, indem sie nicht nur datenschutzrechtlich relevante Regelungen für den EU-Binnenmarkt trifft, sondern mit den Art. 25, 26 EU-Datenschutzrichtlinie auch grundlegende Vorschriften für die elektronische Übermittlung von personenbezogenen Daten in Staaten außerhalb der EU (Drittstaaten) enthält. Kriterium für die Zulässigkeit einer Übermittlung personenbezogener Daten in Drittstaaten ist die Angemessenheit des dort herrschenden Datenschutzniveaus. Dabei ist in Drittstaaten mit angemessenen Schutzbestimmungen für personenbezogene Daten die Übermittlung gemäß Art. 25 EU-Datenschutzrichtlinie zulässig, während nach Art. 26 die Übermittlung in Drittstaaten mit un-

---

[512] Vgl. HOLZNAGEL (2003), S. 196.

[513] Vgl. Richtlinie 95/46/EG des Europäischen Parlaments und des Rates vom 24.10.1995. Vgl. Amtsblatt der Europäischen Gemeinschaften Nr. L 281 vom 23.11.1995, S. 31 ff., im Folgenden zitiert als EU-Datenschutzrichtlinie.

[514] Innerhalb der EU wird mit dieser Richtlinie somit ein datenschutzrechtlicher Mindeststandard vorgegeben, der es den Mitgliedstaaten ermöglicht, innerhalb des Europäischen Binnenmarktes personenbezogene Daten auszutauschen. Vgl. LÜTTKEMEIER (1995), S. 598, GEIS (1997a), S. 289 f.

[515] Vgl. BRÜHANN (1996), S. 66. Belege für diese These sind u.a. die einzelnen Begriffsbestimmungen, das Prinzip des Verbots mit Erlaubnisvorbehalt, sowie die Aufzählung von Zulässigkeitstatbeständen, die denen des BSDG stark ähneln. Vgl. WALZ (1998), S. 150 f.

[516] Vgl. HOBERT (2000), S. 93.

angemessenem Datenschutzniveau nur auf Grund eines Katalogs von Ausnahmetatbeständen gestattet ist.[517]

Die Feststellung, ob ein Drittstaat ein angemessenes Schutzniveau für personenbezogene Daten aufweist, ist in einem Verfahren zwischen der Europäischen Kommission und den EU-Mitgliedstaaten zu entscheiden (vgl. Abb. 4-7). Soweit die Angemessenheit des Schutzniveaus eines Drittstaates festgestellt wird, gilt dies als Rechtsgrundlage für die Übermittlung personenbezogener Daten in diesen Staat.[518] Wird kein angemessenes Schutzniveau festgestellt, ist von dessen Unangemessenheit auszugehen, und eine Übermittlung darf nur bei Vorliegen eines Ausnahmetatbestands nach Art. 26 Abs. 1 EU-Datenschutzrichtlinie stattfinden. Für die Übermittlung personenbezogener Daten in Drittstaaten, die nicht unter den Ausnahmekatalog des Art. 26 Abs. 1 EU-Datenschutzrichtlinie fallen, besteht dann noch die Möglichkeit des Ausnahmetatbestands des Art. 26 Abs. 2-4 EU-Datenschutzrichtlinie. Danach kann ein Mitgliedstaat eine Übermittlung personenbezogener Daten in ein Drittland genehmigen, das kein angemessenes Schutzniveau im Sinne des Art. 25 Abs. 2 EU-Datenschutzrichtlinie gewährleistet, wenn der im Drittstaat für die Verarbeitung Verantwortliche ausreichende Garantien hinsichtlich des Schutzes der Privatsphäre, der Grundrechte und -freiheiten der Personen bietet. Diese Garantien können sich nach Art. 26 Abs. 1 lit. b EU-Datenschutzrichtlinie insbesondere aus entsprechenden Vertragsklauseln ergeben.[519]

Eine besondere Stellung nehmen in diesem Zusammenhang die Vereinigten Staaten von Amerika – als einer der größten Handelspartner der EU – ein, denen aufgrund der Regelungen der Art. 25 und 26 der EU-Datenschutzrichtlinie mangels hinreichender Adäquanz des dort herrschenden Datenschutzniveaus Verbote von Datentransfers durch die Kontrollstellen der Mitgliedstaaten drohten.[520] Nach ca. zweijährigen Verhandlungen mit den USA wurde im Mai 2000 das so genannte *Safe-Harbor*-Prinzip als Lösungsansatz entwickelt, welches vorsieht, dass das US-Handelsministerium ein Verzeichnis derjenigen Unternehmen führt, die sich öffentlich verpflichtet haben, bestimmte Datenschutzgrundsätze zu befolgen, die nach Auffassung der EU-Kommission ein angemessenes Schutzniveau garantieren.[521] Das *Safe-*

---

[517] Vgl. GEIS (1997a), S. 290. Zu den grenzüberschreitenden Aspekten des Datenschutzes unter Beachtung der historischen Entwicklung vgl. DIX (2000), S. 93 ff.

[518] U.a. zur Klärung von Fragen bezüglich der Datenschutzniveaus von Drittländern ist als beratendes Gremium für die EU-Kommission gemäß Art. 29 EU-Datenschutzrichtlinie die sog. Artikel 29-Datenschutzgruppe am 17.01.1996 institutionalisiert worden. Zur Zusammensetzung und Organisation bzw. zu Aufgaben und Kompetenzen dieser Gruppe vgl. HEIL (1999a), S. 471 f., HEIL (1999b), S. 459.

[519] Vgl. GEIS (1997a), S. 293, HOBERT (2000), S. 95 f. Zur Problematik der Datenübermittlung innerhalb international operierender Konzerne vgl. GACKENHOLZ (2000), S. 730 ff.

[520] Vgl. HEIL (2000), S. 444.

[521] Vgl. BÜLLESBACH (1999b), S. 5, REIMER (2000), S. 309, PETRI (2003), S. 84 f. Zur Datenschutzdiskussion zwischen der EU und den USA vgl. Heil (1999b), S. 458 ff. Eine Stellungnahme der Artikel 29-Datenschutzgruppe zur *Safe-Harbor*-Problematik findet sich bei ARTIKEL 29- DATENSCHUTZGRUPPE (2000), S. 2 ff. Dieses und andere Dokumente der Artikel 29-Datenschutzgruppe bezüglich der Umsetzung der EU-

Harbor-Prinzip setzt somit auf eine Selbstorganisation und Selbstregulierung des Datenschutzes in den einzelnen Unternehmen statt auf eine übergeordnete gesetzliche Regulation.[522] Diese US-amerikanischen Unternehmen sind damit vor einer einseitigen Sperrung des Datenverkehrs von Seiten der EU gesichert, während im Gegenzug europäische Unternehmen wissen, an welche US-Unternehmen Daten übermittelt werden können.[523]

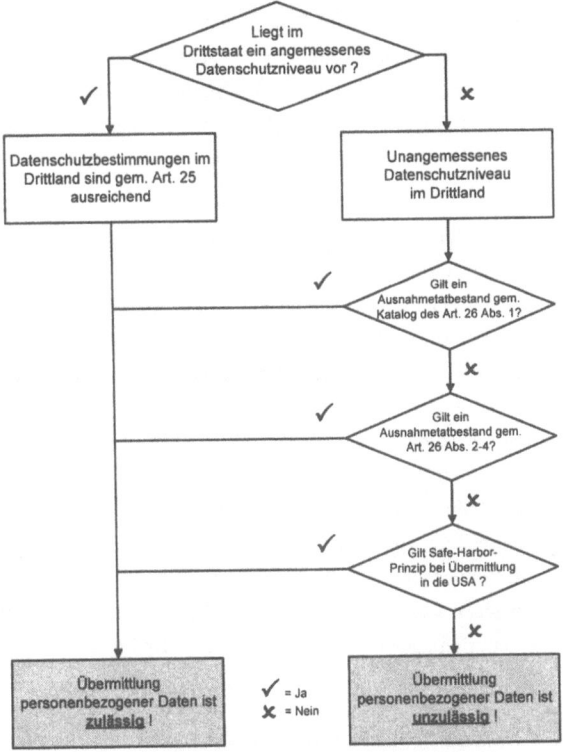

Abb. 4-7: Zulässigkeit der Übermittlung personenbezogener Daten in Drittstaaten gemäß Art. 25, 26 EU-Datenschutzrichtlinie

Datenschutzrichtlinie sind abrufbar unter http://europa.eu.int/comm/intenal_market/de/media/dataprot/wpdocs/index.htm.

[522] Vgl. BÄUMLER (2000), S. 5.

[523] Vgl. HEIL (2000), S. 444, REIMER (2000), S. 309. Eine Übersicht der *Safe-Harbor*-Prinzipien bietet HEIL (1999b), S. 461. Ein besonderes Problem stellt in diesem Zusammenhang die Übermittlung von personenbezogen Passagierdaten aus dem Luftverkehr in die USA dar: Im Zusammenhang mit den Terroranschlägen vom 11.09.2001 haben die USA durch Gesetz die Fluggesellschaften verpflichtet, personenbezogene Daten von Passagieren, die in die USA einreisen wollen, schon vor Reiseantritt zu übermitteln. Vgl. zur datenschutzrechtlichen Problematik dieser Vorgehensweise MÜLLER (2003), S. 668, SCHULZKI-HADDOUTI (2003b), S. 52.

Mit dem Erlass der EU-Richtlinie 2002/58/EG über die Verarbeitung personenbezogener Daten und den Schutz der Privatsphäre in der elektronischen Kommunikation vom 12.07.2002 hat die EU darüber hinaus auf die schnelle Entwicklung im Bereich der Kommunikationsmedien reagiert und den Datenschutz in diesem Bereich gestärkt.[524] Diese Richtlinie löst damit die bis dahin in diesem Bereich geltende Telekommunikations-Datenschutzrichtlinie[525] vom 15.12.1997 ab und stellt aufgrund des weiter gefassten Geltungsbereichs insbesondere den Schutz der bei der Kommunikation anfallenden Nutzerdaten unabhängig von der benutzen Technologie sicher.[526] Insbesondere klärt diese Richtlinie, welches nationale Datenschutzrecht im Hinblick auf die fortschreitende Internationalisierung der Datenverarbeitung zur Anwendung kommt.[527] Gemäß Art. 4 I lit. a.) EU-Richtlinie 2002/58/EG ist nach dem so genannten Territorialprinzip der Ort der Niederlassung des für die Datenverarbeitung Verantwortlichen entscheidend.[528]

Als Fazit lässt sich feststellen, dass die EU-Datenschutzrichtlinien zurzeit die wichtigsten supranationalen Datenschutznormen darstellen. Herauszustellen ist, dass die z.T. sehr detaillierten Regelungen der EU-Datenschutzrichtlinie sowohl für den öffentlichen als auch für den privaten Bereich einheitlich anwendbar sind. Eine Differenzierung zwischen diesen beiden Bereichen, wie im BDSG, ist in der EU-Richtlinie grundsätzlich nicht vorgesehen.[529] Des Weiteren erfolgt eine Loslösung vom Dateibegriff wie er im BDSG vorherrscht. Die Bereiche der Datenerhebung und -nutzung werden in den Datenverarbeitungsbegriff einbezogen.[530] Neu für deutsche Verhältnisse sind die Sondervorschriften für sensitive Daten des Art. 8 Abs.1 EU-Datenschutzrichtlinie, die – in Anlehnung an das französische Datenschutzrecht – jede automatisierte Verarbeitung von Daten über rassische und ethnische Herkunft, politische Meinung, religiöse oder philosophische Überzeugungen, Gewerkschaftszugehörigkeit sowie Gesundheit und Sexualleben grundsätzlich untersagt.[531] Die übrigen Regelungen der EU-Datenschutzrichtlinie betreffen zumeist Sachverhalte, die in der Bundesrepublik Deutschland

---

[524] Vgl. Amtsblatt der Europäischen Gemeinschaften Nr. L 201, S. 37 ff.

[525] Richtlinie 97/66/EG des Europäischen Parlaments und des Rates über die Verarbeitung personenbezogener Daten und den Schutz der Privatsphäre im Bereich der Telekommunikation. Vgl. Amtsblatt der Europäischen Gemeinschaften Nr. L 24, S. 1 ff.

[526] Vgl. BUNDESDATENSCHUTZBEAUFTRAGTER (2002a), HOEREN (2004), S. 291.

[527] Aus Sicht des deutschen Kollisionsrechts kommt es dabei bisher auf den Sitz der datenverarbeitenden Stelle an, d.h. deutsches Datenschutzrecht ist anwendbar, wenn die datenverarbeitende Stelle ihren Sitz in Deutschland hat. Vgl. hierzu ELGER (1990), S. 604.

[528] Vgl. HOEREN (2004), S. 292.

[529] Vgl. BRÜHANN (1996), S. 68, BÜLLESBACH (1998a), S. 100, HOEREN (2000b), S. 169, SAKOWSKI (2000), Abschnitt Europarecht.

[530] Vgl. HOEREN (2000b), S. 169, SAKOWSKI (2000), Abschnitt Europarecht. Zum Dateibegriff des BDSG vgl. HOEREN (2000b), S. 177 ff., TADAY (2000), S. 31.

[531] Vgl. HOEREN (2000b), S. 170. Ausnahmeregelungen von diesem grundsätzlichen Verbot der Verarbeitung sensitiver Daten enthält Art. 8 EU-Datenschutzrichtlinie.

ohnehin bereits geregelt sind und dies teilweise strenger oder detaillierter als es die EU-Vorschrift verlangt.[532] Darüber hinaus bestehen nun mit der EU-Richtlinie 2002/58/EG zum Datenschutz in der elektronischen Kommunikation technologieübergreifende Regelungen zum Schutz personenbezogener Daten, die bei der Kommunikation über elektronischen Medien anfallen. Diese Richtlinie stellt damit eine Detaillierung und Ergänzung der (allgemeinen) EU-Datenschutzrichtlinie in einem speziellen Lebensbereich dar.[533]

4.2 Datenschutzrelevante Normen im Bereich der Informations- und Kommunikationsmedien

Der folgende Abschnitt erläutert die datenschutzrechtlich relevanten Normen im Bereich der Informations- und Kommunikationsmedien. Hierzu werden – nach einer Abgrenzung des in diesem Bereich anwendbaren Rechts – zunächst die Regelungen des Telekommunikationsrechts und anschließend die Vorschriften des Medienrechts erörtert.

4.2.1 Abgrenzung des anwendbaren Rechts im Bereich der Informations- und Kommunikationsmedien

Während zu Beginn der 1980er Jahre die Entwicklung der automatisierten Datenverarbeitung für das BVerfG Anlass war, das Recht auf informa-tionelle Selbstbestimmung als Grundlage des deutschen Datenschutzrechts zu entwickeln, so führte Mitte der 1990er Jahre die globale Verknüpfung von digitalen Informations- und Kommunikationstechnologien durch das Internet zu einem weiteren notwendigen Paradigmenwechsel im Bereich des Datenschutzes: Die Legislative sah sich durch die weltweite Vernetzung mit neuen Rahmenbedingungen für den Datenschutz konfrontiert, für welche die klassischen Regulierungsinstrumente (wie z.B. hoheitliche Ge- und Verbote) nicht mehr ausreichend erschienen.[534] Um dieser Herausforderung für den Datenschutz zu begegnen, hat der Gesetzgeber eine Reihe von datenschutzrelevanten Normen erlassen, deren Anwendung sich jeweils auf die bei der Nutzung der neuen

---

[532] Vgl. HOBERT (2000), S. 97. So gehen z.B. die Regelungen über die Einwilligung des Betroffenen nach dem Teledienstedatenschutzgesetz (TDDSG) weit über die Anforderungen der EU-Datenschutzrichtlinie hinaus: Während das TDDSG genaue Anforderungen hinsichtlich dieser Einwilligung stellt, verlangt die EU-Datenschutzrichtlinie lediglich, dass die Einwilligung gemäß Art. 2 lit. h EU-Datenschutzrichtlinie ohne jeden Zweifel und gemäß Art. 2 lit. h EU-Datenschutzrichtlinie ohne Zwang abgegeben werden muss. Wie diese Einwilligung im Einzelnen erklärt werden muss, kann der EU-Datenschutzrichtlinie allerdings nicht entnommen werden. Vgl. hierzu STRÖMER/WITHÖFT (1997), S. 12.

[533] Vgl. EU-Richtlinie 2002/58/EG, Art. 1 Abs. 2.

[534] Vgl. HOLZNAGEL (2003), S. 180. Hierbei resultiert das Gefährdungspotenzial der häufig als ‚neue Medien' bezeichneten Technologien u.a. aus den vielfältigen Interaktionsmöglichkeiten zwischen den Nutzern und Anbietern von Informations- und Kommunikationsdiensten. So hinterlassen die Nutzer von Internetdiensten auf den computergestützten Informationssystemen der Diensteanbieter nutzungsbedingte Spuren, die als personenbezogene Daten gelten. Diese können von den Anbietern bzw. Betreibern der Internetdienste gesammelt und untereinander ausgetauscht werden, so dass u.U. über den einzelnen Nutzer umfassende Persönlichkeitsprofile angelegt werden können, ohne dass der Betroffene dies bemerkt. Vgl. zu potenziellen Datenspuren im Netz SPIEGEL (2003), S. 265 ff.

Informations- und Kommunikationsmedien betroffene Nutzungsebene bezieht (vgl. Abb. 4-8):[535]

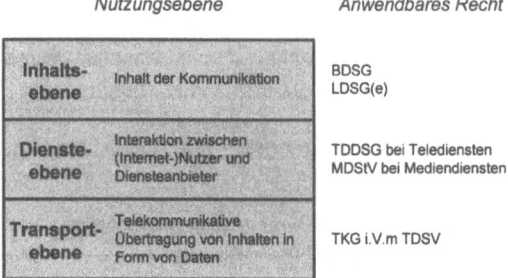

Abb. 4-8: Datenschutzrelevante Ebenen bei der Nutzung von Informations- und Kommunikationsmedien
Quelle: in Anlehnung an HOLZNAGEL (2003), S. 182.

Auf der **Transportebene** wird eine Telekommunikationsverbindung zwischen dem Nutzer und Diensteanbieter aufgebaut, die als Übertragungsweg für die zu übermittelnden Inhalte dient. Personenbezogene Daten (wie z.B. Angaben, wann ein Nutzer wie lange mit einer bestimmten Gegenstelle eine Telekommunikationsverbindung aufrecht erhielt) fallen dabei beim Anbieter der Telekommunikationsdienstleistung an und unterliegen den gesetzlichen Anforderungen an den Umgang mit personenbezogenen Daten auf der Transportebene, die sich aus dem TKG bzw. der dieses Gesetz konkretisierende TDSV ergeben.[536] Personenbezogene Daten, die bei der auf Grundlage dieser Telekommunikationsverbindung stattfindenden Interaktion zwischen einem Nutzer und dem Anbieter von (Internet-) Diensten (wie z.B. WWW, E-Mail, FTP) anfallen, sind der **Diensteebene** zuzurechnen und unterliegen den bereichsspezifischen Regelungen des TDDSG des Bundes bzw. des MDStV der Bundesländer.[537] Die bei der Nutzung von (Internet-) Diensten zwischen Nutzern (z.B. per E-Mail) übermittelte Nachricht gehört zur Inhaltsebene der Nutzung von Informations- und Kommunikationsdiensten. Die auf dieser Ebene anfallenden und dem Nutzer zurechenbaren Daten unterliegen nicht den datenschutzrelevanten, bereichspezifischen Normen des Medien-rechts,

---

[535] Als datenschutzrelevante Normen sind u.a. zu nennen das Telekommunikationsgesetz (TKG), die dazugehörige Telekommunikations-Datenschutzverordnung (TDSV), das Teledienstedatenschutzgesetz (TDDSG) und der Mediendienste-Staatsvertrag (MDStV). Zu den Nutzungsebenen vgl. PETRI (2003), S. 82, SCHAAR (2003), S. 425.

[536] Vgl. HOLZNAGEL (2003), S. 181.

[537] Bei Telediensten handelt es sich gemäß § 2 Abs. 1 Teledienstegesetz (TDG) um Informations- und Kommunikationsdienste, die für eine individuelle Nutzung vorgesehen sind, während es sich bei Mediendiensten um Angebote handelt, die sich mit einem redaktionell aufbereiteten Beitrag zur Meinungsbildung an die Allgemeinheit richten. Da die datenschutzrechtlich relevanten Vorschriften im TDG und MDStV nahezu inhaltsgleich sind, besteht die praktische Relevanz fast ausschließlich in unterschiedlichen Haftungsfolgen. Vgl. hierzu BÜLLESBACH (1998a), S. 100, ENGEL-FLECHSIG (1997b), S. 106 f., ENGEL-FLECHSIG (1999), S. 15.

sondern den allgemeinen Regeln des BDSG bzw. der LDSGe, da es sich hierbei nicht um internetspezifische Daten handelt.[538]

4.2.2 Datenschutz im Telekommunikationsrecht

Mit der Liberalisierung der Telekommunikation änderten sich auch die Rahmenbedingungen für die Gewährleistung des informationellen Selbstbestimmungsrechts und des Fernmeldegeheimnisses. Da weder das Grundrecht auf Datenschutz noch das durch Art. 10 GG geschützte Fernmeldegeheimnis eine direkte Drittwirkung entfalten, kommt einfachgesetzlichen Regelungen eine besondere Bedeutung zu.[539] Im folgenden Abschnitt werden deshalb die im Sommer 1996 in Kraft getretenen Rechtsvorschriften im Bereich der Telekommunikation auf datenschutzrechtlich relevante Vorschriften untersucht. Es handelt sich hierbei um das Telekommunikationsgesetz (TKG) vom 31.07.1996 als Nachfolger des früheren Fernmeldeanlagegesetzes (FAG) nebst Begleitgesetz (TKG BegleitG) und die Telekommunikations-Datenschutzverordnung (TDSV n.F.) vom 18.12.2000, die die Telekommunikationsdienstunternehmen-Datenschutzverordnung (TDSV a.F.) vom 18.07.1996 ablöst.[540] Abb. 4-9 zeigt, dass beide Verordnungen entgegen dem Anschein, der sich aus der zeitlichen Nähe ihres Inkrafttretens ergeben könnte, unterschiedlichen Reformen des Telekommunikationsmarkts angehören.[541]

---

[538] Vgl. HOLZNAGEL (2003), S. 181 f.

[539] Vgl. SCHAAR (1997b), S. 111 f. Das in Art. 10 GG verankerte Fernmeldegeheimnis schützt den Einzelnen davor, dass sowohl der Inhalt als auch die näheren Umstände seiner Telekommunikation staatlichen Stellen durch Abhörmaßnahmen zur Kenntnis gelangen. Unternehmen im Telekommunikationsbereich sind nach der Privatisierung des Telekommunikationsmarkts nur durch einfachgesetzliche Regelungen (wie z.B. § 206 StGB oder § 85 TKG) gebunden. Vgl. HOLZNAGEL (2003), S. 136, BUNDESDATENSCHUTZBEAUFTRAGTER (2004), S. 12.

[540] Zum TKG vgl. BGBl 1996 I, S. 1120 ff. (zuletzt geändert durch Art. 1 und 2 des Ersten Gesetzes zur Änderung des Telekommunikationsgesetzes vom 21.10.2002, BGBl. I, S. 4186 ff.), zum TKG BegleitG vom 17.12.1997 vgl. BGBl 1997 I, S. 3108 ff. Die TDSV a.F. basierte auf der Ermächtigung des Gesetzes über die Regulierung der Telekommunikation und des Postwesens (PTRegG) vom 10.09.1994. Zur TDSV n.F. vgl. BGBl 2000 I, S. 1740 ff. (diese trägt nun den Titel ‚Telekommunikations-Datenschutzverordnung'). Vgl. BUNDESDATENSCHUTZBEAUFTRAGTER (2000), S. 83, BUNDESDATENSCHUTZBEAUFTRAGTER (2004), S. 14.

[541] Vgl. SCHAAR (1997a), S. 17, SCHAAR (1997b), S. 112. Einen Überblick über die Entwicklung der Regulierungen im Telekommunikationsbereich, insbesondere auch auf europäischer Ebene, findet sich bei BÜLLESBACH (1997), S. 13 ff.

Reform	Postreform I (1989)	Postreform II (1994)	Postreform III (1996)
Ziel	Partielle Öffnung des Telekommunikationsmarkts: Trennung der hoheitlichen von den unternehmerischen Aufgaben der Deutschen Bundespost	Schaffung der verfassungsrechtlichen Prämissen für die Organisations- und Aufgabenprivatisierung der Postunternehmen	Vollständige Liberalisierung des deutschen Telekommunikationsmarkts
Rechtsnorm	Poststrukturgesetz	TDSV a.F. (als datenschutzrechtlicher Kern der Postreform II)	TKG, TKG BegleitG, TDSV n.F.

Abb. 4-9: Ursprünge datenschutzrechtlich relevanter Normen im Telekommunikationsrecht

4.2.2.1 Das Telekommunikationsgesetz (TKG) nebst Begleitgesetz (TKG BegleitG) und Telekommunikations-Überwachungsverordnung (TKÜV)

Nach einer Darstellung des Zwecks und des Aufbaus des TKG wird der Anwendungsbereich dieses Gesetzes aufgezeigt. Anschließend werden die datenschutzrechtlich relevanten Vorschriften des TKG erörtert. Den Abschluss dieses Abschnitts bildet eine Darstellung des TKG BegleitG und der Telekommunikations-Überwachungsverordnung (TKÜV).

4.2.2.1.1 Regelungsintention und Aufbau des TKG

Das TKG und das TKG BegleitG markieren einen vorläufigen Abschluss eines langjährigen Prozesses der Liberalisierung der Telekommunikationsmärkte und der Privatisierung von Dienstleistungen der Telekommunikation.[542] Mit dem Erlass des Gesetzes hat der Bund von seiner ausschließlichen Gesetzgebungskompetenz nach Art. 73 Nr. 7 GG und Art. 87 f. GG Gebrauch gemacht.[543]

Das TKG ist primär nicht als technisches Fernmelderecht konzipiert, sondern als ein sektorspezifisches Wettbewerbsrecht.[544] Es setzt damit in erster Linie die grundlegenden Vorgaben der so genannten *Full Competition*-Richtlinie der EU vom 13.03.1996 zur Einführung eines vollständigen Wettbewerbs auf den Telekommunikationsmärkten um.[545] Ein zentrales politisches Ziel des Gesetzes war die Aufhebung des deutschen Netz- und Telefondienstmonopols bis zum 01.01.1998. Damit konnte der in § 1 TKG kodifizierte Gesetzeszweck, nämlich durch

---

[542] Vgl. SCHERER (1996), S. 2953.
[543] Vgl. ENGEL-FLECHSIG (1997b), S. 100.
[544] Vgl. BÜLLESBACH (1997), S. 23.
[545] Vgl. Richtlinie 96/19/EG vom 13.03.1996, Amtsblatt der Europäischen Gemeinschaften L 74/13 vom 22.03.1996. Vgl. hierzu ebenfalls HOBERT (2000), S. 105. Zum Verhältnis des TKG zum europäischen Gemeinschaftsrecht mit Schwerpunkten auf organisations- und verfahrensrechtlichen Aspekten vgl. SCHERER (1997), S. 59 ff.

Regulierung im Bereich der Telekommunikation den Wettbewerb zu fördern und flächendeckend angemessene und ausreichende Dienstleistungen zu gewährleisten, eingeleitet werden. Als weiteres Regulierungsziel ist u.a. die Wahrung des Fernmeldegeheimnisses gemäß Art. 10 GG zu nennen. Daneben enthält das Gesetz Ermächtigungen zum Erlass von Kundenschutz-, Datenschutz- und Netzsicherheitsverordnungen.[546]

Das TKG löst das Fernmeldeanlagen-Gesetz und das Gesetz über die Regulierung der Telekommunikation und des Postwesens (PTRegG), welches Teil der Postreform II war, ab.[547] Das aus 13 Teilen (vgl. Abb. 4-10) bestehende und 100 Paragraphen umfassende TKG enthält im ersten Teil (§§ 1-5 TKG) allgemeine Vorschriften. Darunter fallen der Gesetzeszweck (§ 1 TKG) und ein Zielkatalog zur Regulierung der Telekommunikation als hoheitliche Aufgabe des Bundes (§ 2 Abs. 2 TKG). Es folgen Begriffsbestimmungen (§ 3 TKG) sowie Anzeige- und Berichtspflichten, denen jeder Anbieter von Telekommunikationsdienstleistungen unterliegt (§§ 4, 5 TKG). Datenschutzrechtlich relevant ist der Elfte Teil des Gesetzes (§§ 85-93 TKG), in dem sich Vorschriften über die Wahrung des Fernmeldegeheimnisses, zur Gewährleistung des Datenschutzes, Bestimmungen zur Netzsicherheit und zur technischen Überwachung der Telekommunikation finden.[548]

Erster Teil	(§§ 1-5 TKG)	Allgemeine Vorschriften
Zweiter Teil	(§§ 6-22 TKG)	Regulierung von Telekommunikationsdiensten
Dritter Teil	(§§ 23-32 TKG)	Entgeltregulierung
Vierter Teil	(§§ 33-39 TKG)	Offener Netzzugang und Zusammenschaltungen
Fünfter Teil	(§§ 40-42 TKG)	Kundenschutz
Sechster Teil	(§ 43 TKG)	Nummerierung
Siebter Teil	(§§ 44-49 TKG)	Frequenzordnung
Achter Teil	(§§ 50-58 TKG)	Benutzung der Verkehrswege
Neunter Teil	(§§ 59-65 TKG)	Zulassung, Sendeanlagen
Zehnter Teil	(§§ 66-84 TKG)	Regulierungsbehörde
Elfter Teil	**(§§ 85-93 TKG)**	**Fernmeldegeheimnis, Datenschutz, Sicherung**
Zwölfter Teil	(§§ 94-96 TKG)	Straf- und Bußgeldvorschriften
Dreizehnter Teil	(§§ 97-100 TKG)	Übergangs- und Schlussvorschriften

Abb. 4-10: Aufbau des TKG

---

[546] Vgl. BÜLLESBACH (1997), S. 23 f. Zu weiteren Regulierungszielen des § 2 Abs. 2 TKG vgl. BÜLLESBACH (1997), S. 23 und ENGEL-FLECHSIG (1997b), S. 100.

[547] Vgl. ENGEL-FLECHSIG (1997b), S. 100, HOEREN (2000b), S. 192.

[548] Eine ausführliche Darstellung des Aufbaus des TKG ist zu finden bei SCHERER (1996), S. 2954 f.

4.2.2.1.2 Anwendungsbereich des TKG

In § 3 TKG befinden sich die wesentlichen Begriffsbestimmungen, die für den Anwendungsbereich des Gesetzes von Relevanz sind, wobei die Anordnung der Begriffe unübersichtlich wirkt und Begriffsinhalte z.T. schwierig nachvollziehbar erscheinen.[549] Im TKG werden Dienste reguliert, die sich primär auf das Angebot von Telekommunikationsnetzen und Übertragungswegen beziehen.[550] Der Begriff der **Telekommunikation** ist in diesem Zusammenhang von besonderer Bedeutung. Dieser beschränkt sich nach § 3 Nr. 16 TGK nicht auf Sprachkommunikation, sondern erfasst den technischen Vorgang des Aussendens, Übermittelns und Empfangens von Nachrichten jeglicher Art mittels Telekommunikationsanlagen.[551] In der Begründung zum TKG wird hervorgehoben, dass die Art der Nachricht sowie die verwendeten technischen Systeme unerheblich seien.[552] Eine Definition des Begriffs Nachricht wird im Gesetzestext nicht gegeben. Im allgemeinen Sprachgebrauch ist eine Nachricht durch den Vorgang der Übermittlung gekennzeichnet.[553] Dies wird durch Definitionen der Wirtschaftsinformatik gestützt: Nach HEINRICH ist eine Nachricht oder Mitteilung eine zur Weitergabe bestimmte Folge von Zeichen mit Bedeutung für einen Empfänger.[554] Damit gehört u.U. auch die Übertragung von Daten, wie sie z.B. bei der Vernetzung von computergestützten Informationssystemen in technischer Hinsicht notwendigerweise vorkommt, zur Telekommunikation im Sinne des TKG.[555]

Hinzuweisen ist im Zusammenhang mit dem Anwendungsbereich des TKG insbesondere auf die Unterscheidung zwischen

- Telekommunikations**dienstleistungen** nach § 3 Nr. 18 TKG, welche ein gewerbliches Angebot von Telekommunikation einschließlich des Angebots von Übertragungswegen für Dritte umfassen und

- geschäftsmäßig erbrachten Telekommunikations**diensten** nach § 3 Nr. 5 TKG, worunter im Sinne des Gesetzes ein nachhaltiges Angebot von Telekommunikation einschließlich

---

[549] Vgl. SCHAAR (1997a), S. 18, SCHAAR (1997b), S. 113.

[550] Vgl. BÜLLESBACH (1998a), S. 99.

[551] Vgl. HOBERT (2000), S. 105, HOLZNAGEL (2003), S. 136. Telekommunikationsanlagen werden nach § 3 Nr. 17 TKG als Systeme verstanden, die als Nachrichten identifizierbare elektromagnetische oder optische Signale senden, empfangen und kontrollieren können. Zu den Begriffen Telekommunikation bzw. Telekommunikationssystem vgl. auch GABRIEL (1996a), S. 5 ff., GABRIEL (1996b), S. 5 ff., TADAY (1998), S. 2 ff.

[552] Vgl. BT-Drs. 13/4864 vom 23.06.1996, abrufbar unter http://dip.bundestag.de/parfors/pafors.htm. Vgl. hierzu auch HOBERT (2000), S. 105.

[553] Vgl. HOBERT (2000), S. 105.

[554] Vgl. HEINRICH (2001), S. 125. Unter Verwendung der Semiotik als Strukturierungshilfe auch zu finden bei GABRIEL/BEIER (2000), S. 23, GABRIEL/BEIER (2003), S. 28 ff.

[555] Vgl. HOBERT (2000), S. 105 f.

des Angebots von Übertragungswegen für Dritte mit oder ohne Gewinnerzielungsabsicht verstanden wird.[556]

Die Vorschriften des TKG zum Fernmeldegeheimnis (§ 85 TKG) und zum Datenschutz (§§ 89, 91 TKG) beziehen sich auf geschäftsmäßig erbrachte Telekommunikationsdienste, die gegenüber Dritten erbracht werden (§ 89 Abs. 1 TKG i.V.m. § 3 Nr. 5 TKG). Als geschäftsmäßig gilt – in Anknüpfung an § 1 Abs. 2 Nr. 3 BDSG – eine Datenverarbeitung immer dann, wenn sie auf eine gewisse Dauer und auf Wiederholung angelegt ist. Dabei wird auf die Intensität des Datenumgangs abgestellt und nicht auf die mit der Datenverarbeitung verfolgte Zielrichtung z.B. im Sinne einer Gewinnerzielungsabsicht. Entscheidend ist hier Umfang und Dauer des Angebots.[557] Somit gelten die Vorgaben des TKG auch für Unternehmen, die Telekommunikationsdienste ohne Gewinnerzielungsabsicht anbieten.[558]

4.2.2.1.3 Datenschutzrechtlich relevante Vorschriften des TKG

Das TKG behandelt im Elften Teil unter dem Titel ‚Fernmeldegeheimnis, Datenschutz, Sicherung' in den §§ 85-93 TGK grundsätzliche Regelungen des Datenschutzes in der Telekommunikation (vgl. Abb. 4-10). Ausgangspunkt ist das Fernmeldegeheimnis nach § 85 TKG, das einen umfassenden Schutz für den Inhalt der Telekommunikation und ihrer näheren Umstände – gemeint sind hiermit Daten, aus denen sich ergibt, wo und wann eine Kommunikation stattgefunden hat – festlegt.[559] § 85 TKG konkretisiert demnach das grundrechtlich garantierte Fernmeldegeheimnis nach Art. 10 GG einfachgesetzlich neu.[560]

Das Fernmeldegeheimnis des § 85 TKG wird durch das Abhörverbot im Bereich von Funkanlagen mit § 86 TKG erweitert, während § 87 TKG technische Maßnahmen zum Schutz der eingesetzten Telekommunikations- und Datenverarbeitungssysteme nach dem Stand der Technik vorschreibt, was generell auch dem Schutz sowohl des Fernmeldegeheimnisses als auch personenbezogener Daten dient.[561] § 88 TKG behandelt die technische Umsetzung von Überwachungsmaßnahmen und ermächtigt u.a. die Bundesregierung eine Rechtsverordnung ohne Zustimmung des Bundesrates zu erlassen, die es ermittelnden Behörden ermöglicht, die Telekommunikation zu überwachen und aufzuzeichnen.[562]

---

[556] § 3 Nr. 5 TKG knüpft mit dem Attribut der Geschäftsmäßigkeit an § 1 Abs. 2 Nr. 3 BDSG an. Vgl. hierzu SCHAAR (1997a), S. 18, SCHAAR (1997b), S. 114.
[557] Vgl. KÖNIGSHOFEN (1997), S. 165, SCHAAR (1997a), S. 18, SCHAAR (1997b), S. 113 f.
[558] Vgl. BUNDESDATENSCHUTZBEAUFTRAGTER (1996), Abschnitt 10.1.1, KÖNIGSHOFEN (1997), S. 166.
[559] Vgl. HOBERT (2000), S. 107 f., BUNDESDATENSCHUTZBEAUFTRAGTER (2004), S. 12, HOEREN (2004), S. 318.
[560] Vgl. RIEß (1997), S. 149, HOEREN (2000b), S. 192.
[561] Vgl. KÖNIGSHOFEN (1997), S. 168, HOBERT (2000), S. 107 u. 109.
[562] Vgl. KÖNIGSHOFEN (1997), S. 170 ff. Zur Telekommunikations-Überwachungsverordnung (TKÜV) vgl. nächsten Abschnitt.

§ 89 TKG stellt die zentrale Regelung zum Datenschutz bei der Erbringung von Telekommunikationsdiensten dar.[563] Gleichwohl ist auf eine bis ins Detail gehende Datenschutzvollregelung verzichtet worden. So enthält § 89 Abs. 1 TKG eine Ermächtigungsgrundlage zum Erlass einer Rechtsverordnung durch die Bundesregierung zur Konkretisierung der gesetzlichen Vorgaben zum Schutz personenbezogener Daten der an der Telekommunikation Beteiligten.[564] In § 89 Abs. 2 TKG ist eine abschließende Aufzählung möglicher Erlaubnistatbestände für die Erhebung, Verarbeitung und Nutzung personenbezogener Daten im Bereich der Telekommunikation angeführt. Dabei ist nach dem Grundsatz der Verhältnismäßigkeit die Datenverarbeitung auf das Erforderliche zu begrenzen. Diese Erforderlichkeit zur betrieblichen Abwicklung der Telekommunikationsdienste ist demnach gegeben bei:[565]

- **Bestandsdaten** (§ 89 Abs. 2 lit. a TKG) wie z.B. Name, Anschrift, Telefonnummer usw. Diese Daten werden insbesondere für die Begründung, inhaltliche Ausgestaltung und ggf. Änderung eines bestehenden Vertragsverhältnisses benötigt,

- **Verbindungsdaten** zum Herstellen und Aufrechterhalten einer Telekommunikationsverbindung (§ 89 Abs. 2 lit. b TKG),[566]

- **Abrechnungsdaten** zur ordnungsgemäßen Ermittlung und zum Nachweis der Entgelte für geschäftsmäßige Telekommunikationsdienste (§ 89 Abs. 2 lit. c TKG),

- **Daten zum Erkennen und Beseitigen von Störungen**, aber auch **zur Missbrauchsaufklärung** (§ 89 Abs. 2 lit. d und e TKG).

Darüber hinaus ist zum bedarfsgerechten Gestalten von Telekommunikationsdiensten und nach § 89 Abs. 2 Nr. 3 TKG auf Antrag des Nutzers (z.B. auf Einzelverbindungsnachweis oder zur Anschlussidentifikation bei Droh- und Belästigungsanrufen) eine Erforderlichkeit zur Verarbeitung personenbezogener Daten gegeben nach § 89 Abs. 2 Nr. 2 TKG.[567]

Nach § 90 TKG ist derjenige, der geschäftsmäßig Telekommunikationsdienste anbietet, verpflichtet, Kundendateien zu führen, die Namen und Anschrift der Inhaber von Rufnummern bzw. Rufnummernkontingenten beinhalten. Die Kundendateien sind der Regulierungsbehörde für Telekommunikation und Post so verfügbar zu machen, dass diese einzelne Datensätze in

---

[563] Vgl. HOBERT (2000), S. 108. Nach KÖNIGSHOFEN (1997), S. 173, haben nur wenige deutsche Paragraphen von der Wortanzahl her ein Volumen wie § 89 TKG.

[564] Vgl. SCHAAR (1997a), S. 19, SCHAAR (1997b), S. 115, HOEREN (2000b), S. 193 f., HOEREN (2004), S. 318. Diese Rechtsverordnung (TDSV) wird in folgenden Abschnitt näher erläutert.

[565] Vgl. hierzu und zum folgenden Abschnitt SCHAAR (1997a), S. 19 ff., SCHAAR (1997b), S. 116 ff., HOBERT (2000), S. 109 ff., HOEREN (2000b), S. 193 f., BUNDESDATENSCHUTZBEAUFTRAGTER (2004), S. 34 ff.

[566] Nach HOEREN (2000b), S. 194 umfasst dies auch das Zwischenspeichern von E-Mails, da bei deren Verarbeitung die Nachrichteninhalte aus verarbeitungstechnischen Gründen Bestandteil des Dienstes sind und somit unter die Ausnahmeregelung des § 89 Abs. 4 TKG fallen. Vgl. hierzu auch SCHAAR (1997a), S. 22, SCHAAR (1997b), S. 123.

[567] Vgl. SCHAAR (1997a), S. 21, SCHAAR (1997b), S. 119 ff. HOBERT (2000), S. 110, HOEREN (2000b), S. 194.

Datenschutz als rechtliche Gestaltungsanforderung 143

einem von ihr vorgegebenen Verfahren abrufen kann, und zwar ohne dass dem Verpflichteten der Vorgang des Abrufens zur Kenntnis gelangt.[568]

§ 91 TKG behandelt die Kontrolle und Durchsetzung der Verpflichtungen zum Fernmeldegeheimnis und zum Datenschutz und weist die Datenschutzaufsicht für die geschäftsmäßige Erbringung von Telekommunikationsdiensten gemäß § 91 Abs. 4 TKG dem Bundesbeauftragten für den Datenschutz zu.[569]

§ 92 TKG verpflichtet den Diensteanbieter, dem Bundesministerium für Post und Telekommunikation auf Anfrage entgeltfrei Auskünfte über die Strukturen der Telekommunikationsdienste und -netze zu erteilen, während § 93 als letzter Paragraph des Elften Teils des TKG den Vorgang von Staatstelekommunikationsverbindungen gemäß den Regelungen der Konstitution der Internationalen Fernmeldeunion kodifiziert.[570]

4.2.2.1.4 Das Begleitgesetz zum TKG (TKG BegleitG) und die Telekommunikations-Überwachungsverordnung (TKÜV)

Durch das TKG BegleitG[571] vom 17.12.1997 erweitert sich der Anwendungsbereich des TKG insbesondere im Bereich der Überwachungsmöglichkeiten durch staatliche Instanzen erheblich.[572] Dies wird auch in der Begründung zum TGK BegleitG betont, in der besonders darauf hingewiesen wird, dass die Möglichkeiten der Überwachung nicht mehr auf den öffentlichen Bereich der Telekommunikation beschränkt sind, sondern nach Art. 2 Abs. 1 Nr. 1b TKG BegleitG nun auch geschlossene Benutzergruppen, wie sie z.B. bei firmeninternen Netzwerken (so genannte *Corporate Networks*) vorliegen, einschließen.[573] Das Fernmeldegeheimnis des Art. 10 GG schützt zwar vor staatlichem Zugriff, kann aber durch Gesetz eingeschränkt werden.[574] Dementsprechend enthält das TKG BegleitG Änderungen der Straf-

---

[568] Die Regulierungsbehörde hat diese Daten auf Ersuchen von Justizbehörden, der Polizei, der Zollfahndungsämter oder der Verfassungsschutzbehörden, des MAD und des BND zur Verfügung zu stellen, soweit dies zur Erfüllung ihrer jeweiligen gesetzlichen Aufgaben erforderlich ist. Vgl. hierzu BUNDESDATENSCHUTZBEAUFTRAGTER (1996), Abschnitt 10.1.5, HOBERT (2000), S. 112.

[569] Vgl. SCHAAR (1997a), S. 23, SCHAAR (1997b), S. 125 f.

[570] Die Internationale Fernmeldeunion (ITU – *International Telecommunication Union*) ist eine zwischenstaatliche Organisation, die sich mit technischen und administrativen Fragen der Telekommunikation befasst. Sie legt Normen fest und sorgt für die weltweite Zuweisung und Koordination von Funkfrequenzen. Vgl. hierzu http://www.bmwi.de/Homepage/Politikfelder/Telekommunikation%20&%20Post/Telekommunikationspolitik/internationale_fernmeldeunion.jsp (abgerufen am 19.02.2001).

[571] Zum TKG BegleitG vgl. BGBl 1997 I, S. 3108 ff.

[572] Vgl. HOBERT (2000), S. 115.

[573] Vgl. Begründung zum TKG BegleitG, abrufbar unter http://crypto.de/tkg/TKG_BegleitG_ Begr.html. Die erweiterten Überwachungsmöglichkeiten des TKG BegleitG umfassen auch telefonische Nebenstellenanlagen in Unternehmen und Behörden, sowie die Überwachung von Telekommunikationskennungen (Telefon- und Faxnummern, E-Mail- und Internet-Adressen, IP-Nummern). Vgl. BUNDESDATENSCHUTZBEAUFTRAGTER (1996), Abschnitt 10.1.3, LANDESDATENSCHUTZBEAUFTRAGTER THÜRINGEN (1997), S. 32, BUNDESDATENSCHUTZBEAUFTRAGTER (1998), Abschnitt 10.1.1, HOBERT (2000), S. 114.

[574] Vgl. Holznagel (2003), S. 136, BUNDESDATENSCHUTZBEAUFTRAGTER (2004), S. 12.

prozessordnung, des Außenwirtschaftgesetzes und des G10-Gesetzes[575], um die Überwachungsvorschriften auch auf private Netze auszudehnen.[576]

Dabei ist nach § 88 TGK der Betrieb von Telekommunikationsanlagen im Bereich der Überwachungsvorschriften erst dann erlaubt, wenn sie mit den zur Überwachung notwendigen Einrichtungen ausgestattet sind. Gemäß § 88 Abs. 4 TKG ist jeder Betreiber einer Telekommunikationsanlage verpflichtet, den gesetzlich zur Überwachung der Telekommunikation berechtigten Instanzen einen Netzzugang für die Übertragung der im Rahmen einer Überwachungsmaßnahme anfallenden Daten unverzüglich und vorrangig bereitzustellen.[577] Die nähere Ausgestaltung dieser Überwachungsmaßnahmen wird dabei in einer Telekommunikations-Überwachungsverordnung (TKÜV) geregelt.[578] Neben den technischen Anforderungen, die Telekommunikationsdiensteanbieter zu beachten haben, um eine Überwachung der Telekommunikation durch staatliche Instanzen zu ermöglichen, bestimmt die TKÜV auch die organisatorischen Anforderungen an die Telekommunikationsdienstleister für die Umsetzung dieser Überwachungsmaßnahmen. Darüber hinaus enthält die TKÜV Ausnahmeregelungen zugunsten kleinerer Telekommunikationsunternehmen.[579] Mit der Verabschiedung des TGK BegleitG und der TKÜV müssen nun auch die Betreiber privater (Telekommunikations-)Netze ihre Telekommunikationsanlagen entsprechend nachrüsten, wobei sie die hierfür anfallenden Kosten gemäß § 88 Abs. 1 TKG selbst tragen müssen.[580]

Die Einhaltung der Vorschriften zur Telekommunikationsüberwachung des TKG BegleitG wird durch eine ‚Regulierungsbehörde für Telekommunikation und Post' (RegTP) kontrolliert. Die personalrechtlichen Voraussetzungen zur Errichtung dieser Behörde sind mit Art. 1 TKG BegleitG geschaffen worden.[581]

---

[575] Gesetz zur Beschränkung des Brief-, Post- und Fernmeldegeheimnisses (Gesetz zu Artikel 10 GG) vom 13.08.1965 (BGBl 1965 I, S. 949 ff.), zuletzt geändert durch das Begleitgesetz zum TKG vom 17.12.1997 (BGBl 1997 I, S. 3108 ff.).

[576] Vgl. HOBERT (2000), S. 114.

[577] Vgl. KÖNIGSHOFEN (1997), S. 170.

[578] Die ‚Verordnung über die technische und organisatorische Umsetzung von Maßnahmen zur Überwachung der Telekommunikation (Telekommunikations-Überwachungsverordnung – TKÜV) ist Anfang 2002 in Kraft getreten. Vgl. BGBl 2002 I, S. 458 ff.

[579] Vgl. HOLZNAGEL (2003), S. 157. So müssen nach § 21 Abs. 1 TKÜV Betreiber von Telekommunikationsanlagen, an die nicht mehr als 10.000 Teilnehmer angeschlossen sind, geringere Anforderungen an die Umsetzung der Überwachungsmaßnahmen erfüllen, während nach § 2 Abs. 2 TKÜV Anbieter mit weniger als 1.000 angeschlossenen Teilnehmern ganz von der Pflicht zur technischen und organisatorischen Umsetzung vom Überwachungsmaßnahmen befreit sind.

[580] Vgl. HUNGENBERG (1998), Abschnitt 2., HOEREN (2003), S. 141, BUNDESDATENSCHUTZBEAUFTRAGTER (2004), S. 19 f.

[581] Vgl. BUNDESDATENSCHUTZBEAUFTRAGTER (1998), Abschnitt 10.1.1, HUNGENBERG (1998), Abschnitt 3.

4.2.2.2 Die Telekommunikations-Datenschutzverordnung (TDSV)

Bei der TDSV vom 18.12.2000[582] handelt es sich um eine bereichsspezifische Datenschutzverordnung auf dem Gebiet der Telekommunikation. Sie geht somit innerhalb ihres Regelungsbereichs den allgemeinen Vorschriften des BDSG bzw. den jeweiligen Landesdatenschutzgesetzen vor.[583] Die TDSV ist damit die inhaltliche Ausgestaltung der in § 89 Abs. 1 TKG vorgegebenen Richtlinien in Bezug auf den Datenschutz durch Telekommunikationsdiensteanbieter.[584] Sie ersetzt die Telekommunikationsdienstunternehmen-Datenschutzverordnung (TDSV a.F.) vom 18. Juli 1996, die noch vor Inkrafttreten des TKG auf der Grundlage des PTRegG erlassen wurde und als datenschutzrelevanter Kern der Postreform II gilt (vgl. Abb. 4-9). Eine Neufassung dieser Verordnung war notwendig geworden, da die TDSV a.F. hinter den Regelungsvorgaben des § 89 TKG zurückblieb und nicht-gewerbliche, d.h. nicht auf Gewinnerzielung ausgerichtete Angebote von Telekommunikationsdiensten sowie geschlossene Benutzergruppen ausschloss.[585]

Der Anwendungsbereich der TDSV umfasst nach § 1 Abs. 1 TDSV den Schutz personenbezogener Daten der an der Telekommunikation Beteiligten bei der Erhebung, Verarbeitung und Nutzung dieser Daten durch Unternehmen und Personen, die geschäftsmäßig Telekommunikationsdienste erbringen oder an deren Erbringung mitwirken.[586] Gegenüber der TDSV a.F. ist der Anwendungsbereich der Vorschriften erheblich erweitert worden. Die Verordnung gilt z.B. auch für jedes Unternehmen, welche ihren Beschäftigten erlaubt, über die Telekommunikationsanlagen des Unternehmens privat zu telefonieren. Die Regelungen der TSDV gelten somit – analog zum TKG – grundsätzlich auch für behörden- bzw. unternehmensinterne Netze (*Corporate Networks*) und Nebenstellenanlagen.[587]

Die TDSV regelt, für welche im Einzelnen beschriebenen Zwecke diese Erhebung, Verarbeitung und Nutzung von personenbezogenen Daten erlaubt ist. Sofern eine solche Erlaubnis in der TDSV fehlt und auch kein anderes Gesetz oder eine andere Verordnung die Gestattung ausdrücklich ausspricht, kommt nach § 3 Abs. 1 TDSV die entsprechende Verwendung dieser

---

[582] Vgl. BGBl 2000 I, S. 1740 ff.

[583] Vgl. SCHAAR (1997b), S. 174, HOBERT (2000), S. 118. Soweit diese Verordnung oder andere besondere Rechtsvorschriften keine Regelungen enthalten, gelten nach § 1 Abs. 2 TDSV n.F. die Vorschriften des BDSG bzw. für geschlossene Benutzerkreise öffentlicher Stellen der Länder die jeweiligen Landesdatenschutzgesetze.

[584] Vgl. HOBERT (2000), S. 116.

[585] Vgl. BUNDESDATENSCHUTZBEAUFTRAGTER (2004), S. 14. Die TDSV n.F. (im Folgenden TDSV genannt) gilt somit auch für die Telekommunikation in Hochschulnetzen und firmeninternen Intranets. Vgl. HOEREN (2000b), S. 193, HOEREN (2004), S. 319.

[586] Auch hier ist – in Anlehnung an § 89 Abs. 1 TKG i.V.m. § 3 Nr. 5 TKG – davon auszugehen, dass nicht eine Gewinnerzielungsabsicht entscheidend ist für die Anwendung der Rechtsverordnung, sondern Umfang und Dauer des Angebots. Vgl. hierzu die Ausführungen in Abschnitt 4.1.2 bzw. KÖNIGSHOFEN (1997), S. 163 ff., SCHAAR (1997a), S. 18, SCHAAR (1997b), S. 113 ff., KÖNIGSHOFEN (2001), S. 86.

[587] Vgl. KÖNIGSHOFEN (2001), S. 85.

Daten nur noch durch eine Einwilligung des Betroffenen in Betracht, wobei nach § 4 TDSV diese Einwilligung auch elektronisch i.f.e. eindeutigen und bewussten Handlung gegeben werden kann.[588] In diesem Zusammenhang ist insbesondere der enge Zweckbindungsgrundsatz des § 3 Abs. 3 TDSV zu beachten, der es – im Gegensatz zu den allgemeinen Regelungen des BDSG – nicht erlaubt, einmal erhobene und gespeicherte personenbezogene Daten für andere Zwecke innerhalb desselben Unternehmens zu nutzen.[589] Eine im obigen Sinne erlaubte Verarbeitung personenbezogener Daten ist

- nach § 5 Abs. 1 TDSV das Erheben, Verarbeiten und Nutzen von **Bestandsdaten** (i. S. d. § 2 Nr. 3 TDSV, wie z.b. Name und Anschrift),[590] soweit diese erforderlich sind, um ein Vertragsverhältnis über Telekommunikationsdienste einschließlich dessen inhaltlicher Ausgestaltung zu begründen. Eine Übermittlung dieser Bestandsdaten an Dritte ist nach § 5 Abs. 2 TDSV nur mit Einwilligung des Betroffenen zulässig,[591]

- nach § 6 TDSV die Erhebung und Verarbeitung von **Verbindungsdaten**, (i.S.d. § 2 Nr. 4 TDSV), die zum Aufbau und zur Aufrechterhaltung eines Telekommunikationsdienstes sowie zur Entgeltermittlung und -abrechnung, die in § 7 TDSV geregelt ist, erforderlich sind.[592]

Als bedenklich schätzen Datenschützer u.a. ein, dass nach § 9 Abs. 2 TDSV zur Missbrauchsbekämpfung – etwa zur Verhinderung einer illegalen Leitungsnutzung – alle Verbindungsdaten sechs Monate (statt wie in der TDSV a.F. einen Monat) gespeichert werden dürfen, ohne den Betroffenen benachrichtigen zu müssen. Ebenso dürfen die Verbindungsdaten nun nach § 7 Abs. 3 S. 2 TDSV zur Entgeltermittlung und Entgeltabrechnung unter Kürzung der Zielnummer um die letzten drei Ziffern sechs Monate nach Versenden der Rechnung gespeichert werden (statt wie bisher nach § 6 Abs. 3 TDSV a.F. 80 Tage lang).[593]

Verstöße gegen die Bestimmungen der TDSV (insbesondere die unerlaubte Verarbeitung oder Nutzung von Bestands- oder Verbindungsdaten) werden gemäß § 17 TDSV als Ordnungswi-

---

[588] Vgl. SCHAAR (1997b), S. 175, GUNDERMANN (2000), S. 62 f., KÖNIGSHOFEN (2001), S. 87. Somit stellt § 3 Abs.1 TDSV i.V.m. § 3 Abs. 3 TDSV ein grundsätzliches Verbot der Datenerhebung, -verarbeitung und -verwendung dar.

[589] Vgl. KÖNIGSHOFEN (2001), S. 87.

[590] Im Bereich der Online-Kommunikation kann zu diesen Bestandsdaten auch die E-Mail-Adresse eines Nutzers oder dessen statische IP-Adresse zählen, soweit diese für die Vertragsabwicklung erforderlich sind. Vgl. hierzu HOEREN (2004), S. 319.

[591] Vgl. SCHAAR (1997b), S. 176, BÜLLESBACH (1998b), S. 4.

[592] Vgl. KÖNIGSHOFEN (2001), S. 88. Hierunter fallen u.a. (1) Nummer oder Kennung des anrufenden und angerufenen Anschlusses (bei mobilen Anschlüssen auch die Standortkennung), (2) Beginn und Ende der jeweiligen Verbindung (u.U. auch die übermittelte Datenmenge, soweit dies für die Entgeltabrechnung erforderlich ist), (3) der in Anspruch genommene Telekommunikationsdienst.

[593] Vgl. LANDESDATENSCHUTZBEAUFTRAGTER MECKLENBURG-VORPOMMERN (2000), S. 40, KÖNIGSHOFEN (2001), S. 89.

drigkeiten eingestuft und mit einem Bußgeld bewehrt. Eine solche Ordnungswidrigkeit kann nach § 96 Abs. 1 Nr. 9 TKG i.V.m. § 96 Abs. 2 TKG mit einer Geldbuße bis zu 500.000 € geahndet werden, wobei die Regulierungsbehörde für Telekommunikation und Post (RegTP) für das Ordnungswidrigkeitsverfahren zuständig ist.[594] Darüber hinaus wird die Einhaltung der datenschutzrechtlichen Anforderungen der TDSV durch die RegTP nach § 91 Abs. 1 TKG überwacht.[595]

4.2.3 Datenschutz im Medienrecht

Im folgenden Abschnitt werden die datenschutzrechtlich relevanten Vorschriften des deutschen Medienrechts aufgezeigt. Dazu wird zunächst eine Abgrenzung zwischen den Telekommunikationsdiensten des Telekommunikationsrechts und den Informations- und Kommunikationsdiensten bzw. Rundfunkdiensten des Medienrechts vorgenommen, um die vorherrschende Begriffsvielfalt in den deutschen Rechtsnormen aufzuzeigen. Anschließend werden das Informations- und Kommunikationsdienste-Gesetz (IuKDG) als Bundesgesetz und der Mediendienste-Staatsvertrag (MDStV) auf Ebene der Bundesländer auf datenschutzrechtlich relevante Vorschriften des Medienrechts untersucht.

Hinsichtlich der Regelungskompetenz waren sich Bund und Länder einig, im Rahmen der Zuständigkeitsverteilung des Grundgesetzes einen einheitlichen Rechtsrahmen für den Medienbereich in Form eines Bundesgesetzes und eines Länderstaatsvertrages zu schaffen, so dass die zentralen Vorschriften in beiden Regelwerken z.T. wortgleich, zumindest aber inhaltsgleich sind.[596] Diese Einigung verdeutlicht, dass Tele- und Mediendienste einen eigenen Regelungsbereich neben dem Rundfunk bilden.[597]

4.2.3.1 Abgrenzung des Medienrechts zum Telekommunikationsrecht und zum Rundfunk

Regelungen zur Abgrenzung von Diensten im Sinne des IuKDG (so genannte Teledienste) von Diensten der Telekommunikation und des Rundfunks werden innerhalb des IuKDG gemäß § 2 Teledienstegesetz (TDG) vorgenommen (vgl. Abb. 4-11).[598] Bei Telediensten

---

[594] Vgl. KÖNIGSHOFEN (2001), S. 90.

[595] Vgl. HOLZNAGEL (2003), S. 46, BUNDESDATENSCHUTZBEAUFTRAGTER (2004), S. 64.

[596] Vgl. BUNDESREGIERUNG (1997), S. 7 und die gemeinsame Erklärung von Bund und Ländern vom 18.12.1996 – abgedruckt in ENGEL-FLECHSIG (1997b), S. 85. Vgl. ebenso HOEREN (2004), S. 321 f.

[597] Vgl. ENGEL-FLECHSIG (1997b), S. 84 f., ENGEL-FLECHSIG/MAENNEL/TETTENBORN (1997), S. 2982, BÜLLESBACH (1998a), S. 100 ff., HOBERT (2000), S. 85 f. und S. 119. Während den Bundesländern nach Art. 30 GG die grundsätzliche Gesetzgebungskompetenz insbesondere auch für den Rundfunk zusteht, verfügt der Bund gemäß Art. 73 Nr. 7 GG über die Zuständigkeit für Post und Telekommunikation. Zur Regelungskompetenz im Medienbereich vgl. das Rechtsgutachten von BULLINGER/MESTMÄCKER (1996), S. 75 ff. und S. 91 ff. Häufig wird die Reichweite der jeweiligen Gesetzgebungskompetenz in diesem Bereich auf die Formel ‚Technik durch Bundesgesetz, Inhalt durch Landesgesetz' gebracht. Vgl. hierzu ENGEL-FLECHSIG (1997b), S. 101, ENGEL-FLECHSIG (1999), S. 6.

[598] Vgl. ENGEL-FLECHSIG/MAENNEL/TETTENBORN (1997), S. 2983.

(i.e.S.) handelt es sich nach § 2 Abs. 1 TDG um Informations- und Kommunikationsdienste, die für eine individuelle Nutzung von kombinierbaren Daten, Bildern und Tönen bestimmt sind und denen eine Übermittlung mittels Telekommunikation zugrunde liegt. Demnach findet zur Abgrenzung der beiden Begriffe eine funktionsbezogene Aufteilung nach Inhalt und Transport statt. Während im TDG die inhaltlichen und nutzungsrelevanten Komponenten der bereitgestellten Dienste geregelt werden, wird der technische Vorgang der Telekommunikation durch das TKG behandelt. Die Telekommunikation im Sinne des TKG wird hiernach quasi als Transportebene verstanden, mit deren Hilfe ein Teledienst im Sinne des TDG erfolgen kann.[599]

Diensteart	Telekommunikationsdienste	Informations- und Kommunikationsdienste für eine individuelle Nutzung (Teledienste)	Informations- und Kommunikationsdienste, die an die Allgemeinheit gerichtet sind (Mediendienste)	Rundfunkdienste
Gesetzliche Regelungen	• Telekommunikationsgesetz (TKG) • Rechtsverordnungen zum TKG, z.B. Telekommunikations-Datenschutzverordnung (TDSV) oder Telekommunikations-Überwachungsverordnung (TKÜV)	• Informations- und Kommunikationsdienste-Gesetz (IuKDG) • Landesdatenschutzgesetze • Bundesdatenschutzgesetz (BDSG)	• Mediendienste-Staatsvertrag (MDStV) • Landesmediengesetze • Landesdatenschutzgesetze	• Rundfunkstaatsvertrag • Landesmediengesetze • Landesdatenschutzgesetze

Abb. 4-11: **Kategorien von Telediensten mit dazugehörigen gesetzlichen, datenschutzrelevanten Regelungen**
Quelle: in Anlehnung an BÜLLESBACH (1998b), S. 3.

Bei der Abgrenzung von Telediensten zum Rundfunk wird betont, dass es sich bei Telediensten um individuell und autonom ausgestaltete Abrufangebote handelt, während sich Rundfunk durch die Verbreitung eines zeitlich planmäßig ablaufenden Gesamtprogramms auszeichnet, bei dem die Auswahlmöglichkeit des Nutzers im Wesentlichen auf das Ein- und Ausschalten des Programms beschränkt ist.[600] Hier wird die Eigenschaft der Teledienste zur Individual-

---

[599] Vgl. ENGEL-FLECHSIG/MAENNEL/TETTINGER (1997), S. 2983, DER BUNDESBEAUFTRAGTE FÜR DEN DATENSCHUTZ (1998), Abschnitt 10.1.2, LANDESDATENSCHUTZBEAUFTRAGTER SCHLESWIG-HOLSTEIN (2001), Abschnitt 2 spricht in diesem Zusammenhang vom TKG als Recht der Netze als Grundlage für das Angebot von Telediensten. Vgl. hierzu auch Abb. 4-8 und die dortigen Ausführungen.

[600] Vgl. ENGEL-FLECHSIG/MAENNEL/TETTINGER (1997), S. 2983. Der Begriff des Rundfunks wird in § 2 Abs. 1 des Rundfunkstaatsvertrags (RfStV) als „eine an die Allgemeinheit bestimmte Veranstaltung und Verbreitung von Darbietungen aller Art in Wort, Ton und Bild..." definiert (vgl. Staatsvertrag über den Rundfunk im Vereinigten Deutschland vom 31.08.1991). Vgl. hierzu auch HOBERT (2000), S. 86.

kommunikation betont, während sich Mediendienste – ähnlich wie der Rundfunk – an eine Allgemeinheit richten (vgl. Abb. 4-11).[601]

4.2.3.2 Das Informations- und Kommunikationsdienste-Gesetz (IuKDG)

Der folgende Abschnitt gibt eine Übersicht über die datenschutzrechtlich relevanten Regelungen des ‚Gesetzes zur Regelung der Rahmenbedingungen für Informations- und Kommunikationsdienste' (kurz Informations- und Kommunikationsdienste-Gesetz – IuKDG, umgangssprachlich auch ‚Multimediagesetz' genannt) vom 22.07.1997.[602] Das IuKDG ist ein Artikelgesetz und vereinigt Erstregelungen mit Ergänzungen und Änderungen bereits bestehender gesetzlicher Vorschriften in einem Mantelgesetz. Den Mantel bildet hierbei der Begriff Multimedia als sachlicher Gegenstand des Gesetzes.[603] Die Ziele, die mit dem Erlass dieses Bundesgesetzes verfolgt wurden, sind die Beseitigung von Hemmnissen für die freie Entfaltung der Marktkräfte im Bereich Multimedia und die Gewährleistung einheitlicher Rahmenbedingungen für das Angebot und die Nutzung von Informations- und Kommunikationsdiensten. Darüber hinaus werden Begleitregelungen in den Bereichen Daten-, Jugend- und Verbraucherschutz sowie im Urheber-, Straf- und Ordnungswidrigkeitenrecht getroffen.[604]

Die ersten drei Artikel des IuKDG bilden das Kernstück des Gesetzes (vgl. Abb. 4-12): Art. 1 IuKDG (Teledienstegesetz – TDG) enthält die grundlegenden rechtlichen Rahmenbedingungen für Multimediadienste, Art. 2 IuKDG (Teledienstedatenschutzgesetz – TDDSG) regelt als bereichsspezifische Norm den Schutz personenbezogener Daten bei Telediensten und Art. 3 IuKDG (Signaturgesetz – SigG) schafft die Rahmenbedingungen für den Einsatz von digitalen Signaturen im Rechts- und Geschäftsverkehr.[605]

---

[601] An die Allgemeinheit richten sich nach § 2 Abs. 2 Nr. 2 TDG Angebote zur Information und Kommunikation dann, wenn eine redaktionelle Gestaltung zur Meinungsbildung für die Allgemeinheit im Vordergrund steht. Vgl. hierzu ENGEL-FLECHSIG/MAENNEL/TETTINGER (1997), S. 2983, BÜLLESBACH (1999a), S. 263, LANDESDATENSCHUTZBEAUFTRAGTER SCHLESWIG-HOLSTEIN (2001), Abschnitt 2.

[602] Vgl. BGBl 1997 I, S.1870 ff. Die Gesetzgebungskompetenz des Bundes für das IuKDG ergibt sich aus Art. 74 Abs. 1 Nr. 11 GG (Regelungen des Wirtschaftslebens), sowie aus Art. 73 Nr. 9 GG (für den gewerblichen Rechtsschutz, das Urheber- und Verlagsrecht), aus Art. 74 Abs. 1 Nr. 1 GG (für das Strafrecht) und aus Art. 74 Abs. 1 Nr. 7 GG (für den Jugendschutz). Vgl. ENGEL-FLECHSIG (1997b), S. 90, vgl. hierzu auch die Begründung zum IuKDG, abrufbar unter http://www.internetrecht-info.de/rechtsn/iukdgbeg.htm.

[603] Vgl. BRÄUTIGAM (1997), Abschnitt 3, ENGEL-FLECHSIG (1997a), S. 8 f., ENGEL-FLECHSIG/MAENNEL/TETTENBORN (1997), S. 2982, Der Begriff ‚Multimedia' wird in diesem Zusammenhang als Synonym sowohl für die Informations- und Kommunikationsgesellschaft als auch für die Verwendung neuer Technologien (wie z.B. das Internet) verwendet und stellt demnach eine Querschnittsmaterie dar. Vgl. ENGEL-FLECHSIG (1997b), S. 89. Zum Begriff der Multimediadienste vgl. BULLINGER/MESTMÄCKER (1996), S. 82 ff.

[604] Vgl. LANDESDATENSCHUTZBEAUFTRAGTER SCHLESWIG-HOLSTEIN (2001), Abschnitt 3, HOBERT (2000), S. 120.

[605] Vgl. ENGEL-FLECHSIG/MAENNEL/TETTENBORN (1997), S. 2982, ENGEL-FLECHSIG (1997a), S. 9.

Artikel	Regelung
1	Gesetz über die Nutzung von Telediensten (Teledienstegesetz – TDG)
2	Gesetz über den Schutz personenbezogener Daten bei Telediensten (Teledienstedatenschutzgesetz – TDDSG)
3	Gesetz zur digitalen Signatur (Signaturgesetz – SigG)
4	Änderung des Strafgesetzbuchs
5	Änderung des Gesetzes über Ordnungswidrigkeiten
6	Änderung des Gesetzes über die Verbreitung jugendgefährdender Schriften
7	Änderung des Urheberrechtsgesetzes
8	Änderung des Preisangabengesetzes
9	Änderung der Preisangabenverordnung
10	Rückkehr zum einheitlichen Verordnungsrang
11	Inkrafttreten

Abb. 4-12: Aufbau des IuKDG

4.2.3.2.1 Das Teledienstegesetz (TDG)

Art. 1 IuKDG beinhaltet das ‚Gesetz über die Nutzung von Telediensten' (kurz Teledienstegesetz – TDG).[606] Dieses Gesetz umfasst Vorschriften, die für die wirtschaftliche Entwicklung von Informations- und Kommunikationsdiensten von Bedeutung sind. Hierbei handelt es sich um Regelungen (1) zur Bestimmung des Geltungsbereiches dieser bundesgesetzlichen Regelung, (2) zur Zugangsfreiheit der Informations- und Kommunikationsdienste und (3) zur Verantwortlichkeit von Diensteanbietern bei Telediensten.[607]

Der **Zweck** dieses Gesetzes liegt gemäß § 1 TDG in der Schaffung von einheitlichen wirtschaftlichen Rahmenbedingungen für die verschiedenen Nutzungsmöglichkeiten von elektronischen Informations- und Kommunikationsdiensten.[608] Der **Geltungsbereich** des TDG umfasst nach § 2 Abs. 1 TDG so genannte Teledienste, die in einem zweistufigen Verfahren kon-

---

[606] Zuletzt geändert durch Artikel 1 des Gesetzes über rechtliche Rahmenbedingungen für den elektronischen Geschäftsverkehr (Elektronischer Geschäftsverkehr-Gesetz – EGG) vom 14. 12. 2001. Vgl. BGBl 2001 I, S. 3721 ff.
[607] Vgl. ENGEL-FLECHSIG (1997a), S. 9, ENGEL-FLECHSIG (1997b), S. 92.
[608] Vgl. ENGEL-FLECHSIG (1997b), S. 87, ERNST (2000), Abschnitt II, HOBERT (2000), S. 120.

kretisiert werden:[609] § 2 Abs. 1 TDG enthält eine abstrakte Legaldefinition, wonach unter Telediensten alle elektronischen Informations- und Kommunikationsdienste verstanden werden, die für eine individuelle Nutzung von Inhalten mittels Telekommunikation bestimmt sind. In § 2 Abs. 2 TDG werden dann beispielhaft und nicht abschließend[610] fünf Anwendungsbereiche von Telediensten aufgeführt, die für die heutige Praxis als charakteristisch gelten.[611] Hierbei handelt es sich zum einem um einzelne Dienstleistungsbereiche und zum anderen um Nutzungsformen von Telediensten:

(1) Angebote im Bereich der Individualkommunikation, die durch eine individuelle Nutzung geprägt sind (z.b. Telebanking),

(2) Angebote zur Information und Kommunikation (z.b. Datendienste wie Verkehr-, Wetteroder Börsendaten), soweit hierbei nicht eine redaktionelle Gestaltung zur Meinungsbildung für die Allgemeinheit im Vordergrund steht,

(3) Angebote zur Nutzung des Internet oder weiterer Netze,

(4) Angebote zur Nutzung von Telespielen,

(5) Angebote von Waren und Dienstleistungen mit unmittelbarer Bestellmöglichkeit.[612]

§ 4 TDG kodifiziert das so genannte **Herkunftslandprinzip** für Teledienste, wonach ein Diensteanbieter nur denjenigen nationalen Rechtsregeln für Teledienste unterworfen ist, in dem er seine Niederlassung hat.[613] Nach § 5 TDG sind Teledienste **zulassungs- und anmeldefrei**, womit eine klare Trennung vom Zulassungs- und Lizenzregime des Rundfunks deutlich gemacht wird.[614] Die §§ 6 und 7 TDG regeln die Informationspflichten des Diensteanbieters in Form der **Anbieterkennzeichnung**: Nach den allgemeinen Informationspflichten des § 6 TDG haben Diensteanbieter für ihre geschäftsmäßigen Angebote Name, Anschrift und ggf. Vertretungsberechtigte innerhalb ihrer Angebote anzugeben.[615] Nach der Gesetzesbe-

---

[609] Vgl. ENGEL-FLECHSIG/MAENNEL/TETTENBORN (1997), S. 2982.

[610] Die Offenheit der Norm wird durch die im Gesetzestext an dieser Stelle verwendete Beifügung ‚insbesondere' deutlich. Vgl. hierzu auch ENGEL-FLECHSIG/MAENNEL/TETTENBORN (1997), S. 2982.

[611] Vgl. HOBERT (2000), S. 121.

[612] So sind z.B. nach ENGEL-FLECHSIG (1997b), S. 94 und ENGEL-FLECHSIG/MAENNEL/TETTENBORN (1997), S. 2984 Homepages von Unternehmen, Behörden oder Privatpersonen als Teledienste i.S. d. TDG einzustufen, während Online-Angebote der Presse wegen ihres überwiegend meinungsbildenden Charakters als Mediendienste i.S.d. MDStV zu qualifizieren sind (Angebote, die auch redaktionelle Elemente umfassen, gelten dann als Teledienste, wenn der redaktionelle Teil dabei nicht im Vordergrund steht). Vgl. hierzu auch GLOBIG/EIERMANN (1998), S. 515 f.

[613] So muss ein Anbieter von Telediensten mit Sitz in Deutschland nicht befürchten, dass er gegen z.B. niederländisches Recht verstößt, wenn diese Teledienste im Einklang mit deutschem Recht stehen. Vgl. hierzu STRÖMER (2001), Abschnitt 2.

[614] Vgl. ENGEL-FLECHSIG/MAENNEL/TETTENBORN (1997), S. 2984. Diesem Konzept haben sich die Bundesländer durch eine inhaltsgleiche Regelung für Mediendienste im MDStV (§ 4 MDStV) angeschlossen.

[615] Der Begriff der Geschäftsmäßigkeit umfasst hierbei nicht nur entgeltliche, sondern auch solche Angebote, die aufgrund einer nachhaltigen Tätigkeit mit oder ohne Gewinnerzielungsabsicht abgegeben werden. Dem-

gründung zum IuKDG soll der mit dieser Regelung angestrebte Verbraucherschutz dem Nutzer von Telediensten ein Mindestmaß an Transparenz und Information über den Anbieter von Telediensten garantieren.[616] Hiermit reagiert der Gesetzgeber auf die räumliche Trennung der möglichen Vertragspartner und auf die Flüchtigkeit des elektronischen Mediums.[617] Die besonderen Informationspflichten des § 7 TDG betreffen dagegen die spezielle Kennzeichnungspflicht von kommerzieller Kommunikation, die Bestandteil eines Teledienstes sein kann.[618]

Die §§ 8-11 TDG regeln die **Verantwortlichkeit** des Diensteanbieters für eigene und fremde Inhalte, wobei die Vorschrift drei Fallgruppen der Verantwortlichkeit unterscheidet:

- Ausgangspunkt ist gemäß § 8 Abs. 1 TDG der Grundsatz der Eigenverantwortlichkeit der Diensteanbieter für die von ihnen zur Nutzung bereitgehaltenen, eigenen Inhalte.[619]

- Nach § 11 Abs. 1 TDG sind Diensteanbieter für fremde Inhalte dann (mit-) verantwortlich, wenn sie von diesen Kenntnis haben und es ihnen technisch möglich und zumutbar ist, deren Nutzung zu verhindern.[620]

- Ein Anbieter von Telediensten ist nach § 9 TDG dann nicht verantwortlich für fremde Inhalte, wenn er zu diesen lediglich den Zugang vermittelt. Somit ist – wie in der Rechtsordnung üblich – der Urheber und derjenige, der Inhalte als seine eigenen bereitstellt, für diese verantwortlich.[621]

---

nach ist die Anbieterkennzeichnung ausgeschlossen für Teledienste, in denen Inhalte nur einmalig und kurzfristig angeboten werden (sog. private Gelegenheitsgeschäfte). Vgl. hierzu die Gesetzesbegründung zum IuKDG in BT-Drs. 13/7385, S. 21 ff.

[616] Vgl. BT-Drs. 13/7385, S. 21 ff.

[617] Vgl. BUNDESREGIERUNG (1997), S. 23, BIZER/TROSCH (1999), S. 621, BUNDESREGIERUNG (1999), S. 12. Darüber hinaus ist die Anbieterkennzeichnung auch von datenschutzrechtlicher Bedeutung, da ein Nutzer von Telediensten ohne eine ausreichende Anbieterkennzeichnung seine datenschutzrechtlichen Ansprüche gegenüber dem Anbieter, die sich aus § 7 Satz 1 Teledienstedatenschutzgesetz ergeben, nicht geltend machen kann. Zur technischen Umsetzung der Anbieterkennzeichnung vgl. GRIMM (1999), S. 628 ff.

[618] So müssen z.B. nach § 7 Abs. 3 und 4 TDG Angebote zur Verkaufsförderung wie Preisnachlässe oder Preisauschreiben bzw. Gewinnspiele mit Werbecharakter klar als solche erkennbar sein.

[619] Vgl. VASSILAKI (2002b), S. 210.

[620] Vgl. HOEREN (2004), S. 340.

[621] Vgl. ENGEL-FLECHSIG/MAENNEL/TETTENBORN (1997), S. 2984, VASSILAKI (2002b), S. 210. Nach § 10 TDG ist ein Diensteanbieter ebenfalls nicht verantwortlich für fremde Inhalte, die er für eine automatische, zeitlich begrenzte Zwischenspeicherung vorhält, um die Übermittlung dieser Inhalte für andere Nutzer effizienter zu gestalten.

4.2.3.2.2 Das Teledienstedatenschutzgesetz (TDDSG)

Art. 2 des IuKDG beinhaltet das ‚Gesetz über den Datenschutz bei Telediensten' (kurz Teledienstedatenschutzgesetz – TDDSG).[622] Hierbei handelt es sich um eine bereichsspezifische Datenschutzregelung, deren **Anwendungsbereich** gemäß § 1 TDDSG im Schutz personenbezogener Daten bei Telediensten i.S.d. TDG – also insbesondere Diensten zur Individualkommunikation wie z.B. Telebanking, E-Mail – liegt.[623] Das TDDSG regelt demnach die Nutzung der mittels Telekommunikation übertragenen Inhalte, nicht jedoch die Telekommunikation als technische Plattform.[624] § 1 Abs. 1 S. 2 TDDSG regelt Ausnahmebereiche der Anwendung des TDDSG: Hiernach gelten die Vorschriften des TDDSG nicht für personenbezogene Daten (1) im Dienst- oder Arbeitsverhältnis, soweit die Nutzung der Teledienste ausschließlich zu beruflichen oder dienstlichen Zwecken erfolgt, (2) innerhalb von oder zwischen Unternehmen bzw. öffentlichen Stellen, soweit die Teledienste ausschließlich zur Steuerung von Arbeits- oder Geschäftsprozessen erfolgt.

§ 3 TDDSG formuliert die **Grundsätze** für die Verarbeitung personenbezogener Daten bei Telediensten: Ähnlich wie das BDSG mit § 4 Abs. 1 BDSG geht das TDDSG gemäß § 3 Abs. 1 TDDSG zunächst von einem **Verbotsprinzip** aus, d.h. die Erhebung, Verarbeitung und Nutzung personenbezogener Daten ist grundsätzlich verboten. Ausnahmen sind nur zulässig, wenn das TDDSG oder andere Rechtsvorschriften dies erlauben oder der Nutzer eingewilligt hat, wobei diese Einwilligung nach § 3 Abs. 3 TDDSG auch elektronisch erklärt werden kann.[625] Die Nutzung dieser **elektronischen Einwilligung** wird mit § 4 Abs. 2 TDDSG an normative Voraussetzungen geknüpft: So muss die elektronische Einwilligung in die personenbezogene Datenverarbeitung durch eine eindeutige und bewusste Handlung des Nutzers erfolgen und diese durch den Diensteanbieter protokolliert werden, so dass der Inhalt der Einwilligung jederzeit durch den Nutzer abgerufen werden kann.[626] Um die Entschei-

---

[622] Zuletzt geändert durch Art. 3 des Gesetzes über rechtliche Rahmenbedingungen des elektronischen Geschäftsverkehrs (Elektronischer Geschäftsverkehr-Gesetz – EGG) vom 14. 12. 2001. Vgl. BGBl 2001 I, S. 3721 ff.

[623] Vgl. ENGEL-FLECHSIG (1997a), S. 11, ENGEL-FLECHSIG/MAENNEL/TETTENBORN (1997), S. 2985, BÄUMLER (1999), S. 259, ENZMANN/PAGNIA/GRIMM (2000), S. 403, HOBERT (2000), S. 121 f. Als bereichsspezifische Datenschutzregel geht das TDDSG dem BDSG dann vor, wenn es speziellere Regelungen enthält. Ansonsten gilt das BDSG. Gleiches gilt im Verhältnis zu den jeweiligen Landesdatenschutzgesetzen, falls es sich bei dem Diensteanbieter um eine öffentliche Stelle im Anwendungsbereich eines Landesdatenschutzgesetzes, z.B. eine Universität, handelt.

[624] Demnach stehen Telekommunikationsdatenschutz nach dem TDG, Teledienstedatenschutz nach dem TDDSG und der Datenschutz nach den allgemeinen Vorschriften des BDSG gleichberechtigt nebeneinander als eine Art datenschutzrechtliche Idealkonkurrenz und sind in der Praxis gleichermaßen zu berücksichtigen. Vgl. hierzu ENGEL-FLECHSIG/MAENNEL/TETTENBORN (1997), S. 2985 f., BÄUMLER (1999), S. 259, HOBERT (2000), S. 122 f.

[625] Vgl. ENGEL-FLECHSIG (1997a), S. 12, ERNST (2000), Abschnitt III.

[626] Nach der Gesetzesbegründung (vgl. BT-Drs. 13/7385, S. 23) ist das Ziel dieser Regelung, den Nutzer vor einer übereilten Einwilligung zu schützen. Diese Schutzbedürftigkeit folgt aus den technikspezifischen Gefahren bei der Nutzung von Telediensten, nämlich des Handelns durch einen Tastendruck oder Mausklick,

dungsfreiheit des Nutzers bei der Abgabe der elektronischen Einwilligung zu gewährleisten, besteht mit § 3 Abs. 4 TDDSG ein so genanntes **Kopplungsverbot**, welches es dem Diensteanbieter untersagt, die Nutzereinwilligung als Vorbedingung für die Erbringung von Telediensten zu machen.[627] Darüber hinaus hat der Diensteanbieter nach § 4 Abs. 3 TDDSG den Nutzer auf dessen Recht auf jederzeitigen Widerruf dieser Einwilligung zur personenbezogenen Datenverarbeitung hinzuweisen. Nach § 3 Abs. 2 TDDSG unterliegen die erhobenen personenbezogenen Daten einer engen **Zweckbindung**, d.h. eine Verwendung dieser Daten für andere Zwecke ist nur dann erlaubt, wenn andere Rechtsvorschriften dies erlauben oder der Nutzer dazu eingewilligt hat.[628]

Ein Kernstück der datenschutzrechtlichen Vorschriften des TDDSG sind die in § 4 TDDSG geregelten **Pflichten des Diensteanbieters**: So hat der Diensteanbieter – neben den schon oben erläuterten Pflichten bezüglich der elektronischen Einwilligung – nach § 4 Abs. 1 TDDSG den Nutzer zu Beginn des Nutzungsvorgangs über Art, Umfang und Zweck der Erhebung und Verarbeitung der personenbezogenen Daten zu unterrichten, wobei der Inhalt dieser Unterrichtung jederzeit für den Nutzer der Teledienste abrufbar sein muss. Von besonderer Bedeutung ist hierbei gemäß § 4 Abs. 6 TDDSG die Pflicht, dem Nutzer die Inanspruchnahme von Telediensten anonym oder unter einem Pseudonym zu ermöglichen, wobei der Nutzer über diese Möglichkeiten zu informieren ist.[629] Darüber hinaus verpflichtet § 4 Abs. 7 TDDSG den Diensteanbieter, dem Nutzer auf dessen Verlangen unentgeltlich und unverzüglich Auskunft über die zu seiner Person oder seinem Pseudonym gespeicherten Daten zu erteilen, wobei diese Auskunft auf Verlangen des Teledienstnutzers auch auf elektronischem Weg erfolgen kann.

Für die bei der Durchführung von Telediensten anfallenden personenbezogenen Daten ist in den §§ 5 und 6 TDDSG ein abschließender Erlaubniskatalog enthalten, der die Voraussetzungen der Erhebung, Verarbeitung und Nutzung dieser Daten im Rahmen von Telediensten regelt:[630]

---

der nicht zwischen wichtigen und unwichtigen Handlungen unterscheidet. Dagegen erscheint es ausreichend für eine elektronische Einwilligung, wenn diese durch eine bestätigende Wiederholung des Übermittlungsbefehls erfolgt, während gleichzeitig die Einwilligungserklärung mindestens auszugsweise auf dem Bildschirm erscheint. Vgl. hierzu auch RASMUSSEN (2002), S. 408 f.

[627] Vgl. HOBERT (2000), S. 127, RASMUSSEN (2002), S. 409 f., SCHOLZ (2002), S. 51.

[628] Vgl. HOEREN (2004), S. 322. Somit werden im TDDSG die Nutzereinwilligung und Rechtsvorschriften als äquivalent betrachtet. Sie stehen auf einer Stufe und sind rechtlich gleichwertige Anknüpfungspunkte für eine zulässige Verarbeitung personenbezogener Daten. Vgl. ENGEL-FLECHSIG (1997a), S. 12, ENGEL-FLECHSIG/MAENNEL/TETTENBORN (1997), S. 2986.

[629] Vgl. ENGEL-FLECHSIG (1997a), S. 13 f., ENGEL-FLECHSIG/MAENNEL/TETTENBORN (1997), S. 2987, BÄUMLER (1999), S. 260, ULRICH (1999), S. 22 f., SCHOLZ (2002), S. 55 ff.

[630] Jede über diesen Erlaubniskatalog hinausgehende Erhebung und Nutzung personenbezogener Daten ist ohne Einwilligung des betroffenen Nutzers verboten. Vgl. HOLZNAGEL (2003), S. 184.

Datenschutz als rechtliche Gestaltungsanforderung 155

- Unter **Bestandsdaten** gemäß § 5 S. 1 TDDSG werden diejenigen personenbezogenen Daten verstanden, die – ähnlich wie im Telekommunikationsrecht – für die Begründung, inhaltliche Ausgestaltung oder Änderung eines Vertragsverhältnisses erforderlich sind. Es handelt sich hierbei in erster Linie um die für die Durchführung eines Teledienstvertrages notwendigen Grunddaten wie z.b. Name, E-Mail-Adresse und bei kostenpflichtigen Telediensten die Bankverbindung des Teledienstnutzers. Die Nutzung dieser Daten für andere Zwecke als den Vertragszweck ist nur mit ausdrücklicher Einwilligung des Nutzers zulässig.[631]

- Bei **Nutzungsdaten** gemäß § 6 Abs. 1 TDDSG handelt es sich um personenbezogene Daten, die einem Nutzer die Inanspruchnahme eines Teledienstes ermöglichen und die typischerweise während der Nutzung durch die Interaktion mit diesem Dienst entstehen.[632] Danach sind Nutzungsdaten – gemäß dem Prinzip der Datenvermeidung – frühestmöglich, spätestens jedoch unmittelbar nach dem Ende der jeweiligen Nutzung zu löschen, soweit es sich nicht um Abrechnungsdaten handelt.[633] Darüber hinaus ist nach § 6 Abs. 3 TDDSG die Bildung von Nutzungsprofilen durch den Diensteanbieter nur bei Verwendung von Pseudonymen zulässig, wenn der Nutzer dieser Profilbildung nicht widerspricht. Diese Regelung stellt einen Kompromiss dar zwischen dem Interesse des Nutzers an der Wahrung seines informationellen Selbstbestimmungsrechts durch weitgehende Anonymität seines Nutzungsverhaltens und dem berechtigten Interesse des Diensteanbieters, die Inanspruchnahme der Teledienste unter dem Aspekt der Angebotsgestaltung auszuwerten.[634] Nach § 6 Abs. 4 TDDSG darf der Diensteanbieter Nutzungsdaten über das Ende des Nutzungsvorgangs hinaus verarbeiten, soweit diese für Zwecke der Abrechnung (**Abrechnungsdaten**) benötigt werden.[635]

---

[631] Vgl. ENGEL-FLECHSIG/MAENNEL/TETTENBORN (1997), S. 2987, BÄUMLER (1999), S. 261, HOBERT (2000), S. 123. Diese Daten dürfen gemäß § 5 S. 2 TDDSG – analog zu § 89 Abs. 6 TKG – nur zum Zweck der Strafverfolgung bzw. zur Abwehr von Gefahren für die öffentliche Sicherheit auf Ersuchen der entsprechenden Institutionen und Behörden an diese übermittelt werden. Inwieweit diese Institutionen zu einem Ersuchen berechtigt sind, ergibt sich allerdings nicht aus dem TDDSG und muss sich demnach aus anderen Normen ergeben. Vgl. hierzu ENGEL-FLECHSIG (1997a), S. 14.

[632] Als Nutzungsdaten gelten nach § 6 Abs. 1 S. 2 TDDG insbesondere Merkmale zur Identifikation des Nutzers (z.B. PIN, TAN, IP-Adresse), Angaben über Beginn, Ende und Umfang der jeweiligen Nutzung und Angaben über die in Anspruch genommenen Teledienste (z.B. WWW, FTP, E-Mail). Vgl. hierzu HOLZNAGEL (2003), S. 185.

[633] Vgl. ENGEL-FLECHSIG (1997a), S. 14, HOLZNAGEL (2003), S. 185 f. Nicht erfasst werden von dieser Vorschrift Verbindungsdaten i.S.d. § 5 Abs. 1 TDSV, die dem Telekommunikationsrecht unterliegen. Vgl. hierzu ENGEL-FLECHSIG/MAENNEL/TETTENBORN (1997), S. 2987, HOBERT (2000), S. 124.

[634] Vgl. ENGEL-FLECHSIG (1997a), S. 14, BÄUMLER (1999), S. 261, HOBERT (2000), S. 128, HOLZNAGEL (2003), S. 186.

[635] Vgl. ENGEL-FLECHSIG (1997a), S. 14, ENGEL-FLECHSIG/MAENNEL/TETTENBORN (1997), S. 2987, HOBERT (2000), S. 124. Bei der Erstellung von Einzelnachweisen über die Inanspruchnahme von Telediensten auf Verlangen des Nutzers sind Abrechnungsdaten gemäß § 6 Abs. 6 TDDSG spätestens sechs Monate nach Versenden des Einzelnachweises zu löschen, es sei denn, die Entgeltforderung wird innerhalb dieser Frist bestritten oder trotz Zahlungsaufforderung nicht beglichen.

Die datenschutzrechtliche Aufsicht über Teledienste erfolgt nach den allgemeinen Bestimmungen des BDSG bzw. der LDSGe, da das TDDSG keine genaue Bestimmung zur **Datenschutzaufsicht** trifft:[636] Gemäß § 8 TDDSG kommt dem Bundesbeauftragten für den Datenschutz die Aufgabe zu, die Entwicklung des Datenschutzes bei Telediensten zu beobachten und dazu im Rahmen seines Tätigkeitsberichts gemäß § 26 Abs. 1 BDSG Stellung zu nehmen. Als **Sanktionsmaßnahme** sieht das TDDSG gemäß § 9 Abs. 2 TDDSG eine Geldbuße bis zu 50.000 € vor, wenn ein Teledienstanbieter eine Ordnungswidrigkeit i.S.d. § 9 Abs. 1 TDDSG begangen hat.[637]

4.2.3.2.3 Das Signaturgesetz (SigG)

Art. 3 des IuKDG enthält das ‚Gesetz über die Rahmenbedingungen für elektronische Signaturen und zur Änderung weiterer Vorschriften' (kurz Signaturgesetz – SigG) vom 16.05.2001, ein sechs Abschnitte und 25 Paragraphen umfassendes Regelwerk.[638] Der Zweck dieses Gesetzes gemäß § 1 Abs. 1 SigG ist es, Rahmenbedingungen für elektronische (bzw. digitale) Signaturen zu schaffen. Der Hintergrund hierfür liegt in der Tatsache begründet, dass (Willens-)Erklärungen, die mittels elektronischer Medien verfasst bzw. versandt werden, grundsätzlich spurenlos manipulierbar und beliebig duplizierbar sind und somit – auch aufgrund des immateriellen Transports – in zeitlicher und räumlicher Hinsicht nicht den Einschränkungen einer konventionellen Unterschrift unterliegen.[639] Mit digitalen Signaturverfahren soll dem elektronischen Rechtsverkehr ein der handschriftlichen Unterschrift funktionsäquivalentes Surrogat geschaffen werden, das neben einer Manipulationsresistenz auch Funktionen beinhaltet, die eine eindeutige Identifikation des Urhebers eines (elektronischen) Dokuments ermöglichen.[640]

---

[636] Vgl. HOLZNAGEL (2003), S. 195.

[637] Ordnungswidrig i.S.d. § 9 Abs. 1 TDDSG handelt z.B. ein Teledienstanbieter, der gegen das Kopplungsverbot des § 3 Abs. 4 TDDSG verstößt oder personenbezogene Daten nicht rechtzeitig löscht. Vgl. hierzu auch RASMUSSEN (2002), S. 410.

[638] Vgl. BGBl 2001 I, S. 876 ff. Mit der Verabschiedung des SigG hat die Bundesregierung das ursprüngliche SigG vom 22.07.1997 an die Bestimmungen der EU-Richtlinie 1999/93/EG vom 13.12.1999 über gemeinschaftliche Rahmenbedingungen für elektronische Signaturen (RLeS, kurz Signaturrichtlinie) angepasst. Vgl. Abl.-EG L 13 vom 19.01.2000, S. 12 ff. – zur Signaturrichtlinie vgl. NAUERT/WEINHARDT (2000), S. 553 ff., WELSCH/BREMER (2000), S. 85 ff., BERTSCH/FLEISCH/MICHELS (2002), S. 69 ff. Inzwischen ist auch die zum SigG gehörige, am 01.11.1997 in Kraft getretene Rechtsverordnung durch die ‚Verordnung zur elektronischen Signatur (Signaturverordnung – SigV)' vom 16.11.2001 ersetzt worden (Vgl. BGBl 2001 I, S. 3074 ff.).
Darüber hinaus ist zur Eingliederung der elektronischen Signatur in das materielle Recht das ‚Gesetz zur Anpassung des Privatrechts und anderer Vorschriften an den modernen Rechtsverkehr (Formanpassungsgesetz – FormAnpG)' vom 13.07.2001 erlassen worden. Vgl. BGBl 2001 I, S. 1542 ff.

[639] Vgl. ROßNAGEL (1997a), S. 75, HOBERT (2000), S. 129.

[640] Vgl. ENGEL-FLECHSIG (1997b), S. 97, GEIS (1997b), S. 3000 f., HOBERT (2000), S. 129, RIEß (2001), S. 532. Die eigenhändige Unterschrift erfüllt verschiedene Funktionen, die in dem elektronischen Medium angepasster funktionsäquivalenter Ersatz auch bieten muss: (1) **Echtheitsfunktion** (ein Unterzeichner garantiert mit seiner Unterschrift die Echtheit eines Dokuments), (2) **Identitätsfunktion** (ein Unterzeichner eines

Technische Grundlage für digitale Signaturen ist die Verschlüsselung (Kryptographie), bei der ein Klartext mit Hilfe eines Verschlüsselungsalgorithmus in ein für Dritte nicht mehr lesbares so genanntes Chiffrat transformiert wird. Dieses ist nur mit Kenntnis der dazugehörigen Entschlüsselungsinformation (Schlüssel genannt) wieder in den Ursprungstext überführbar.[641] Digitale Signaturen basieren auf einem bestimmten Verfahren, das als asymmetrische Verschlüsselung bezeichnet wird. Hierbei ist der Unterzeichner Inhaber eines einmaligen Schlüsselpaares, bestehend aus einem allgemein zugänglichen, ihm eindeutig zugeordneten öffentlichen Schlüssel (*public key*) und einem nur ihm bekannten, privaten (geheimen) Schlüssel (*private key*).[642] Um ein elektronisches Dokument zu signieren, benutzt der Unterzeichner seinen geheimen Schlüssel, der technisch betrachtet aus einer der benutzen Schlüssellänge entsprechenden Folge von Zeichen besteht. Mit Hilfe dieses geheimen Schlüssels wird das zu unterschreibende elektronische Dokument unter Verwendung eines allgemein bekannten Signaturalgorithmus digital signiert (vgl. Abb. 4-13):

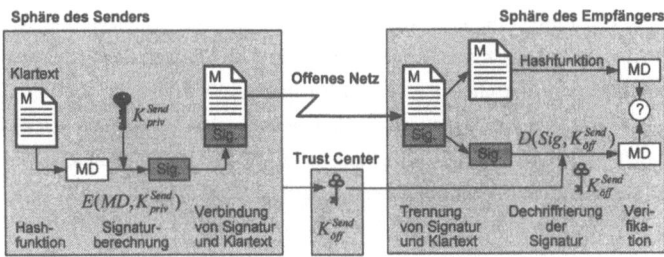

Abb. 4-13: **Prinzip der digitalen Signatur**

Dokuments ist als Person eindeutig bestimm- und identifizierbar), (3) **Abschlussfunktion** (der Unterzeichner zeigt mit seiner Unterschrift den Abschluss einer Willenserklärung an), (4) **Warnfunktion** (ein Unterzeichner soll vor übereiltem Handeln geschützt werden, indem ihm durch den Akt des Unterzeichnens die Bedeutung der Willenserklärung noch einmal aufgezeigt wird), (5) **Beweisfunktion** (ein eigenhändig unterzeichnetes Dokument gilt als Urkunde i.S.d. §§ 416, 440 ZPO). Vgl. hierzu FOX (1995), S.279, GUNDERMANN (2000), S. 62 f.

[641] Einen ausführlichen Überblick über die Wissenschaft der Verschlüsselung (Kryptologie, griech. *Kryptos Logos* für ‚verstecktes Wort'), die neben der Kryptographie noch die Kryptoanalyse als wissenschaftliche Teildisziplin vom (unberechtigten) Entschlüsseln von Chiffraten umfasst, bieten u.a. die Werke von BAUER (1995) und SCHNEIER (1996). Eine Einführung bietet SELKE (2000).

[642] Als Schlüssel werden üblicherweise zwei sehr große Primzahlen verwendet, die bei der Verschlüsselung multipliziert werden. Bei einer ausreichenden Größe der Primzahlen (Schlüssellänge genannt) ist es praktisch unmöglich, das Produkt wieder in die ursprünglichen Primzahlen zu zerlegen bzw. vom bekannten öffentlichen Schlüssel auf den privaten Schlüssel zu schließen, um so das Chiffrat entschlüsseln zu können. Vgl. BEUTELSPACHER (1998), S. 32 ff. Zwar erleichtert hierbei einerseits der ständige technische Fortschritt eine mögliche Primfaktorzerlegung, andererseits jedoch ermöglicht er gleichzeitig die Verwendung entsprechend längerer Schlüssel, so dass stets ein stabiles Sicherheitsniveau erhalten bleibt. Vgl. GÖRTZ/STOLP (1999), S. 38 ff., HAMMER (1999), S. 17 ff., HOBERT (2000), S. 130 ff.

Aus Effizienzgründen wird dabei nicht das gesamte Dokument, sondern nur dessen digitaler Fingerabdruck, einer aus dem Dokument mit Hilfe eines *Hash*-Algorithmus eindeutig generierten Zeichenfolge fester Länge (auch *Hash*-Wert genannt) benutzt.[643] Die so entstandene Signatur wird dem Dokument beigefügt und an den Empfänger geschickt. Dieser kann nun mit Hilfe des allgemein zugänglichen öffentlichen Schlüssels des Absenders unter Anwendung eines Verifikationsalgorithmus prüfen, ob das Dokument tatsächlich vom Absender stammt. Darüber hinaus kann der Empfänger die Unversehrtheit des Dokuments feststellen, womit der digitalen Signatur eine integritäts-, authentizitäts- und identitätssichernde Funktion zukommt.[644] Die Wahrung der Authentizität des öffentlichen Schlüssels, d.h. die Prüfung, ob dieser tatsächlich zum Kommunikationspartner gehört, wird durch eine Infrastruktur von Zertifizierungsstellen (*Trust Center*), die auch Verzeichnisse öffentlicher Schlüssel bereitstellen, sichergestellt.[645] Diese bestätigen durch eine elektronische Bescheinigung (Zertifikat) die Gültigkeit und Zugehörigkeit eines öffentlichen Schlüssels zum jeweiligen Schlüsselinhaber.[646]

Das SigG will den Einsatz digitaler Signaturverfahren nicht einschränken und statuiert deshalb in § 1 Abs. 2 SigG als Kernaussage des Gesetzes die **Freiheit der Signaturverfahren** sowohl hinsichtlich der Entscheidung für ein bestimmtes Verfahren als auch bezüglich des Verwendungszwecks digitaler Signaturen.[647] Hierbei unterscheidet das SigG gemäß § 2 Nr. 1-3 SigG i.V.m. § 15 Abs. 1 S. 4 SigG vier Signaturstufen, die sich durch unterschiedlich hohe Sicherheits-, Nachweis- und Kontrollniveaus auszeichnen (vgl. Abb. 4-14):[648]

---

[643] Vgl. hierzu DOBBERTIN (1997), S. 82 f., HAMMER (2000), S. 19.

[644] Vgl. BUNDESAMT FÜR SICHERHEIT IN DER INFORMATIONSTECHNIK (1998), Abschnitt 1, HAMMER (1999), S. 19 f., HOBERT (2000), S. 135.

[645] Vgl. HAMMER (1999), S. 24 ff., HOBERT (2000), S. 135. Zur Thematik der *Trust Center* vgl. RIHACZEK (1989), S. 573, FEDERRATH (1997), S.98 f., FOX (1997), S. 106, NEHL (1997), S. 100 f., ANDRÉ/GLÖCKNER (1998), S. 373 ff., BELKE (2000), S. 74 ff.

[646] Vgl. BLUM (2001), S. 72.

[647] Vgl. ENGEL-FLECHSIG (1999), S. 23 f.

[648] Vgl. hierzu KEUS (2000), S. 169 f., ROßNAGEL (2000b), S. 462, HOLZNAGEL (2003), S. 55.

Datenschutz als rechtliche Gestaltungsanforderung 159

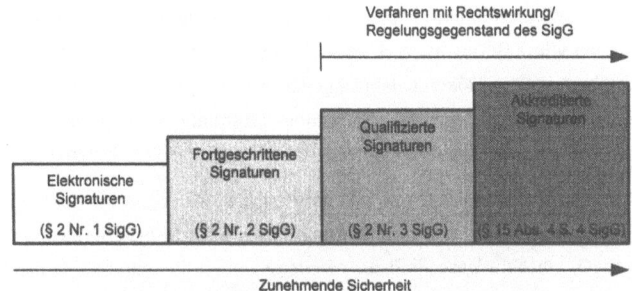

Abb. 4-14: Hierarchiestufen elektronischer Signaturen nach SigG
Quelle: in Anlehnung an HOLZNAGEL (2003), S. 56.

- Die unterste Stufe und somit einfachste Form bildet die **elektronische Signatur**. Hierbei handelt es sich gemäß § 2 Nr. 1 SigG um Daten, die in elektronischer Form anderen Daten beigefügt oder logisch mit diesen verknüpft sind und damit der Authentifizierung dieser Daten dienen. Das Ziel von elektronischen Signaturen dieser Hierarchiestufe ist darauf beschränkt, den Urheber einer elektronischen Nachricht auszuweisen, ohne einen Nachweis über die Unversehrtheit (Integrität) der übermittelten Nachricht zu erbringen.[649]

- Die **fortgeschrittene elektronische Signatur** erfordert gemäß § 2 Nr. 2 SigG zusätzlich, dass die Signatur ausschließlich dem Signaturschlüssel-Inhaber zugeordnet ist und somit dessen Identifizierung ermöglicht. Darüber hinaus muss der Signaturschlüssel mit Verfahren erzeugt werden, die der alleinigen Kontrolle des Signaturschlüssel-Inhabers unterliegen (etwa durch entsprechende Passwort- oder Nutzerkennungen). Ferner muss die fortgeschrittene elektronische Signatur mit den Daten, auf die sie sich bezieht, derart verknüpft sein, dass eine nachträgliche Manipulation dieser Daten erkannt werden kann.[650] Mit Hilfe fortgeschrittener elektronischer Signaturen kann demnach sowohl der Urheber der übermittelten Nachricht identifiziert als auch deren Unversehrtheit nachgewiesen werden.

- Die **qualifizierte elektronische Signatur** nach § 2 Nr. 3 SigG geht über die Anforderungen an die fortgeschrittene elektronische Signatur hinaus, das sie (1) auf einem zum Zeitpunkt ihrer Erzeugung gültigen qualifizierten Zertifikat eines Zertifizierungsdienstleisters beruht und (2) durch diesen mit einer sicheren, dem Stand der Technik entsprechenden Signatureinheit erzeugt wurde.[651] Der Einsatz qualifizierter elektronischer Signaturen er-

---

[649] Vgl. HOLZNAGEL (2003), S. 56.
[650] Vgl. NAUERT/WEINHARDT (2000), S. 553 f.
[651] Bei einen qualifizierten Zertifikat handelt es sich gemäß § 7 SigG um ein speziell gekennzeichnetes Zertifikat eines Zertifikatsdienstleisters, das speziellen Anforderungen genügt (wie z.B. Name des Ausstellers, Angaben über die Gültigkeitsdauer usw.). Vgl. hierzu NAUERT/WEINHARDT (2000), S. 554. Ein qualifiziertes

möglicht rechtsverbindliches Handeln über elektronische Informations- und Kommunikationsmedien wie z.b. das Internet, da nicht nur Urheberschaft und Integrität eines elektronisch übermittelten Dokuments nachgewiesen werden können, sondern darüber hinaus können qualifizierte elektronische Signaturen aufgrund der an sie durch das SigG gestellten Anforderungen die Schriftform bei der Abgabe von Willenserklärungen ersetzen.[652]

- Als Sonderform der qualifizierten elektronischen Signatur gilt die qualifizierte elektronische Signatur mit Anbieter-Akkreditierung (kurz **akkreditierte Signatur**) nach § 15 Abs. 1 S. 4 SigG. Über die gesetzlichen Anforderungen an die qualifizierte elektronische Signatur des § 2 Nr. 3 SigG muss das für die akkreditierte Signatur notwendige Zertifikat von einem Zertifizierungsdiensteanbieter stammen, der vor Aufnahme seiner Tätigkeit gemäß § 15 Abs. 3 S. 3 SigG in einem Akkreditierungsverfahren nachgewiesen hat, dass er alle für die Schlüsselzertifizierung erforderlichen technischen und organisatorischen Sicherheitsmaßnahmen getroffen hat.[653] Akkreditierte elektronische Signaturen eignen sich aufgrund ihrer nachgeprüften Sicherheit zur Abwicklung besonders sicherheitssensitiver Transaktionen über elektronische Kommunikationsmedien (z.b. dem elektronischen Abschluss von Verträgen mit hohem finanziellem Volumen oder dem Erlass elektronischer Behördenbescheide).[654]

Die zentrale Voraussetzung für die Verwendung qualifizierter bzw. akkreditierter elektronischer Signaturen ist die Ausstellung eines qualifizierten Zertifikats durch einen Zertifizierungsdiensteanbieter.[655] Der Aufbau und Betrieb von Zertifizierungsdiensten erfolgt privatwirtschaftlich im freien Wettbewerb, jedoch unter Aufsicht der RegTP.[656] Die **Anforderungen**, die **an einen Zertifizierungsdienst** gestellt werden, ergeben sich aus den §§ 4-14 SigG, wobei nach § 4 Abs.1 SigG der Betrieb eines Zertifizierungsdienstes im Rahmen der Gesetze genehmigungsfrei, aber gemäß § 4 Abs. 3 SigG der Regulierungsbehörde anzeige-

---

Zertifikat ist nach § 14 Abs. 3 S. 1 SigV für einen Zeitraum von maximal fünf Jahren gültig, es sei denn, das für die Signaturschlüssel eingesetzte mathematische Verfahren bietet z.B. aufgrund verbesserter technischer Angriffsmöglichkeiten keine hinreichende Sicherheit mehr.

[652] So gilt aufgrund der Augenscheinregelung des § 292a ZPO die Echtheit eines mit einer qualifizierten elektronischen Signatur abgesicherten Dokuments grundsätzlich als erwiesen. Vgl. HOLZNAGEL (2003), S. 58.

[653] So müssen die Zertifikate, die von einem akkreditierten Zertifizierungsdienst ausgestellt wurden, nicht nur für fünf Jahre (wie bei qualifizierten Signaturen), sondern für 30 Jahre bereitgehalten werden. Darüber hinaus werden im Akkreditierungsverfahren alle technischen Komponenten vor ihrer Verwendung gemäß § 15 Abs. 7 SigG auf die Einhaltung der gesetzlichen Sicherheitsstandards überprüft. Vgl. hierzu auch SCHULZKI-HADDOUTI (2003a), S. 40.

[654] Vgl. HOLZNAGEL (2003), S. 59.

[655] Nach § 2 Nr. 8 SigG kann es sich bei Zertifizierungsdiensteanbietern sowohl um natürliche als auch juristische Personen handeln, wobei der Begriff der juristischen Person auch Personen des öffentlichen Rechts umfasst, so dass grundsätzlich auch öffentliche Stellen wie z.b. Kommunen im Rahmen der ihnen erlaubten wirtschaftlichen Tätigkeit als Zertifizierungsdiensteanbieter in Betracht kommen. Vgl. HOLZNAGEL (2003), S. 59 f.

[656] Vgl. BUNDESREGIERUNG (1999), S. 17.

pflichtig ist. Nach § 4 Abs. 2 SigG muss der Anbieter eines Zertifikatsdienstes die für den Betrieb erforderliche Zuverlässigkeit und Fachkunde besitzen und über eine geeignete haftungsrechtliche Absicherung (Deckungsvorsorge) gemäß § 12 SigG verfügen.[657] Darüber hinaus unterliegt der Zertifizierungsdiensteanbieter gemäß § 6 Abs. 2 SigG einer **Unterrichtungspflicht**, wonach er den Antragssteller für ein Zertifikat darüber zu informieren hat, dass eine qualifizierte Signatur i.S.d. § 2 Nr. 3 SigG die gleiche Wirkung im Rechtsverkehr haben kann wie eine eigenhändige Unterschrift.[658] Ferner besteht nach § 15 SigG für Zertifizierungsdiensteanbieter die Möglichkeit einer **freiwilligen Akkreditierung**, d.h. einer staatlichen Anerkennung i.S.e. Gütezeichenvergabe. Hierbei zeichnen sich akkreditierte Zertifizierungsstellen vor allem durch weiter gehende Sicherheitspflichten aus, insbesondere durch einen umfassenden Nachweis ausreichender Sicherheit und dessen Vorabprüfung durch die RegTP.[659]

Eine bereichsspezifische Regelung zum **Datenschutz** stellt § 14 SigG dar. Nach § 14 Abs. 1 SigG darf ein Anbieter von Zertifizierungsdiensten personenbezogene Daten nur unmittelbar bei den Betroffenen selbst und nur insoweit erheben, als dies für die Zwecke eines qualifizierten Zertifikats erforderlich ist. Hierbei ist eine Verwendung dieser Daten zu einem anderen Zweck nach dem Prinzip des Verbots mit Erlaubnisvorbehalt nur erlaubt, wenn Gesetze dies erlauben oder der Betroffene einwilligt. § 14 Abs. 2 SigG sieht vor, dass bei einem Signaturschlüssel-Inhaber mit Pseudonym der Zertifikatsdiensteanbieter die Daten über dessen Identität auf Ersuchen an die zuständigen staatlichen Institutionen zu übermitteln hat, soweit dies für die Verfolgung von Straftaten, zur Abwehr von Gefahren für die öffent-liche Sicherheit oder für die Erfüllung der gesetzlichen Aufgaben des Bundesnachrichtendienstes (BND), des Militärischen Abschirmdienstes (MAD) oder der Finanzbehörden erforderlich ist. Auch ist eine Aufdeckung des Pseudonyms möglich, soweit ein Gericht dies im Rahmen anhängiger Verfahren anordnet.[660]

4.2.3.3 Der Mediendienste-Staatsvertrag (MDStV)

Im folgenden Abschnitt wird zunächst der Aufbau des Mediendienste-Staatsvertrages (MDStV) und dessen Geltungsbereich vorgestellt. Anschließend wird auf die Abgrenzungsproblematik zwischen den Regelungsinhalten des IuKDG und des MDStV eingegangen, um zum Abschluss ausgewählte datenschutzrelevante Vorschriften des MDStV zu erörtern.

---

[657] Vgl. ENGEL-FLECHSIG/MAENNEL/TETTENBORN (1997), S. 2989, KEUS (2000), S. 172 f., RIEß (2000), S. 533, ROßNAGEL (2000b), S. 453 u. 455 f. Die Deckungsvorsorge soll sicherstellen, dass mindestens ein Schaden in Höhe von 250.000 € ersetzt werden kann. Zur Problematik der Zertifizierungsinstanzen im Zusammenhang mit digitalen Signaturen vgl. BERTSCH (2000), S. 509 ff.

[658] Vgl. RIEß (2000), S. 533, ROßNAGEL (2000b), S. 453.

[659] Vgl. RIEß (2000), S. 533 f., ROßNAGEL (2000b), S. 453 f., BLUM (2001), S. 573.

[660] Vgl. ROßNAGEL (2000b), S. 453.

4.2.3.3.1 Aufbau und Geltungsbereich des MDStV

Parallel zum IuKDG des Bundes ist am 01.08.1997 der ‚Staatsvertrag über Mediendienste' (kurz Mediendienste-Staatsvertrag – MDStV) der Bundesländer nach umfangreichen Beratungen zwischen Bund und Ländern über die jeweiligen Regelungsbereiche in Kraft getreten und löste damit den Btx-Staatsvertrag vom 31.08.1991 ab.[661] Der MDStV ist in fünf Abschnitte gegliedert und umfasst insgesamt 27 Paragraphen (vgl. Abb. 4-15).

Erster Abschnitt	(§§ 1-5 MDStV)	Allgemeine Bestimmungen
Zweiter Abschnitt	(§§ 6-15 MDStV)	Besondere Pflichten und Rechte der Diensteanbieter
Dritter Abschnitt	(§§ 16-21 MDStV)	Datenschutz
Vierter Abschnitt	(§§ 22-24 MDStV)	Aufsicht, Ordnungswidrigkeiten
Fünfter Abschnitt	(§§ 25-27 MDStV)	Schlussbestimmungen, Inkrafttreten

Abb. 4-15: Aufbau des MDStV

Der **Zweck** dieser Norm ist es gemäß § 1 MDStV, in allen Bundesländern einheitliche Rahmenbedingungen für die verschiedenen Nutzungsmöglichkeiten der durch diesen Paragraphen geregelten Informations- und Kommunikationsdienste zu schaffen. Hierdurch sollen in diesem Bereich Wettbewerbsverzerrungen und Investitionshemmnisse durch Rechtsunsicherheiten vermieden werden.[662] Die Regelungen im MDStV der Länder entsprechen im Wesentlichen Art. 1 und Art. 2 des bundesgesetzlichen IuKDG. Im Gegensatz zum IuKDG, das den Bereich ‚Multimedia' auf Bundesebene als Querschnittsmaterie regelt, beschränkt sich der MDStV in seiner inhaltlichen Reichweite auf Informations- und Kommunikationsdienste, die an die Allgemeinheit gerichtet sind.[663] Der MDStV trifft hingegen eigene Regelungen für die Bereiche Werbung, Jugendschutz und Aufsichtsmaßnahmen und enthält eine Reihe von Ordnungswidrigkeitstatbeständen (vgl. Abb. 4-16).[664]

---

[661] Abgedruckt u.a. in Baden-WürttGBl 1997, S. 181 ff., BayGVBl 1997, S. 225 ff., BerlGVBl 1997, S. 360 ff., HessGVBl 1997, S. 134 ff., NWGVBl 1997, S. 158 ff., SachsGVBl 1997, S. 500 ff., auch ist der MDStV abrufbar unter http://www.iid.de/iukdg/mdstv.html. Der MDStV ist zuletzt geändert worden durch Art. 3 des Sechsten Staatsvertrags zur Änderung des Rundfunkstaatsvertrags, des Rundfunkfinanzierungsstaatsvertrags und des Mediendienste-Staatsvertrags (Sechster Rundfunkänderungsstaatsvertrag) vom 20.12.2001.

[662] Vgl. GOUNALAKIS (1997), S. 2993. Die in dieser Absicht zum Ausdruck kommende ordnungspolitische Haltung entspricht der verschiedentlich formulierten Forderung nach einem Medienmarkt mit einem den Nutzer schützenden, aber dennoch liberalen Ordnungsrahmen (und somit einem Minimum an Regulierungen). Vgl. hierzu beispielsweise BUNDESREGIERUNG (1996), Abschnitt IV, Kapitel 1.2.

[663] Vgl. BRÄUTIGAM (1997), Abschnitt 4, ENGEL-FLECHSIG (1997b), S. 105, ENGEL-FLECHSIG (1999), S. 13., HOEREN (2004), S. 353.

[664] Vgl. ENGEL-FLECHSIG (1997b), S. 105, ENGEL-FLECHSIG (1999), S. 13.

Datenschutz als rechtliche Gestaltungsanforderung 163

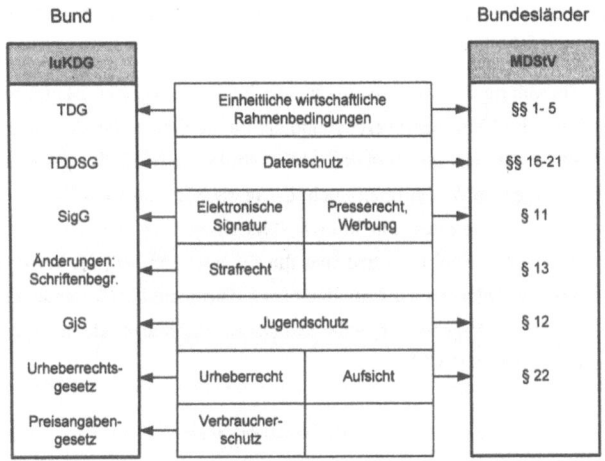

Abb. 4-16: **Regelungsziele und Kompetenzen im IuKDG und im MDStV**
Quelle: in Anlehnung an LANDESDATENSCHUTZBEAUFTRAGTER SCHLESWIG-HOLSTEIN (2001), Abschnitt 3.

4.2.3.3.2 Abgrenzung des MDStV zum IuKDG

Der Bund und die Länder haben wegen der unterschiedlichen Gesetzgebungskompetenzen den Regelungsbereich von Multimediadiensten in Teledienste (IuKDG, insbesondere TDG – Bundeskompetenz) und Mediendienste (MDStV – Länderkompetenz) unterteilt. Eine Abgrenzung zwischen diesen beiden Begriffen wird nicht technisch, sondern mit Hilfe der Zwecksetzung des jeweiligen Dienstes vorgenommen. Mediendienste i.S.d. MDStV bestimmen sich dabei aus dem Blickwinkel des Anbieters und sind an die Allgemeinheit gerichtet. Teledienste i.S.d. TDG hingegen sind für eine individuelle Nutzung bestimmt und ergeben sich demnach aus der Perspektive des Nutzers.[665] Hierbei ist das Merkmal der Allgemeinheit, also die Ausrichtung eines Dienstes an eine beliebige Öffentlichkeit, ein mitentscheidendes Differenzierungskriterium: Während das IuKDG auf Individual- und Interaktivdienste abzielt, dient der MDStV gemäß § 2 Abs. 2 MDStV in erster Linie der Regelung von so genannten Verteildiensten, bei denen eine redaktionelle Gestaltung zur Meinungsbildung für die Allgemeinheit im Vordergrund steht. Nach § 3 Abs. 1 Nr. 3 MDStV wird ein Verteildienst ohne eine individuelle Anforderung für eine unbegrenzte Anzahl von Nutzern erbracht. Verteildienste zeich-

---

[665] Vgl. HOEREN (2000b), S. 195.

nen sich dadurch aus, dass der Zeitpunkt ihrer Veröffentlichung vom Anbieter einseitig festgelegt wird und insoweit nicht disponibel ist.[666]

Eine eindeutige Zuordnung von Diensten in eine der beiden Kategorien ist aufgrund der dynamischen Entwicklung im Multimediabereich und der damit einhergehenden Begriffsunschärfe nicht immer möglich, was sich aufgrund der nahezu vorhandenen Deckungsgleichheit der entscheidenden Regelungen beider Normen auch als unerheblich erweist.[667] Als elektronischer Dienst wird hierbei ein konkretes und in sich abgeschlossenes Dienstleistungsangebot auf elektronischem Weg verstanden. Dies bedeutet für ein Unternehmen, die verschiedene elektronische Dienste mittels Telekommunikation anbietet, dass nicht die Gesamtheit dieser Dienste, sondern jedes einzelne Angebot für sich entweder als Teledienst oder als Mediendienst zu qualifizieren ist (vgl. Abb. 4-17).[668]

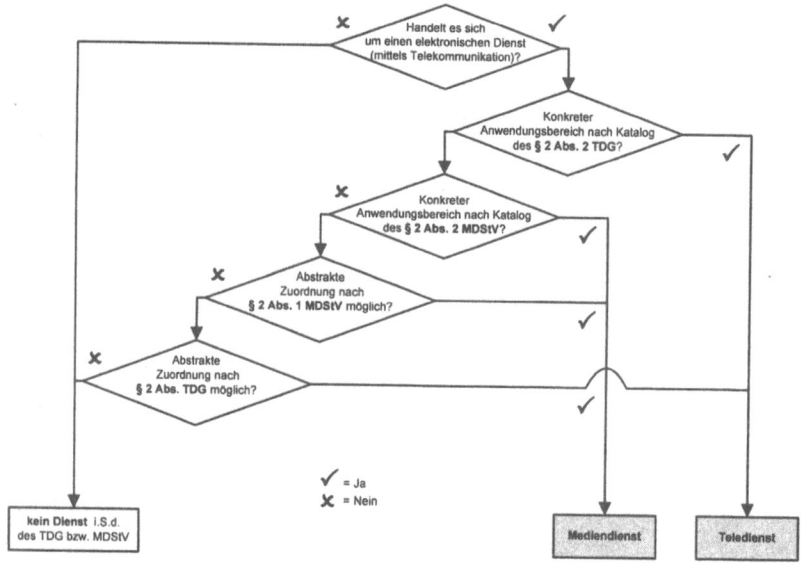

Abb. 4-17: Prüfungsschema für die Abgrenzung von Tele- und Mediendiensten

---

[666] Vgl. GOUNALAKIS (1997), S. 2994, BÜLLESBACH (1999b), S. 1 f., LANDESDATENSCHUTZBEAUFTRAGTER SCHLESWIG-HOLSTEIN (2001), Abschnitt 1 u. 2. Damit besitzen die meisten unter § 2 Abs. 2 MDStV subsumierbaren Angebote eine starke Ähnlichkeit zum klassischen Rundfunk.

[667] Vgl. ENGEL-FLECHSIG (1997b), S. 106 f., ENGEL-FLECHSIG (1999), S. 15. Trotzdem kann es für einen Anbieter von elektronischen Diensten zu unterschiedlichen Rechtsfolgen (insbesondere Haftungsregelungen) kommen, je nachdem, ob es sich um einen Tele- oder einen Mediendienst handelt. Vgl. hierzu BÜLLESBACH (1998a), S. 100.

[668] Vgl. ENGEL-FLECHSIG (1999), S. 11.

Datenschutz als rechtliche Gestaltungsanforderung 165

Als Gelenkstelle für eine Abgrenzung von Tele- bzw. Mediendiensten stehen sich § 2 TDG und § 2 MDStV gegenüber. Beide Vorschriften enthalten in ihrem jeweiligen Abs. 2 eine beispielhafte Aufzählung von zwingend zuzuordnenden Diensten, die als Positivkataloge abzugleichen sind. Erst wenn sich aufgrund dieser nicht abschließenden Aufzählungen keine Zuordnung vornehmen lässt, muss diese *per definitionem* nach § 2 Abs. 1 TDG bzw. § 2 Abs. 1 MDStV gefunden werden.[669] Um diese Abgrenzung zu verdeutlichen, werden in Abb. 4-18 bekannte Informations- und Kommunikationsdienste in eine der beiden Kategorien eingeordnet:[670]

Teledienste	Mediendienste
• Angebote zur Individualkommunikation, z.B. - E-Mail, - Chat, - Newsgroups - gewerblich ausgerichtete Homepages • Angebote zum Datenaustausch, z.B. - FTP - Telnet • Datendienste wie Verkehrs-, Wetter- oder Börseninformationsdienste • Nutzung von Suchmaschinen • Online-Spiele	• Verteildienste, z.B. - Angebote zum Teleshopping, - Textdienste (z.B. Video- oder Radiotext), • Abrufdienste, z.B. - Homepages mit Beitrag zur öffentlichen Meinungsbildung (z.B. Internet-Zeitungen), - Video-on-demand-Dienste - Music-on-demand-Dienste

Abb. 4-18: Beispiele für Tele- und Mediendienste
Quelle: in Anlehnung an HOLZNAGEL (2003), S. 183.

4.2.3.3.3 Datenschutzrechtlich relevante Regelungen des MDStV

Die datenschutzrechtlich relevanten Vorschriften des MDStV sind in einem eigenen Abschnitt zusammengefasst und umfassen die §§ 16-21 MDStV. Die **allgemeinen Grundsätze** für die Verarbeitung personenbezogener Daten befinden sich hierbei in § 16 MDStV. Sie stimmen wietestgehend mit den Vorschriften des TDDSG überein.[671]

So gilt auch für Mediendienste nach § 17 Abs. 1 MDStV das aus dem BDSG bekannte **Verbotsprinzip**, nach dem die Erhebung, Verarbeitung und Nutzung personenbezogener Daten grundsätzlich verboten ist, es sei denn, eine Rechtsnorm erlaubt dies oder der Betroffene

---

[669] Vgl. ENGEL-FLECHSIG (1997b), S. 105 f., GOUNALAKIS (1997), S. 2994, ENGEL-FLECHSIG (1999), S. 15.
[670] Eine eindeutige Zuordnung von Informations- und Kommunikationsdiensten in eine der beiden Kategorien ist dabei im Einzelfall durchaus umstritten. Vgl. HOLZNAGEL (2003), S. 183.
[671] Vgl. ENGEL-FLECHSIG (1997b), S. 109, ENGEL-FLECHSIG (1999), S. 16.

willigt ein.[672] Dabei darf nach § 17 Abs. 4 MDStV (entsprechend § 3 Abs. 4 TDDSG) die Erbringung von Mediendiensten nicht von dieser **Einwilligung des Nutzers** in eine Verarbeitung seiner Daten für andere Zwecke als die eigentliche Nutzung abhängig gemacht werden, wobei auch hier nach § 17 Abs. 3 MDStV eine elektronische Einwilligung i.f.e. eindeutigen und bewussten Handlung erfolgen kann.[673] Erweitert werden diese allgemeinen Grundsätze durch § 18 MDStV, in welchem die **Pflichten und Rechte des Anbieters** von Mediendiensten geregelt werden. So ist nach § 18 Abs. 6 MDStV eine anonyme oder pseudonyme Nutzung und Entgelterhebung zu gestatten, soweit dies technisch möglich und zumutbar ist.[674]

Der § 19 MDStV bestimmt, wann, in welchem Umfang und für welche Dauer personenbezogene Daten erhoben, verarbeitet und genutzt werden dürfen. Hiernach darf ein Anbieter von Mediendiensten personenbezogene Daten verwenden, wenn sie [675]

- gemäß § 19 Abs. 1 MDStV für die Begründung, inhaltliche Ausgestaltung oder Änderung eines Vertragsverhältnisses zwischen Anbieter und Nutzer erforderlich sind (**Bestandsdaten**),[676]

- gemäß § 19 Abs. 2 MDStV für die Inanspruchnahme des Mediendienstes notwendig sind (**Nutzungsdaten**),

- gemäß § 19 Abs. 3 MDStV erforderlich sind, um die Nutzung von Mediendiensten abzurechnen (**Abrechnungsdaten**).

§ 20 MDStV regelt das **Auskunftsrecht des Nutzers**, wonach dieser jederzeit und unentgeltlich berechtigt ist, die zu seiner Person oder zu seinem Pseudonym gespeicherten Daten einzusehen. Darüber hinaus enthält der MDStV – im Unterschied zum TDDSG – mit § 21 MDStV eine Vorschrift zum **Datenschutz-Audit**, die den Anbietern von Mediendiensten eine Möglichkeit zur Überprüfung und Bewertung ihrer Datenschutz-konzepte durch unabhängige, zugelassene Gutachter einräumt. Ziel dieser auf Freiwilligkeit und Selbstregulierung ausge-

---

[672] Vgl. HOBERT (2000), S. 142 f., HOEREN (2000b), S. 196. Durch diese Bestimmung und durch § 3 Abs. 1 TDDSG wird das Verbotsprinzip des § 4 BDSG auch auf den Bereich der Medien- und Teledienste fortgeschrieben.

[673] Hierbei gelten die gleichen Prämissen für die Wirksamkeit einer elektronischen Einwilligung in die personenbezogene Datenverarbeitung wie im § 4 Abs. 2 TDDSG.

[674] Auch ist nach § 13 Abs. 4 MDStV die Erstellung von Nutzungsprofilen durch den Anbieter nur bei Verwendung von Pseudonymen erlaubt, wobei sichergestellt werden muss, dass eine nachträgliche Identifizierung des Nutzers unmöglich ist. Vgl. hierzu HOBERT (2000), S. 143 f. Die Regelung zu Pseudonymen ist als Kompromiss zu bewerten, in welchem die kollidierenden Interessen, namentlich die unternehmerische Freiheit nach Art. 2 Abs. 1, Art. 12, 14 GG und das allgemeine Persönlichkeitsrecht der Art. 1 Abs. 1, Art. 2 Abs. 2 GG, zum Ausgleich gebracht wurden. Vgl. hierzu GOUNALAKIS (1997), S. 2998.

[675] Vgl. zum Folgenden GOUNALAKIS (1997), S. 2998, HOBERT (2000), S. 145.

[676] Gemäß § 19 Abs. 1 S. 2 MDStV darf der Diensteanbieter Auskunft über Bestandsdaten der Nutzer an Strafverfolgungsbehörden nach Maßgabe der dafür geltenden Bestimmungen erteilen.

richteten Vorschrift ist es, die unternehmerische Selbstverantwortung zu stärken und somit auch ein hohes Datenschutzniveau zu sichern.[677]

4.3 Anforderungen an ein modernes Datenschutzrecht

Als Recht mit Verfassungsrang sollte Datenschutz die gesellschaftliche Realität widerspiegeln, um dem Einzelnen einen angemessenen Schutz seines informationellen und kommunikativen Selbstbestimmungsrechts gewährleisten zu können. Hierzu erscheint es notwendig, sowohl auf die fortschreitende technische Entwicklung als auch auf die Veränderung gesellschaftlicher Strukturen angemessen zu reagieren und das Datenschutzrecht entsprechend anzupassen.

Im folgenden Abschnitt wird daher zunächst die Notwendigkeit zur Modernisierung des Datenschutzrechts herausgearbeitet, um anschließend potenzielle Modernisierungselemente vorzustellen.

4.3.1 Zur Notwendigkeit einer Modernisierung des Datenschutzrechts

Datenschutz ist nicht nur Grundrechtsschutz, sondern auch eine wichtige Funktionsbedingung für ein demokratisches Gemeinwesen und damit notwendigerweise Bestandteil einer freiheitlichen Kommunikationsordnung. Datenschutz gilt deshalb auch als ein entscheidender Akzeptanzfaktor für alle Formen des elektronischen Handels und der elektronischen Verwaltung. Mit der Gewährleistung des Datenschutzes wird das notwendige Vertrauen in eine elektronische Kommunikation geschaffen, indem Befürchtungen der Nutzer vor missbräuchlicher Verwendung ihrer personenbezogenen Daten entgegengewirkt wird.[678] Hierzu muss das Datenschutzrecht den bestehenden technischen und gesellschaftlichen Bedingungen gerecht werden. Die Notwendigkeit zur Modernisierung des bestehenden Datenschutzrechts ergibt sich hierbei aus folgenden Gründen:

- Zum einen muss Datenschutz als **Technikfolgerecht** auf die fortschreitende technische Entwicklung reagieren. Während sich das Datenschutzrecht der ersten Generation in den 1970er Jahren noch am technologischen Paradigma der zentralisierten (und damit besser kontrollierbaren) Großrechner orientierte, ist die gegenwärtige technische Entwicklung geprägt durch Dezentralisierung, Vernetzung und Allgegenwärtigkeit (Ubiquität) von datenverarbeitenden Systemen.[679] Das Recht auf informationelle Selbstbestimmung ist bisher in einzelnen bereichsspezifischen Normen zum Datenschutz überwiegend technik-

---

[677] Vgl. GOUNALAKIS (1997), S. 2999, ENGEL-FLECHSIG (1997b), S. 109, ENGEL-FLECHSIG (1999), S. 16.

[678] Vgl. ROßNAGEL/PFITZMANN/GARSTKA (2001), S. 21, BIZER (2004), S. 7.

[679] Vgl. BIZER (1999), S. 38 ff., BIZER (2001a), S. 274, ROßNAGEL/PFITZMANN/GARSTKA (2001), S. 22. So zeigt die Debatte um die so genannten RFID-Chips, die in absehbarer Zeit den Barcode auf Produkten durch eine Funktechnik ablösen sollen, welches Überwachungspotenzial in technischen Innovationen liegen kann. Vgl. hierzu SCHAAR (2004), S. 4. Zu RFID vgl. HANSEN/WIESE (2004), S. 109, SCHWIND (2004), S. 53 ff.

fern geregelt: In einem normativen Ansatz enthält es fast ausschließlich Verhaltensregeln für die datenverarbeitende Instanz, die durch eine nachträgliche Kontrolle gewährleistet werden sollen. Anforderungen an die Gestaltung der datenverarbeitenden Technik oder die Definition von datenschutzrelevanten Schutzzielen (wie Datenvermeidung oder -sparsamkeit) sind bisher die Ausnahme.[680] Darüber hinaus trägt – wie das Beispiel des Internet zeigt – die Konvergenz von ursprünglich voneinander unabhängigen Bereichen wie Telekommunikation, Medien und Informationstechnologie dazu bei, dass bisher getrennt behandelte datenschutzrechtliche Regelungsbereiche nun auch integrativ behandelt werden sollten.[681]

- Zum anderen muss Datenschutz als **Gesellschaftsrecht** auch auf Veränderungen der gesellschaftlichen Strukturen eingehen. So haben sich mit der zunehmenden Globalisierung (und der damit verbundenen Internationalisierung der Datenverarbeitung) und der Privatisierung ehemaliger staatlicher (d.h. monopolistisch betriebener) Aufgabenbereiche, wie z.B. der Telekommunikation, auch die gesellschaftlichen Rahmenbedingungen geändert, mit denen sich das Datenschutzrecht auseinandersetzen muss.[682] Während in den 1970er Jahren die hoheitlich durchgeführte Datenverarbeitung durch staatliche Instanzen als Hauptbedrohung der Privatsphäre angesehen wurde, ist die gegenwärtige Entwicklung dadurch gekennzeichnet, dass sich heute wesentlich größere und sensitivere Datenbestände bei privaten Datenverarbeitern befinden.[683]

- Darüber hinaus ist das Datenschutzrecht seit seiner Entstehung immer wieder novelliert und erweitert worden, allerdings nicht durchgängig nach den gleichen Prinzipien. So hat sich das geltende Datenschutzrecht zu einem unübersichtlichen, Hunderte von bereichsspezifischen Regelungen umfassenden **Normenkonglomerat** entwickelt, welches für den einzelnen Bürger intransparent ist und nicht nur unterschiedliche Modernisierungsniveaus aufweist, sondern z.T. auch sich widersprechende Regelungen enthält.[684]

Die Aufgabe der Modernisierung des Datenschutzrechts besteht in der Gestaltung von rechtlichen Rahmenbedingungen, die der Entfaltung von informationellen und kommunikativen Handlungspotenzialen der an der Datenverarbeitung beteiligten Akteure nicht entgegenwirkt, sondern diese in der Weise begünstigt, dass der Mensch in der Informationsgesellschaft

---

[680] Vgl. ROẞNAGEL/PFITZMANN/GARSTKA (2001), S. 25.

[681] Eine gemeinsame Regelung bezüglich des Datenschutzes in modernen Informations- und Kommunikationsmedien soll in einem Elektronische-Medien-Datenschutzgesetz (EMDSG) erfolgen, welches gemeinsame Regelungen für Tele- und Mediendienste sowie für den Rundfunk enthalten soll. Vgl. hierzu BENDER (2003), S. 417 ff., MEYER (2003), S. 97. Zum Konvergenzbegriff vgl. ZERDICK u.a. (2001), S. 140.

[682] Vgl. BÄUMLER (1997), Kapitel 2.

[683] Vgl. HASSEMER (1996), S. 195 ff.

[684] Vgl. ROẞNAGEL/PFITZMANN/GARSTKA (2001), S. 29 ff., ROẞNAGEL (2002b), Kapitel 1.

Datenschutz als rechtliche Gestaltungsanforderung 169

selbst- und nicht fremdbestimmt mit anderen kommunizieren kann.[685] Aus der Kritik am geltenden Datenschutzrecht lassen sich die Ziele eines modernisierten Datenschutzes ableiten:[686]

- Für die beteiligten Akteure ist die Verständlichkeit und Durchschaubarkeit des Datenschutzes und seiner rechtlichen Normen zu erhöhen, indem datenschutzrechtliche Anforderungen und Rechte übersichtlich strukturiert werden. Dies kann z.B. dadurch erreicht werden, dass ein modernes Datenschutzrecht – in Umkehrung des bisher geltenden Subsidiaritätsprinzips – auf einem allgemeinen Datenschutzgesetz basiert, welches bereichsspezifischen Regelungen vorgeht. Dieses allgemeine Gesetz sollte grundsätzliche und präzise Verarbeitungsregeln für personenbezogene Daten enthalten, während die bereichsspezifischen Datenschutzregelungen nur noch notwendige und explizite Ausnahmen von den Grundregeln des allgemeinen Gesetzes definieren.[687]

- Die Wirksamkeit und Risikoadäquanz des Datenschutzes muss erhöht werden, indem sich die rechtlichen Normen zum Datenschutz auf die wesentlichen Bedrohungen für die informationelle Selbstbestimmung konzentrieren. Hierfür müssen datenschutzrechtliche Anforderungen vollzugsgeeigneter definiert werden und ihre effiziente Kontrolle sichergestellt sein. Darüber hinaus sind die Regelungen so zu definieren, dass sie den Schutz des informationellen Selbstbestimmungsrechts auch in einer vernetzten und in alle Lebensbereiche hineinreichenden personenbezogenen Datenverarbeitung gewährleisten.

- Durch den Einsatz marktwirtschaftlicher Instrumente im Bereich des Datenschutzes (z.B. Gütesiegel) können Mechanismen des Wettbewerbs genutzt werden, um die Einhaltung oder gar Übererfüllung datenschutzrechtlicher Anforderungen für die Anbieter von Dienstleistungen attraktiv zu machen. Umgekehrt muss ein fehlender Datenschutz – neben den rechtlichen Konsequenzen – auch mit wirtschaftlichen Nachteilen verbunden sein.

- Datenschutz sollte künftig durch und nicht gegen Technik erreicht werden. Die rechtlichen Rahmenbedingungen müssen einen Selbst- und Systemdatenschutz durch den Einsatz von so genannter datenschutzfreundlicher Technik gewährleisten. Diese Datenschutztechniken, die im Gegensatz zum Datenschutzrecht global wirksam sind, können die normativen datenschutzrelevanten Vorgaben schon am Ort und zum Zeitpunkt der Entstehung bzw. Durchführung einer personenbezogen Datenverarbeitung unterstützen, statt Verstöße gegen den Datenschutz erst *ex post* zu sanktionieren.

---

[685] Vgl. BIZER (2004), S. 14 f.
[686] Vgl. zum Folgenden u.a. ROßNAGEL/PFITZMANN/GARSTKA (2001), S.34, ROßNAGEL (2002b), Kapitel 2.
[687] So sollte auf unnötige Differenzierungen von Regelungsbereichen verzichtet werden und z.B. einheitliche Datenschutznormen für den konvergenten Telekommunikations- und Multimediabereich definiert oder auf die Differenzierung zwischen manueller und automatisierter bzw. zwischen öffentlicher und nicht-öffentlicher Datenverarbeitung verzichtet werden.

4.3.2 Mögliche Elemente einer Modernisierung des Datenschutzrechts

Der folgende Abschnitt erörtert potenzielle Modernisierungselemente für das bestehende Datenschutzrecht. Hierzu wird zunächst auf die Notwendigkeit zu einer transparenten und für die beteiligten Akteure verständlichen Gestaltung des existierenden Normenkonglomerats zum Datenschutz durch Vereinfachung und Vereinheitlichung eingegangen. Anschließend wird die Steigerung der Wirksamkeit des Datenschutzes durch den Einsatz von technischen Maßnahmen erläutert, um abschließend die Etablierung wettbewerblicher Strukturen in das Datenschutzrecht zu diskutieren.

4.3.2.1 Transparenter Datenschutz durch Rechtsvereinfachung und Rechtsvereinheitlichung

Die Entwicklung des Datenschutzrechts seit den 1970er Jahren hat zu einer Überregulation, Zersplitterung und Intransparenz des bestehenden Datenschutzrechts geführt. Diese Unübersichtlichkeit beruht u.a. auf der Vielfalt bereichsspezifischer Normen und dem Fehlen konvergenter Regelungen für die Nutzung der elektronischen Kommunikation.[688]

In einer normativen Umsetzung eines modernisierten Datenschutzrechts können die Ziele der Übersichtlichkeit, Problemadäquanz und Akzeptanz dadurch erreicht werden, dass eine **klare Struktur** des Datenschutzrechts angestrebt wird, indem die bisher geltende Vorrangregelung bereichsspezifischer Datenschutzgesetze im Verhältnis zum allgemein geltenden BDSG aufgegeben wird: Ein allgemein geltendes Datenschutzgesetz (z.B. in Form des BDSG) beinhaltet verbindliche Grundsätze der personenbezogenen Datenverarbeitung und begründet die Rechte des Betroffenen. Dabei geht es – in Umkehrung des bisher geltenden Subsidiaritätsprinzips – den bereichsspezifischen Datenschutzregelungen vor, die nur noch explizite Ausnahmen von diesen allgemeinen Grundsätzen (insbesondere Erlaubnistatbestände für eine personenbezogene Datenverarbeitung) enthalten.[689]

Die steigende Verbreitung der elektronischen Kommunikation über offene Netze wie das Internet hat zur Folge, dass neben bereichsspezifischen Datenschutzregelungen für bestimmte Anwendungsbereiche auch medien- und technikspezifische Regelungen des Datenschutzes für Telekommunikation und Teledienste bzw. Mediendienste beachtet werden müssen.[690] Diese Überlagerung mehrerer datenschutzrelevanter Regelungen auf einen – aus Nutzersicht – einheitlichen Sachverhalt führt zu Auslegungs- und Anwendungsproblemen, welche die Wirksamkeit des Datenschutzes hemmen. Ein modernisiertes Datenschutzrecht muss stattdessen ein **konvergentes Datenschutzrecht** schaffen, welches die für die vernetzte und elektro-

---

[688] Vgl. BÄUMLER (1997), Kapitel 1, ROBNAGEL/PFITZMANN/GARSTKA (2001), S. 30, BIZER (2004), S. 11.
[689] Vgl. ROBNAGEL/PFITZMANN/GARSTKA (2001), S. 43, ROBNAGEL (2002b), Kapitel 2.
[690] Vgl. BENDER (2003), S. 417.

nische Datenverarbeitung geltenden datenschutzrelevanten Regelungen aus dem Telekommunikations- sowie Teledienste-, Mediendienste- und Rundfunkrecht zusammenführt.[691]

4.3.2.2 Datenschutz durch Technik

Mit der fortschreitenden technischen Entwicklung und der Durchdringung nahezu aller Lebensbereiche mit Informationstechnik kann die Wirksamkeit des Datenschutzes dadurch sichergestellt werden, dass datenschutzrelevante Anforderungen schon bei der Gestaltung datenverarbeitender Systeme berücksichtigt werden, indem – in Umkehrung zur bisherigen Rechtsauffassung – die Einhaltung des Datenschutzes künftig **durch und nicht gegen Technik** erreicht wird.[692]

Die Effektivität des Datenschutzes kann dadurch erhöht werden, dass dieser durch datenschutzfördernde technische Maßnahmen in die Datenverarbeitung integriert wird, um insbesondere eine datensparsame Verarbeitung – d.h. eine Datenverarbeitung mit möglichst geringem Personenbezug – zu ermöglichen.[693] Rechtlich kann die Integration datenschutzfreundlicher Technik (1) als Pflicht der für die personenbezogene Datenverarbeitung verantwortlichen Stelle als so genannter Systemdatenschutz und/oder (2) als Recht des Betroffenen zum Selbstdatenschutz ausgestaltet werden. Datenschutz durch Technik ermöglicht es, sowohl die im Rahmen der Globalisierung zunehmende Internationalisierung der Datenverarbeitung (und den damit verbundenen Kontrollverlust des nationalen Gesetzgebers) als auch der zunehmenden personenbezogenen Datenverarbeitung durch die dynamische Technikentwicklung adäquat zu begegnen:[694]

- Mit Hilfe des **Systemdatenschutzes** soll sichergestellt werden, dass das eingesetzte computergestützte Informationssystem nur zu der Datenverarbeitung in der Lage ist, zu der es aufgrund datenschutzrechtlicher Normen auch ermächtigt ist. Unter dem Begriff des Systemdatenschutzes lassen sich alle Maßnahmen zusammenfassen, die der Umsetzung datenschutzrechtlicher Vorgaben durch die technisch-organisatorische Gestaltung des computergestützten Informationssystems dienen.[695] Als Regelungsziel steht hierbei eine datenvermeidende Gestaltung der Technik im Vordergrund, um so dem Gebot zur Datensparsamkeit und der Pflicht zur Zweckbindung nachzukommen.[696] Eine datenschutzfreundliche Technikgestaltung zielt somit auf eine präventive Steuerung der technischen Ent-

---

[691] Vgl. ROßNAGEL (2002b), Kapitel 2, BIZER (2004), S. 11 f.

[692] Vgl. ROßNAGEL u.a. (1990), S. 259 ff., ROßNAGEL/PFITZMANN/GARSTKA (2001), S. 35. Zur technischen Umsetzung vgl. PFITZMANN (1999), S. 405 ff.

[693] Vgl. BÄUMLER (1997), Kapitel 4, ROßNAGEL/PFITZMANN/GARSTKA (2001), S. 35.

[694] Zur Problematik der Internationalisierung der Datenverarbeitung vgl. HEIL (1999c), S. 396 ff.

[695] Vgl. BIZER (1999), S. 36, ROßNAGEL (2002b), Kapitel 5.

[696] Vgl. ROßNAGEL/PFITZMANN/GARSTKA (2001), S. 16.

wicklung und des Einsatzes computergestützter Informationssysteme, um so eine Erhebung, Verarbeitung und Nutzung personenbezogener Daten bereits auf der Entwurfsebene eines computergestützten Informationssystems zu vermeiden.[697] Beispielhaft zu nennen sind als Maßnahmen im Rahmen des Systemdatenschutzes die Möglichkeit zur gegenüber dem Anbieter von Informations- und Kommunikationsdiensten anonymen Dienstenutzung oder die Implementierung von Pseudonymitätskonzepten, mit deren Hilfe die kommunikative Autonomie der Betroffenen bei der Nutzung von elektronischen Diensten sichergestellt werden soll, indem an Stelle der realen Personenidentitäten Pseudonyme treten.[698]

- Die Kontroll- und Sanktionsmöglichkeiten über die Einhaltung von Datenschutzvorschriften bestehen nur gegenüber datenverarbeitenden Stellen im inländischen Rechtsgebiet. Ein modernes Datenschutzrecht benötigt daher Regelungen, die es den betroffenen Personen auch bei zunehmender Internationalisierung der Datenverarbeitung ermöglichen, durch den Einsatz geeigneter Instrumente ihre informationelle und kommunikative Selbstbestimmung durch Eigenkontrolle zu schützen. Maßnahmen, die dem Schutz personenbezogener Daten durch den Betroffenen selbst dienen, werden unter dem Begriff des **Selbstdatenschutzes** subsumiert, welcher als Recht, Anspruch oder faktische Möglichkeit des Betroffenen ausgestaltet werden kann.[699] Hierunter fällt die selbstbestimmte Nutzung von technischen und organisatorischen Schutzmaßnahmen z.B. für den Schutz des Kommunikationsinhalts durch Verschlüsselung oder die Inanspruchnahme von Anonymisierungsdiensten zum Schutz der Identität bzw. des Kommunikationsverhaltens.[700] Das Gestaltungsziel des Selbstdatenschutzes fasst diejenigen Regelungselemente zusammen, welche

---

[697] Vgl. BIZER (2004), S. 7.

[698] Vgl. PFITZMANN/WAIDNER/PFITZMANN (1990), S. 243 ff., HANSEN (2003), S. 306, HANSEN/ROST (2003), S. 293 ff.
Während es sich beim Geburtsnamen einer Person um einen Zwangsnamen handelt, ist ein Pseudonym ein Wahlname. Vgl. hierzu BIZER/BLEUMER (1997), S. 46. An Pseudonymarten können unterschieden werden: (1) **Transaktionspseudonyme** werden für genau einen abgeschlossenen elektronischen Nutzungsvorgang (Transaktion) vergeben und sind nur innerhalb dessen gültig, so dass i.d.R. keine Verkettungsmöglichkeit zwischen unterschiedlichen Transaktionen besteht, die eine nachträgliche Personenidentifikation ermöglicht. Dagegen dienen (2) **Rollenpseudonyme** der Verknüpfung unterschiedlicher Vorgänge innerhalb einer Geschäftsbeziehung, so dass Nutzungsprofile bezogen auf die Rolle (z.B. Systemadministrator) erstellt werden können. (3) **Personenpseudonyme** sind dagegen direkt natürlichen Personen zugeordnet und können von diesen in unterschiedlichen Rollen und in verschiedenen Transaktionen verwendet werden. Dadurch ermöglichen Personenpseudonyme die Verkettung aller dieser Vorgänge und können somit bereits nach kurzer Zeit die Identifizierung des Pseudonymträgers ermöglichen. Vgl. hierzu PFITZMANN (1999), S. 406.

[699] Vgl. ROBNAGEL/PFITZMANN/GARSTKA (2001), S. 41.

[700] So kann das Hinterlassen von unfreiwilligen Datenspuren bei der Nutzung des Internet durch Techniken zum anonymen Handeln unterbunden werden. Hierzu zählt u.a. das so genannte Mix-Konzept, welches die Kommunikationsbeziehung zwischen dem Sender und Empfänger einer Nachricht verbirgt. Vgl. hierzu und zu weiteren Maßnahmen des Selbstdatenschutzes FEDERRATH/PFITZMANN (1998), S. 628 ff., ROESSLER (1998), S. 619 ff., HANSEN/KRAUSE (2003), S. 127 ff., GOLTZSCH (2003), S. 109 ff.

die Entscheidungsfreiheit des Nutzers und damit seine individuelle Autonomie bezüglich seiner personenbezogenen Daten stärken.[701]

Datenschutz durch Technik (insbesondere in Form des Selbstdatenschutzes) ist eine wirksame Ergänzung zum klassischen Ordnungsrecht, da datenschutzfördernde Techniken – im Gegensatz zum nationalen Datenschutzrecht – nicht nur weltweit wirksam sind, sondern darüber hinaus sich ebenso dynamisch entwickeln können wie neue technische Herausforderungen für den Datenschutz. Ferner erscheint technischer Datenschutz effektiver als ein rein rechtlich-normativ ausgerichteter Datenschutz, da aufgrund der technischen Konzepte erst gar keine rechtlich zu kontrollierenden personenbezogene Daten entstehen.[702]

4.3.2.3 Datenschutz durch Wettbewerb

Die Effizienz ordnungsrechtlicher Maßnahmen im Bereich des Datenschutzes erscheint angesichts der vorherrschenden Kontrolldefizite eher begrenzt.[703] Eine für den Betroffenen wirksame Umsetzung von Maßnahmen zum System- oder Selbstdatenschutz ist i.d.R. nicht ausschließlich durch den zur Zeit bestehenden administrativen Kontrolldatenschutz zu erzwingen, da Datenschutz durch Technik eher auf das eigennützige gestalterische Tätigwerden des jeweiligen Datenverarbeiters angewiesen ist. Ein modernes Datenschutzrecht kann mit Mitteln des Wettbewerbs die rechtlichen Rahmenbedingungen so ausrichten, dass ein legitimer Eigennutz auch zu einer Verbesserung des Datenschutzes führen kann:[704] Das Datenschutzrecht sollte die Zusammenarbeit mit dem Regelungsadressaten (d.h. dem Anbieter von elektronischen Dienstleistungen bzw. der datenverarbeitenden Stelle) stärken, indem diesem die Möglichkeit zugestanden wird, innerhalb eines durch die Legislative gesetzten Rechtsrahmens durch eigene Aktivitäten für mindestens einen ausreichenden Datenschutz zu sorgen.[705] Hierdurch wird das bisher im deutschen Datenschutzrecht präferierte Steuerungs- und Kontrollmodell der strengen Regulation durch Ge- und Verbote abgelöst durch ein Modell der ‚regulierten Selbstregulation', das Elemente des bisherigen, hoheitlichen Regulationsprinzips verbindet mit Elementen einer stark marktwirtschaftlich orientierten Steuerung des Datenschutzes (wie sie z.B. in den USA praktiziert wird), die auf den Wettbewerb der Unternehmen untereinander und die Präferenzen der Nutzer/Betroffenen setzt (Selbstregulierung) – vgl. Abb. 4-19.[706]

---

[701] Vgl. BIZER (1999), S. 47 f.
[702] Vgl. ROßNAGEL/PFITZMANN/GARSTKA (2001), S. 35 f.
[703] Vgl. hierzu auch BIZER (2001b), S. 277.
[704] Vgl. ROßNAGEL (2002b), S. Kapitel 6.
[705] Vgl. ROßNAGEL/PFITZMANN/GARSTKA (2001), S. 45.
[706] Vgl. SCHAAR (2003), S. 422. Unter Selbstregulierung wird hierbei die Selbststeuerung gegensätzlicher Interessen unter weitgehendem Verzicht auf staatliche Eingriffe verstanden. Vgl. hierzu BIZER (2001b), S. 168.

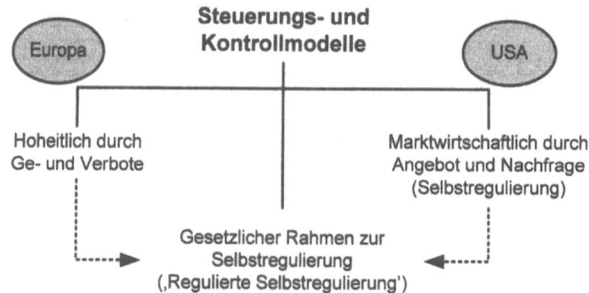

Abb. 4-19: Mögliche Steuerungs- und Kontrollmodelle für den Datenschutz

Durch eine regulierte Selbstregulation kann ein Regel- und Verfahrensrahmen geschaffen werden, innerhalb dessen Unternehmen die Möglichkeit gegeben wird, eigene spezifische Verhaltensregeln im Bereich des Datenschutzes zu schaffen. Diese Art der Selbstkontrolle dient damit zum einen der Entlastung des Datenschutzrechts und eröffnet im Wettbewerb stehenden Unternehmen die Möglichkeit, an der Gestaltung des Datenschutzrechts mitzuwirken und sich so gegenüber Konkurrenten zu positionieren.[707] SCHAAR prognostiziert in diesem Zusammenhang, dass Unternehmen, die einen über den Mindestbedingungen der rechtlichen Normen liegenden Datenschutz praktizieren, langfristig erfolgreicher sein werden, als solche, die zugunsten kurzfristiger Vorteile dem Schutz personenbezogener Daten weniger Bedeutung beimessen.[708] Dies kann z.B. durch das Instrument des **Datenschutz-Audits** unterstützt werden, welches es Anbietern elektronischer Dienstleistungen bzw. datenverarbeitenden Stellen die Möglichkeit zur Überprüfung und Bewertung ihrer jeweiligen Datenschutzkonzepte durch unabhängige, zugelassene Gutachter einräumt.[709] Die nach erfolgreichem Audit durch die Prüfstelle vergebenen Gütesiegel können dabei vom Unternehmen als kommunikationspolitisches Instrument benutzt werden, um potenziellen Kunden den Stellenwert des Datenschutzes im jeweiligen Unternehmen zu signalisieren.[710] Datenschutz wird damit zu einem integrierten, wichtigen Bestandteil eines Maßnahmenbündels, das die Qualität einer angebotenen Dienstleistung steigert und so die Marktposition des anbietenden Unternehmens positiv beeinflussen kann.

---

[707] Vgl. ROßNAGEL/PFITZMANN/GARSTKA (2001), S. 154 u. 158.

[708] Vgl. SCHAAR (2004), S. 5. Er betont, dass dies insbesondere bei Geschäftsmodellen, die auf eine längerfristige Kundenbindung abzielen, von Bedeutung ist.

[709] Vgl. zum Datenschutz-Audit u.a. BACHMEIER (1996), S. 680, ROßNAGEL (2000a), S. 3 ff., VOßBEIN (2004), S. 92 ff.

[710] Vgl. zur Gütesiegelvergabe im Bereich des Datenschutzes vgl. BÄUMLER (2004), S. 80 ff. Zu haftungsrechtlichen Fragen in diesem Zusammenhang vgl. FÖHLISCH (2004), S. 74 ff.

4.3.3 Zusammenfassende Darstellung zur Modernisierung des Datenschutzes

Der Wandel des technischen Paradigmas in der personenbezogenen Datenverarbeitung von zentralisierten zu global vernetzten Informationssystemen, das Vollzugsdefizit datenschutzrechtlicher Normen aufgrund der Vielfältigkeit bereichsspezifischer Regelungen sowie die gestiegene Bedeutung der Akzeptanz bei der Nutzung von Informations- und Kommunikationsmedien erfordern ein Maßnahmenbündel zur Wahrung des informationellen Selbstbestimmungsrechts des Einzelnen. Abb. 4-20 fasst nochmals die Ergebnisse des letzten Abschnitts in einem Überblick zusammen:

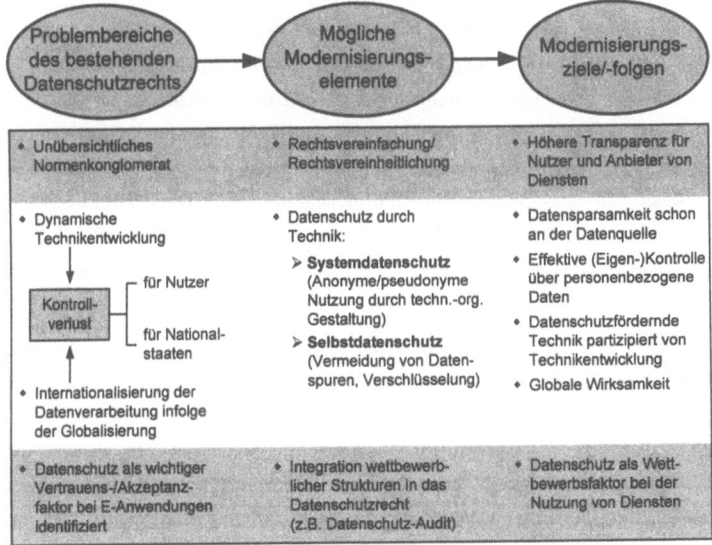

Abb. 4-20: **Anknüpfungspunkte für eine Modernisierung des bestehenden Datenschutzrechts**

4.4 Fazit zum Datenschutz

Datenschutz ist ein zentrales Konstruktionselement der Informationsgesellschaft, denn die Gewährleistung der informationellen und kommunikativen Selbstbestimmung ist zugleich Voraussetzung und Motor für die Entwicklung einer freiheitlichen und demokratischen Gesellschaft im Informationszeitalter.[711]

Bei der Nutzung elektronischer Informations- und Kommunikationsdienste können personenbezogene Daten in vielfältiger Weise entstehen, beliebig kombiniert und ausgewertet werden. Die Nutzung findet dabei nicht mehr – wie zur Zeit der Entstehung des BDSG – in einem

---

[711] Vgl. BIZER (2004), S. 6.

zentralen Einzelplatzsystem statt, sondern innerhalb eines globalen Netzes mit einer Vielzahl von Beteiligten. Die Kontrollmöglichkeiten des einzelnen Nutzers sind dabei aufgrund der zunehmenden Vernetzung erheblich eingeschränkt. Der Schutz personenbezogener Daten steht angesichts dieser technischen Entwicklungen vor einem Wandel. Gesetzliche Rahmenbedingungen für den Datenschutz müssen – unter Einbeziehung der neuen technischen Möglichkeiten – sowohl die Chancen als auch die Risiken der elektronischen, multimedialen Informations- und Kommunikationsdienste berücksichtigen. Nur so kann die Akzeptanz für diese Dienste auf der Anbieter- und Nutzerseite gefördert werden. Dem Schutz des Rechts auf informationelle Selbstbestimmung kommt dabei eine besondere Bedeutung zu.[712]

Mit dem Erlass und der Evaluierung der in diesem Arbeitsbericht vorgestellten Rechtsnormen ist ein erster Schritt in diese Richtung getan worden. Es bleibt allerdings abzuwarten, wie sich die neuen Normen zum Telekommunikations- und zum Medienrecht in der Praxis bewähren.[713] Festzuhalten bleibt, dass mit dem TKG, der TDSV, dem IuKDG und dem MDStV Rahmenbedingungen geschaffen wurden, die Raum bieten für weitere Entwicklungen auf diesen Gebieten. Die Tatsache, dass mit dem IuKDG und dem MDStV zwei in entscheidenden Punkten inhaltsgleiche Vorschriften geschaffen wurden und damit ein Abgrenzungsproblem zwischen Tele- und Mediendiensten besteht, ist letztlich Ergebnis der verfassungsrechtlichen Realität in Deutschland.

Diese Gesetze können allerdings nur ein erster Schritt hin zu Lösungen sein, die wegen der Ubiquität des Internet, das territoriale Grenzen und damit den Geltungsbereich nationaler Rechtsnormen unbeachtet lässt, auf internationaler Ebene gefunden werden müssen.[714] Die Notwendigkeit zu einer grundlegenden Modernisierung des deutschen Datenschutzrechts ergibt sich hierbei nicht nur aus der dynamischen Technikentwicklung und zunehmenden Internationalisierung der Datenverarbeitung, die Kontrollverluste für den Betroffenen selbst und den jeweiligen Nationalstaat zur Folge haben. Auch führt das Nebeneinander von unterschiedlichen bereichsspezifischen Regelungen zum Datenschutz für ein und denselben Sachverhalt, nämlich die Nutzung globaler Netze wie dem Internet, zu einer ungewollten Intransparenz und somit zu Rechtsunsicherheiten. Dies ist umso vehementer zu vermeiden, da der Datenschutz als wichtiger Vertrauens- und Akzeptanzfaktor bei Anwendungen des *E-Commerce* oder des *E-Government* gilt.

Auch müssen die Vorschläge zur Reform des deutschen Datenschutzrechts mit den berechtigten Interessen staatlicher Instanzen auf Sammlung und Auswertung personenbezogener Daten nach den Ereignissen des 11. September 2001 und den in deren Folge ausgeweiteten

---

[712] Vgl. ENGEL-FLECHSIG (1999), S. 17.

[713] Vgl. hierzu die Evaluierungsberichte der Bundesregierung über die Erfahrungen und Entwicklungen bei den neuen Informations- und Kommunikationsdiensten, z.B. BUNDESREGIERUNG (1999).

[714] Vgl. BRÄUTIGAM (1997), Abschnitt 5.

Überwachungsbefugnissen vereinbar sein, sofern die für einen Rechtsstaat notwendige Unterscheidung zwischen der Überwachung als Ausnahmesituation und der unüberwachten Normalsituation aufrecht erhalten bleibt. Eine an der Freiheit des Einzelnen orientierte Gesellschaftsentwicklung wird jedoch dann gefährdet, wenn diese von der Ausnahmesituation her fortentwickelt wird und die Freiheit einer vermeintlichen Sicherheit durch Überwachung geopfert wird.[715]

---

[715] Vgl. hierzu auch ROßNAGEL (2002c), Kapitel 7.

5 Gestaltungsansatz für vertrauenswürdige computergestützte Informationssysteme

Die vorangegangenen Ausführungen haben aufgezeigt, dass sowohl die Sicherheit als materielle Gestaltungsanforderung an computergestützte Informationssysteme (Kapitel 3) als auch der Datenschutz als rechtliche Gestaltungsanforderung (Kapitel 4) von essentieller Bedeutung für den Einzelnen und die Gesellschaft sind. Die intensive Auseinandersetzung mit beiden Aspekten bildet die Grundlage für die Entwicklung eines Gestaltungsansatzes, der es ermöglicht, beide Anforderungen an computergestützte Informationssystemen derart zu berücksichtigen, dass das entstehende computergestützte Informationssystem als vertrauenswürdig bezeichnet werden kann. Hierzu wird im Folgenden zunächst die Grundstruktur des entwickelten Gestaltungsansatzes für vertrauenswürdige computergestützte Informationssysteme vorgestellt, um anschließend dessen einzelne Elemente zu erläutern.

5.1 Grundstruktur eines Bezugsrahmens für die Gestaltung von vertrauenswürdigen computergestützten Informationssystemen

Allgemein beschäftigt sich **Gestaltung** mit der Frage, „wie Objekte beschaffen sein sollen bzw. wie Artefakte zu konstruieren sind, mit deren Hilfe bestimmte Ziele erreicht werden sollen."[716] Mit dem Begriff der Gestaltung von computergestützten Informationssystemen wird demnach eine Menge von sowohl gedanklichen als auch physischen Aktivitäten bezeichnet, die einer planmäßigen Entstehung oder Veränderung eines computergestützten Informationssystems – d.h. seiner Subsysteme und deren Beziehungen – dient. Dabei beinhaltet der Gestaltungsbegriff sowohl Prozesse der Entwicklung und des Aufbaus (Neugestaltung) als auch der Veränderung (Neugestaltung, *Reengineering*) von computergestützten Informationssystemen.[717] Von **Planmäßigkeit** kann – in Anlehnung an die organisatorische Gestaltung – dann gesprochen werden, wenn Entstehung und Veränderung eines computergestützten Informationssystems bewusst, zielgerichtet und systematisch durchgeführt wird.[718] Soweit umfasst die Gestaltung alle Aktivitäten, welche die Planung, Steuerung, Organisation, Realisierung und Kontrolle (Evaluation) der – allgemein gesprochen – Lösung von Problemen (durch computergestützte Informationssysteme) und beinhaltet damit sowohl Führungs- als auch Durchführungsaufgaben.[719] Die im Rahmen des Auf- und Umbaus computergestützter Informationssysteme benutzten systematischen und planmäßigen Verfahren und Vorgehensweisen zur

---

[716] SIMON (1978), S. 20 f.

[717] Vgl. hierzu REIF-MOSEL (2000), S. 139 f. Allgemein zur Struktur von computergestützten Informationssystemen im systemtheoretischen Sinn vgl. Abschnitt 2.2.1.

[718] Vgl. hierzu HILL/FEHLBAUM/ULRICH (1992), S. 493.

[719] So auch REIF-MOSEL (2000), S. 140. BLEICHER (1992), Sp. 1891 bezeichnet die (organisatorische) Gestaltung als einen zyklischen Prozess der Anpassung der (Organisations-) Struktur (hier: das computergestützte Informationssystem) an die Unternehmensentwicklung. Zur Abgrenzung von Führungs- und Durchführungsaufgaben im Rahmen des Informationsmanagements vgl. Abschnitt 2.3.1.

Lösung des Gestaltungsproblems werden hierbei als **Gestaltungsmethoden** bezeichnet.[720] Der Problemkomplex der Gestaltung lässt sich in folgende Teilprobleme strukturieren:[721]

- Mit dem Aufstellen von **Gestaltungszielen** werden Aussagen über zu erstrebende (d.h. normativ bewertete) zukünftige Zustände des Betrachtungsgegenstandes getätigt. Diese Ziele bilden eine notwendige Prämisse für eine rationale Systemgestaltung, da hiermit sowohl eine Beurteilung der Effektivität und Effizienz einzelner Gestaltungsmaßnahmen anhand ihres jeweiligen Zielerfüllungsbeitrags als auch des Gestaltungsergebnisses insgesamt erfolgen kann.

- Durch die Auswahl von (Aktions-) **Parametern** zur Gestaltung werden jene Instrumente bestimmt, durch deren Einsatz die Gestaltungsziele erreicht werden sollen.

- Mit der Identifikation von **Restriktionen** werden jene Bedingungen der Gestaltung aufgezeigt, die im Rahmen des Gestaltungsprozesses nicht (direkt) beeinflussbar sind und damit den Gestaltungsspielraum einengen.

Der in Abb. 5-1 dargestellte Bezugsrahmen zeigt die Möglichkeiten der Gestaltung von vertrauenswürdigen computergestützten Informationssystemen auf, indem neben den Gestaltungszielen auch ausgewählte, relevante Aktions- und Restriktionsparameter systematisiert werden. Somit liegt die **Funktion des Bezugsrahmens** darin, (1) einen Überblick über die Gestaltungsebenen und -elemente von vertrauenswürdigen computergestützten Informationssystemen zu vermitteln und (2) die einzelnen Elemente und deren Gestaltungsparameter bzw. -restriktionen aufzuzeigen, um auf diese Weise das Vorgehen bei der Gestaltung von vertrauenswürdigen computergestützten Informationssystemen zu systematisieren.

---

[720] Vgl. hierzu KNITTEL/REIF-MOSEL (1998), S. 3.
[721] Vgl. zum Folgenden GROCHLA (1980), Sp. 1834 ff., HILL/FEHLBAUM/ULRICH (1994), S. 27, REIF-MOSEL (2000), S. 141.

Gestaltungsansatz für vertrauenswürdige computergestützte Informationssysteme   181

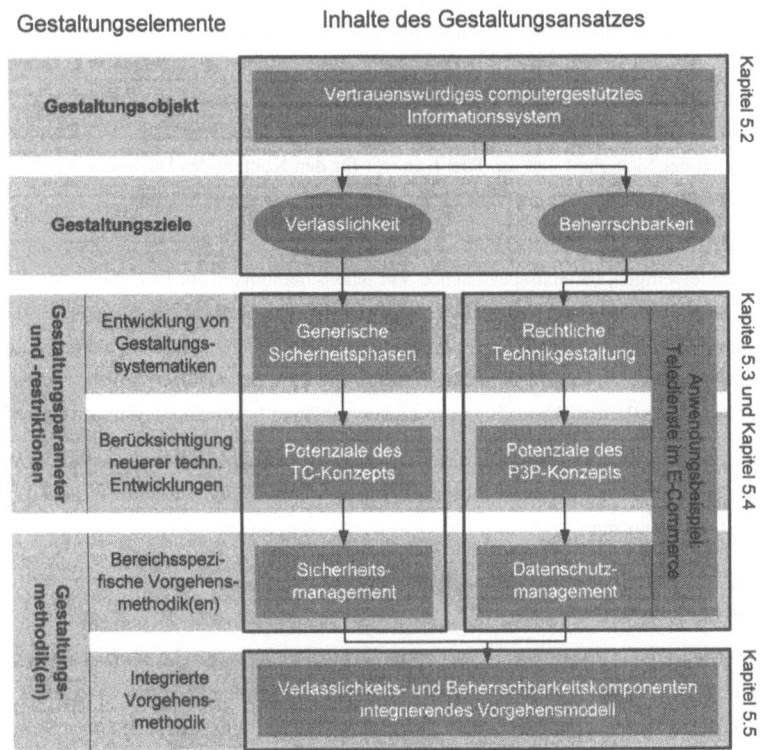

Abb. 5-1: Struktur des Bezugsrahmens für die Gestaltung von vertrauenswürdigen computergestützten Informationssystemen

Als Gestaltungsobjekt wird im Rahmen dieser Arbeit das in Kapitel 2 dargestellte computergestützte Informationssystem identifiziert, das sich durch die spezielle Eigenschaft der Vertrauenswürdigkeit auszeichnet. Hierzu wird zunächst der Begriff der Vertrauenswürdigkeit von computergestützten Informationssystemen entwickelt, indem dessen konstituierende Elemente – nämlich die Verlässlichkeit aus dem Bereich der Sicherheit und die Beherrschbarkeit aus dem Datenschutzkontext – als Gestaltungsziele von computergestützten Informationssystemen abgeleitet werden.

Gestaltungsparameter und -restriktionen finden zum einen Berücksichtigung in der Entwicklung von handlungsführenden Systematiken zur Gestaltung der jeweiligen Problembereiche: Aus der Perspektive der Verlässlichkeit werden generische Sicherheitsphasen zur Nutzung von computergestützten Informationssystemen und aus der Sicht der Beherrschbarkeit und des Systemdatenschutzes die Anforderungen zur rechtlichen Gestaltung der Nutzung von computergestützten Informationssystemen identifiziert.[722] Hierzu wird für die Systematik zur rechtlichen Technikgestaltung als gestaltungsleitendes Beispiel die Nutzung von Telediensten aus dem Bereich des *E-Commerce* gewählt.[723] Zum anderen werden die Potenziale neuerer technischer Entwicklungen – wie sie beispielhaft das *Trusted Computing* (TC)-Konzept für den Bereich der Sicherheit und das P3P-Konzept für den Kontext des Datenschutzes bieten – in die Gestaltungsmöglichkeiten einbezogen.

Zur Unterstützung der Planmäßigkeit des Gestaltungsprozesses werden in einem weiteren Schritt die jeweiligen, bereichsspezifischen Vorgehensmethodiken zur Erreichung des jeweils angestrebten Gestaltungsziels vorgestellt. Hierbei dient das Sicherheitsmanagement als systematische Gestaltungsmethodik zur Etablierung von Verlässlichkeit in computergestützte Informationssysteme, während Datenschutzmanagement eine planmäßige Vorgehensweise zur Unterstützung der Beherrschbarkeit von computergestützten Informationssystemen darstellt.

Den Abschluss bildet die Entwicklung einer Gestaltungsmethodik, die beide Gestaltungsziele in einer integrierenden Vorgehensweise miteinander verbindet, um auf diese Weise synergetische Effekte zu nutzen.

5.2 Der Begriff des vertrauenswürdigen computergestützten Informationssystems

Vor dem Hintergrund einer dynamischen Technikentwicklung ist bereits durch die entsprechende Gestaltung der Struktur eines computergestützten Informationssystems, in welchem personenbezogene Daten verarbeitet werden, neben der Gewährleistung einer sicheren Verarbeitung dieser Daten auch einer unzulässigen Datenverwendung vorzubeugen, um so die informationelle Selbstbestimmung von Nutzern sicherzustellen. So umfasst der im Rahmen dieser Arbeit hergeleitete Begriff der Sicherheit von computergestützten Informationssystemen nicht nur technische Aspekte, sondern bezieht explizit auch eine rechtlich-organisatorische Perspektive in die Betrachtung ein:[724] Sicherheit wird hierbei zum einen im Kontext der jeweiligen vom (von) Nutzer(n) zu bearbeitenden Aufgabenstellung und der damit verbundenen organisatorischen Aspekte verstanden. Zum anderen ist auch die Einhaltung von rechtlichen Rahmenbedingungen (insbesondere datenschutzrechtlicher Vorschriften), die den Einsatz von computergestützten Informationssystemen betreffen, von großer Bedeutung für die Akzeptanz dieser Systeme. Die jeweilige Ausgestaltung dieses ganzheitlich orientierten Sicherheitsbegriffs, d.h. die Wirksamkeit der zur Erfüllung vorgegebener Sicherheitsziele eingesetzten Maßnahmen, deren korrekte Umsetzung im Rahmen des Entwicklungsprozesses für

---

[722] Zum Begriff des Systemdatenschutzes vgl. Abschnitt 4.3.2.2.
[723] Zum Begriff der Teledienste vgl. Abschnitt 4.2.3.2.1.
[724] Vgl. hierzu Abschnitt 3.1.1 in dieser Arbeit.

computergestützte Informationssysteme und die Beachtung datenschutzrechtlicher Gestaltungsanforderungen bestimmt die **Vertrauenswürdigkeit** des computergestützten Informationssystems in der Wahrnehmung des Nutzers.[725] Dabei kann mit dem Begriff der Vertrauenswürdigkeit diejenige Eigenschaft von computergestützten Informationssystemen beschrieben werden, welche die primären Interessen sowohl der Nutzer – z.B. Kunden, die einen Teledienst im Rahmen einer *E-Commerce*-Anwendung nutzen – als auch der Anbieter dieses Dienstes (den Systembetreibern) berücksichtigt (vgl. Abb. 5-2).[726]

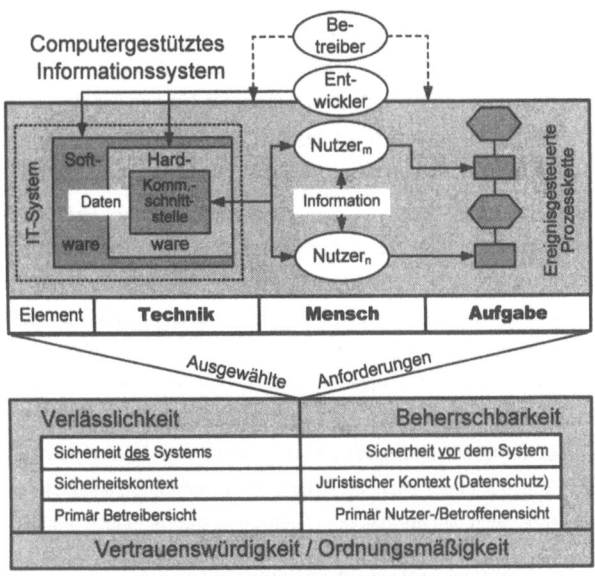

Abb. 5-2: **Anforderungen an ein vertrauenswürdiges computergestütztes Informationssystem**

Die Vertrauenswürdigkeit von computergestützten Informationssystemen definiert sich dabei über zwei wesentliche Aspekte, die den Begriff der Sicherheit computergestützter Informa-

---

[725] Zur Unterstützung der Wahrnehmbarkeit dieser Eigenschaft computergestützter Informationssysteme durch den Nutzer können die Betreiber dieser Systeme im Rahmen einer Sicherheits-Zertifizierung bzw. eines Datenschutzaudits (vgl. hierzu Abschnitt 3.3.2 dieser Arbeit) Gütesiegel erlangen, welche dem Nutzer signalisieren, dass das von ihm z.B. im Rahmen eines Teledienstes genutzte computergestützte Informationssystem nicht gegen bestehende Datenschutzbestimmungen verstößt. Vgl. zu Gütesiegeln im Bereich des Datenschutzes DIEK (2002), S. 157 ff., HLADJK (2002a), S. 597 ff., HLADJK (2002b), S. 672 ff., HANSEN/ PROBST (2002), S. 163 ff.,

[726] Ein in diesem Kontext in ähnlicher Weise verwendeter Ausdruck ist der Begriff der Ordnungsmäßigkeit, der in Anlehnung an die Grundsätze ordnungsmäßiger DV-gestützter Buchführungssysteme (GoBS) eher die Nachvollziehbarkeit der it-gestützten Erfassung und Verarbeitung von Geschäftsvorfällen im Rahmen der Tätigkeiten der DV-Revision beschreibt. Vgl. hierzu auch Abschnitt 3.1.1.

tionssysteme aus zwei unterschiedlichen Perspektiven konkretisieren, die zum einen Betreiber- zum anderen Nutzerinteressen widerspiegeln:

(1) Mit der **Verlässlichkeit** wird diejenige Eigenschaft eines computergestützten Informationssystems beschrieben, jederzeit eine definierte Funktionalität zu gewährleisten, d.h. keine unzulässigen Systemzustände anzunehmen bzw. spezifizierte Funktionen zeitgerecht und in definierter Qualität zu erbringen. Mit Verlässlichkeit wird damit primär der Sicherheitskontext im Sinne einer technischen Funktionsfähigkeit aus Sicht des Systembetreibers bezeichnet.

(2) Die Perspektive des Nutzers bzw. Betroffenen wird dagegen mit dem Begriff der **Beherrschbarkeit** eingenommen, der den Schutz des Nutzers vor einer Beeinträchtigung seines informationellen Selbstbestimmungsrechts durch eine unzulässige – d.h. nicht normkonforme – Systemfunktionalität und deren Auswirkungen beschreibt.

Gestaltungsanforderungen, die sich aus dem Gestaltungsziel der Verlässlichkeit ergeben, werden i.d.R. durch die Definition von Sicherheitszielen für das betrachtete computergestützte Informationssystem und dessen Anwendungskontext konkretisiert.[727] Zur Umsetzung der Anforderung der Beherrschbarkeit von vertrauenswürdigen computergestützten Informationssystemen können neuere Regelungsansätze im novellierten Datenschutzrecht aufgegriffen werden, wie sie in Abschnitt 4.3 vorgestellt wurden. Hierzu werden mit dem Konzept des Systemdatenschutzes alle die Vorgaben zur Datenvermeidung bzw. -sparsamkeit zusammengefasst, die sich auf die technisch-organisatorische Gestaltung des computergestützten Informationssystems mit dem Ziel beziehen, die Erhebung, Verarbeitung und Nutzung personenbezogener Daten entsprechend den normativen Datenschutzanforderungen umzusetzen.[728]

5.3 Komponenten zur Unterstützung der Verlässlichkeit von computergestützten Informationssystemen

In diesem Abschnitt werden – aufbauend auf den Ausführungen des dritten Kapitels – jene Komponenten von computergestützten Informationssystemen identifiziert, die einen essentiellen Beitrag zu deren Verlässlichkeit leisten. Hierzu werden zunächst ausgewählte Gestaltungsanforderungen aus dem Bereich der Verlässlichkeit definiert, indem generische Sicherheitsphasen der Systemnutzung herausgearbeitet werden. Anschließend wird mit dem *Trusted Computing*-Konzept ein potenzieller, aktueller Aktionsparameter für die Gestaltung von verlässlichkeitskonformen computergestützten Informationssystemen vorgestellt. Zum Ende des Abschnitts wird mit dem Sicherheitsmanagement eine Gestaltungsmethodik aufgezeigt, die

---

[727] Zu möglichen Sicherheitszielen (wie z.B. Verfügbarkeit, Vertraulichkeit, Integrität und Verbindlichkeit) vgl. Abschnitt 3.1.2.

[728] Zum Begriff des Systemdatenschutzes vgl. ROßNAGEL/PFITZMANN/GARSTKA (2001), S. 39 f., ENZMANN/ SCHOLZ (2002), S. 74 und Abschnitt 4.3.2.2 dieser Arbeit.

ein planmäßiges Vorgehen zum Aufbau bzw. Umbau von verlässlichen computergestützten Informationssystemen ermöglicht.

5.3.1 Ausgewählte Gestaltungsanforderungen an verlässliche computergestützte Informationssysteme

Der ordnungsgemäße Betrieb von computergestützten Informationssystemen erfordert eine vom Betreiber festgelegte Definition der für die Aufgabenerfüllung im jeweiligen Anwendungskontext erlaubten Systemnutzungen. Umgekehrt sind alle nicht dieser Festlegung entsprechenden Nutzungen *a priori* als unberechtigt einzustufen und zur Wahrung der Verlässlichkeit des computergestützten Informationssystems zu unterbinden. Hierzu wird im Rahmen eines **Berechtigungskonzepts** festgelegt, welche Instanzen auf welche Art und Weise auf die für sie vorgesehenen Ressourcen des computergestützten Informationssystems zugreifen dürfen.[729] Als **Instanzen** können in diesem Zusammenhang sowohl Nutzer im Rahmen ihrer Aufgabenerfüllung als auch softwaretechnische Prozesse (Anwendungen und Dienste) identifiziert werden:

- Als Nutzer eines computergestützten Informationssystems werden alle **Subjekte** bezeichnet, die mit Hilfe von **Funktionen** aktiv auf als passiv geltende **Objekte** des computergestützten Informationssystems (z.B. Daten in Form von Dokumenten, Anwendungen, Hardware-Ressourcen wie z.B. Drucker) zugreifen und diese damit nutzen. Objekte als passive Entitäten werden in diesem Zusammenhang auch als Berechtigungsobjekte bezeichnet (vgl. Abb. 5-3).[730]

---

[729] Ein Berechtigungskonzept definiert nach HOPPE/PRIEB (2003), S. 213 Rechte in Form von Regeln, welche die Handlungsspielräume von Instanzen bei der Nutzung eines computergestützten Informationssystems festlegen.

[730] Nach GRIMM (1994), S. 101 sind Subjekte, Objekte und Funktionen Bezeichnungen, die sich allgemein auf Handlungen beziehen. Subjekte sind dabei jene aktiven Entitäten in Handlungen, die auf Objekte als passive Einheiten zugreifen und sie erzeugen, löschen, verändern oder Informationen aus ihnen ableiten. Funktionen sind hierbei jene Handlungsregeln, mit denen für vorgegebene Objekte ein definierter Effekt erzielt werden kann.

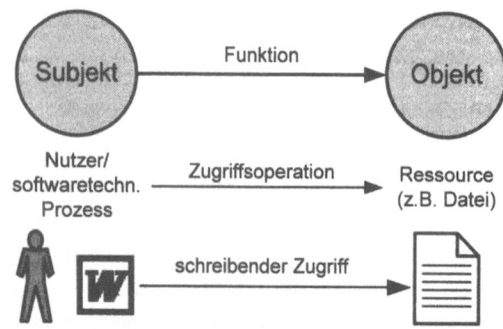

Abb. 5-3: Subjekte und Objekte als Instanzen eines computergestützten Informationssystems

- Softwaretechnische Prozesse weisen einen dualistischen Charakter auf, da sie im Rahmen der Nutzung eines computergestützten Informationssystems sowohl als aktive Subjekte als auch als passive Objekte auftreten können: So kann bei einer *Client-Server*-Architektur[731] ein und derselbe softwaretechnische Prozess sowohl als Auftraggeber (*Client*), der aktiv eine Dienstleistung einfordert, als auch als Dienstleister (*Server*) auftreten. Der *Client*-Prozess stellt in der hier verwendeten Terminologie ein Subjekt dar, das aktiv den *Server*-Prozess, der in diesem Zusammenhang als Objekt fungiert, nutzt.

Für eine berechtigte und damit gewollte Nutzung des computergestützten Informationssystems ist es zunächst notwendig, die Identität jener Instanz, die Zugang zum computergestützten Informationssystem sucht, festzustellen und zu überprüfen. Anschließend werden jenen Instanzen, welche als nutzungsberechtigt identifiziert wurden, die für ihre Aufgabenerfüllung notwendigen Nutzungsrechte an den Ressourcen des computergestützten Informationssystems zugewiesen. Dementsprechend können im Rahmen des Berechtigungskonzepts drei generi-

---

[731] Unter einer *Client-Server*-Architektur versteht man nach HANSEN/NEUMANN (2002), S. 162 ff. eine kooperative Form der Informationsverarbeitung, bei der sich einander ergänzende Softwarekomponenten einer Anwendung auf unterschiedliche, durch ein Netzwerk verbundene Rechner aufgeteilt werden. Dabei kommt es zu einer bestimmten Rollenaufteilung innerhalb der Anwendung in diensteanfordernde (*Client*) und dienstebringende Teile (*Server*). Der Server stellt dementsprechend eine oder mehrere Dienste in Form von Funktionen (z.B. Druckfunktionen bei einem Druckserver oder Datenbankfunktionen bei einem Datenbankserver) zur Verfügung, die dann von den Clients über das Netzwerk aufgerufen werden können. Eine weit verbreitete *Client-Server*-Architektur ist das z.B. das *World Wide Web* (WWW) als ein Dienst des Internet. Die Datenhaltung (d.h. der Quellcode für die Webseiten in der dafür vorgesehenen Programmiersprache HTML) erfolgt auf WWW-Servern, während die graphische Aufbereitung (Darstellung der Webseite) in den WWW-Clients (i.d.R. *Webbrowsern*) stattfindet. Die Kommunikation zwischen *Client* und *Server* erfolgt dabei über das Internet mit Hilfe des HTTP-Protokolls.

sche, aufeinander aufbauende Phasen einer verlässlichkeitskonformen Nutzung unterschieden werden (vgl. Abb. 5-4):[732]

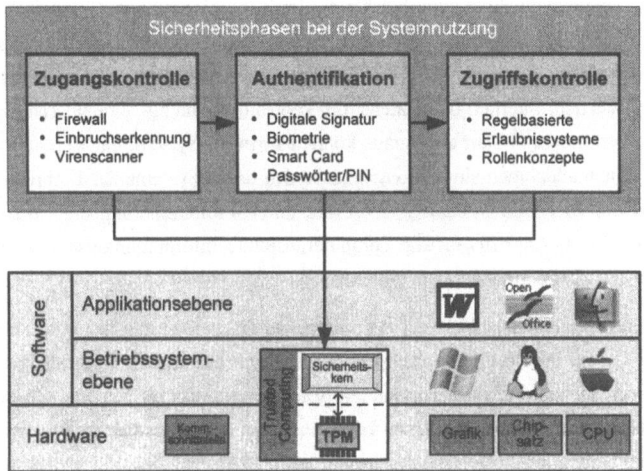

Abb. 5-4: Generische Sicherheitsphasen bei der Nutzung von computergestützten Informationssystemen

- Das Ziel der **Zugangskontrolle** besteht darin, auf logischer Ebene zu verhindern, dass unberechtigte Instanzen in die Lage versetzt werden, Ressourcen des computergestützten Informationssystems zu nutzen.[733] In diesem Zusammenhang ist insbesondere das Eindringen von als *Malware* bezeichneten Programmen (wie z.B. Viren), die i.d.R. vom Nutzer unbemerkt in das computergestützte Informationssystem gelangen und dort unerwünschte (meist schädigende) Funktionen ausüben, durch den Einsatz entsprechender Überwachungsprogramme (wie Virenscanner) zu verhindern.[734] Während *Malware* i.d.R. passiv in das computergestützte Informationssystem gelangt, indem eine berechtigte Instanz zwar unbewusst, aber dennoch durch eine aktive Handlung ein für das computergestützte Infor-

---

[732] Die hier vorgestellten Phasen werden als generisch bezeichnet, weil sie (1) als Schablone für jede Ausprägung eines computergestützten Informationssystems anwendbar sind und (2) die zu erbringende Sicherheitsfunktionalität in Abhängigkeit von der Einsatzumgebung des computergestützten Informationssystems und der erwünschten Qualität durch unterschiedliche, substituierbare Verfahren erbracht werden kann. Ein ähnlicher Ansatz ist zu finden bei MÜLLER/EYMANN/KREUTZER (2003), S. 408.

[733] Vom Zugang ist der Begriff des **Zutritts** abzugrenzen. Dieser ist in einem räumlich-physischen Sinn zu verstehen und bezieht sich auf das reale Betreten eines Raumes, in dem sich Komponenten eines computergestützten Informationssystems befinden, durch eine Person. Dementsprechend beschränken sich die Sicherheitsmaßnahmen im Bereich des Zutritts auf die Verhinderung des realen Betretens durch z.B. Sicherheitsschlösser. In (offen) vernetzten computergestützten Informationssystemen ist diese Form der physischen Abschottung nicht zieladäquat, da hier der Zugang auf logischer Ebene über Netzwerkverbindungen stattfinden kann und somit den physischen Zutritt unnötig macht. Vgl. hierzu auch Abschnitt 3.3.2.

[734] Zu den unterschiedlichen Ausprägungen von *Malware* vgl. Abschnitt 3.1.3.

mationssystem schädigendes Ereignis (z.b. durch Öffnen eines ungeprüften E-Mail-Anhangs) auslöst, muss die Zugangskontrolle auch ein aktives Eindringen von außen verhindern.[735] Als Schutzmaßnahme kann hierfür die Implementierung von *Firewall*-Systemen dienen, die als alleiniger Übergang zwischen einem internen und schutzbedürftigen Netzwerk des betrachteten computergestützten Informationssystems und offenen Kommunikationsnetzen (wie dem Internet) den Datenstrom kontrolliert und ggf. eine unerlaubte Kommunikation verhindert.[736] Darüber hinaus können *Firewall*-Systeme im Bereich der präventiven Schutzmaßnahmen sinnvoll ergänzt werden durch Systeme zur Einbruchserkennung (*Intrusion Detection Systems* – IDS), die durch Protokollierung und Analyse der Netzwerkaktivitäten Angriffe auf das computergestützte Informationssystem zeitnah erkennen und ggf. Abwehrmaßnahmen einleiten.[737]

- In der sich anschließenden Phase der **Authentifikation** werden alle Instanzen, die aktiv und direkt (d.h. auf dem dafür vorgesehenen Weg) Zugang zum computergestützten Informationssystem suchen, auf ihre Identität geprüft. Hierzu muss die Zugang suchende Instanz ihre behauptete Identität beweisen können. Da bei der Interaktion innerhalb elektronischer Kommunikationsnetze eine materielle Identitätsüberprüfung – wie dies mit einer identitätsbestätigenden Urkunde (z.B. einem Ausweis) in der physischen Welt möglich ist – nicht gegeben ist, müssen für den als virtuell bezeichneten Raum des Internet funktionsäquivalente Substitute für einen – dem elektronischen Medium angemessen – Identitätsnachweis gefunden werden. Grundsätzlich kann der Nachweis über eine behauptete Identität durch ein zweistufiges Verfahren erfolgen (vgl. Abb. 5-5):

---

[735] Dies zeigt sich – im übertragenden Sinn – auch bei der Betrachtung der etymologischen Bedeutung der als Trojanisches Pferd bekannten Systemanomalie, deren Name auf die List des Odysseus während des Trojanischen Krieges zurückgeht: Hätten die Trojaner das hölzerne Pferd vor den Schutzmauern ihrer Stadt nicht aktiv (wenn auch in bester Absicht: sie dachten, es sei ein Geschenk der Götter) in die Stadt gebracht, wäre dessen schadhafte Funktion, nämlich das Entladen feindlicher Griechen innerhalb der Stadtmauern, niemals wirksam geworden.
Diese Problematik verschärft sich mit der zunehmenden Verbreitung kabelloser, funkbasierter Kommunikationsnetze (wie z.B. WLAN), bei denen ein physischer Zugang zum Übertragungsmedium durch ein technisch einfach zu realisierendes Abhören der hierfür vorgesehenen Funkfrequenzen im Gegensatz zu kabelbasierten Netzwerken erheblich vereinfacht ist.

[736] Zu Aufbau und Aufgaben von *Firewall*-Systemen vgl. Abschnitt 3.2.1.3.

[737] *Intrusion Detection*-Systeme, die auch Funktionen zur automatischen Abwehr von Angriffen beinhalten, werden als *Intrusion Response*-Systeme bezeichnet. Vgl. hierzu auch Abschnitt 3.2.1.4.

Gestaltungsansatz für vertrauenswürdige computergestützte Informationssysteme 189

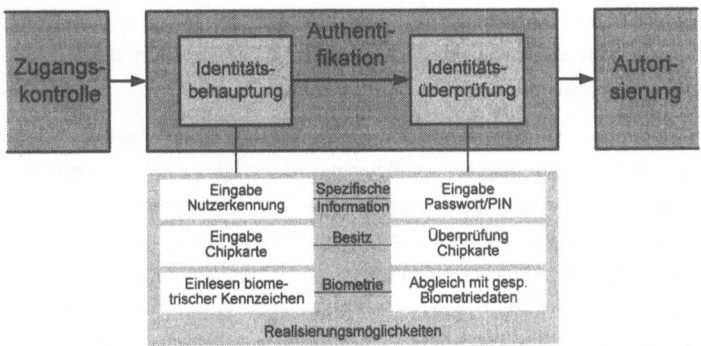

Abb. 5-5: Feststellung und Bestätigung der Identität von Zugang suchenden Instanzen im Rahmen der Authentifikation

In einem ersten Schritt wird zunächst im Dialog mit dem computergestützten Informationssystem eine Identität von der Zugang suchenden Instanz (Nutzer oder softwaretechnischer Prozess) behauptet. Dies kann z.b. durch Angabe einer Nutzerkennung oder – bei realen Personen – dem Einlesen biometrischer Merkmale erfolgen. In einem weiteren Schritt wird im Rahmen der Authentifikation diese behauptete Identität durch das computergestützte Informationssystem überprüft.

Zur Identitätsüberprüfung können unterschiedliche Techniken bzw. Verfahren implementiert werden: Grundsätzlich kann die Authentifizierung von Instanzen erfolgen anhand (1) der Abfrage spezifischer (d.h. nur dieser Identität bekannten bzw. zugehörigen) Information (wie dies z.b. bei der Eingabe einer Nutzerkennung und eines dazugehörigen Passworts oder einer persönlichen Identifikationsnummer – PIN – geschieht), (2) des Besitzes einer Sache (häufig ein physischer Gegenstand – *Token* genannt –, z.B. eine Chipkarte), der als Beweis der Identität gilt oder (3) der Überprüfung charakteristischer, personengebundener Merkmale (wie z.b. einem Fingerabdruck).[738] Die Authentifizierung softwaretechnischer Prozesse erfolgt hierbei i.d.R. entweder auf der Basis von Verschlüsselungsverfahren durch Abfrage spezifischer Information in Form eines kryptographischen Schlüssels oder durch den Besitz eines so genannten digitalen *Token*.[739] Die Authentifi-

---

[738] Darüber hinaus sind zur Authentifikation auch Kombinationen aus diesen grundsätzlichen Möglichkeiten denkbar, z.B. Besitz einer Chipkarte als Identitätsbehauptung und deren Überprüfung durch Einlesen biometrischer (d.h. individueller physiologischer) Merkmale.
Als Chipkarte werden in diesem Zusammenhang Plastikkarten bezeichnet, die einen Speicherbaustein (*Chip*) zur dauerhaften Aufnahme von Daten beinhalten. Ist zusätzlich noch ein Microprozessor auf der Karte implementiert, der Datenoperationen ermöglicht, wird von einer *Smartcard* gesprochen. Zu Chipkarten bzw. *Smartcards* vgl. u.a. HANSEN/NEUMANN (2002), S. 795 ff.

[739] Als digitale *Token* können z.B. **digitale Zertifikate** dienen, welche anhand eines kryptographischen Schlüssels die Identität des Zertifikatsinhabers bestätigen und so medienbruchfrei innerhalb des computergestützten Informationssystems genutzt werden können. Gemäß § 2 Nr. 6 SigG ist ein Zertifikat eine mit einer digi-

zierung ist eine notwendige Prämisse für die in der nächsten Phase durchzuführende Vergabe von Berechtigungen zur Nutzung von Ressourcen des computergestützten Informationssystems.[740]

- Nach der Feststellung und Bestätigung der Identität einer Zugang suchenden Instanz durch den Vorgang der Authentifizierung erfolgt im Rahmen der sich anschließenden Phase der **Autorisierung** die Zuweisung von Berechtigungen zur Nutzung derjenigen Ressourcen (Objekte) des computergestützten Informationssystems, welche die authentifizierte Instanz zur Aufgabenerfüllung benötigt. Als Berechtigung wird hierbei das konkrete Zugriffsrecht eines Subjekts (d.h. eines Nutzers oder eines softwaretechnischen Prozesses) auf ein Objekt (Ressource) des computergestützten Informationssystems genannt, wobei die Art des Zugriffs als Zugriffsoperation oder Aktivität bezeichnet wird.[741] Die Implementierung von Zugriffsrechten erfolgt in Form von Regeln, die als Parameter im Rahmen der Berechtigungsüberprüfung bei der Subjekt-Objekt-Beziehung (vgl. Abb. 5-3) geprüft werden.[742] Die Aufgabe der Rechteverwaltung im Rahmen der Autorisierung besteht

---

talen Signatur versehene Bescheinigung über die Zuordnung eines öffentlichen Signaturschlüssels zu einer Instanz. Zu digitalen Zertifikaten vgl. auch HOPPE/PRIEB (2003), S. 121 ff. Zu den Begriffen aus dem Bereich der Kryptographie vgl. Abschnitt 3.2.1.1 in dieser Arbeit.

[740] Um zu vermeiden, dass für die Nutzung unterschiedlicher Anwendungen und Dienste (z.B. Druckdienste) innerhalb eines computergestützten Informationssystems entsprechend mehrere Authentifikationsvorgänge durchgeführt werden müssen, können so genannte *Single-Sign-On*-Verfahren implementiert werden, welche die Authentifizierung von Instanzen zentral für mehrere Anwendungen und Dienste vornehmen. Hierbei erfolgt die Authentifizierung einmalig gegenüber einer zentralen Authentifizierungsinstanz, die dann alle weiteren, notwendigen Authentifizierungen innerhalb des computergestützten Informationssystems stellvertretend vornimmt. Als Beispiel für ein *Single-Sign-On*-Verfahren führen HOPPE/PRIEB (2003), S. 63 das am MIT entwickelte **Kerberos**-System an, das nach einmaliger Authentifikation ein digitales *Token* erzeugt, das die Nutzung unterschiedlicher Anwendungen und Dienste ohne erneute Authentifizierung ermöglicht. Vgl. zu Kerberos z.B. STALLINGS (2001), S. 115 ff. Ebenso bietet die integrierte betriebswirtschaftliche Standardsoftware SAP R/3 eine *Single-Sign-On*-Funktionalität, indem sich ein Nutzer über den Besitz einer Sache (in Form einer Chipkarte) und einer dazugehörigen Information (Passwort oder PIN) gegenüber der Instanz einer Sicherheitssoftware einmalig authentifiziert. Diese Instanz authentifiziert den Nutzer dann stellvertretend gegenüber den verschiedenen SAP R/3-Anwendungsservern, indem sie überprüft, ob sich die Chipkarte noch im Lesegerät befindet. Vgl. hierzu ausführlicher HORNBERGER/SCHNEIDER (2000), S. 1 ff.

[741] Vgl. hierzu u.a. SCHNEIDER (2000), S. 97, HOPPE/PRIEB (2003), S. 84.

[742] Hierbei können nach KEMPER/EICKLER (1997), S. 317 unterschiedliche Formen der Autorisierung unterschieden werden:
- Bei einer **positiven Autorisierung** sind grundsätzlich alle Zugriffe verboten, die nicht als erlaubt festgelegt wurden, während umgekehrt bei einer **negativen Autorisierung** grundsätzlich alle Zugriffe erlaubt sind, die nicht als verboten eingestuft wurden.
- Im Rahmen der **expliziten Autorisierung** wird für jeden erlaubten Zugriff eine Regel festgelegt. Die **implizite Autorisierung** hingegen bietet die Möglichkeit der Vererbung von Zugriffsrechten. Hierbei leiten sich die Zugriffsrechte aus einer Hierarchie von Subjekten bzw. Objekten ab.
- Eine **starke Autorisierung** legt spezifische Zugriffsregeln für einzelne Subjekte bzw. Objekte fest, während bei der **schwachen Autorisierung** Grundregeln für Zugriffsoperationen aufgestellt werden, welche als Art Voreinstellung für alle Subjekt-Objekt-Beziehungen gelten, die nicht über eine eigene Zugriffsregel verfügen.
- Bei zentraler Autorisierung werden Zugriffsberechtigungen durch eine zentrale Instanz vergeben, während bei **dezentraler Autorisierung** nach dem Eigentümerprinzip die Berechtigung zum Zugriff auf ein Objekt durch jenes Subjekt erfolgt, das als Eigentümer dieses Objekts gilt. Dies ist i.d.R. der Erzeuger des Objekts.

darin, Mechanismen zur Vergabe und Überprüfung der Zugriffsrechte von Subjekten auf Objekte des computergestützten Informationssystems bereitzustellen.[743]

Während Zutritts- und Zugangsberechtigungen einen dualistischen Charakter aufweisen (d.h. entweder bestehen sie oder nicht), kann bei der Autorisierung durch Festlegung unterschiedlicher Zugriffsoperationen eine Granularität erzeugt werden, die zu differenzierten Berechtigungen führt: Mit **Leserechten** wird Subjekten das Betrachten von Daten der Objekte (z.B. von Dokumentendateien) ermöglicht, während **Schreibrechte** darüber hinaus auch die Möglichkeit der Datenveränderung beinhalten.[744] **Ausführungsrechte** berechtigen ein Subjekt zum Ausführen (Starten) eines Anwendungsobjekts (Programm).

Als Darstellungsform von Zugriffsberechtigungen kann eine als Zugriffsmatrix bezeichnete Tabelle dienen, bei der in den Zeilen die zugriffsberechtigten Subjekte, in den Spalten die Systemobjekte und im Schnittpunkt von Zeile und Spalte die Art des Zugriffsrechts des Subjekts auf das entsprechende Objekt aufgeführt ist (vgl. Abb. 5-6):

Subjekt \ Objekt	Datei $_1$	Datei $_2$	Anwendung $_1$
Nutzer $_1$	L	S	A
Nutzer $_2$	S	–	A
Nutzer $_i$	L	S	–
Prozess $_1$	–	L	A
Prozess $_n$	L	L	–

Legende: L = Leserecht, S = Schreibrecht, A = Ausführungsrecht, – = kein Zugriffsrecht

Abb. 5-6: Zugriffsmatrix zur Darstellung der Berechtigungen von Subjekten an Objekten des computergestützten Informationssystems

Maßnahmen zur Zugangskontrolle, Authentifikation und Autorisierung können hierbei über die einzelnen, in Abb. 5-4 dargestellten Nutzungsebenen eines computergestützten Informationssystems (Anwendungs-, Betriebssystem- und Hardwareebene) hinaus ggf. auf Erweiterungen der hard- und softwaretechnischen (Sicherheits-) Funktionalität zurückgreifen, wie dies z.B. im Rahmen des *Trusted Computing*-Konzepts vorgesehen ist. Beim *Trusted Computing*-Konzept handelt es sich um einen offenen Industriestandard für unterschiedliche Formen von computergestützten Informationssystemen (wie z.B. PC's, PDA's, Smartphones), der so-

---

[743] Zu den grundlegenden Konzepten der Rechteverwaltung – wie z.B. *Discretionary Access Control* (DAC), *Mandantory Access Control* (MAC) oder *Role Based Access Control* (RBAC) – vgl. Abschnitt 3.2.1.2 dieser Arbeit.

[744] Objektveränderungen (z.B. eines Dokuments) durch ein Subjekt (z.B. einen Nutzer) finden i.d.R. über mathematisch-logische Operationen statt. Hierzu zählen u.a. das Hinzufügen, Löschen, Ändern, Übertragen oder Speichern von Daten des Objekts.

wohl eine Erweiterung der Hardwarekomponenten durch einen TPM genannten hoch integrierten Microchip als auch des benutzten Betriebssystems durch einen Sicherheitskern vorsieht, der die zusätzliche Funktionalität des TPM nutzt.[745]

5.3.2 Potenziale des *Trusted Computing*-Konzepts hinsichtlich der Verlässlichkeit von computergestützten Informationssystemen

Die Akzeptanz von it-gestützten Geschäftsprozessen bzw. it-unterstützten Dienstleistungen über offene Netze (z.b. in Form von *E-Commerce-*, *E-Government-*, *E-Learning*-Anwendungen) ist abhängig vom Vertrauen, das Kunden bzw. Nutzer in die zuverlässige Funktionsweise dieser computergestützten Informationssysteme setzen.[746] Im Oktober 1999 haben sich deshalb führende Unternehmen der IT-Branche (u.a. Intel™, HP™, Compaq™ und Microsoft™) in einer industriellen Arbeitsgruppe unter dem Namen *Trusted Computing Platform Alliance* (TCPA, mittlerweile umbenannt in *Trusted Computing Group* – TCG) mit dem Ziel zusammengeschlossen, eine sichere und damit – aus Sicht der TCG – vertrauensvolle (Rechner-) Plattform zu schaffen. Die erarbeitete Spezifikation sieht zunächst eine Erweiterung der Hardware beliebiger Clients (PC's, PDA's, Smartphones) durch ein so genanntes *Trusted Platform Module* (TPM) vor, dessen Aufgabe u.a. in der Bereitstellung kryptographischer Grundfunktionen sowie eines abgesicherten Speichers für kryptographische Schlüssel liegt.[747] Aufbauend auf der Funktionalität des TPM soll ein überprüfbar sicheres und damit für den Nutzer vertrauensvoll erscheinendes computergestütztes Informationssystem geschaffen werden. Dieses als *Trusted Computing* bezeichnete Konzept, das als offener Industriestandard spezifiziert wurde, sieht neben einer Erweiterung der hardwaretechnischen Komponenten eines computergestützten Informationssystems durch das TPM auch eine Anpassung des eingesetzten Betriebssystems vor.[748] Mit der Umsetzung des *Trusted Computing*-Konzepts sollen so genannte *Trusted Platforms* für unterschiedliche Formen von computergestützten Informationssystemen (z.B. Clients in Form von PC's, PDA's usw.) etabliert werden. Diese sollen neben

---

[745] Ausführlich zum *Trusted-Computing*-Konzept vgl. den folgenden Abschnitt.

[746] Komplexe Informationstechnik entzieht sich zunehmend der Einschätzung des Nutzers als ein transparentes Werkzeug. Die Ursache hierfür liegt u.a. in der unbekannten und vom Nutzer ungewollten Intention von als *Malware* bezeichneter Software: So setzen beispielsweise Computerviren bzw. so genannte Trojanische Pferde (vgl. hierzu Abschnitt 3.2.1.4) automatisiert und ohne Einwilligung des Nutzers und von diesem unbemerkt die Zielsetzungen von nicht-berechtigten dritten Instanzen (Angreifern) um. Das Verhalten von computergestützten Informationssystemen wird hierbei durch Systemanomalien beeinflusst, die sich nicht auf die konkrete Bedienung des berechtigten Nutzers zurückführen lassen. Vgl. hierzu auch KUHLMANN (2004), S. 546.

[747] Der aktuelle Stand der Spezifikation ist abrufbar unter http://www.trustedcomputinggroup.org.

[748] Hierbei ist die Nutzbarkeit der TPM-Funktionalität unabhängig vom jeweils für den Client eingesetzten Betriebssystem, auch wenn das Konzept des *Trusted Computing* bisher hauptsächlich mit Betriebssystemen der Firma Microsoft™ in Zusammenhang gebracht wird. So zeigt insbesondere die Entwicklung von *Trusted Computing*-konformen Sicherheitskernen für alternative, *Open-Source*-basierte Betriebssysteme (z.B. Linux) – vgl. hierzu z.B. GÜNNEWIG/SADEGHI/STÜBLE (2003a), S. 556 ff., SAILER/VAN DOORN/WARD (2004), S. 539 ff., SADEGHI/STÜBLE/POHLMANN (2004), S. 548 ff. – die Betriebssystemneutralität des *Trusted Computing*-Konzepts.

einer flexiblen (d.h. erweiterbaren) Funktionalität auch die Möglichkeit zur Authentifikation bieten, indem das computergestützte Informationssystem seine Unversehrtheit (Integrität) gegenüber dem lokalen Nutzer oder dritten Instanzen (z.B. Anbietern von digitalen Inhalten) beweisen kann.[749]

Beim TPM – als hardwaretechnische Kernkomponente des *Trusted Computing*-Konzepts – handelt es sich um einen hoch integrierten Sicherheitsbaustein in Form eines Co-Prozessors innerhalb des Clients (vgl. Abb. 5-4).[750] Dieser beinhaltet neben kryptographischen Funktionen (wie der Erzeugung bzw. Verifikation von digitalen Signaturen nach dem RSA-Verfahren, dem Generieren von Zufallszahlen und der Berechnung von Hashwerten) auch einen nicht-flüchtigen, gesicherten Speicher, der für kryptographische Schlüssel und die in Form von Hashwerten gespeicherten Systemzustände des Client vorgesehen ist.[751] Mit Hilfe dieser im TPM abgespeicherten und vom Systemhersteller *a priori* als integer festgelegten Systemzustände bestimmter Hardwarekomponenten ist es möglich, die hardwaretechnische Unversehrtheit (Integrität) des Clients festzustellen. Hierzu wird bei jedem Systemstart für diese Komponenten (z.B. BIOS, ROM-Bausteine, Bootsektor usw.) eine Prüfsummenbildung durch die Hashfunktionen des TPM vorgenommen und mit denen verglichen, die innerhalb des TPM in den so genannten *Platform Configuration Register* (PCR) vom Hersteller gespeichert sind (vgl. Abb. 5-7). So kann bei Nichtübereinstimmung von berechneten und gespeicherten Hashwerten festgestellt werden, ob Plattformkomponenten modifiziert, entfernt oder ersetzt wurden und damit der Client nicht mehr als *Trusted Platform* eingestuft wird.

---

[749] Somit wird mit dem Konzept der *Trusted Platforms* versucht, die jeweiligen Vorteile von so genannten offenen bzw. geschlossenen rechnergestützten Plattformen miteinander zu verbinden. Während offene rechnergestützte Plattformen (z.B. PC's, PDA's) aufgrund der jederzeit zusätzlich implementierbaren Software eine große Funktionalität und Flexibilität aufweisen, besitzen geschlossene rechnergestützte Plattformen (wie z.B. Bankautomaten, Digitaldecoder, Spielekonsolen) eine feste und daher begrenzte Funktionalität, da sie i.d.R. ein geschlossenes und ausgetestetes Softwaresystem besitzen, das u.U. lediglich durch so genannte *Firmware-Updates* zur Fehlerbehebung aktualisiert wird. Dafür besitzen geschlossene Plattformen einen fest definierten Zustand nach dem Systemstart und einen geheimen, hardware-basierten Kryptographieschlüssel, mit dessen Hilfe Authentifikationsfunktionen gegenüber Dritten (z.B. einer Bank) zur Verfügung gestellt werden können.

[750] Zur genauen technischen Spezifikation des TPM und dessen Funktionalität vgl. PEARSON (2003), S. 57 ff., PFITZNER (2003), S. 6 ff., BRANDL/ROSTECK (2004), S. 531 ff.

[751] Unter einem Hashwert versteht man den ‚digitalen Fingerabdruck' eines digitalen Objekts (z.B. eines Dokuments). Aufgrund der mathematischen Eigenschaften des zu ihrer Erzeugung verwendeten Verfahrens existieren idealtypisch keine zwei Objekte, die einen identischen Hashwert aufweisen. So kann eine (unzulässige) Veränderung eines betrachteten Objekts (hier der über bestimmte Hardwarekomponenten definierte Systemzustand einer rechnergestützten Plattform) durch einen vom urspüngligen Hashwert abweichenden Wert erkannt werden. Vgl. zu Hashverfahren Abschnitt 3.2.1.1.2.

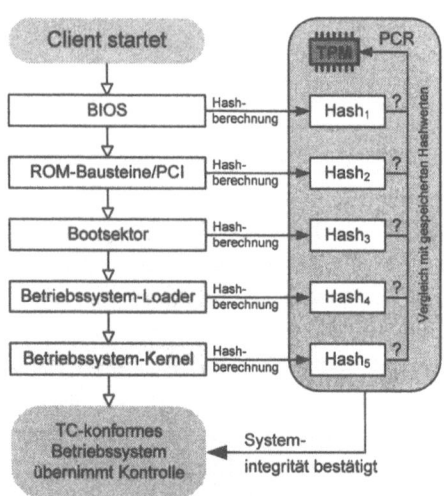

Abb. 5-7: Überprüfung der hardwaretechnischen Integrität des Clients beim Systemstart nach dem Trusted Computing-Konzept (Secure Boot)

Inwieweit die von TPM angebotenen Funktionen zur Etablierung von verlässlichen computergestützten Informationssystemen genutzt werden, ist primär von der Ausgestaltung des für diesen Client eingesetzten Betriebssystems abhängig: Mit einem um *Trusted Computing*-Funktionen erweiterten Betriebssystem kann eine von der TCG als *Chain-of-Trust* bezeichnete Sicherheitsfunktionalität erzeugt werden, die eine Authentifizierung und Beglaubigung des Clients sowohl gegenüber dem lokalen Nutzer (*Attestation* genannt) als auch über offene Netze gegenüber Dritten (als *Remote Attestation* bezeichnet) ermöglicht, indem diesen der aktuelle hardwaretechnische Sicherheitsstatus des Clients kommuniziert wird.[752] Aufbauend auf dieser Funktionalität kann in Verbindung mit einem entsprechend angepassten Betriebssystem über die im TPM gespeicherten und nur diesem eindeutig zugehörigen öffentlichen (und damit von außen zugänglichen) Schlüssel das TPM dazu benutzt werden, um digitale Objekte (z.B. Dokumente in Form von Dateien) über asymmetrische Verschlüsselung an eine spezifizierte und durch das TPM mittels Hashberechung überprüfbare Systemkonfiguration zu binden. Durch diese als Versiegelung (*Sealing*) bezeichnete Funktion wird eine digitale Rechteverwaltung hinsichtlich digitaler Objekte (DRM – *Digital Rights Management*)[753] ermöglicht,

---

[752] Das TPM, dem als vom Hersteller zertifizierten Hardware-Sicherheitsbaustein *a priori* vertraut wird, stellt hierbei die Wurzel (*Root-of-Trust*) der Sicherheitskette dar.

[753] Mit Systemen des DRM soll die Verbreitung und Nutzung von Programmen bzw. digitalen Inhalten an die Erfüllung von Bedingungen geknüpft werden. So können DRM-Systeme grundsätzlich (1) die Nichtkonsumierbarkeit nicht freigegebener bzw. bezahlter digitaler Inhalte gewährleisten (Schutz der Vertraulichkeit von Daten durch Verhinderung illegaler Kopien), (2) digitale Inhalte vor unautorisierter Veränderung schützen (Gewährleistung der Datenintegrität) und (3) die Identifizierbarkeit rechtlich geschützter Werke und

indem verhindert werden kann, dass diese Objekte auf einer anderen als der durch die entsprechenden Hashwerte spezifizierten Plattform funktionsfähig sind (vgl. Abb. 5-8).

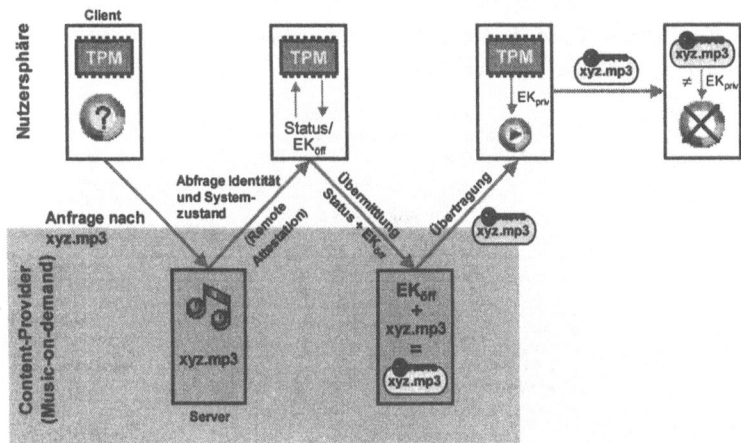

Abb. 5-8: *Digital Content Delivery* als Anwendungsszenario des *Trusted Computing*-Konzepts

So können z.B. Anbieter von digitalen Inhalten (*Content Provider*) mit Hilfe des öffentlichen Teils des eindeutig zu genau einem TPM gehörenden so genannten *Endorsement-Keys* $EK_{öff}$ digitale Inhalte an die individuelle Plattform des Kunden binden (versiegeln): Hierzu fragt z.B. ein *Music-on-demand*-Anbieter über *Remote Attestation* die in Form des $EK_{öff}$ gespeicherte Identität und den Systemzustand des anfragenden Clients im TPM des Kunden ab, der bei ihm einen bestimmten digitalen Inhalt (hier die Datei xyz.mp3) nachfragt. Soweit sich dieser als *Trusted Platform* erweist (d.h. der Systemzustand ist konform zu *Trusted Computing*-Spezifikation), verschlüsselt der *Content*-Anbieter die nachgefragte Datei im Rahmen eines asymmetrischen Verschlüsselungsverfahrens mit dem vom Client übermittelten $EK_{öff}$ und übersendet die verschlüsselte Datei an die Plattform des Kunden. *Trusted Computing*-konforme Anwendungsprogramme des Clients (hier der Windows Media Player™) sind nun als einzige in der Lage, mit Hilfe des nur ihnen zugänglichen privaten (geheimen) Teils des *Endorsement-Keys* (EK_{priv}) die übermittelte Datei zu entschlüsseln und dementsprechend zu benutzen. Eine Konsumierbarkeit der verschlüsselten Datei auf anderen Clients soll aufgrund

---

deren Urheber ermöglichen (Schutz der Authentizität der Daten). Vgl. PFITZMANN/FEDERRATH/KUHN (2002), S. 8 ff. Vgl. zum Themenkomplex von DRM-Systemen z.B. BECKER u.a. (2003), S. 8 ff., GRIMM (2003), S. 93 ff., KUHLEN (2003), S. 107 ff. Speziell zu DRM und *Trusted Computing* vgl. KUHLMANN/ GEHRING (2003), S. 178 ff., PFITZNER (2003), S. 19 ff., HANSEN (2004), S. 525 ff.

des dort nicht bekannten und ermittelbaren geheimen Schlüssels EK_{priv} faktisch ausgeschlossen werden.

Die dem *Trusted Computing*-Konzept zugrunde liegende Technologie zeichnet sich durch eine hohe Flexibilität bezüglich der Gestaltbarkeit von vertrauenswürdigen computergestützten Informationssystemen aus (vgl. Abb. 5-9).

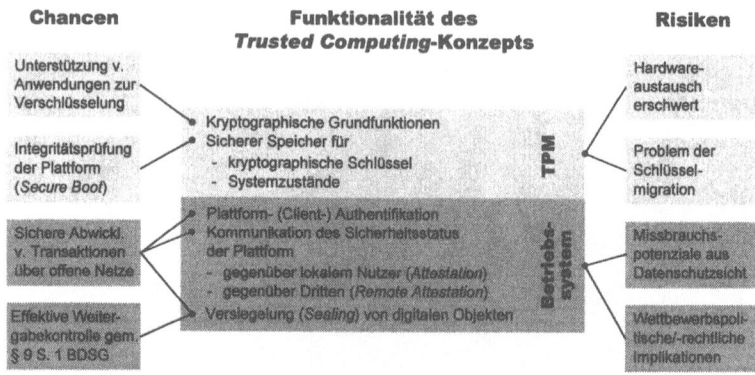

Abb. 5-9: Zusammenfassende Bewertung des *Trusted Computing*-Konzepts anhand ausgewählter Kriterien

Die Chancen und Risiken, die mit der Umsetzung des *Trusted Computing*-Konzepts verbunden sein können, sind primär von der Ausgestaltung des eingesetzten Betriebssystems abhängig:[754] Die hardwaretechnischen TPM-Funktionen können als nutzungs- und interessensneutral aufgefasst werden, da die Nutzung der TPM-Funktionalität als so genannte *opt-in*-Technik konzipiert ist, d.h. der Nutzer muss die TPM-Funktionen explizit aktivieren.[755] Als problematisch kann sich auf Ebene des TPM sowohl der Austausch von hardwaretechnischen Systemkomponenten erweisen, welche die Plattformintegrität betreffen, als auch die Übertragung (Migration) von kryptographischen Schlüsseln, die im TPM gespeichert sind, auf eine andere *Trusted Computing*-konforme Plattform.[756]

Darüber hinaus besteht – je nach Ausgestaltung des die Funktionalität des TPM nutzenden Betriebssystems – die Möglichkeit, die z.T. divergierenden Interessen von z.B. Software-Produzenten, Anbietern von digitalen Inhalten und dem Nutzer von computergestützten Informa-

---

[754] So auch GÜNNEWIG/SADEGHI/STÜBLE (2003b), S. 1.
[755] Vgl. SANDL (2004), S. 522.
[756] Vgl. PFITZNER (2003), S. 13 ff.

tionssystemen einseitig zu berücksichtigen.[757] Während die integritätssichernden Funktionen des TPM im Rahmen des *Secure Boot* (vgl. Abb. 5-7) die Systemsicherheit des Client positiv beeinflussen, sind aus datenschutzrechtlicher Sicht die durch ein *Trusted Computing*-konformes Betriebssystem für dritte Instanzen bereitgestellten Authentifikationsfunktionen als problematisch einzustufen, auch wenn – wie von Vertretern der TCG betont wird – mit der Funktion des *Remote Attestation* (vgl. Abb. 5-8) keine Nutzer-, sondern lediglich eine beglaubigte Clientidentifikation durchgeführt wird.[758] Darüber hinaus sind mit der Fortentwicklung des *Trusted Computing*-Konzepts auch wettbewerbspolitische und -rechtliche Implikationen zu beachten, da – wie die ART. 29-DATENSCHUTZGRUPPE betont – davon ausgegangen werden kann, dass sich *Trusted Computing* aufgrund der starken Marktposition der Mitglieder der TCG zu einem *de-facto*-Standard entwickeln kann.[759] Aus der Sicht der Gestaltung von vertrauenswürdigen computergestützten Informationssystemen ist neben den kryptographischen Grundfunktionen und dem sicheren Speicher für kryptographische Schlüssel aus datenschutzrechtlicher Hinsicht die Möglichkeit zur Versiegelung von digitalen Objekten von Bedeutung: So kann durch die Bindung von Dateien, die personenbezogene Daten enthalten, an ein durch das jeweilige TPM genau spezifiziertes computergestütztes Informationssystem eine durch die Anlage zu § 9 S. 1 Nr. 4 BDSG geforderte Weitergabekontrolle effektiv umgesetzt werden.[760]

---

[757] So können auf Grundlage der TPM-Funktionen realisierte DRM-Systeme z.B. dazu genutzt werden, effizient die Verwaltung und Kontrolle von Software-Lizenzen in einem Unternehmen durchzusetzen. Andererseits kann hiermit auch das Recht des Nutzers auf eine nach § 53 Abs. 1 UrhG erlaubte Privatkopie eines bezahlten digitalen Inhalts unterlaufen werden.

[758] In diesem Zusammenhang weisen DIX/PFITZNER (2003), S. 561 daraufhin, dass sich die Autonomie des Einzelnen im Rahmen seines informationellen und kommunikativen Selbstbestimmungsrechts nicht nur auf die Preisgabe seiner personenbezogenen Daten beschränkt. Sie beinhaltet auch, die Bedingungen einer Kommunikation (mit-)bestimmen zu können. Dies aber kann (je nach Ausgestaltung des eingesetzten Betriebssystems und der darauf aufsetzenden Anwendungsprogramme) nicht immer zugesichert werden. So auch DATENSCHUTZBEAUFTRAGTENKONFERENZ (2003), Abschnitt 4.

[759] Vgl. ART. 29-DATENSCHUTZGRUPPE (2004), S. 7. Mit einem faktischen Standard für Rechnerplattformen können Nutzer aufgrund der erhöhten Wechselkosten vom Umstieg auf konkurrierende Systemlösungen abgehalten werden. Damit könnte sich *Trusted Computing*-Kompatibilität zu einer Marktzutrittsschranke für entsprechende Produkte erweisen. Diese potenziellen Entwicklungen im Bereich des *Trusted Computing* weisen nach KOENIG/NEUMANN (2004), S. 555 zwei wettbewerbspolitisch und -rechtlich relevante Aspekte auf: Während die Erarbeitung der technischen Spezifikation durch das Industriekonsortium TCG auf das Spannungsfeld zwischen Standardisierung und kooperativer Wettbewerbsbeschränkung verweist, ist mit der Entwicklung eines *Trusted Computing*-konformen Betriebssystems durch die Firma Microsoft™ die Kontrolle von Betriebssystemfunktionen durch ein vertikal integriertes marktbeherrschendes Unternehmen angesprochen. Im Rahmen des EG-Kartellrechts ist bezüglich des Aspekts der technischen Spezifikation das in Art. 81 EG enthaltene grundsätzliche Kartellverbot zu prüfen, während Art. 82 EG den Missbrauch einer marktbeherrschenden Stellung – wie sie hinsichtlich der Betriebssystementwicklung möglich erscheint – behandelt.

[760] § 9 BDSG verpflichtet alle öffentlichen und nicht-öffentlichen Institutionen bei der Verarbeitung von personenbezogenen Daten zu technisch-organisatorischen Schutzmaßnahmen, die in einer Anlage spezifiziert werden. Mit der Weitergabekontrolle soll neben einer Vertraulichkeits- und Integritätssicherung von Dateien, die personenbezogene Daten enthalten, auch gewährleistet werden, dass diese Dateien nur an berechtigte Instanzen übersendet werden. Vgl. hierzu auch Abschnitt 3.3.2.

Insgesamt kann *Trusted Computing* als eine Chance begriffen werden, die Verlässlichkeit computergestützter Informationssysteme nachhaltig zu erhöhen, vorausgesetzt, das Vertrauen der Nutzer in diese neue Technologie kann angesichts deren technischen Komplexität und den daraus resultierenden Missbrauchsmöglichkeiten gewonnen werden.[761] Dies allerdings setzt wiederum eine transparente und die Interessen aller beteiligten Instanzen berücksichtigende Weiterentwicklung des *Trusted Computing*-Konzepts voraus. So sind insgesamt nicht nur aus der Perspektive der Systemsicherheit, sondern auch aus der Sicht des Datenschutzes die Bemühungen um eine sicherere rechnergestützte Plattform zu begrüssen, wenn es gelingt, das um *Trusted Computing*-Funktionalität erweiterte computergestützte Informationssystem so zu gestalten, dass es die autonomen Entscheidungen des Nutzers zuverlässig umsetzt.

5.3.3 Sicherheitsmanagement von computergestützten Informationssystemen

Die Komplexität und Kompliziertheit im Bereich der E-Anwendungen führt dazu, dass die Implementierung von Sicherheitseigenschaften in offen vernetzten computergestützen Informationssystemen ein methodisches Vorgehen bedingt, wie sich dies z.B. im Kontext des *Software Engineering* zur Entwicklung softwaretechnischer Systeme etabliert hat. Die in diesem Bereich benutzten Methodiken werden als Vorgehens- oder Prozessmodelle bezeichnet, die einen abstrakten Rahmen zur Benennung, Beschreibung und Anordnung von Tätigkeiten in einzelne, abgrenzbare Phasen der Software-Entwicklung zur Verfügung stellen und im Idealfall durch schrittweise Konkretisierung von zunächst abstrakten Anforderungen zu einem einsetzbaren Software-Produkt führen.[762] Das den **sequenziellen Phasenmodellen** zugrunde liegende Vorgehen beruht auf dem Prinzip, dass (1) für jede Phase definiert ist, welches Ergebnis jeweils erwartet wird und (2) mit einer Phase P_{t+1} erst begonnen werden kann, wenn die Phase P_t vollständig abgeschlossen ist. Eine strenge Befolgung dieses Prinzips hat zur Folge, dass Rückkopplungen zu früheren Phasen i.d.R. nicht vorgesehen sind und somit erst in einem späten Stadium des *Software Engineering*-Prozesses ein evaluierbares Produkt vorliegt.[763] Bei einer graphischen Darstellung des sequentiellen Vorgehensmodells wird aufgrund der nach unten gerichteten, kaskadenartigen Anordnung der einzelnen Phasen auch von einem **Wasser-**

---

[761] So auch SCHALLBRUCH (2004), S. 520.

[762] Die ingenieurmäßige Entwicklung von Software-Systemen beruht auf der Idee, dass die Organisation der Software-Entwicklung durch die Kontrolle des Fortschritts anhand von definierten Meilensteinen an festgelegten Zeitpunkten (Phasenabschluss) und die dadurch entstehende Eingriffsmöglichkeit auch zu besseren Produkten führen sollen, da hiermit auch komplexe Problemstellungen durch Zerlegung in Teilprobleme überschaubar bleiben. Hierzu wird zur Verminderung der Komplexität in einem als *Top-Down*-Dekomposition bezeichneten Vorgang mit der *Black Box*-Methode (vgl. hierzu auch Abschnitt 2.2.1) beschrieben, was das zu erstellende System leisten soll, während es zunächst unerheblich ist, wie diese Leistung erbracht werden soll. Diesem Zerlegungsprozess folgt in späteren Phasen eine Synthese der einzelnen Komponenten.

[763] Für das methodische Entwickeln von Software existieren in der Literatur neben dem sequenziellen Phasenmodell z.B. mit dem Spiralmodell, das als V-Modell bezeichnete Vorgehensmodell oder den *Prototyping*-Ansatz weitere Software-Entwicklungsmodelle. Vgl. hierzu z.B. BULLINGER/FÄHNRICH (1997), S. 11 ff., BALZERT (1998), S. 97 ff., PARTSCH (1998), S. 2 ff., SOMMERVILLE (2001), S. 56 ff., POMBERGER/ PREE (2004), S. 11 ff.

fallmodell gesprochen, um damit gleichzeitig zum Ausdruck zu bringen, dass keine Rückflüsse in frühere Phasen vorgesehen sind.[764]

Zur Etablierung von Sicherheitseigenschaften sowohl in bestehende computergestützte Informationssysteme durch einen *Re-Engineering*-Prozess als auch in völlig neu zu entwickelnde Systeme kann ein an den Sicherheitskontext adaptiertes und erweitertes Wasserfallmodell dienen, das durch klar definierte Phasenergebnisse und deren Überprüfung mit Rückkopplungsmöglichkeit die Nachteile der streng sequenziellen Vorgehensweise überwindet und zu einer inkrementellen Entwicklungsstrategie führt (vgl. Abb. 5-10):

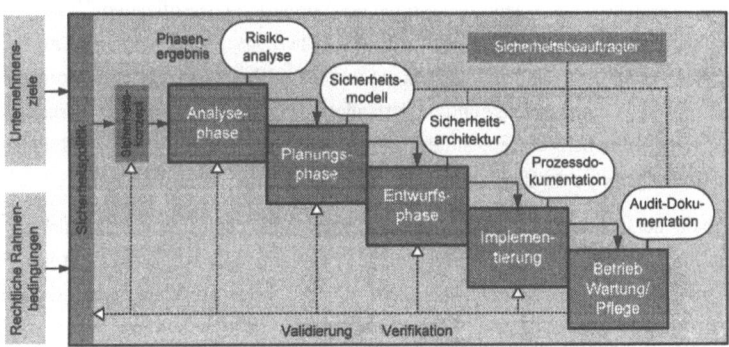

Abb. 5-10: **Phasen des Sicherheitsmanagements in Anlehnung an das Wasserfallmodell des *Software Engineering***

Die Kompliziertheit, die sich aus der Vielfalt möglicher Gefahren, denen ein computergestütztes Informationssystem ausgesetzt ist, und die Komplexität, die sich aus den potenziellen Abhängigkeiten verschiedener Sicherheitsmaßnahmen ergibt, erfordern ein systematisches Vorgehen, welches als **Sicherheitsmanagement** bezeichnet wird.[765] In einer funktionalen Abgrenzung werden hiermit alle Planungs- und Lenkungsaufgaben im Bereich der Sicherheit computergestützter Informationssysteme aufgefasst, die den einzelnen, in Abb. 5-10 skizzierten Phasen des Sicherheitsprozesses zugerechnet werden. In institutioneller Hinsicht kann das Sicherheitsmanagement als Querschnittsaufgabe des Informationsmanagements aufgefasst werden, die in der Person der/des Sicherheitsbeauftragten konstituiert wird. Das übergeordnete Ziel des Sicherheitsmanagements ist die Aufrechterhaltung der Leistungsfähigkeit der

---

[764] Den Vorteilen dieser Vorgehensweise – z.B. für den Softwareerstellungsprozess einen klaren Rahmen mit den wichtigsten Tätigkeiten zu definieren, der unabhängig von der Projektgröße und Komplexität des Anwendungsgebiets einen arbeitsteiligen Entwicklungsprozess ermöglicht – steht nach PERTSCH (1998), S. 3 f., POMBERGER/PREE (2004), S. 16 f. als Nachteil gegenüber, dass aufgrund der fehlenden Iterationsmöglichkeiten zwischen den Phasen sich Fehler erst spät festgestellt werden und sich u.U. verstärkt fortsetzen. Das streng sequenzielle Phasenmodell ist damit als eine vereinfachte Idealvorstellung vom Software-Entwicklungsprozess aufzufassen.

[765] Vgl. TEUFEL/SCHLIENGER (2000), S. 18 f., PETZEL (2002), S. 97, HOPPE/PRIEß (2003), S. 269.

Informationsfunktion i.s.e. kontinuierlichen und störungsfreien Betriebs der zugrunde liegenden Informationsinfrastruktur.[766] Die Festlegung der strategischen Ziele des Sicherheitsmanagements erfolgt hierbei durch die Unternehmensleitung in einer unternehmensspezifischen **Sicherheitspolitik**, die als ein Teilbereich der Unternehmenspolitik die Grundlage für alle Tätigkeiten innerhalb eines Unternehmens bildet, die darauf abzielen, die Sicherheit von computergestützten Informationssystemen im gesamten Unternehmen zu gewährleisten.[767] Im Rahmen der Sicherheitspolitik, die durch die allgemeinen Unternehmensziele und durch rechtliche Rahmenbedingungen beeinflusst wird, ist ein zu erreichendes Sicherheitsniveau als allgemeine, bereichs- und standortübergreifende Vorgabe zu spezifizieren.[768] Die in der Sicherheitspolitik festgeschriebenen, strategischen Sicherheitsziele werden in einem **Sicherheitskonzept** konkretisiert, indem – ausgehend von den globalen strategischen Vorgaben der Sicherheitspolitik – nun bereichs- und/oder standortbezogene Besonderheiten berücksichtigt werden.[769] Das Sicherheitskonzept bildet damit den Ausgangspunkt für die im Rahmen des Sicherheitsmanagements durchzuführenden Tätigkeiten:[770]

- Innerhalb der **Analysephase** findet eine Identifikation potenzieller Bedrohungen statt, denen die Sicherheit eines computergestützten Informationssystems ausgesetzt ist. Hierzu wird zunächst der Sicherheits-IST-Zustand, d.h. die schon implementierten Sicherheits-

---

[766] Vgl. SCHWARZE (1998), S. 68 und 255, HEINRICH (2002b), S. 278 ff., VOBBEIN (2002a), S. 9 ff., BSI (2003a), Abschnitt 3.0. Vgl. hierzu und insbesondere auch zur Abgrenzung zum Katastrophenmanagement Abschnitt 2.3.1. Zum Zusammenhang von Informationsmanagement und Sicherheit vgl. Abschnitt 2.3.2.

[767] Vgl. VOBBEIN (2002c), S. 27 f., HOPPE/PRIEB (2003), S. 281. Das BSI verwendet hierfür den Begriff **Sicherheitsleitlinie** statt Sicherheitspolitik, welche die zur Erreichung der Sicherheit von computergestützten Informationssystemen benötigten (Organisations-) Strukturen, Grundsätze und Richtlinien festlegt. Das BSI nennt als typische Aufgaben, die im Rahmen der Sicherheitspolitik bzw. -leitlinie festgelegt werden u.a. die Verhinderung oder Eingrenzung eines Imageverlustes des Unternehmens im Schadensfall, die Sicherstellung der Kontinuität der (informationstechnischen) Abläufe, die Zuordnung und Bekanntgabe von Kompetenzen und Verantwortlichkeiten im Bereich der Sicherheit. Vgl. hierzu BSI (2003a), M 2.192. Die Grundsätze und Richtlinien der Sicherheitspolitik beschreiben u.a. die Rechte und Pflichten der Nutzer des computergestützten Informationssystems, den Umgang mit sensiblen Informationen (z.B. Forschungsergebnisse) oder personenbezogenen Daten. Vgl. hierzu auch EISEN/KNOTT/KRUMMECK (1997), S. 100 f. Allgemein zur Unternehmenspolitik vgl. HILL (1993), Sp. 4366 ff., HOPFENBECK (1997), S. 585 ff.

[768] Vgl. STRAUB (1991), S. 64, SCHUMANN (2002), S. 662, NEUNDORF/PETERSEN (2003), S. 202 f., BSI (2003), M 2.192.
Nach HOPPE/PRIEB (2003), S. 23 dient das Sicherheitsniveau der Beschreibung eines zu erreichenden Ausmaßes an Sicherheit für das computergestützte Informationssystem. Die Problematik besteht u.a. darin, dass die Sicherheit computergestützter Informationssysteme i.d.R. ordinal gemessen wird, d.h. in Abhängigkeit von der Granularität der gewünschten Abstufungen – Kategorien (z.B. ‚hoch', ‚mittel' und ‚niedrig') gebildet werden, um das Sicherheitsniveau zu beschreiben. Diese Kategorien werden häufig auch als **Sicherheitsstufen** bezeichnet, wobei Elemente des computergestützten Informationssystems, welche dieselbe Sicherheitsstufe aufweisen, zu physisch oder logisch abgegrenzten Sicherheitszonen zusammengefasst werden können.

[769] So sind u.U. an verschiedenen Standorten eines Unternehmens unterschiedliche gesetzliche Rahmenbedingungen (etwa zum Datenschutz) zu beachten. Weiterhin können Geschäftsprozesse, deren störungsfreier Ablauf als kritisch für das Unternehmen betrachtet wird, im Sicherheitskonzept hervorgehoben werden, um diese im Rahmen des Sicherheitsprozesses besonders zu beachten.

[770] Vgl. TEUFEL/SCHLIENGER (2000), S. 21, HOPPE/PRIEB (2003), S. 282.

maßnahmen und deren Wirksamkeit, erhoben. Dieser wird in Beziehung gesetzt zu den sowohl mit ihren Eintrittswahrscheinlichkeiten als auch dem geschätzten Schadensausmaß bewerteten identifizierten Bedrohungen.[771] Das Ergebnis dieser Phase ist eine Dokumentation des Sicherheitsstatus des betrachteten computergestützten Informationssystems in Form einer **Risikoanalyse**, auf deren Grundlage eine ökonomisch begründete Spezifikation von Sicherheitsanforderungen in der nächsten Phase getroffen werden kann.

- Das Ziel der **Planungsphase** besteht darin, auf Basis der in der zuvor durchgeführten Risikoanalyse einen Sicherheits-SOLL-Zustand zu definieren, mit dem das durch die Sicherheitspolitik vorgegebene Sicherheitsniveau erreicht werden soll. Hierbei wird eine Spezifikation von Anforderungen erstellt, die zur Erreichung des angestrebten Sicherheitsniveaus erfüllt werden müssen. Neben der Überprüfung der Vollständigkeit und Konsistenz dieser Sicherheitsanforderungen wird in dieser Phase auch eine technisch-ökonomische Durchführbarkeitsstudie des Projekts erarbeitet. Ergebnis der Planungsphase ist ein **Sicherheitsmodell**, das die durch die Sicherheitsanforderungen spezifizierte Struktur der angestrebten Sicherheitseigenschaften des computergestützten Informationssystems abbildet und die Grundlage für die Auswahl der Sicherheitsmaßnahmen in der nächsten Phase darstellt.

- In der **Entwurfsphase** werden aus dem Strukturplan des Sicherheitsmodells konkrete Sicherheitsmaßnahmen abgeleitet, welche die in der Planungsphase spezifizierten Anforderungen umsetzen sollen. Hierzu werden entsprechend der Anforderungsdefinition der vorigen Phase sicherheitsspezifische Systemkomponenten sowohl technischer als auch organisatorischer Art mit ihren möglichen Wechselwirkungen und Abhängigkeiten unter Beachtung der jeweiligen Kosten-Nutzen-Relation zusammengestellt.[772] Das Ergebnis dieser Phase ist die Konstruktion einer **Sicherheitsarchitektur**, die als eine Art Bauplan die Gesamtheit der in der nächsten Phase umzusetzenden Sicherheitsmaßnahmen und deren Interdependenzen widerspiegelt.

- Das Ziel der **Implementierungsphase** besteht darin, die in der Entwurfsphase erstellte Sicherheitsarchitektur und die darin spezifizierten Sicherheitsmaßnahmen materiell umzusetzen. Hierzu wird das betrachtete computergestützte Informationssystem sowohl auf technischer Ebene (z.B. durch Austausch/Erweiterung hardware- und softwaretechnischer Komponenten) als auch auf organisatorischer Ebene (z.B. durch Änderung der Prozessabläufe durch zusätzliche Authentifikationsverfahren) entsprechend der vorgegebenen Sicherheitsarchitektur angepasst.[773] Anschließend wird durch Tests die Wirksamkeit der

---

[771] Für den Zusammenhang der Begriffe Bedrohung, Risiko und Angriff vgl. das Kausalmodell der Sicherheit computergestützter Informationssystem (Abb. 3-5) in Abschnitt 3.1.3.

[772] Zu möglichen technischen und organisatorischen Sicherheitsmaßnahen vgl. Abschnitt 3.2.

[773] Vgl. zu den Ebenen bzw. Elementen eines computergestützten Informationssystems Abschnitt 2.2.3.

implementierten Sicherheitsmaßnahmen überprüft und dokumentiert.[774] Das Ergebnis dieser Phase ist zum einen das um technisch-organisatorische Sicherheitsmaßnahmen erweiterte und für den Betrieb unter realen Bedingungen freigegebene computergestützte Informationssystem selbst und zum anderen die den Implementierungsprozess begleitende **Prozess-Dokumentation**.

- Während der **Betriebsphase** werden durch Maßnahmen zur Wartung und Pflege diejenigen Fehler behoben, die erst während des Betriebs unter realen Bedingungen auftreten. Darüber hinaus ist diese Phase gekennzeichnet durch regelmäßige Kontrolle der Wirksamkeit der implementierten Sicherheitsmaßnahmen im Rahmen von **Audits**:[775] Während bei der Verifikation die korrekte Umsetzung der in der Sicherheitsarchitektur spezifizierten technischen und organisatorischen Sicherheitsmaßnahmen kontrolliert wird, findet im Rahmen der Validierung eine inhaltliche Überprüfung des der Sicherheitsarchitektur zugrunde liegenden Sicherheitsmodells der Planungsphase statt. Weiterhin sind aufgrund der in der Betriebsphase gesammelten Audit-Informationen auch Rücksprünge zu früheren Phasen möglich, so dass das Sicherheitsmanagement von computergestützten Informationssystemen durch einen zyklischen Prozess gekennzeichnet ist. Dieser kann – in Anlehnung an den aus dem *Software Engineering* stammenden Begriff des *Software Life Cycle*[776] – als *Security Life Cycle* bezeichnet werden.[777]

Mit dem hier vorgestellten Sicherheitsmanagement existiert eine Gestaltungsmethode, die ein systematisches Vorgehen zum Auf- bzw. Umbau von computergestützten Informationssystemen unter besonderer Berücksichtigung der Sicherheit ermöglicht.

5.4 Komponenten zur Unterstützung der Beherrschbarkeit von computergestützten Informationssystemen

Im folgenden Abschnitt werden zunächst – aufbauend auf den Ausführungen des vierten Kapitels – jene Komponenten von computergestützten Informationssystemen identifiziert, die einen essentiellen Beitrag zu deren Beherrschbarkeit im datenschutzrechtlichen Sinn leisten. Hierzu wird zunächst eine Systematik zur datenschutzrechtlichen Technikgestaltung entwi-

---

[774] Zu möglichen Testverfahren vgl. BÖHM u.a. (2002), S. 537 ff.

[775] Nach ECKERT (2003), S. 555 f. versteht man unter einem Sicherheitsaudit eine unabhängig vom Systemablauf durchgeführte Überprüfung von in Protokollen aufgezeichneten Ereignissen. Allgemein wird unter einem Audit eine Überprüfung verstanden, um festzustellen, ob ein bestimmtes Vorgehen in der Praxis den zuvor definierten Festlegungen entspricht. Vgl. hierzu BALZERT (1998), S. 354.

[776] Zum Begriff des *Software Life Cycle* vgl. HANSEN/NEUMANN (2002), S. 206 f., POMBERGER/PREE (2004), S. 11.

[777] Auch sind Rücksprünge zu außerhalb des eigentlichen *Security Life Cycle* befindlichen sicherheitsspezifischen Tätigkeiten bzw. damit involvierten Organisationseinheiten möglich. So können aufgrund der Audit-Dokumentation z.B. Anpassungen des im Rahmen der Sicherheitspolitik festgelegten allgemeinen Sicherheitsniveaus vorgenommen werden oder die bereichs- bzw. standortbezogenen Vorgaben des Sicherheitskonzepts geändert werden.

ckelt, welche als Gestaltungsrestriktion die Anforderungen aufzeigt, die an die Beherrschbarkeit von computergestützten Informationssystemen aus datenschutzrechtlicher Sicht gestellt werden. Anschließend wird mit dem P3P-Konzept ein Gestaltungsparameter vorgestellt, mit dessen Hilfe datenschutzrechtliche Anforderungen an computergestützte Informationssysteme umgesetzt werden können. Das Ende des Abschnitts zeigt mit dem Datenschutzmanagement eine Gestaltungsmethode für ein planmäßiges Vorgehen zum Auf- bzw. Umbau von beherrschbaren computergestützten Informationssystemen auf.

5.4.1 Ausgewählte Gestaltungsanforderungen an beherrschbare computergestützte Informationssysteme – Rechtliche Technikgestaltung

Eine Notwendigkeit, die (datenschutzrechtliche) Beherrschbarkeit von computergestützten Informationssystemen zu gestalten, ergibt sich u.a. aus der zunehmenden Gefährdung des informationellen Selbstbestimmungsrechts durch die Verbreitung von Geschäftsmodellen im Bereich des *E-Commerce*.[778] So fallen bei Geschäftsprozessen im Rahmen des *E-Commerce* i.d.R. transaktionsbedingt personenbezogene Daten des Kunden an, die datenschutzkonform erhoben, verarbeitet und gespeichert werden müssen (vgl. Abb. 5-11).[779]

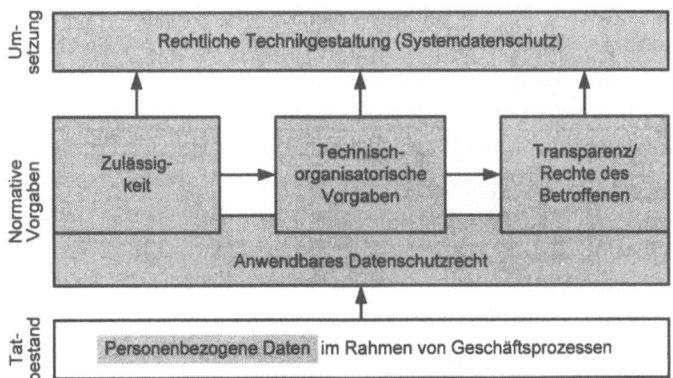

Abb. 5-11: Systematik zur Beherrschbarkeit computergestützter Informationssysteme aus datenschutzrechtlicher Sicht

---

[778] ROßNAGEL (2002d), S. 10 identifiziert die Einhaltung des Datenschutzes als einen der kritischen Erfolgsfaktoren für den *E-Commerce*. Zur begrifflichen Abgrenzung des *E-Commerce* vgl. u.a. GERSCH (2000), S. 2 ff., HOPPE (2002), S. 5 ff.

[779] Hier wird die so genannte *Business-to-Consumer*-Ausprägung des *E-Commerce* unterstellt, bei welcher als Kunden natürliche Personen mit ihrem Recht auf informationelle Selbstbestimmung identifiziert werden können und nicht Funktionsträger wie dies z.B. bei der *Business-to-Business*-Ausprägung der Fall ist. Eine Systematisierung von *E-Commerce*-Ausprägungen nach den Wirtschaftsbereichen der jeweiligen Transaktionspartner bietet HERMANNS/SAUTER (1999), S. 23.

Hierbei ist zunächst das im konkreten Einzelfall geltende Datenschutzrecht zu identifizieren, um anschließend dessen Vorgaben im Umgang mit personenbezogenen Daten bezüglich der Zulässigkeit ihrer Erhebung, der Unterstützung der Gebote zur Datenvermeidung/-sparsamkeit bzw. zur Transparenz der Datenverarbeitung und der Einhaltung der Rechte des Betroffenen normkonform umzusetzen. Trotz der weiterhin bestehenden Defizite, die Folgen der zunehmenden Verbreitung von Informations- und Kommunikationstechnik abschätzen zu können, werden in einigen datenschutzrechtlich relevanten Normen relativ konkrete Vorgaben zur Gestaltung von Informations- und Kommunikationssystemen vorgenommen, die der besseren Beherrschbarkeit dieser Systeme dienen sollen. Diese als **rechtliche Technikgestaltung** bezeichnete Vorgehensweise findet insbesondere in jenen Rechtsnormen Anwendung, die rechtsverbindliches Handeln über offene Netze wie das Internet zum Regelungsgegenstand haben.[780]

5.4.1.1 Identifikation des anwendbaren Datenschutzrechts

Im Zusammenhang mit Anwendungen des *E-Commerce* ist das Teledienstedatenschutzgesetz (TDDSG) zu nennen, welches nach dem im deutschen Datenschutzrecht vorherrschenden Subsidiaritätsprinzip als bereichsspezifische Regelung dem allgemeinen Anwendungsbereich des Bundesdatenschutzgesetzes (BDSG) vorgeht.[781] Trotzdem kann sich ein Nebeneinander in der Anwendung von TDDSG und BDSG ergeben, denn die bereichsspezifischen Regelungen des TDDSG beschränken sich auf die datenschutzrechtlichen Anforderungen, die sich ausschließlich aus der Nutzung von Telediensten ergeben. Entsprechend der datenschutzrechtlichen Regelungsdynamik unterliegt die personenbezogene Datenverarbeitung den allgemeinen Bestimmungen des BDSG, wenn personenbezogene Daten über die Nutzung des Teledienstes hinaus Bestandteil einer Leistung des Diensteanbieters werden: So unterliegen die personenbezogenen Daten in Kauf- oder Dienstverträgen, die durch die Nutzung eines Teledienstes zustande kommen, den Regelungen des BDSG, da der Teledienst hier lediglich ein Medium darstellt, das die Leistung zwischen den jeweiligen Vertragspartnern in elektronischer Form ermöglicht bzw. vermittelt.[782]

---

[780] Nach der Technikfolgenabschätzung gilt die rechtliche Technikgestaltung im Bereich des Datenschutzes als nächster Schritt, den Einzelnen in der Wahrung seines informationellen Selbstbestimmungsrechts zu schützen. Eine derartige verfassungs- und rechtsverträgliche Techniksteuerung sollte dabei auf die datenschutzkonforme Ausgestaltung technischer Systeme einwirken. Zum Begriff der rechtlichen Technikgestaltung vgl. u.a. BIZER (1998), S. 50, BIZER (1999), S. 29 ff., ROBNAGEL (1999c), S. 256, ROBNAGEL/PFITZMANN/ GARSTKA (2001), S. 35 f.

[781] Das Angebot von Waren und Dienstleistungen über das Internet ist als ein so genannter Teledienst i.S.d. § 2 Abs. 1 TDG zu qualifizieren, da dieser im Unterschied zu den massenkommunikativ angebotenen Mediendiensten, die im MDStV geregelt werden, für eine individuelle Nutzung bestimmt ist. Ausführlich zu Tele- und Mediendiensten vgl. Abschnitt 4.2.3.

[782] Als grobe Orientierung kann beim Einkauf von Waren über das Internet an die einzelnen Phasen der Transaktion angeknüpft werden: Während für die Erhebung und Verarbeitung von personenbezogenen Daten bei der Produktauswahl unter Nutzung eines elektronischen Katalogs das TDDSG heranzuziehen ist, unterliegen

Da die durch das Internet entstandene globale Informationsinfrastruktur auch zu einer Internationalisierung der Datenflüsse führt, ist weiterhin zu entscheiden, unter welchen Voraussetzungen das deutsche Datenschutzrecht zur Anwendung kommt. Gemäß § 1 Abs. 5 S. 1 BDSG gilt innerhalb des Wirtschaftsraums der EU nach dem **Sitzlandprinzip** das deutsche Datenschutzrecht bei der Nutzung von elektronischen Diensten außerhalb des deutschen Hoheitsgebiets nur dann, wenn ein europäischer Diensteanbieter eine datenverarbeitende Niederlassung im Bundesgebiet unterhält. Bei Anbietern von elektronischen Diensten, die ihren Sitz außerhalb der EU haben, gilt das deutsche Datenschutzrecht nach § 1 Abs. 5 S. 2 BDSG nur dann, sobald eine personenbezogene Datenverarbeitung in Deutschland stattfindet.[783]

5.4.1.2 Zulässigkeit der personenbezogenen Datenverarbeitung

Bezüglich der Zulässigkeit einer personenbezogenen Datenverarbeitung unterliegt die Erhebung, Verarbeitung und Nutzung personenbezogener Daten sowohl im deutschen als auch im europäischen Datenschutzrecht einem **Verbot mit Erlaubnisvorbehalt**, d.h. eine personenbezogene Datenverarbeitung ist nur gestattet, wenn (1) eine Rechtsnorm dies erlaubt oder (2) der Betroffene in eine ihm mitgeteilte zweckgebundene Verarbeitung seiner personenbezogenen Daten einwilligt (vgl. Abb. 5-12):[784]

---

die personenbezogenen Daten im Rahmen der Warenbestellung den Regelungen des BDSG. Vgl. hierzu SCHOLZ (2002), S. 43 f.

[783] Inwieweit die einem nicht-europäischen Anbieter von elektronischen Diensten zurechenbaren Aktivitäten tatsächlich zu einer personenbezogenen Datenverarbeitung innerhalb des deutschen Hoheitsgebiets führen, ist nach SCHOLZ (2002), S. 46 im Einzelfall nicht immer eindeutig feststellbar.

[784] Dieses Prinzip wird u.a. in § 4 Abs. 1 BDSG und § 3 Abs. 1 TDDSG kodifiziert. Vgl. hierzu auch die Abschnitte 4.1.1.2 ff. und 4.2.3.2.2 dieser Arbeit.

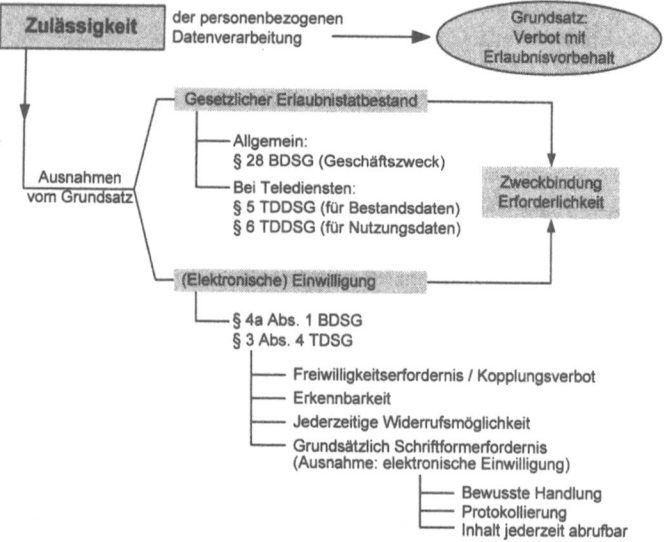

Abb. 5-12: **Prüfung der Zulässigkeit einer personenbezogenen Datenverarbeitung im Bereich des *E-Commerce***

Die allgemeinen Zulässigkeitstatbestände sind in § 28 BDSG zusammengefasst. Hiernach ist die personenbezogene Datenverarbeitung im nicht-öffentlichen Bereich erlaubt, wenn diese Bestandteil eines Geschäftszwecks ist und gleichzeitig der Erfüllung eines Vertragsverhältnisses oder vertragsähnlichen Vertrauensverhältnisses mit dem Betroffenen dient.[785] Personenbezogene Daten eines Betroffenen unterliegen demnach grundsätzlich dem Zweck, dem dieser zugestimmt hat, und dürfen darüber hinaus nicht verwendet werden (**Zweckbindung**). Daneben erlaubt das TDDSG als bereichsspezifische Norm für den Bereich des *E-Commerce* eine Verwendungsbefugnis für die im Rahmen der Internetnutzung anfallenden Bestands- und Nutzungsdaten, während personenbezogene Daten, die den Inhalt einer durch den Teledienst stattgefundenen Kommunikation bilden (z.B. der Text einer *E-Mail*), den allgemeinen Regelungen des BDSG bzw. der Landesdatenschutzgesetze unterliegen.[786]

---

[785] Somit ist eine bloße Sammlung von personenbezogenen Daten durch Unternehmen, ohne dass diese einem vom Betroffenen genehmigten Zweck dienen, ebenso wenig erlaubt wie eine weitergehende Verwendung dieser personenbezogenen Daten über den eigentlichen gesetzlich erlaubten oder durch den Betroffenen eingewilligten Zweck hinaus.

[786] Hinsichtlich der **Bestandsdaten** darf nach § 5 TDDSG ein Diensteanbieter die personenbezogenen Daten eines Teledienstenutzers ohne dessen Einwilligung nur erheben, verarbeiten oder nutzen, wenn diese für die Begründung, inhaltliche Ausgestaltung oder Änderung eines Vertragsverhältnisses über die Nutzung von Telediensten erforderlich sind. **Nutzungsdaten** – d.h. Daten, die zwangsläufig durch die konkrete Inanspruchnahme eines Teledienstes entstehen (wie z.B. IP-Adresse, Beginn und Ende des Nutzungsvorgangs usw.) – darf nach § 6 TDDSG der Diensteanbieter nur dann ohne Einwilligung des Nutzers erheben, verar-

Kann kein gesetzlicher Erlaubnistatbestand für eine personenbezogene Datenverarbeitung identifiziert werden, müssen computergestützte Informationssysteme derart gestaltet sein, dass für jede zweckgebundene Erhebung, Verarbeitung oder Nutzung von personenbezogenen Daten die (auch elektronisch erteilbare) **Einwilligung des Betroffenen** eingeholt werden kann. Diese Einwilligung unterliegt nach § 4 a Abs. 1 S. 1 BDSG einem Freiwilligkeitserfordernis, welches bei der Nutzung des Internet durch das Kopplungsverbot des § 3 Abs. 4 TDDSG präzisiert wird. Hiernach darf die Erbringung von Telediensten nicht von der Einwilligung des Nutzers in die Verarbeitung seiner personenbezogenen Daten abhängig gemacht werden. Als Voraussetzung für die Gültigkeit einer Einwilligung gilt (1), dass diese für den Einwilligenden klar als solche erkennbar sein muss und (2) bei elektronisch erteilten Einwilligungen – d.h. im Bereich der Teledienste – auf die jederzeitige Widerrufbarkeit dieser Einwilligung nach § 4 Abs. 3 TDDSG hingewiesen werden muss. Eine wesentliche formale Anforderung an die Einwilligung des Betroffenen ist das (3) Schriftformerfordernis nach § 4 a Abs. 1 S. 3 BDSG, wonach die Einwilligung grundsätzlich den in § 126 Abs. 1 BGB geregelten Anforderungen entsprechen muss.[787] Um Medienbrüche bei *E-Commerce*-Anwendungen zu vermeiden, ist im Bereich der Teledienste gemäß § 3 Abs. 3 TDDSG auch eine elektronische Einwilligung als Ausnahme zum Schriftformerfordernis kodifiziert. An die Wirksamkeit der elektronischen Form der Einwilligung werden besondere Anforderungen gemäß § 4 Abs. 2 TDDSG gestellt werden, die sich mangels Verkörperung (Schriftform) und biometrischer Kennzeichen (eigenhändige Unterschrift) ergeben und dementsprechend bei der Gestaltung computergestützter Informationssysteme berücksichtigt werden müssen: Hiernach hat ein Anbieter von Telediensten sicherzustellen, dass (1) die elektronische Einwilligungserklärung nur durch eine eindeutige und bewusste Handlung des Nutzers erfolgen kann, (2) die Einwilligung protokolliert wird und so (3) jederzeit der Inhalt dieser Einwilligung vom Nutzer abgerufen werden kann.[788] Im Gegensatz zur alten Fassung des TDDSG, welches die Wirksamkeit einer elektronischen Einwilligung an die Verwendung von digitalen Signaturen ge-

---

beiten oder nutzen, um die Inanspruchnahme des Dienstes technisch zu ermöglichen oder abzurechnen. Gemäß § 6 Abs. 4 TDDSG sind diese Nutzungsdaten grundsätzlich nach Ende der jeweiligen Nutzung zu löschen, soweit sie nicht zur Erstellung von Entgeltabrechnungen benötigt werden. Zur Abgrenzung von Bestands- und Nutzungsdaten bei Telediensten vgl. Abschnitt 4.2.3.2.2 dieser Arbeit. Für Daten, die den Inhalt eines Teledienstes darstellen (**Inhaltsdaten**), enthält das TDDSG keine spezifischen Regelungen, so dass hierfür – wie oben erwähnt – die allgemeinen Datenschutznormen des BDSG bzw. der LDSGe gelten.

[787] § 126 Abs. 1 BGB setzt eine körperliche und durch eine eigenhändige Unterschrift unterzeichnete Urkunde voraus. Die Schriftform erfüllt hier im Wesentlichen eine Warn- und Beweisfunktion. Vgl. im Zusammenhang mit Unterschriftsfunktionen Abschnitt 4.2.3.2.3 dieser Arbeit.

[788] Die Nichteinhaltung dieser Pflichten unterliegt den Sanktionen des § 9 TDDSG und führt zur Unwirksamkeit der Einwilligung und damit zur Unzulässigkeit der auf ihr beruhenden personenbezogenen Datenverarbeitung.

koppelt hat, reicht es nun für eine gesetzeskonforme Einwilligung aus, allein den Namen des Einwilligenden zusammen mit dem Inhalt der elektronischen Einwilligung zu speichern.[789]

Dürfen personenbezogene Daten erhoben werden, so ist der Umfang dieser Daten nach dem **Erforderlichkeitsprinzip** auf das zum Erreichen des durch Gesetz festgelegten oder durch Einwilligung erlaubten Zwecks erforderliche Minimum zu beschränken. Somit wird mit dem Grundsatz der Erforderlichkeit eine normative Zweck-Mittel-Relation beschrieben.[790]

5.4.1.3 Ausgewählte technisch-organisatorische Vorgaben im Datenschutzrecht

Während für die allgemeine personenbezogene Datenverarbeitung mit § 9 BDSG öffentliche und nicht-öffentliche Stellen zu technischen und organisatorischen Maßnahmen verpflichtet werden, um die Einhaltung des vom Gesetzgeber vorgesehenen Datenschutzniveaus zu gewährleisten, konkretisiert § 4 TDDSG diese Vorgaben für den Bereich der Teledienste und verdrängt damit die allgemeinen Vorschriften des BDSG (vgl. Abb. 5-13):[791]

---

[789] Hierbei darf nicht unerwähnt bleiben, dass für eine eindeutige Überprüfbarkeit bzw. Nachvollziehbarkeit und zur Beweissicherung die Verwendung digitaler Signaturen weiterhin adäquat erscheint, zumal über das Gesetz zur Anpassung der Formvorschriften des Privatrechts und anderer Vorschriften an den modernen Rechtsgeschäftsverkehr (FormAnpG) vom 13.07.2001 mit § 126 Abs. 3 BGB i.V.m. § 126a BGB eine qualifizierte elektronische Signatur der Schriftform gleichgesetzt wird. Vgl. hierzu auch SCHOLZ (2002), S. 54 f. Ausführlich zum Begriff und zur Funktionsweise der elektronischen Signatur vgl. Abschnitt 4.2.3.2.3.

[790] Eine personenbezogene Datenverarbeitung gilt dann als erforderlich, wenn die aus dem Zweck sich ergebende Aufgabe der verantwortlichen, datenverarbeitenden Stelle gar nicht oder nicht rechtzeitig bzw. nicht vollständig oder nur mit unverhältnismäßigem Aufwand erfüllt werden kann. Vgl. hierzu ROẞNAGEL/ PFITZMANN/GARSTKA (2001), S.98.

[791] In einer Anlage werden die Vorgaben des allgemeinen Datensicherungsgebots des § 9 S. 1 BDSG durch Maßnahmekategorien spezifiziert: Hierzu zählen die Zutritts-, Zugangs- und Zugriffskontrolle, um personenbezogene Daten vor unberechtigten Personen zu schützen. Darüber hinaus ist bei der Verarbeitung von personenbezogenen Daten eine Eingabe-, Weitergabe-, Auftrags- und Verfügbarkeitskontrolle zu etablieren. Zudem ist zu gewährleisten, dass zu unterschiedlichen Zwecken erhobene personenbezogene Daten getrennt verarbeitet werden (Trennungsgebot). Ausführlich zu den Vorschriften des § 9 BDSG vgl. Abschnitt 4.1.2.1.2.

Gestaltungsansatz für vertrauenswürdige computergestützte Informationssysteme 209

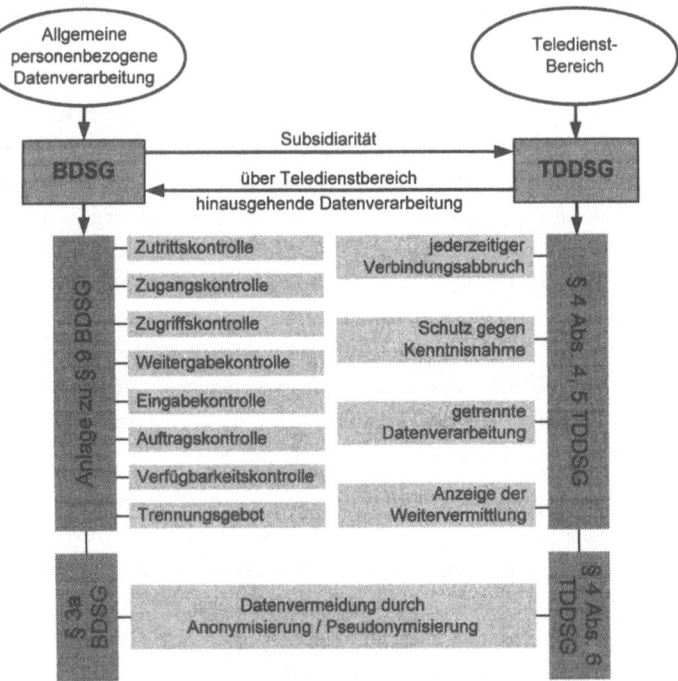

Abb. 5-13: Technisch-organisatorische Anforderungen an computergestützte Informationssysteme aus Datenschutzsicht

Gemäß § 4 Abs. 4 Nr. 1 TDDSG ist ein **jederzeitiger Verbindungsabbruch** zum Teledienst durch den Nutzer sicherzustellen, ohne dass hierfür der dem Teledienst zugrunde liegende Telekommunikationsdienst beendet werden muss.[792] Darüber hinaus hat nach § 4 Abs. 4 Nr. 3 TDDSG der Teledienstanbieter für den Nutzer einen **Schutz gegen die Kenntnisnahme Dritter** zu etablieren, wobei sich dieser Vertraulichkeitsschutz auch auf die interne Sphäre des Diensteanbieters erstreckt. Mit § 4 Abs. 4 Nr. 4 TDDSG hat der Teledienstanbieter darüber hinaus eine **getrennte Datenverarbeitung** zu gewährleisten, so dass personenbezogene Daten eines Nutzers, der verschiedene Teledienste eines Anbieters nutzt, getrennt voneinander verarbeiten werden.[793] Zudem hat ein Anbieter von Telediensten gemäß § 4 Abs. 5 TDDSG eine Pflicht zur **Anzeige der Weitervermittlung** zu einem Dienst eines anderen

---

[792] Vgl. HOLZNAGEL (2003), S. 188. Zur Abgrenzung von Teledienst und Telekommunikation vgl. Abschnitt 4.2.1.

[793] Hierdurch soll ausgeschlossen werden, dass ein Anbieter von Telediensten personenbezogene Daten zusammenführt, die durch die Inanspruchnahme verschiedener Teledienste desselben Anbieters entstanden sind, um so Nutzerprofile zu erstellen. Vgl. ENGEL-FLECHSIG/MAENNEL/TETTENBORN (1997), S. 2987.

Teledienstanbieters, so dass der Nutzer zu jedem Zeitpunkt der Teledienstnutzung nachvollziehen kann, welcher Anbieter gerade Daten von ihm erhebt.[794]

Eine effektive Form des Datenschutzes besteht darin, beim Einsatz von computergestützten Informationssystemen gar keine oder möglichst wenige personenbezogene Daten entstehen zu lassen.[795] Daher sind die in § 4 Abs. 6 TDDSG für den Bereich der Teledienste kodifizierten Gebote zur **Datenvermeidung** bzw. **Datensparsamkeit** zu einem zentralen Grundsatz eines modernen Datenschutzrechts geworden.[796] Darüber hinaus beinhaltet auch § 3 a BDSG für die über den Bereich der Teledienste hinausgehenden allgemeinen personenbezogenen Datenverarbeitung das Gebot, die Gestaltung von datenverarbeitenden Systemen an dem Ziel auszurichten, keine oder nur so wenig wie möglich personenbezogene Daten zu erheben, zu verarbeiten oder zu nutzen. Zur konkreten Umsetzung dieses Grundsatzes sollen Anbieter von Telediensten die Möglichkeit zur **anonymen** oder **pseudonymen Nutzung** der angebotenen Dienstleistungen bieten, soweit dies technisch möglich ist und der Aufwand in einem angemessenen Verhältnis zum angestrebten Schutzzweck steht.[797]

Während bei einer realen Kauftransaktion eine anonyme Kaufabwicklung – d.h. ohne dass hierfür personenbezogene oder -beziehbare Daten der beiden Tauschpartner benötigt werden – aufgrund der Körperlichkeit der physisch vorhandenen Tauschgegenstände und der sofortigen Durchführbarkeit des Tauschvorgangs („Geld gegen Ware') üblich ist,[798] entstehen bei der Nutzung von Telediensten für einen Wareneinkauf über Datennetze aufgrund von technischen Notwendigkeiten zumindest personenbeziehbare Daten.[799] Dieses Problem der körperlosen Leistungsabwicklung bei kooperativem Handeln über offene Datennetze, bei dem sich die beiden Kooperationspartner i.d.R. nicht kennen, kann durch das Konzept des pseudonymen Handelns gelöst werden. § 3 Abs. 6 a BDSG versteht unter Pseudonymisieren das Ersetzen des Namens oder anderer Identifikationsmerkmale eines Betroffenen durch ein Kenn-

---

[794] Eine Weitervermittlung i.S.d. § 4 Abs. 5 TDDSG liegt immer dann vor, wenn der Wechsel in ein Teledienstangebot eines anderen Anbieters nicht durch eine bewusste Handlung des Nutzers selbst (etwa das Aktivieren eines *Links* auf einer Webseite), sondern durch den Teledienstanbieter selbst (etwa durch automatische Weiterleitung) initiiert wird. Vgl. hierzu HOLZNAGEL (2003), S. 190.

[795] Vgl. KÖHNTOPP (2000), S. 1, ROBNAGEL (2002d), S. 12.

[796] Ausführlich zu den Anforderungen und Elementen eines modernen Datenschutzrechts vgl. Abschnitt 4.3.

[797] Dabei gilt die Ermöglichung einer anonymen bzw. pseudonymen Inanspruchnahme von Telediensten immer dann als zumutbar, wenn sie auch anderen branchengleichen Teledienstanbietern mit vergleichbarer Finanzkraft möglich ist. Vgl. hierzu SCHOLZ (2002), S. 57, HOLZNAGEL (2003), S. 190.

[798] Dies gilt nicht, wenn der Käufer einer Ware bargeldlos – z.B. mit einer Kreditkarte – bezahlt.

[799] So setzt die Nutzbarkeit von Telediensten über das Internet eine interaktive Kommunikation zwischen Teledienst und Nutzer voraus. Hierfür wird aus technischer Sicht zumindest die IP-Adresse des Nutzers benötigt, die als personenbezogenes Datum gilt. Darüber hinaus ist eine vollständig anonyme Kooperation über Datennetze bei anonymem Handelns nur dann risikolos für den Teledienstanbieter, wenn es entweder gleichzeitig zu einem Leistungsaustausch kommt – dies kann beim Bezug von digitalisierten Produkten (z.B. Software) oder der Inanspruchnahme von Online-Datenbanken realisiert werden – oder wenn der anonym Handelnde zu einer Vorleistung bereit ist. Vgl. hierzu SCHOLZ (2002), S. 58.

zeichen (Pseudonym), um damit dessen direkte Personenbestimmbarkeit auszuschließen oder wesentlich zu erschweren.[800] Der Einsatz von Pseudonymen bei der Nutzung von Telediensten ermöglicht zum einen, dem Betroffenen die Entscheidung über seine Identität und deren Verknüpfung mit den bei der Teledienstnutzung entstehenden Daten zu wahren. Zum anderen ist ein Anbieter von Telediensten in der Lage, einen Teledienstenutzer anhand seines Pseudonyms wiederzuerkennen und ggf. durch die Zusammenführung von einzelnen Daten ein nach § 6 Abs. 3 TDDSG für Pseudonyme gesetzlich erlaubtes nutzerindividuelles Profil für Werbe- oder Marktforschungszwecke bzw. zur bedarfsgerechten Gestaltung der Teledienste anzulegen, sofern der Nutzer dem nicht widerspricht.[801]

5.4.1.4 Transparenzgebot und Einhaltung der Rechte des Betroffenen

Die Wahrnehmung der Rechte des Betroffenen zur Gewährleistung seines informationellen Selbstbestimmungsrechts bedingt eine für ihn durchschaubare Verarbeitung seiner personenbezogenen Daten durch die hierfür verantwortliche Stelle. Zur Sicherung der Transparenz von personenbezogenen Datenverarbeitungsvorgängen gegenüber dem Betroffenen enthält das deutsche Datenschutzrecht Normen, um die individuelle Kontrolle des Betroffenen über seine personenbezogenen Daten jederzeit zu gewährleisten. Ein zentraler Bestandteil zur Sicherung der informationellen Selbstbestimmung ist das Auskunftsrecht des Betroffenen, welches verbunden ist mit den Rechten auf Datenkorrektur sowie den Unterrichtungspflichten gegenüber dem Betroffenen durch die datenverarbeitenden Stellen (vgl. Abb. 5-14).[802]

---

[800] Im Gegensatz zur Anonymität kann der Pseudonymträger über die Zuordnungsregel zwischen seinem Pseudonym und seiner tatsächlichen Identität identifiziert werden. Somit sind pseudonyme Daten für den Kenner der Zuordnungsregel personenbeziehbar. Damit bietet die Verwendung von Pseudonymen bei Transaktionen über offene Netze einen Kompromiss zwischen dem Bedarf an Authentifizierbarkeit des Transaktionspartners und dem Schutz der informationellen Selbstbestimmung, indem sie es ermöglichen, im Ausnahmefall – z.B. bei der Verletzung von Vertragspflichten – den Personenbezug des pseudonym Handelnden über die vorhandene Zuordnungsregel herzustellen.

[801] So erlaubt die Wiedererkennbarkeit eines bestimmten Pseudonymträgers die Etablierung von individuell zugeschnittenen Geschäftskontakten auch ohne Kenntnis der richtigen Identität des Teledienstenutzers. Gleichzeitig besteht für den Teledienstnutzer die Möglichkeit, sein Pseudonym zu wechseln oder – bei Verwendung von mehreren Pseudonymen – diese in unterschiedlichen Kontexten zu nutzen.

[802] Im Bereich der Teledienste bestehen durch die Pflicht zur **Anbieterkennzeichnung** zusätzliche Anforderungen an die Transparenz der Datenverarbeitung. Hiernach unterliegt ein Teledienstanbieter im deutschen Hoheitsgebiet gemäß § 6 TDG der Pflicht, sich gegenüber dem Teledienstenutzer mit Namen und Adresse z.B. im Rahmen eines jederzeit erreichbaren Impressums kenntlich zu machen.

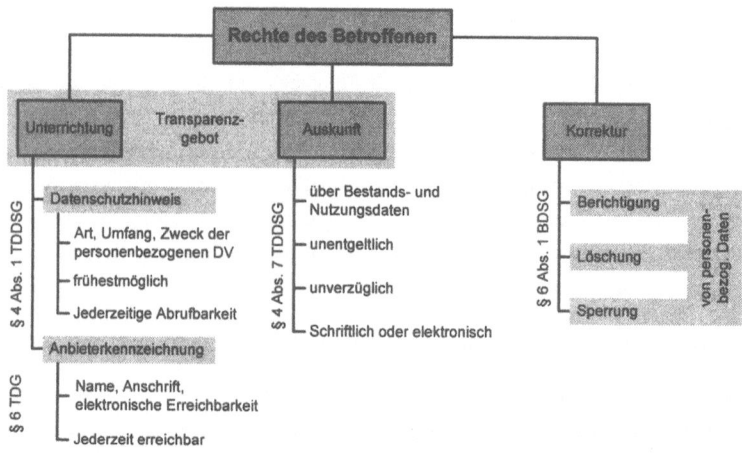

Abb. 5-14: Gestaltungsanforderungen an computergestützte Informationssysteme aus Betroffenensicht

Da die personenbezogene Datenverarbeitung in bzw. mit Hilfe von Telediensten für den Nutzer schwerer zu erkennen ist als bei einer klassischen, zentralen Datenverarbeitung, statuiert § 4 TDDSG neben technisch-organisatorischen Sicherungspflichten auch eine zweifache Transparenzverpflichtung für die Anbieter von Telediensten:

(1) Mit dem **Datenschutzhinweis** des § 4 Abs. 1 S. 1 TDDSG ist der Nutzer von Telediensten zu Beginn des Nutzungsvorgangs über Art, Umfang und Zweck der personenbezogenen Datenverarbeitung zu informieren, so dass er selbst entscheiden kann, ob er die Tedienstnutzung unter den konkreten Verarbeitungsbedingungen fortsetzen oder abbrechen will.

Mit der Pflicht zur jederzeitigen Abrufbarkeit des Datenschutzhinweises gemäß § 4 Abs. 1 S. 3 TDDSG muss der Anbieter von Telediensten sicherstellen, dass der Inhalt des Datenschutzhinweises für den Nutzer jederzeit einsehbar ist, so dass er auch zu einem späteren Zeitpunkt über die weitere Inanspruchnahme des Tedienstes entscheiden kann.[803] Darüber hinaus besteht nach § 6 TDG eine Informationspflicht durch die **Anbieterkennzeichnung**, nach welcher Diensteanbieter für ihre geschäftsmäßigen Angebote

---

[803] Diese Unterrichtung ist damit eine Prämisse für die Ausübung des Selbstdatenschutzes. Vgl. hierzu Abschnitt 4.3.2.2. Im Rahmen der Unterrichtung ist der Nutzer so früh wie möglich konkret darüber zu informieren, welche seiner personenbezogenen Daten aus welchem Grund erhoben und ggf. weiterverwendet werden sollen. Eine zusätzliche Hinweispflicht ergibt sich für den Telediensteanbieter, wenn die personenbezogenen Daten des Nutzers außerhalb des Anwendungsbereichs der EU-Datenschutzrichtlinie (weiter)verarbeitet werden sollen. Darüber hinaus gilt die Unterrichtungspflicht gemäß § 6 Abs. 3 S. 2 TDDSG auch bei einer pseudonymen Nutzung des Tedienstes.

Gestaltungsansatz für vertrauenswürdige computergestützte Informationssysteme

Name, Anschrift und ggf. Vertretungsberechtigte innerhalb ihrer Angebote anzugeben haben.

(2) Zum Schutz seiner informationellen Selbstbestimmung muss ein Betroffener jederzeit in der Lage sein, die Verarbeitung seiner personenbezogenen Daten zu kontrollieren. Hierfür wird mit § 34 Abs. 1 BDSG ein allgemeiner Auskunftsanspruch gegenüber nichtöffentlichen Datenverarbeitern statuiert.[804] Mit § 4 Abs. 7 TDDSG existiert für Teledienste eine bereichsspezifische Regelung, die nach dem Subsidiaritätsprinzip dem BDSG vorgeht.[805] Hiernach ist ein Teledienstanbieter verpflichtet, jedem Nutzer konkret **Auskunft** darüber zu erteilen, welche Daten er zum Zeitpunkt des Auskunftsbegehrens zu dessen Person oder Pseudonym gespeichert hat, während der Diensteanbieter im Rahmen des obigen Datenschutzhinweises *ex ante* Auskunft über Art und Umfang einer beabsichtigten Speicherung zu geben hat. Bei Telediensten bezieht sich das Auskunftsrecht des Nutzers auf die zum Anfragezeitpunkt zu seiner Person oder seinem Pseudonym gespeicherten Bestands- und Nutzungsdaten, während für die allgemeine personenbezogene Datenverarbeitung nach § 34 Abs. 1 S. 1 Nr. 1 BDSG ggf. auch die Herkunft dieser Daten mitzuteilen ist, sofern solche Angaben ebenfalls gespeichert wurden.[806] Nach § 4 Abs. 7 S. 1 und S. 2 TDDSG hat der Telediensteanbieter die Auskunft unverzüglich und unentgeltlich entweder schriftlich oder – als Ausnahme zum Schriftformerfordernis im allgemeinen Datenschutzrecht (§ 34 Abs. 3 BDSG) – auf elektronischem Weg zu erteilen.[807]

Da im TDDSG keine konkreten Rechte des Betroffenen zur Korrektur seiner personenbezogenen Daten, die sich in der Verarbeitungssphäre des Telediensteanbieters befinden, kodifiziert werden, gelten hierfür die allgemeinen Regelungen des BDSG. Mit § 6 BDSG werden dem Betroffenen neben dem Recht auf Information (Auskunftsrecht) auch unabdingbare – d.h. durch Vertrag oder Vereinbarung nicht ausschließbare – Ansprüche auf Berichtigung, Löschung und Sperrung seiner personenbezogenen Daten eingeräumt, die mit den §§ 20 und 35 BDSG genauer spezifiziert werden:

---

[804] Für den öffentlichen Bereich gilt dieser Auskunftsanspruch über § 19 Abs. 1 BDSG analog.

[805] Für einen Betroffenen einer allgemeinen personenbezogenen Datenverarbeitung und dem Nutzer eines Teledienstes besteht hinsichtlich des Auskunftsrechts nur ein Unterschied in der Rechtsgrundlage. Bezüglich Reichweite und Inhalt der Auskunft sind allgemeines und besonderes Datenschutzrecht aufgrund der Vorgaben des Art. 12 EU-Datenschutzrichtlinie im Wesentlichen deckungsgleich.

[806] Die Auskunftspflicht umfasst nach SCHOLZ (2002), S. 66 auch Negativauskünfte, wenn keine personenbezogenen Daten über den Auskunftsersuchenden gespeichert sind. Hierbei besteht das Auskunftsrecht unabhängig davon, ob sich die angefragten personenbezogenen Daten im Einflussbereich des Telediensteanbieters oder – wie beim Einsatz von so genannten *cookies* – auf dem Rechner des Teledienstenutzers befinden. Zum Begriff der *cookies* und deren Personenbezug vgl. BIZER (2003b), S. 644.

[807] HOLZNAGEL (2003), S. 193 weist darauf hin, dass eine elektronische Auskunftserteilung selbst ein Teledienstangebot darstellt und entsprechend den Vorgaben des § 4 TDDSG technisch-organisatorisch vor der Kenntnisnahme durch unberechtigte Dritte zu schützen ist.

- Eine **Berichtigung** von personenbezogenen Daten ist dann durch die verantwortliche Stelle durchzuführen, sobald diese – meist durch den Hinweis des Betroffenen selbst – gewahr wird, dass die in ihrem Einflussbereich befindlichen personenbezogenen Daten des Betroffenen unrichtig sind.[808]

- Eine Pflicht zur **Löschung** von personenbezogenen Daten liegt vor, wenn (1) ihre Speicherung nicht (mehr) zulässig ist – z.B. wenn der Betroffene seine Einwilligung in die personenbezogene Datenverarbeitung widerruft – oder (2) wenn ihre Kenntnis für den mit der Speicherung verfolgten Zweck nicht mehr erforderlich ist.[809]

- Nach § 20 Abs. 3 BDSG (für den öffentlichen Bereich) bzw. § 35 Abs. 1 BDSG (für den nicht-öffentlichen Bereich) kann an die Stelle der Löschung eine Pflicht zur **Sperrung** von personenbezogenen Daten treten, wenn die nicht mehr erforderlichen Daten aufgrund gesetzlicher, satzungsmäßiger oder vertraglicher Verpflichtungen aufbewahrt werden müssen. Dies ist z.B. im Rahmen der Aufbewahrungspflichten von Kaufleuten relevant, die nach § 257 Abs. 4 HGB ihre Handelsbücher und Buchungsbelege für zehn Jahre sowie die Handelsbriefe für sechs Jahre vorhalten müssen. Mit der Sperrung von personenbezogenen Daten ist ein relatives Verarbeitungs- und Nutzungsverbot verbunden, da nach § 20 Abs. 7 BDSG bzw. § 35 Abs. 8 BDSG eine weitere Nutzung bzw. Übermittlung gesperrter personenbezogener Daten nur ausnahmsweise und unter besonderen Umständen zulässig ist.[810]

Bei der Gestaltung von computergestützten Informationssystemen, die über offene Netze (wie das Internet) genutzt werden können, sind die Rechtsansprüche von Betroffenen auf Auskunft, Berichtigung, Löschung und Sperrung ihrer personenbezogenen Daten durch technisch-organisatorische Mittel derart zu unterstützen, dass eine Wahrnehmung dieser Rechte ohne Medienbruch durch den Betroffenen selbst vollzogen werden kann. Hierfür erscheint die Anwendung datenschutzfreundlicher Technologien – z.B. durch Implementierung des als P3P bezeichneten technischen Konzeptes zur Steigerung der Transparenz bei internetbasierten personenbezogenen Datenverarbeitungsvorgängen – sinnvoll.

---

[808] Nach SCHOLZ (2002), S. 68 gelten personenbezogene Daten dann als unrichtig, wenn diese Informationen enthalten, die mit der Realität nicht übereinstimmen oder nur ein unvollständiges Abbild derselben abgeben und so zu falschen Rückschlüssen führen können. Darüber hinaus liegt Unrichtigkeit vor, wenn die einzelnen personenbezogenen Daten zwar richtig sind, jedoch in einem falschen Zusammenhang verwendet werden, so dass ein falsches Gesamtbild entsteht.

[809] So sind nach Beendigung eines die personenbezogene Datenverarbeitung legitimierenden Vertragsverhältnisses – etwa eines Kaufvertrages – die zu dessen Abwicklung erhobenen Kundendaten zu löschen, es sei denn, es findet sich für die fortgesetzte Speicherung eine neue Legitimationsgrundlage bzw. der Betroffene willigt ein. Vgl. hierzu SCHOLZ (2002), S. 69 f.

[810] Vgl. SCHOLZ (2002), S. 70. So ist nach den genannten Vorschriften des BDSG eine Nutzung gesperrter personenbezogener Daten nur zu wissenschaftlichen Zwecken oder zur Behebung einer bestehenden Beweisnot zulässig.

5.4.2 Potenziale datenschutzfreundlicher Technologien hinsichtlich des Systemdatenschutzes am Beispiel des P3P-Konzepts

Das Defizit an Vertrauen, das Kommunikationsteilnehmer den ihnen angebotenen Telediensten entgegenbringen, ist u.a. auf den Mangel an Transparenz bei der Erhebung und Verarbeitung personenbezogener Daten – wie diese bei der Abwicklung von E-Transaktionen auftreten – zurückzuführen.

Das *World Wide Web Consortium* (W3C) hat daher im April 2000 mit dem *Platform for Privacy Preferences* (P3P)-Projekt eine Spezifikation zur strukturierten Darstellung und technischen Implementation von Datenschutzinformationen im Internet als Erweiterung des HTTP-Protokolls entwickelt.[811] Mit Hilfe des P3P-Standards, der ein maschinenlesbares Vokabular im XML-Format[812] zur Beschreibung von Datenschutzparametern und ein Protokoll für deren automatischen Austausch beinhaltet, können die Datenschutzpräferenzen des Nutzers (*Privacy Preferences*) mit der Datenschutzerklärung (*Privacy Policy*) des Anbieters von internetbasierten Dienstleistungen automatisiert abgeglichen werden.[813] Diese Kernfunktionalität von P3P erhöht die Transparenz von personenbezogenen Datenverarbeitungsvorgängen im Internet, indem dem Nutzer von internetbasierten Dienstleistungen verdeutlicht wird, welche seiner personenbezogenen Daten ein Anbieter von Telediensten zu welchem Zweck zu verarbeiten gedenkt (vgl. Abb. 5-15):

---

[811] Der aktuelle Stand der Spezifikation ist abrufbar unter http://www.w3c.org/P3P.

[812] Das Akronym XML steht für *Extensible Markup Language* und ist Teil der *Standard Generalized Markup Language* (SGML). Es handelt sich hierbei um eine Meta-Dokumentendefinitionssprache, die eine hierarchische Strukturierung eines Dokuments und dessen plattformunabhängigen Austausch erlaubt. Weitere Informationen zu XML sind zu finden unter http://www.w3.org/TR/REC-xml/.

[813] Vgl. hierzu auch CAVOUKIAN u.a. (2000), S. 476 f., CRANOR (2000), S. 479,

216 Gestaltungsansatz für vertrauenswürdige computergestützte Informationssysteme

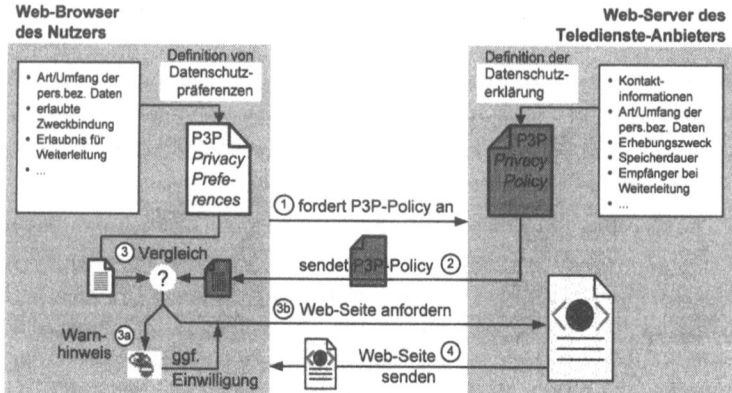

Abb. 5-15: Prüfung der potenziellen Datenschutzkonformität von internetbasierten Telediensten im Rahmen des P3P-Konzepts

Der Nutzer von Internetdiensten definiert hierzu mit Hilfe eines P3P-fähigen *Web-Browsers* seine datenschutzrechtlichen Vorstellungen, d.h. er legt in seinen P3P-*Privacy Preferences* z.B. fest, welche seiner personenbezogenen Daten er zu welchem Zweck herauszugeben bereit ist. Ein Anbieter von internetbasierten Telediensten wiederum übersetzt seine natürlichsprachliche Datenschutzerklärung – wie diese im Rahmen des dem Nutzer jederzeit zugänglichen Datenschutzhinweises gem. § 4 Abs. 1 TDDSG gefordert wird – in eine P3P-basierte *Privacy Policy*, indem er die von einem Nutzer zu erhebenden personenbezogenen Daten, deren Verwendungszweck und ggf. den Empfänger bei einer Weiterleitung dieser Daten auflistet und die P3P-*Privacy Policy* für den *Web-Browser* des Nutzers zugänglich auf seinem *Web-Server* hinterlegt. Ergibt der automatisierte Abgleich der beiden P3P-Dateien eine Übereinstimmung zwischen den Vorgaben des Nutzers und den Wünschen des Anbieters, wird die Verbindung fortgesetzt, ansonsten abgebrochen bzw. ein Warnhinweis[814] an den Nutzer ausgegeben, der dann entscheiden kann, ob er die Nutzung des angebotenen Teledienstes unter den gegebenen datenschutzrechtlichen Umständen fortsetzt.[815] Hinsichtlich der Umsetzbarkeit von datenschutzrechtlichen Anforderungen im Bereich der Teledienste erweist sich das P3P-Konzept als ein flexibles Instrument:[816]

---

[814] Hier in Form des Symbols, das der Microsoft Internet Explorer™ verwendet, um dem Nutzer mitzuteilen, dass seine Datenschutzpräferenzen von der *Privacy Policy* des Anbieters abweichen.

[815] In diesem Zusammenhang weisen GREß (2001), S. 147 und HANSEN/KRAUSE (2003), S. 158 auf das **Kopplungsverbot** des § 3 Abs. 3 TDDSG hin, wonach die Erbringung eines Teledienstes nicht von der Einwilligung des Nutzers in die Verarbeitung seiner personenbezogenen Daten abhängig gemacht werden darf. Vgl. zum Kopplungsverbot auch Abschnitt 4.2.3.2.2.

[816] Zur juristischen Bewertung des P3P-Konzepts vgl. GREß (2001), S. 146 ff.

- P3P bietet dem Anbieter von Telediensten einen technischen Standard, um seiner gem. § 4 Abs. 1 TDDSG geforderten **Unterrichtungspflicht** nachzukommen. Hiernach ist ein Diensteanbieter verpflichtet, einen Nutzer zu Beginn des Nutzungsvorgangs über Art, Umfang und Zweck der Erhebung und Verarbeitung seiner personenbezogenen Daten zu informieren.[817] Der Nutzer kann im Rahmen seiner Datenschutzpräferenzen auf eine Unterrichtung verzichten, indem er seine P3P-*Privacy Preferences* entsprechend definiert.

- Der P3P-Standard sieht darüber hinaus eine **Anbieterkennzeichnung** im Rahmen der P3P-*Privacy Policy* verpflichtend vor. Nach den allgemeinen Informationspflichten des § 6 TDG haben Diensteanbieter für ihre geschäftsmäßigen Angebote im Rahmen von Telediensten Name, Anschrift und bei Personenvereinigungen zusätzlich vertretungsberechtigte Personen für den Nutzer jederzeit zugänglich anzugeben.[818]

- Hinsichtlich der (auch elektronisch erklärbaren) **Einwilligung des Nutzers** in die personenbezogene Datenverarbeitung durch den Tediensteanbieter sieht der P3P-Standard optional vor, dass der Nutzer dieser Verarbeitung zustimmen muss (*opt-in* genannt) oder zumindest einer Verarbeitung bzw. Nutzung seiner personenbezogenen Daten widersprechen kann (als *opt-out* bezeichnet).[819]

- Zur Erfüllung des Prinzips der **Datensparsamkeit**, welches für den Bereich der Teledienste in § 4 Abs. 6 TDDSG konkretisiert wird, ist eine anonyme oder pseudonyme Tediensnutzung zu ermöglichen, was sich z.B. bei der Abwicklung von internetbasierten Transaktionen durch den Einsatz von vorbezahlten Wertkarten oder *Micropayment*-Systemen umsetzen lässt. Im Rahmen des P3P-Standards können diese anonymen Zahlungsmöglichkeiten eingesetzt werden, statt die Rechnungsanschrift des Nutzers zu erfassen.[820]

Mit dem P3P-Standard kann die Akzeptanz von *E-Commerce*-Anwendungen durch die erhöhte Transparenz bei der Verarbeitung von personenbezogenen Daten über das Internet nachhaltig gesteigert werden: Während es dem Anbieter von internetbasierten Telediensten es ermöglicht wird, seine Datenschutzpraktiken in einem standardisierten Format zu kommunizieren, wird der potenzielle Nutzer dieser Teledienste in die Lage versetzt, seine datenschutzrechtlichen Präferenzen zu formulieren und diese automatisiert mit Hilfe seines *Web-Browsers* mit der Datenschutzerklärung des Anbieters abzugleichen. Aus juristischer Sicht erscheint die Struktur des P3P-Konzepts hinreichend universell, um unterschiedliche bestehende und zu-

---

[817] Vgl. hierzu auch Abschnitt 4.2.3.2.2.
[818] Vgl. hierzu und insbesondere zum Begriff der Geschäftsmäßigkeit Abschnitt 4.2.3.2.1.
[819] Soweit kein gesetzlicher Erlaubnistatbestand für die Verarbeitung von personenbezogenen Daten vorliegt ist im deutschen Rechtsgebiet nach dem Verbot mit Erlaubnisvorbehalt grundsätzlich die Einwilligung des Nutzers (*opt-in*) in die ihn betreffende personenbezogene Datenverarbeitung erforderlich.
[820] So auch GREß (2001), S. 147 f.

künftige Datenschutzregelungen im Bereich des Internet abzubilden, so dass auf dieser Basis eine Kommunikation über Datenschutzpräferenzen und -praktiken zwischen Anbietern und Nutzern von internetbasierten Dienstleistungen ermöglicht wird.[821] Allerdings besteht die Gefahr, dass durch diese erhöhte datenschutzrechtliche Transparenz eine Wirksamkeit des Datenschutzes suggeriert wird, den eine technikzentrierte Lösung allein – wie sie der P3P-Standard darstellt – nicht bieten kann. So beinhaltet P3P keine Mechanismen, um die tatsächliche Einhaltung der vom Anbieter in seiner P3P-*Privacy Policy* beabsichtigen Datenschutzpraktiken sicherzustellen. Hierzu ist weiterhin eine ergänzende und wirksame Datenschutzkontrolle in Verbindung mit präzisen Rechtnormen unverzichtbar.[822] Auch stellt P3P keine umfassende Datenschutzlösung dar, kann aber in Verbindung mit anderen Komponenten wie z.B. digitalen Signaturen die Umsetzung eines effektiven Datenschutzes unterstützen.[823]

5.4.3 Datenschutzmanagement für computergestützte Informationssysteme

Durch neue, internetbasierte Geschäftsmodelle (so genannte E-Anwendungen wie z.B. *E-Commerce, E-Government*) ist die potenzielle Gefährdung des informationellen Selbstbestimmungsrechts des Einzelnen gestiegen, da bei der Nutzung dieser elektronischen Informations- und Kommunikationsdienste auf vielfältige Weise personenbezogene Daten entstehen können. Gleichzeitig ist die Akzeptanz dieser Formen der internetbasierten Kommunikation und Interaktion auf Nutzer- bzw. Kundenseite abhängig von der Beachtung bestehender datenschutzrechtlicher Vorschriften durch die Dienstebetreiber. Die Einhaltung des Datenschutzes wird damit zu einem **Vertrauens- und Akzeptanzfaktor**, der den Erfolg von internetbasierten Geschäftsmodellen beeinflussen kann.[824]

Die hohe Komplexität im Bereich der E-Anwendungen führt dazu, dass die Einhaltung von Normen und Vorschriften zum Schutz des informationellen Selbstbestimmungsrechts ein methodisches Vorgehen bedingt. Wie schon für den Bereich des Sicherheitsmanagements (vgl. Abschnitt 5.3.3) kann auch für die Etablierung von Datenschutz in computergestützte Informationssysteme eine an das *Software Engineering* adaptierte Vorgehensmethodik benutzt werden. Diese als Vorgehens- oder Prozessmodelle bezeichneten Methoden zur Entwicklung

---

[821] Im Rahmen der Weiterentwicklung des P3P-Standards weist GREB (2001), S. 145 darauf hin, dass es *E-Commerce*-Anbietern ermöglicht werden soll, den Nutzern eine Auswahl von unterschiedlichen P3P-*Privacy Policies* anzubieten, um die Datenschutzbedingungen transaktionsspezifisch auszuhandeln. Darüber hinaus kann nach WENNING/KÖHNTOPP (2001), S. 142 P3P mit anderen Schutzmechanismen (wie z.B. Verschlüsselung oder digitalen Signaturen) kombiniert werden, um z.B. die Verbindlichkeit der anbieterseitigen Datenschutzerklärung zu erhöhen.

[822] Die P3P-*Privacy Policy* stellt eine Selbstverpflichtung im Bereich des Datenschutzes dar und kann demnach von den datenschutzrechtlichen Aufsichtsbehörden als Ansatz für Kontrollen benutzt werden. So auch CAVOUKIAN u.a. (2000), S. 478, DATENSCHUTZBEAUFTRAGTE (2000), S. 632, GREB (2001), S. 144.

[823] So auch LANGHEINRICH (2004), S. 4.

[824] Zum Datenschutz als Wettbewerbsfaktor vgl. u.a. BÜLLESBACH (1999b), S. 162 ff., HOEREN (2000a), S. 263 ff., ROSSNAGEL (2002a), S. 115 ff.

von softwaretechnischen Systemen stellen einen abstrakten Rahmen zur Bezeichnung und inhaltlichen Beschreibung von einzelnen abgrenzbaren Phasen zur Verfügung, die z.B. zeitlich sequenziell angeordnet sind.[825]

Zur Einhaltung von Vorschriften zum Datenschutz sowohl innerhalb schon bestehender computergestützter Informationssysteme im Rahmen eines als *Reengineering* bezeichneten Prozesses als auch in neu zu entwickelnde Systeme kann ein an den Datenschutzkontext angepasstes Vorgehensmodell dienen, das durch klar definierte Phasenergebnisse und deren Überprüfbarkeit zu einer inkrementellen Entwicklungsstrategie führt (vgl. Abb. 5-16):

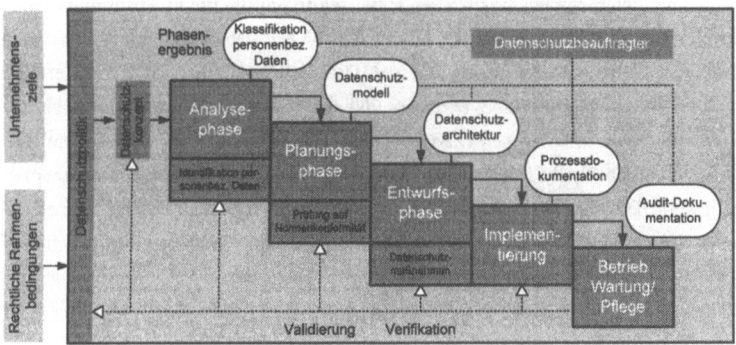

Abb. 5-16: **Phasen des Datenschutzmanagements als methodisches Vorgehen zum Schutz des informationellen Selbstbestimmungsrechts**

Der Vielfalt möglicher Gefahren, denen die informationelle Selbstbestimmung des Einzelnen durch die Verarbeitung seiner personenbezogenen Daten ausgesetzt ist, kann durch ein als **Datenschutzmanagement** bezeichnetes methodisches Vorgehen begegnet werden.[826] Dessen Leitidee liegt in der nachhaltigen, überprüfbaren Umsetzung und stetigen Verbesserung des Datenschutzes, indem allgemeingültige gesetzliche Anforderungen und Grundsätze zum Datenschutz in einem Detaillierungsgrad abgebildet werden, der eine jederzeitige Kontrolle ermöglicht. Hierbei werden alle verfahrensmäßigen und technisch-organisatorischen Datenschutzmaßnahmen konsequent umgesetzt und ihre jeweiligen Wirkungen im Rahmen eines

---

[825] Diese sequenziellen Phasenmodelle beruhen – wie schon bei der Erläuterung des Sicherheitsmanagements ausgeführt wurde – auf dem Prinzip, dass für jede Phase ein definiertes Ergebnis generiert werden muss, bevor mit der nachfolgenden Phase begonnen werden kann. So kann anhand dieser Meilensteine an festgelegten Zeitpunkten der Entwicklungsfortschritt kontrolliert werden.

[826] Der Begriff der Verarbeitung (von personenbezogenen Daten) umfasst in diesem Zusammenhang auch deren Erhebung an der Datenquelle, ihre Speicherung und ggf. Weiterleitung an Dritte.

begleitenden Audits beobachtet, so dass Fehlentwicklungen und Vollzugsdefizite frühzeitig erkannt und notwendige Korrekturmaßnahmen zeitnah eingeleitet werden können.[827]

In einer funktionalen Abgrenzung werden unter das Datenschutzmanagement alle Planungs- und Lenkungsaufgaben subsumiert, die dem Schutz von personenbezogenen Daten im betrachteten computergestützten Informationssystem dienen. In institutioneller Hinsicht ist das Datenschutzmanagement als Querschnittsfunktion des Informationsmanagements aufzufassen, die in der Person des/der Datenschutzbeauftragten konstituiert wird.[828] Dabei erfolgt die Festlegung der strategischen Ziele des Datenschutzmanagements durch die Unternehmensleitung in einer unternehmensspezifischen **Datenschutzpolitik**, die in Abstimmung mit bestehenden Normen zum Datenschutz die Grundlage für alle datenschutzrelevanten Tätigkeiten innerhalb des Unternehmens bildet. Mit der Datenschutzpolitik wird ein zu erreichendes Datenschutzniveau als allgemeine, bereichs- und standortübergreifende Vorgabe bei der Verarbeitung von personenbezogenen Daten definiert. Eine Konkretisierung dieser strategischen, globalen Zielvorgaben zum Datenschutz findet im Rahmen von **Datenschutzkonzepten** statt, welche jeweils bereichs- oder standortbezogene Besonderheiten zum Datenschutz oder Anforderungen, die sich aus datenschutzrechtlichen Spezifika auf Geschäftsprozessebene ergeben, berücksichtigen können.[829] Das Datenschutzkonzept bildet damit den Ausgangspunkt für jene Tätigkeiten, die im Rahmen des Datenschutzmanagements in den einzelnen Phasen durchzuführen sind:

- Das Ziel der **Analysephase** besteht darin, personenbezogene Daten, die im Rahmen von Geschäftsprozessen anfallen, zu identifizieren. Hierbei wird untersucht, in welchem Umfang personenbezogene Daten bei der Durchführung von relevanten Geschäftsprozessen entstehen, indem Art, Menge, Erhebungszeitpunkt und Erhebungszweck eines personenbezogenen Datums festgestellt werden.[830] Das Ergebnis dieser Phase ist eine geschäftspro-

---

[827] Vgl. hierzu auch ROßNAGEL/PFITZMANN/GARSTKA (2001), S. 130 f., LANDESDATENSCHUTZBEAUFTRAGTER NIEDERSACHSEN (2002), S. 18.

[828] Zum Zusammenhang von Informationsmanagement und Datenschutz vgl. Abschnitt 2.3.2.

[829] So sind nach ROßNAGEL/PFITZMANN/GARSTKA (2001), S. 131 u.a die nach § 4 e Abs. 1 Nr. 1 bis 8 BDSG meldepflichtigen Basisangaben bei der Verarbeitung personenbezogener Daten wie z.B. Name, Anschrift der für die personenbezogene Datenverarbeitung verantwortlichen Stelle und Zweckbestimmungen der personenbezogenen Datenverarbeitung Bestandteil eines Datenschutzkonzepts. Darüber hinaus sind im Datenschutzkonzept auch die Grundsätze der personenbezogenen Datenverarbeitung darzulegen: Hierzu gehört z.B. die Sicherstellung der Einhaltung von Unterrichtungspflichten gegenüber der betroffenen Person oder die Darstellung der Erforderlichkeitsprüfung inklusive der Festlegung konkreter Prüf- oder Löschfristen. Auch sind in institutioneller Hinsicht die Aufgaben und Befugnisse des Datenschutzbeauftragten einschließlich des Beschwerdeverfahrens für betroffene Personen festzulegen.

[830] So ist im Rahmen von internetbasierten Dienstleistungen zwischen (1) Inhaltsdaten mit Personenbezug und einer von KÖHNTOPP (2000), S. 2 f. als (2) Kontextdaten bezeichneten personenbezogenen Datenart zu unterscheiden: Während der Begriff der Inhaltsdaten an die inhaltliche Ebene einer Kommunikation anknüpft, fallen unter den Terminus der Kontextdaten zum einen Bestandsdaten, die formalen Ausgestaltung von Verträgen dienen (wie z.B. Name und Anschrift eines Nutzers), und zum anderen Verbindungsdaten, die für Aufbau, Aufrechterhaltung und Abbau einer (Telekommunikations-)Verbindung benötigt werden, Entgelt-

zessbezogene, strukturierte **Klassifikation der personenbezogenen Daten**, auf deren Grundlage eine Spezifikation von Datenschutzanforderungen in der sich anschließenden Phase getroffen werden kann.

- Auf Basis der zuvor durchgeführten datenschutzorientierten Analyse der Geschäftsprozesse wird im Rahmen der **Planungsphase** ein anzustrebender Grad an Datenschutz (Datenschutz-SOLL-Zustand) definiert, mit dem das durch die Datenschutzpolitik vorgegebene, globale Datenschutzniveau erreicht werden soll. Hierbei werden zunächst die zuvor klassifizierten personenbezogenen Daten in Verbindung gebracht mit den im jeweiligen Kontext anzuwendenden Datenschutzbestimmungen, indem für die identifizierten personenbezogenen Daten eine Überprüfung auf Normenkonformität durchgeführt wird.[831] Anschließend werden hieraus Datenschutzanforderungen in Form einer Anforderungsdefinition für den betrachteten Geschäftsprozess abgeleitet. Das Ergebnis der Planungsphase ist ein **Datenschutzmodell**, das durch die spezifizierten Datenschutzanforderungen einen Strukturplan für die Erreichung des angestrebten Datenschutzniveaus vorgibt und damit die Grundlage für die Auswahl von adäquaten Datenschutzmaßnahmen in der nächsten Phase darstellt.

- In der **Entwurfsphase** wird die zuvor spezifizierte Struktur des Datenschutzmodells in konkrete Gestaltungsmaßnahmen umgesetzt. Hierzu werden entsprechend der Anforderungsdefinition der vorigen Phase sowohl technische als auch organisatorische Datenschutzmaßnahmen mit ihren möglichen Abhängigkeiten und – bei Vorliegen von Gestaltungsalternativen – unter Beachtung der jeweiligen Kosten-Nutzen-Relation zusammengestellt. Das Ergebnis der Entwurfsphase ist die Konstruktion einer **Datenschutzarchitektur**, die als eine Art Bauplan die Gesamtheit der in der nächsten Phase umzusetzenden Datenschutzmaßnahmen und deren Interdependenzen widerspiegelt.

- In der **Implementierungsphase** wird die in der Entwurfsphase entwickelte Datenschutzarchitektur materiell umgesetzt, indem das betrachtete computergestützte Informationssystem durch die in der Datenschutzarchitektur spezifizierten technischen und organisatorischen Datenschutzmaßnahmen angepasst wird. Die Wirksamkeit der implementierten Maßnahmen kann hierbei durch Tests überprüft und dokumentiert werden. Das Ergebnis der Implementierungsphase ist zum einen das um technisch-organisatorische Datenschutz-

---

daten für Abrechnungszwecke und Verkehrsdaten für die Betreuung der benutzten (Telekommunikations-) Netze. Für die datenschutzrechtlich relevante Abgrenzung dieser Datenarten vgl. Abschnitt 4.2.1 ff.

[831] Bei der Prüfung auf Normenkonformität muss für jedes personenbezogene Datum zunächst über seinen Erhebungskontext die anzuwendende Datenschutznorm bestimmt werden, wobei erhebungsgleiche personenbezogene Daten (z.B. alle diejenigen, welche über einen bestimmten Teledienst erhoben wurden) zu Gruppen zusammengefasst werden können. Aus der anzuwendenden Rechtsnorm ergeben sich dann die entsprechenden umzusetzenden datenschutzrechtlichen Ansprüche.

maßnahmen erweiterte computergestützte Informationssystem selbst und eine die Implementierung begleitende **Prozess-Dokumentation**.

- In der **Betriebsphase** werden durch Wartungs- und Pflegemaßnahmen die Fehler behoben, die erst während des Einsatzes unter realen Bedingungen auftreten. Weiterhin ist diese Phase gekennzeichnet durch eine regelmäßige Wirksamkeitskontrolle der eingesetzten Datenschutzmaßnahmen im Rahmen von **Audits**.[832] Dabei wird zum einen die korrekte Umsetzung der in der Datenschutzarchitektur spezifizierten technischen und organisatorischen Maßnahmen zum Datenschutz kontrolliert (Verifikation), zum anderen findet eine inhaltliche Überprüfung des Datenschutzmodells statt, welches der Datenschutzarchitektur zugrunde liegt (Validation). Darüber hinaus sind aufgrund der in der Betriebsphase aufgetretenen Ereignisse auch Rücksprünge zu früheren Phasen möglich, so dass das Datenschutzmanagement durch einen zyklischen Prozess gekennzeichnet ist.

5.5 Verlässlichkeits- und Beherrschbarkeitskomponenten integrierendes Vorgehensmodell für vertrauenswürdige computergestützte Informationssysteme

In diesem Abschnitt wird ein generisches – d.h. anwendungsunabhängiges bzw. -neutrales – Vorgehensmodell entwickelt, das bei der Gestaltung von computergestützten Informationssystemen sowohl die in Abschnitt 5.3 vorgestellten Komponenten zur Unterstützung der Verlässlichkeit als auch Beherrschbarkeitskomponenten – wie sie in Abschnitt 5.4 entwickelt und systematisiert wurden – derart verbindet, dass das entstehende computergestützte Informationssystem als vertrauenswürdig bezeichnet werden kann. Hierbei werden die im Rahmen des Sicherheitsmanagements (Abschnitt 5.3.3) bzw. Datenschutzmanagements (Abschnitt 5.4.3) entwickelten Vorgehensmodelle, die dort lediglich anhand der jeweiligen Phasenergebnisse grob charakterisiert wurden, soweit verfeinert, dass die einzelnen Phaseninhalte bzw. Tätigkeiten innerhalb der Phasen spezifiziert werden. Hierzu wird zunächst ein Überblick über das Vorgehensmodell in seiner Gesamtheit gegeben, um anschließend dessen einzelne Phasen zu erläutern.

---

[832] Neben der internen Kontrolle (Eigenkontrolle) der Datenschutzmaßnahmen kann auch ein externer Dienstleister mit deren Überprüfung beauftragt werden. Mit diesem Instrument des externen Datenschutz-Audits haben Unternehmer die Möglichkeit zur Kontrolle und Bewertung von Maßnahmen zum Datenschutz durch unabhängige, zugelassene Gutachter. Die nach einem erfolgreichen Audit vergebenen Gütesiegel können hierbei vom Unternehmen als kommunikationspolitisches Instrument benutzt werden, um potenziellen Nutzern und Kunden den Stellenwert des Datenschutzes im jeweiligen Unternehmen zu signalisieren. Datenschutz wird somit zu einem integrierten Bestandteil eines Maßnahmebündels, das die Qualität einer angebotenen Dienstleistung steigern und so die Marktposition des anbietenden Unternehmens positiv beeinflussen kann. Vgl. zum Datenschutz-Audit u.a. BACHMEIER (1996), S. 680, ROßNAGEL (2000a), S. 3 ff., ROßNAGEL/PFITZMANN/GARSTKA (2001), S. 132 ff., VOSSBEIN (2004), S. 92 ff. Zur Gütesiegelvergabe im Bereich des Datenschutzes vgl. BÄUMLER (2004), S. 80 ff.

5.5.1 Vorgehensmodell für vertrauenswürdige computergestützte Informationssysteme im Überblick

Der Prozess zur gleichzeitigen Berücksichtigung von Sicherheit als Verlässlichkeitskomponente und von Datenschutz als Beherrschbarkeitskomponente zur Etablierung von als vertrauenswürdig bezeichneten computergestützten Informationssystemen kann mit Hilfe eines Phasenmodells dargestellt werden.[833]

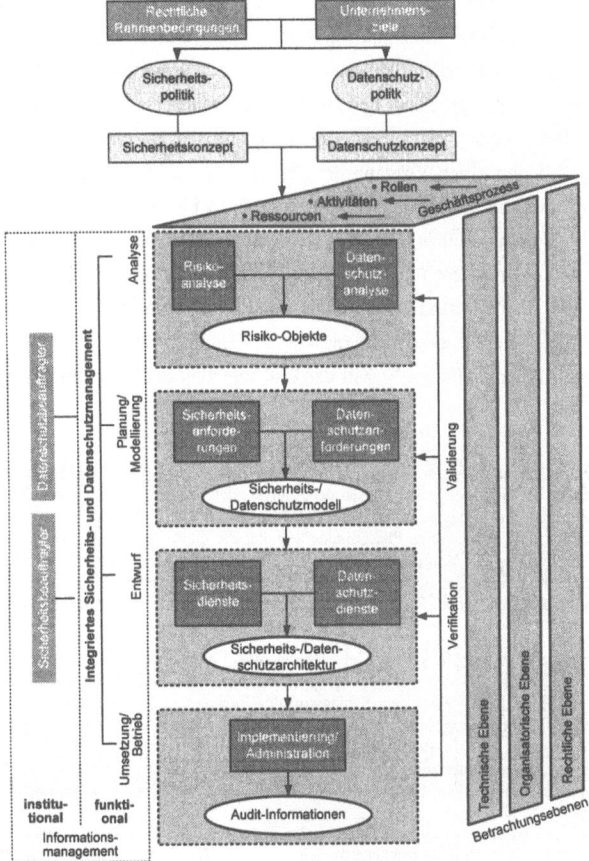

Abb. 5-17: Phasenorientiertes Vorgehensmodell für vertrauenswürdige Informationssysteme

---

[833] Phasenmodelle für den Sicherheitskontext sind u.a. zu finden bei MUND (1994), S. 135, ROSENBAUM/ SAUERBREY (1995), S. 29, MARKMEYER (2000), Abschnitt 1, RAEPPLE (2001), S. 27, ECKERT (2003), S. 121. Zum Begriff der Vertrauenswürdigkeit im Bereich der computergestützten Informationssysteme vgl. Abschnitt 5.2.

Der in Abb. 5-17 dargestellte zyklische Ablauf zur Erstellung von vertrauenswürdigen computergestützten Informationssystemen lehnt sich – wie schon beim Sicherheits- bzw. Datenschutzmanagement – in seiner Phaseneinteilung an die aus dem Bereich des *Software Engineering* bekannten Modelle zur Erstellung von *Software* an, wie schon bei den Ausführungen zum Sicherheits- bzw. Datenschutzmanagement dargelegt wurde.[834]

Als Betrachtungsgegenstand wird im Rahmen der Gestaltung von vertrauenswürdigen computergestützten Informationssystemen die Unterstützung von Geschäftsprozessen durch Informations- und Kommunikationstechnik fokussiert.[835] Ein **Geschäftsprozess** stellt hierbei eine auf die Erstellung einer kundenorientierten Leistung zielgerichtete, zeitlich-logische Abfolge von Aktivitäten dar, die arbeitsteilig von Akteuren mehrerer Organisationseinheiten unter Nutzung von Ressourcen (z.B. eines computergestützten Informationssystems) ausgeführt werden. Er stellt somit einen Vorgang der Transformation i.s.e. Wertschöpfung dar, indem Inputfaktoren durch die Bündelung von Aktivitäten in ein für den Kunden wahrnehmbares materielles oder immaterielles Ergebnis (Produkt) umgewandelt werden.[836] Als konstituierende Merkmale von Geschäftsprozessen können demnach (1) Akteure, d.h. menschliche, im Rahmen von Rollen handelnde Nutzer, identifiziert werden, (2) die mit Hilfe von computergestützten Ressourcen in Form von Daten und Funktionen (3) Aktivitäten zur Erreichung eines Ziels ausführen.[837] Mit der Einbeziehung des Geschäftsprozesses in die Be-

---

[834] Die Konstruktion eines (*Software*-)Systems entspricht dabei einem phasenstrukturierten iterativ durchgeführten Prozess, der sich grob in die Phasen der Analyse, der Planung/Modellierung, des Entwurfs, des Betriebs/der Wartung und Pflege einteilen lässt. Vgl. hierzu BALZERT (1998), S. 100, WIRTZ (2001b), S. 417. Einen Überblick über ausgewählte Phasenmodelle bietet u.a. SEIBT (1990), S. 326 ff., KRCMAR (2003), S. 123. Das Grundprinzip bei Vorgehensmodellen zur Erstellung von Software auf der Basis von Phasenmodellen ist die Abgrenzung der einzelnen Phasen durch vorher definierte Meilensteine in Form von Dokumenten oder Prototypen, wobei Rücksprünge zu vorangegangenen Phasen möglich sind. Vgl. hierzu SEIBT (1990), S. 326.

[835] Die Orientierung an (Geschäfts-) Prozessen stellt gegenüber einer funktionalen Betrachtung der Arbeitsteilung, bei der Stellen mit gleichen Aufgaben zu spezialisierten (Fach-) Abteilungen zusammengefasst werden, eine seit den 1990er Jahren unter dem Schlagwort des *Business Reengineering* existierende, neuere Sichtweise auf das Unternehmensgeschehen dar. Der Ansatz des *Business Reengineering* geht dabei hauptsächlich auf die Arbeiten von HAMMER und CHAMPY – vgl. hierzu HAMMER (1990) bzw. HAMMER/CHAMPY (1994) – zurück, die hierunter keine Optimierung bestehender Abläufe, sondern einen radikalen Neubeginn, d.h. ein völliges Überdenken bestehender Strukturen eines Unternehmens, verstehen. Vgl. HAMMER/ CHAMPY (1994), S. 12.
Einen Vergleich zwischen klassischer funktionaler Sichtweise und dem Prozessdenken bieten u.a. FIETEN (1995), S. 295 ff., GAGSCH/HILGENFELDT/WINDLER (1995), S. 319 ff., HESS/BRECHT/ÖSTERLE (1995), S. 481 ff.

[836] Vgl. hierzu auch FUCHS/HAURI/SCHNETZER (2002), S. 97 f.

[837] In diesem Zusammenhang ist von Geschäftsprozessbegriff der Terminus des *Workflow* abzugrenzen: Die *Workflow-Management-Coalition* (WfMC), eine Vereinigung von Forschungsinstituten, Hochschulen, Softwareherstellern und Anwendern, versteht unter einem *Workflow* einen formal beschriebenen, ganz oder teilweise automatisierten Vorgang, der zeitliche, fachliche und ressourcenbezogene Spezifikationen beinhaltet, die für eine automatische Steuerung eines Arbeitsablaufs erforderlich sind. Während ein Geschäftsprozess in einer strategischen Sichtweise auf einer fachlich-konzeptionellen Ebene beschreibt, <u>was</u> zu tun ist, konkretisiert ein *Workflow* auf der operativen Ebene, <u>wie</u> diese Strategieempfehlung umgesetzt werden kann. Vgl. hierzu GADATSCH (2001), S. 30 ff.

Gestaltungsansatz für vertrauenswürdige computergestützte Informationssysteme 225

trachtung wird der **Anwendungskontext** des computergestützten Informationssystems festgelegt.[838]

Um die Komplexität des Themenbereichs der vertrauenswürdigen computergestützten Informationssysteme zu strukturieren, können unterschiedliche Gestaltungsebenen betrachtet werden:

- Die **technische Ebene** umfasst – in Anlehnung an die Elementart der Technik eines computergestüzten Informationssystems – alle zur Speicherung, Verarbeitung und Weitergabe von Daten erforderlichen Ressourcen. Hierunter fallen sowohl physisch-materielle Bestandteile eines computergestützten Informationssystems, die unter dem Begriff *Hardware* subsumiert werden als auch logische Komponenten, die als *Software* bezeichnet werden.[839]

- Die **organisatorische Ebene** zeigt aufbau- und ablauforganisatorische Aspekte auf, die Voraussetzung für eine effektive und effiziente Erstellung bzw. Verbesserung eines vertrauenswürdigen computergestützten Informationssystems und dessen Einsatz sind.[840]

- Die **rechtliche Ebene** umfasst jene Gestaltungsrestriktionen juristischer Art, die bei der Erstellung, Verbesserung und dem Einsatz von vertrauenswürdigen computergestützten Informationssystemen sowohl aus der Perspektive der Sicherheit als auch aus Sicht des Datenschutzes zu beachten sind.[841]

Der hier entwickelte Gestaltungsprozess, dessen Grundlage ein kombiniertes Sicherheits- und Datenschutzmanagement bildet, beinhaltet in einer funktionalen Abgrenzung alle Planungs- und Lenkungsaufgaben zur Entwicklung und Verbesserung von vertrauenswürdigen computergestützten Informationssystemen, während in institutioneller Hinsicht eine personale Trennung beider Aufgabenbereiche in einen Sicherheits- bzw. Datenschutzbeauftragten anzustreben ist. Wie aus Abb. 5-17 ersichtlich erfolgt dabei die Festlegung von übergeordneten, strategischen Sicherheits- bzw. Datenschutzzielen durch die Unternehmensleitung in Abstimmung mit den allgemeinen Unternehmenszielen und rechtlichen Rahmenbedingungen durch die Formulierung einer **Sicherheits-** bzw. **Datenschutzpolitik.** Diese geben als eine Art Absichts- oder Verbindlichkeitserklärung in ihren Bereichen ein durch den Gestaltungsprozess jeweils anzustrebendes allgemeines Schutzniveau vor. Eine Konkretisierung und Spezifizierung dieser globalen Zielvorgaben zur Sicherheit und zum Datenschutz findet anschließend

---

[838] So sind z.B. bei computergestützten Informationssystemen im Bereich des *Customer Relationship-Management* (CRM) Anforderungen aus datenschutzrechtlicher Sicht stärker zu beachten als bei Systemen zur Produktionssteuerung. Vgl. zu CRM HETTICH/HIPPNER/WILDE (2000), S. 1346 ff., LABUSCH (2004), S. 12 ff.

[839] Zur Elementart Technik eines computergestützten Informationssystems vgl. Abschnitt 2.2.3.

[840] Hierunter fällt z.B. der Themenkomplex des Projektmanagements.

[841] Zu ausgewählten rechtlichen Rahmenbedingungen für die Sicherheit computergestützter Informationssysteme vgl. Abschnitt 3.3. Zu datenschutzrelevanten Rechtsnormen vgl. Kapitel 4.

in Form von **Sicherheits-** bzw. **Datenschutzkonzepten** statt, die dann in Anlehnung an die Sicherheits- bzw. Datenschutzpolitik eher standort- oder bereichsbezogene Besonderheiten berücksichtigen können und damit Ausgangspunkt für den Gestaltungsprozess sind.

5.5.2 Die Analysephase

Im Rahmen der Sicherheitsanalyse gilt es, den Schutzbedarf eines gegebenen computergestützten Informationssystems durch Identifikation potenzieller Risiken näher zu bestimmen, um in späteren Phasen eine ökonomisch begründete Auswahl von Art und Ausmaß der zu implementierenden Sicherheitsmaßnahmen vornehmen zu können (vgl. Abb. 5-18).[842]

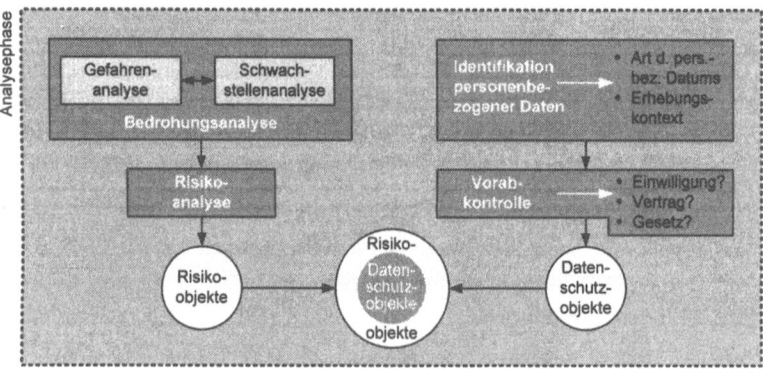

Abb. 5-18: **Vorgehen im Rahmen der Analysephase**

Hierzu wird in einem ersten Schritt im Rahmen einer **Bedrohungsanalyse** eine Abstraktion des realen computergestützten Informationssystems bezogen auf die Sicherheit vorgenommen.[843] Gemäß dem in Abschnitt 3.1.3 dargestellten Kausalmodell der Sicherheit computergestützter Informationssysteme (vgl. Abb. 3-5) werden innerhalb einer **Gefahrenanalyse** die potenziell gefährdenden Ereignisse, denen computergestützte Informationssysteme in ihren jeweiligen Anwendungskontexten ausgesetzt sein können, identifiziert. Diesen Gefahren werden bei der parallel durchgeführten **Schwachstellenanalyse** diejenigen Objekte des computergestützten Informationssystems (z.B. Datenobjekte in Form von Dokumenten oder Funktionsobjekte wie z.B. Massenspeicher) gegenübergestellt, welche aufgrund ihrer Eigenschaften das Eintreten des gefährdenden Ereignisses begünstigen.

Als Methoden für eine möglichst vollständige Erfassung der relevanten Bedrohungen kann z.B. (1) eine Bedrohungsmatrix aufgestellt werden, die zeilenweise mögliche Gefährdungsbe-

---

[842] Vgl. STELZER (1994), S. 188, ROSENBAUM/SAUERBREY (1995), S. 28 f., TEUFEL/SCHLIENGER (2000), S. 22, RAEPPLE (2001), S. 9,

[843] Vgl. ROSENBAUM/SAUERBREY (1995), S. 28 f., PETRUCH (2002), S. 290.

Gestaltungsansatz für vertrauenswürdige computergestützte Informationssysteme 227

reiche klassifiziert und spaltenweise potenzielle Auslöser von Bedrohungen beinhaltet, oder (2) ein Bedrohungsbaum abgeleitet werden, dessen Wurzel das mögliche Angriffsziel bildet, während die Äste und Blätter die notwendigen Bedingungen für den Eintritt dieses Ereignisses aufzeigen.[844] Das Ergebnis der Bedrohungsanalyse sind somit Gefahr-Objekt-Kombinationen – Bedrohungen genannt – des betrachteten computergestützten Informationssystems.[845]

Die Aufgabe der anschließenden **Risikoanalyse** besteht darin, diese Bedrohungen entsprechend ihrer Relevanz für das betrachtete computergestützte Informationssystem zu klassifizieren, um so zwischen tolerierbaren und untragbaren Risiken zu unterscheiden.[846] Bei der Betrachtung von Geschäftsprozessen werden mit der Risikoanalyse diejenigen Objekte identifiziert, bewertet und dokumentiert, die für die Aufrechterhaltung des Geschäftsprozesses bedeutsam sind. Dies können unter Einbeziehung der technischen Betrachtungsebene geschäftsprozessrelevante Daten und Funktionen sein, deren Verfügbarkeit und Integrität durch entsprechende Maßnahmen sicherzustellen sind.[847] Das Ergebnis der Risikoanalyse benennt dann in einer Dokumentation der Risikoobjekte jene Bedrohungen, gegen die Sicherheitsmaßnahmen ergriffen werden müssen und ist damit Ausgangspunkt für die nächste Phase des Sicherheitsprozesses.[848]

---

[844] Beispiele für die genannten Methoden der Bedrohungsanalyse sind zu finden bei ECKERT (2003), S. 129 ff. Als Informationsquelle für die Bedrohungsanalyse kann z.B. der Mailingdienst der CERT-Organisation, (vgl. www.cert.org), dienen. Dieses Netzwerk aus weltweit operierenden Computer-Notfall-Teams (*Computer Emergency Response Teams* – CERT) benachrichtigt registrierte Nutzer sehr zeitnah bezüglich neuer Gefahren bzw. bekannt gewordener Schwachstellen in Protokollen und Betriebssystemplattformen und informiert über mögliche Gegenmaßnahmen. Zu CERT vgl. FOX (2002), S. 493.
Auch staatliche Instanzen entfalten in diesem Bereich Informationstätigkeiten: So betreibt das BSI zusammen mit dem BMI und dem BMWA eine Internetseite, die über Themen der Sicherheit und deren Gefährdungen im Zusammenhang mit der Nutzung des Internet informiert (vgl. www.sicherheit-im-internet.de).

[845] Vgl. HOPPE/PRIEB (2003), S. 285 und Abschnitt 3.1.3. dieser Arbeit.

[846] Vgl. MUND (1994), S. 135, ECKERT (2003), S. 136 f. Häufig wird das Risiko der betrachteten Bedrohungen entsprechend ihrer (geschätzten) Eintrittswahrscheinlichkeit und des zu erwartenden Schadens bewertet. Neben dieser zwar schematischen, aber aufgrund der z.T. schwierigen Prognostizierbarkeit der Berechnungsfaktoren nicht unkritischen Risikobewertung können z.B. auch heuristische Verfahren zur Analyse benutzt werden. Vgl. ausführlich zum Themenkomplex der Risikoanalyse für computergestützte Informationssysteme STRAUB (1991), S. 42 ff., STELZER (1994), S. 185 ff., KONRAD (1998), S. 67 ff., BSI (2000), S. 43 ff., BRÄUHÄUSER/BILTZINGER/LORENZ (2002), S. 55 ff., STELZER (2002), S. 37 ff.

[847] Auf organisatorischer Ebene sind z.B. Regelungen für den Zugriff auf geschäftsprozessrelevante Objekte zu bestimmen oder Datensicherungskonzepte zu entwickeln, um Daten redundant vorzuhalten. Vgl. hierzu auch Abschnitt 3.2.2.1. Zum Begriff des Subjekts bzw. Objekts als Instanz eines computergestützten Informationssystems vgl. Abb. 5-3.

[848] Bei der Anwendung des so genannten Grundschutzansatzes des BSI – vgl. hierzu BSI (2003a), GORA/ STARK (2002), S. 625 –, bei dem anhand eines vorgefertigten Maßnahmenkatalogs aus Gefahren, die für ein computergestütztes Informationssystem als relevant erachtet werden, direkt auf entsprechende Sicherheitsmaßnahmen geschlossen wird, kann die Phase der (detaillierten) Risikoanalyse entfallen. Der Grundschutzansatz ist hierbei für solche computergestützten Informationssysteme geeignet, für die im Rahmen des Sicherheitskonzepts ein mittleres bis geringes Sicherheitsniveau akzeptiert wird. Für strategisch bedeutsame, hochschutzbedürftige computergestützte Informationssysteme wird der standardisierte Maßnahmenkatalog

Die Aufgabe der **Datenschutzanalyse** ist es, die im Rahmen des betrachteten Geschäftsprozesses schon existierenden oder zu erhebenden personenbezogenen Daten festzustellen. Die **Identifikation personenbezogener Daten** umfasst hierbei die Dokumentation (1) der Art eines personenbezogenen Datums (z.B. Namen, Anschrift eines Kunden) und (2) des Erhebungskontextes, der zur rechtliches Überprüfung in späteren Phasen benötigt wird. Dieser spezifiziert das identifizierte, personenbezogene Datum näher, indem zum einen dessen Erhebungsbereich (z.B. ein Teledienst im Bereich des *E-Commerce*) und zum anderen Erhebungszeitpunkt und Erhebungszweck festgestellt werden.[849]

Anschließend sind diese personenbezogenen Daten einer gesetzlich vorgeschriebenen **Vorabkontrolle** zu unterziehen.[850] Hierbei ist vor Beginn einer personenbezogenen Datenverarbeitung deren Rechtmäßigkeit zu überprüfen, d.h. es ist zu kontrollieren, ob die datenschutzrechtlichen Voraussetzungen für eine erlaubte Verarbeitung von personenbezogenen Daten erfüllt sind: Nach § 4 Abs. 5 BDSG gelten im Rahmen der Vorabkontrolle als Erlaubnistatbestände für eine personenbezogene Datenverarbeitung z.B. die (freiwillige) Einwilligung des Betroffenen, die Erfüllung eines Vertrages oder vertragähnlichen Verhältnisses oder das Vorliegen einer gesetzlichen Verpflichtung. In organisatorischer Hinsicht liegt die Zuständigkeit für die Vorabkontrolle nach § 4 d Abs. 6 BDSG beim Datenschutzbeauftragten der für die personenbezogene Datenverarbeitung verantwortlichen Stelle. Dieser hat sich bei seiner Prüfung an potenziellen Gefahren des informationellen Selbstbestimmungsrechts zu orientieren. Der Datenschutzbeauftragte kann dann auf eine Vorabkontrolle verzichten, wenn er einen der Ausnahmetatbestände zur Vorabkontrolle nach § 4 d Abs. 5 BDSG für erfüllt hält.

Das Ergebnis der Datenschutzanalyse ist eine Dokumentation der für den betrachteten Geschäftsprozess festgestellten datenschutzrelevanten Objekte, die in der nächsten Phase einer rechtlichen Konformitätsüberprüfung zu unterziehen sind (vgl. Abb. 5-19):

---

des BSI als nicht wirksam genug angesehen. Vgl. hierzu u.a. KONRAD (1998), S. 62 ff., TEUFEL/ SCHLIENGER (2000), S. 22 ff. Zum Grundschutzansatz des BSI vgl. Abschnitt 3.1.4.

[849] Diese Spezifikationen werden in der datenschutzrechtlichen Planungsphase benötigt, um die anzuwendenden Datenschutznormen und die sich daraus ergebenden Rechtsfolgen z.B. hinsichtlich Aufbewahrungsfristen oder Löschungsfristen für personenbezogen Daten festzustellen.

[850] So fordert z.B. Art. 20 EU-Datenschutzrichtlinie als supranationale Rechtsnorm zum Datenschutz (vgl. hierzu Abschnitt 4.1.2.2), dass bei einer Verarbeitung von personenbezogenen Daten, die spezifische Risiken für die Rechte und Freiheiten von Betroffenen beinhalten kann, eine Vorabkontrolle durchzuführen ist. Inwieweit spezifische Risiken bei einer personenbezogenen Datenverarbeitung vorliegen, ist dabei durch die jeweilige nationale Legislative zu klären: Nach § 4 Abs. 5 S. 1 BDSG hat eine Vorabkontrolle immer dann zu erfolgen, wenn (1) nach § 3 Abs. 9 BDSG als besonders eingestufte personenbezogene Daten (wie z.B. Angaben über rassische oder ethnische Herkunft, politische Meinungen, religiöse oder philosophische Überzeugen, Gesundheit oder Sexualleben) verarbeitet werden oder (2) die Verarbeitung von personenbezogenen Daten dazu bestimmt ist, die Persönlichkeit des Betroffenen zu bewerten. So bedarf es bei einer automatisierten Verarbeitung personenbezogener Daten nach SCHILD (2001b), S. 285 immer einer kursorischen Vorprüfung, da diese grundsätzlich besondere Verarbeitungsrisiken aufweist. Dementsprechend unterliegt der Umgang mit personenbezogenen Daten in nicht-automatisierter Form (z.B. in Akten) nicht der Vorabkontrolle.

Gestaltungsansatz für vertrauenswürdige computergestützte Informationssysteme 229

			Personenbez. Datum	Erhebungskontext			Vorabkontrolle	
Nr.	Art	Schutzstufe	Erhebungsbereich	Erhebungszeitpunkt	Erhebungszweck	Einwilligung	Vertragsverhält.	Gesetzl. Pflicht
1	Kundenname	normal	Teledienst (Email)	24.12.2004	Produktbestellung	Nein	Ja	Nein
:	:	:	:	:	:	:	:	:
24	IP-Adresse, polit. Partei	sensitiv	Teledienst (Webformular)	29.12.2004	Web-Umfrage	Ja	Nein	Nein

Abb. 5-19: Beispiel einer Dokumentation von personenbezogenen Daten eines computergestützten Informationssystems

Beide Ergebnisse der Analysephase können in einer gemeinsamen Dokumentation zusammengefasst werden. Dabei kann das Ergebnis der Datenschutzanalyse als Teilbereich der Risikoobjekte der Sicherheitsanalyse aufgefasst werden, das einen spezialisierten, zu schützenden Bereich des computergestützten Informationssystems – nämlich Datenschutzobjekte – darstellt.

5.5.3 Die Planungsphase

Während das Ergebnis der Risikoanalyse den Ist-Zustand des betrachteten computergestützten Informationssystems bezogen auf die Sicherheit und den Datenschutz widerspiegelt, gilt es in der Planungsphase einen anzustrebenden Sicherheits- bzw. Datenschutz-Soll-Zustand zu definieren, mit dem das durch die Sicherheitspolitik vorgegebene Niveau der Sicherheit bzw. des Datenschutzes erreicht wird (vgl. Abb. 5-20).[851]

---

[851] Vgl. ECKERT (2003), S. 140. Innerhalb der Planungsphase wird in Anlehnung an das *Software Engineering* eine Durchführbarkeitsuntersuchung über die fachliche, ökonomische und personelle Durchführbarkeit des Projekts vorgenommen. Als Dokumente dieser Phase sind u.a. das Lastenheft, Projektkalkulation und -plan zu nennen. Vgl. hierzu BALZERT (2000), S. 58 ff.

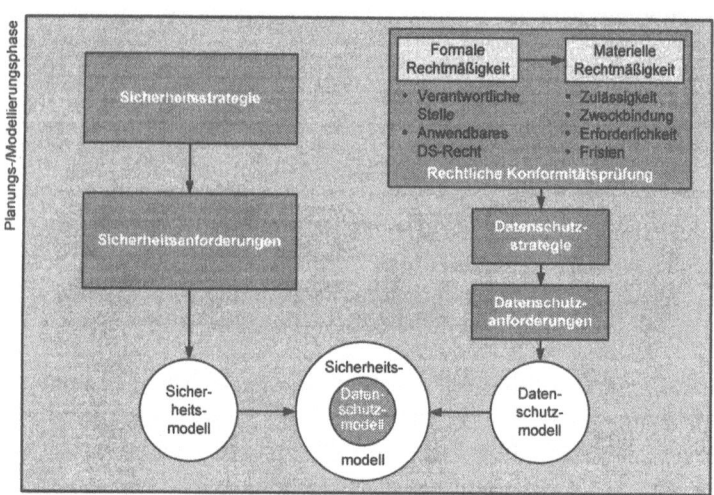

Abb. 5-20: Vorgehen im Rahmen der Planungsphase

Dabei sind bezogen auf die Sicherheit eines computergestützten Informationssystems die erforderlichen technischen und organisatorischen Sicherheitsmaßnahmen in Form von allgemeinen sicherheitsrelevanten Gestaltungsanforderungen zur Erfüllung des Schutzbedarfs in einer **Sicherheitsstrategie** zu erfassen, die damit einen Handlungsrahmen für die weiteren Tätigkeiten vorgibt. Die Sicherheitsstrategie kann allgemein als ein Konzept zum Umgang mit Risiken bezogen auf die Sicherheit computergestützter Informationssysteme verstanden werden, um Sicherheit zu schaffen, zu erhalten und zu verbessern.[852] Sie gibt dabei als relevant erachtete Sicherheitsziele vor, die unter Berücksichtigung der gegebenen Rahmenbedingungen mit Hilfe ausgewählter Aktionsparameter zu erreichen sind.[853] Darüber hinaus legt die Sicherheitsstrategie auch die für die Umsetzung und den Betrieb der Sicherheitsmaßnahmen notwendigen monetären, personellen und infrastrukturellen Ressourcen fest.[854]

Eine Verfeinerung und Konkretisierung dieser Vorgaben findet mit der Definition von **Sicherheitsanforderungen** statt, die damit eine Spezifizierung allgemein vorgegebener Sicherheitsmaßnahmen in Form von konkreten Leistungsanforderungen darstellen. Sicherheitsanforderungen stehen somit in direkter Beziehung zur Funktionalität des betrachteten compu-

---

[852] Zum im Rahmen dieser Arbeit verwendeten Risikobegriff vgl. Abschnitt 3.1.3.

[853] Dieser auch von STELZER (1993), S. 59 im Sicherheitskontext verwendete Strategiebegriff geht ursprünglich auf CARL VON CLAUSEWITZ zurück, der den Strategiebegriff im Rahmen der Kriegsführung im Jahr 1816 als einer der ersten im europäischen Raum wissenschaftlich diskutiert hat. Als Nachdruck vgl. VON CLAUSEWITZ (1980), S. 271.

[854] So ähnlich zu finden bei VON STOCKAR (1995), S. 54 ff., BRANDAO (1996), S. 4, KONRAD (1998), S. 42 f., ECKERT (2003), S. 20 f.

tergestützten Informationssystems und sollen sicherstellen, dass die für einen unbeeinträchtigten Betrieb des Systems notwendigen Eigenschaften von Objekten und Funktionen nicht verletzt werden. Sie können dabei entweder eigenschaftsorientiert formuliert werden, indem sie beschreiben, welche Eigenschaften die Objekte und Funktionen haben müssen (Beispiel: ‚Die Unversehrtheit von Dokumenten ist vor dem Versenden über offene Netze zu schützen'), oder sie werden maßnahmeorientiert ausgedrückt, wenn sie aufzeigen, wie eine gewünschte Eigenschaft zu erhalten bzw. zu realisieren ist (‚Dokumente müssen vor dem Versenden über offene Netze durch integritätssichernde Verfahren wie z.b. digitale Signaturen gesichert werden').[855]

Die Sicherheitsanforderungen werden anschließend in ein **Sicherheitsmodell** überführt, welches die durch die Sicherheitsanforderungen festgelegten Sicherheitseigenschaften in Form von Sicherheitszielen auf einem hohen Abstraktionsniveau abbildet.[856] Das Sicherheitsmodell ermöglicht es, von Realisierungsaspekten zu abstrahieren, indem es einen Strukturplan der zu realisierenden Sicherheitsziele für die anschließende Entwurfsphase vorgibt. Darüber hinaus beinhaltet das Sicherheitsmodell eine Definition von so genannten Rollen, welche die häufig übliche starre Zuordnung der Zugriffsrechte von Subjekten auf Ressourcen des computergestützten Informationssystems (Objekte) flexibilisiert. Rollen stellen eine Zusammenfassung von Rechten und Pflichten dar, die zur Erfüllung von bestimmten Aufgaben bzw. Aktivitäten bei der Durchführung von Geschäftsprozessen durch den Aufgabenträger (Akteur) benötigt werden.[857] Ein Nutzer als Subjekt des computergestützten Informationssystems kann hierbei mehrere Rollen nacheinander oder auch gleichzeitig wahrnehmen bzw. eine Rolle kann durch mehrere Nutzer ausgefüllt werden (vgl. Abb. 5-21).[858]

---

[855] Vgl. hierzu auch MUND (1993), S. 226 f. und 235, MUND (1994), S. 136.

[856] Vgl. KESSLER (1992), S. 462, MUND (1994), S. 136, ECKERT (1996), S. 186 f., SCHIER (1999), S. 126 f., ECKERT (2003), S. 140, HOPPE/PRIEB (2003), S. 215.
Der Modellbegriff kann hierbei in zwei Verwendungsarten benutzt werden: (1) Das Modell als Abbild der Realität hebt nur die als wesentlich für den Betrachtungszweck erachteten Eigenschaften und Aspekte der Realität hervor, während (2) das Modell als mathematische Struktur ein Axiomsystem darstellt. Vgl. hierzu LEHNER (1994a), S. 6 ff., SCHIER (1999), S. 126, HEINRICH (2002a), S. 1046 f.

[857] Der Einsatz von Rollenmodellen erlaubt es, die Vergabe von Zugriffsrechten auf Objekte des computergestützten Informationssystems unabhängig von realen Nutzern vorzunehmen. Letzere werden als Subjekte angesehen, die ihre Operationen auf Ressourcen des computergestützten Informationssystems (Objekten) durchführen. Subjekte, Objekte und ihre Eigenschaften werden dabei – in Anlehnung an das objektorientierte Modellierungsparadigma – durch Bildung von Subjekt- bzw. Objektklassen, die jeweils ihre Eigenschaften an Mitglieder der eigenen Klasse vererben können, abstrakt definiert. Eine Rolle ist demnach eine Klasse von Subjekten, welche die dieser Rolle zugeordneten Eigenschaften (insbesondere deren Zugriffsrechte) erben. Eine direkte Zuordnung von Rechten an reale Nutzer wird dadurch entkoppelt. Vgl. zu Rollenmodellen u.a. KOHL (1994), S. 158.

[858] Während ein Nutzer zur Erfüllung seiner Aufgabe die dafür vorgesehene Rolle innehat, muss er für Wartungs- und Pflegearbeiten am computergestützten Informationssystem die Rolle eines Administrators einnehmen. Bei entsprechend komplexen und komplizierten computergestützten Informationssystemen wird die Rolle ‚Administrator' aus organisatorischen Gründen i.d.R. durch mehrere Nutzer wahrgenommen.

232 Gestaltungsansatz für vertrauenswürdige computergestützte Informationssysteme

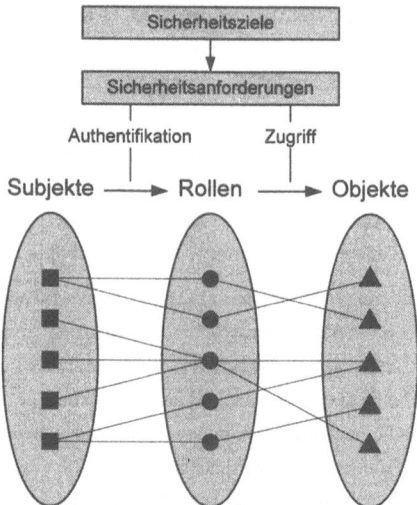

Abb. 5-21: Beispielhafte Darstellung eines Sicherheitsmodells

Die Formulierung des Sicherheitsmodells kann hierbei verbal, semi-formal oder formal erfolgen, wobei formale (d.h. in einer mathematisch-logischen Beschreibung abgefasste) Sicherheitsmodelle die Möglichkeit der mathematischen Beweisbarkeit bzw. Nachweisbarkeit von Sicherheitseigenschaften i.s.e. Konsistenzprüfung bezüglich der Sicherheitsanforderungen bieten.[859] Bei der Erstellung eines Sicherheitsmodells bieten sich zwei Alternativen an:[860] (1) Formulierung eines individuellen Sicherheitsmodells, das sich direkt auf die zuvor festgelegten, spezifischen Sicherheitsanforderungen bezieht, oder (2) Verwendung bzw. Anpassung von generischen Sicherheitsmodellen, die als Referenzmodelle für bestimmte Schutzziele vorliegen: Beispielhaft seien hier für das Schutzziel der Vertraulichkeit das BELL LAPADULA-Modell und das DENNING-Modell, für das Schutzziel der Integrität das CLARK-WILSON-Modell genannt.[861]

Im Bereich des Datenschutzes werden die in der Analysephase identifizierten, personenbezogenen Daten des betrachteten Geschäftsprozesses in der Planungsphase zunächst einer **rechtlichen Konformitätsüberprüfung** unterzogen. Diese dient der Feststellung der anzuwendenden datenschutzrechtlichen Normen und der sich daraus ergebenden Rechtsfolgen und -pflichten für die datenschutzrelevanten Objekte des Geschäftsprozesses:

---

[859] Vgl. hierzu MUND (1994), S. 136, ECKERT (2003), S. 141.
[860] Vgl. hierzu MUND (1994), S. 137.
[861] Für eine ausführliche Darstellung dieser und weiterer generischer Sicherheitsmodelle vgl. u.a. STEINACKER (1992b), S. 17 ff., ECKERT (1996), S. 194 ff., SCHIER (1999), S. 129 ff., ECKERT (2003), S. 177 ff.

Gestaltungsansatz für vertrauenswürdige computergestützte Informationssysteme 233

- Hierbei ist zunächst in einer **Prüfung der formalen Rechmäßigkeit** das anzuwendende Datenschutzrecht zu identifizieren, da nach dem im deutschen Datenschutzrecht vorherrschenden Subsidiaritätsprinzip bereichsspezifische Regelungen dem allgemeinen Anwendungsbereich des BDSG zwar vorgehen, sich aber dennoch bei der Abwicklung von Geschäftsprozessen eine parallele bzw. zeitlich eng gekoppelte Anwendung von bereichsspezifischen und allgemeinen Datenschutznormen ergeben kann.[862] Darüber hinaus ist aufgrund der Internationalisierung der Datenflüsse bei der Durchführung von Geschäftsprozessen zu überprüfen, inwieweit das deutsche Datenschutzrecht zur Anwendung kommt, indem die für die personenbezogene Datenverarbeitung **verantwortliche Stelle** zu bestimmen ist.[863]

- Im Rahmen der **Prüfung der materiellen Rechtmäßigkeit** der personenbezogenen Datenverarbeitung werden – in Ergänzung zur Vorabkontrolle – die sich aus dem zuvor identifizierten, anzuwendenden Datenschutzrecht ergebenden Rechtsfolgen festgestellt:

    - Hierbei ist zunächst die **Zulässigkeit** einer Erhebung, Verarbeitung (Nutzung) und ggf. Weitergabe der eruierten personenbezogenen Objekte zu dokumentieren.[864] Die Zulässigkeit ist dabei eng mit der **Zweckbindung** verknüpft, die den genauen Tatbestand beschreibt, für den personenbezogene Daten erhoben bzw. verwendet werden. Diese ist ebenfalls zu dokumentieren, da eine darüber hinausgehende Verwendung der personenbezogenen Daten nicht erlaubt ist.

    - Dürfen personenbezogene Daten erhoben bzw. zweckgebunden verwendet werden, so ist nach dem im deutschen Datenschutzrecht geltenden **Erforderlichkeitsprinzip** deren Umfang auf das zum Erreichen des durch die gesetzliche Norm bzw. durch Einwilligung erlaubten Zwecks erforderliche Minimum zu beschränken.[865]

    - Weiterhin sind bei der Überprüfung der materiellen Rechtmäßigkeit einer personenbezogenen Datenverarbeitung festzuhalten, welche gesetzlichen **Aufbewahrungspflich-**

---

[862] So ist beispielsweise bei Geschäftsprozessen im Bereich des *E-Commerce* sowohl das TDDSG als auch das BDSG anzuwenden, da sich die bereichsspezifischen Regelungen des TDDSG auf datenschutzrechtliche Anforderungen beschränken, die sich aus der Nutzung von Telediensten ergeben, während eine darüber hinausgehende personenbezogene Datenverarbeitung – etwa zur Erfüllung eines Kaufvertrages, der im Rahmen eines Teledienstes zustande kommt – den allgemeinen Regelungen des BDSG unterliegt. Der Teledienst stellt hierbei lediglich das Medium dar, das eine Leistung zwischen den Vertragspartnern ermöglicht bzw. vermittelt. Vgl. zum Subsidiaritätsprinzip Abschnitt 4.1.1.2.

[863] Vgl. hierzu und zu dem in diesem Zusammenhang anzuwendenden Sitzlandprinzip Abschnitt 5.4.1.1.

[864] Nach dem im deutschen und europäischen Datenschutzrecht vorherrschenden Prinzip des Verbots mit Erlaubnisvorbehalt ist eine Erhebung und Verarbeitung personenbezogener Daten nur gestattet, wenn (1) eine Rechtsnorm dies erlaubt oder (2) der Betroffene in die ihm mitgeteilte, zweckgebundene personenbezogene Datenverarbeitung einwilligt. Diese Einwilligung kann gemäß § 4 a Abs. 1 BDSG bzw. § 3 Abs. 4 TDG auch auf elektronischem Weg erfolgen und unterliegt dann besonderen Anforderungen. Vgl. hierzu auch Abschnitt 5.4.1.2.

[865] Der mengenmäßige Umfang der personenbezogenen Daten ergibt sich nach ROßNAGEL/PFITZMANN/GARSTKA (2001), S. 98 als Zweck-Mittel-Relation aus der zu bearbeitenden Aufgabe.

ten bzw. -fristen sich für die schon vorhandenen oder noch zu erhebenden bzw. bei der Durchführung des Geschäftsprozesses anfallenden personenbezogenen Daten einzuhalten sind.[866]

Das Ergebnis der rechtlichen Konformitätsprüfung besteht in einer strukturierten Dokumentation der auf die identifizierten, personenbezogenen Daten des Geschäftsprozesses anzuwendenden Rechtsnormen und der sich daraus ergebenden Rechtsfolgen.

Hierauf aufbauend werden anschließend mit der **Datenschutzstrategie** übergeordnete, unternehmens- und geschäftsprozessspezifische Regeln für den Umgang mit personenbezogenen Daten formuliert. Darüber hinaus wird in der Datenschutzstrategie festgeschrieben, in welchem Umfang das Gebot zur Datensparsamkeit – z.B. durch anonyme bzw. pseudonyme Nutzung von angebotenen Diensten – bei der Durchführung des betrachteten Geschäftsprozesses Berücksichtigung finden soll.[867] In Abstimmung mit der Sicherheitsstrategie werden mit der Datenschutzstrategie die notwendigen monetären, personellen und infrastrukturellen Ressourcen festgelegt, die für den Schutz des informationellen Selbstbestimmungsrechts zur Verfügung gestellt werden müssen.

Mit der Formulierung von **Datenschutzanforderungen** findet anschließend eine Verfeinerung und Konkretisierung der datenschutzrechtlichen Zielvorgaben statt. Hierzu wird der Schutzbedarf der betrachteten personenbezogenen Daten sowohl durch gesetzlich vorgeschriebene technisch-organisatorische Vorgaben (wie diese z.B. in der Anlage zu § 9 BDSG aufgeführt werden) als auch durch Gestaltungsanforderungen zur Erfüllung der Rechte des Betroffenen (vgl. Abb. 5-14) als zu erfüllende Leistungskriterien an das computergestützte Informationssystem formuliert.

Mit der Überführung der Datenschutzanforderungen in ein **Datenschutzmodell** wird ein Strukturplan der umzusetzenden Datenschutzanforderungen entwickelt, der drei Partialmodelle enthält (vgl. Abb. 5-22):[868]

---

[866] Im Rahmen der allgemeinen personenbezogenen Datenverarbeitung nach BSDG sind alle personenbezogenen Objekte zu löschen, sobald die Zweckbindung für ihre Aufbewahrung (Speicherung) nicht mehr vorliegt (z.B. nach durchgeführter gegenseitiger Erfüllung eines Kaufvertrages). Im Bereich der Teledienste können darüber hinausgehend Ausnahmeregelungen für eine weitere Vorhaltung dieser Daten bestehen. So dürfen etwa für die Erstellung von Entgeltabrechnungen sogenannte Nutzungsdaten – d.h. personenbeziehbare Daten, die zwangsläufig durch die konkrete Inanspruchnahme eines Teledienstes entstehen (z.B. IP-Adresse, Beginn und Ende des Nutzungsvorgangs) – länger gespeichert werden, obwohl ihr eigentlicher Entstehungsgrund bzw. Zweck (nämlich die Teledienstnutzung) nicht mehr existiert. Vgl. hierzu auch Abschnitt 4.2.3.2.2.

[867] Vgl. zum Gebot der Datensparsamkeit und zur anonymen bzw. pseudonymen Nutzung von internetbasierten Diensten Abschnitt 5.4.3.1.

[868] Ähnlich zu finden bei KARJOTH/SCHUNTER/WAIDNER (2004), S. 5 f.

Gestaltungsansatz für vertrauenswürdige computergestützte Informationssysteme 235

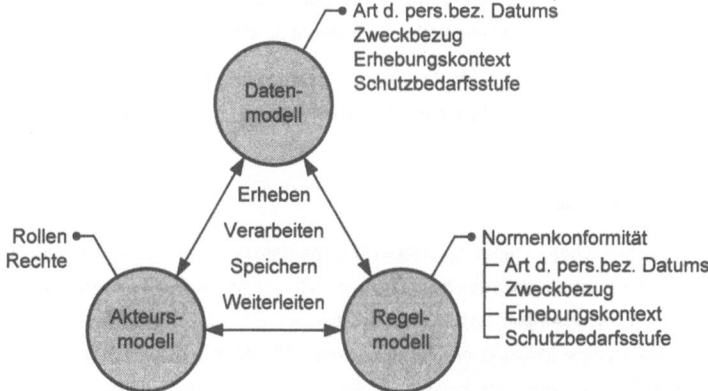

Abb. 5-22: Teilmodelle eines Datenschutzmodells

- Die für den betrachteten Geschäftsprozess benötigten personenbezogenen Daten werden in einem Modell der personenbezogenen Daten spezifiziert. Hierbei können mit abnehmender Kritikalität drei Stufen des Schutzbedarfs unterschieden werden: (1) Direkte personenbezogenen Daten (wie z.B. Name und Anschrift eines Kunden), (2) Pseudonymisierte Daten, bei denen das einen Betroffenen identifizierende personenbezogene Datum durch ein Pseudonym (z.B. eine Kundennummer) ersetzt wurde, aber über die entsprechende Zuordnungsregel eine Repersonalisierung zulässt und (3) vollständig anonymisierte Daten, die keinerlei Personenbezug oder Rückschlussmöglichkeiten auf den Betroffnen aufweisen.

- Im Datenschutzregelmodell werden die aus den anzuwendenden bereichsspezifischen bzw. allgemeinen Datenschutznormen abgeleiteten erlaubten Handlungen bezüglich eines personenbezogenen Datums festgelegt (Prüfung auf Normenkonformität). Als Orientierungshilfe dienen hierbei sowohl die im Datenschutzkontext üblichen Phasen der Erhebung, Speicherung, Verarbeitung und Übermittlung (Weitergabe) als auch der Zweckbezug des personenbezogenen Datums.

- Das Akteursmodell beschreibt jene Instanzen des computergestützten Informationssystems, die im Rahmen des Geschäftsprozesses einen Bezug zum betrachteten personenbezogenen Datum aufweisen. Hierzu zählen (1) der Betroffene selbst, (2) Nutzer und Prozesse des computergestützten Informationssystems, welches die Phasen der Erhebung, Verarbeitung und Speicherung ausführt und ggf. (3) dritte Instanzen, an welche die personenbezogenen Daten weitergeleitet werden. Akteure handeln hierbei – wie schon für das Sicherheitsmodell aufgezeigt wurde – ebenfalls in Rahmen von Rollen, die auf einer abstrakten Ebene die Aufgabenprofile von Nutzern beschreiben.[869]

Als Modellierungssprache kann für das Datenschutzmodell z.B. die auf dem P3P-Standard (vgl. hierzu Abschnitt 5.4.2) aufbauende *Enterprise Privacy Authorization Language* (EPAL) benutzt werden.[870]

5.5.4 Die Entwurfsphase

Im Bereich der Sicherheit computergestützter Informationssysteme wird in der Entwurfsphase das zuvor aus den Sicherheitsanforderungen abgeleitete, abstrakte Sicherheitsmodell konkretisiert, indem eine **Sicherheitsarchitektur** konstruiert wird, welche die Gesamtheit der zu implementierenden technischen und organisatorischen Sicherheitsmaßnahmen mit ihren jeweiligen Schnittstellen und Abhängigkeiten aufzeigt.[871] Während das Sicherheitsmodell der vorherigen Phase einen groben Strukturplan vorgibt, stellt die Sicherheitsarchitektur einen aus diesem Strukturplan konkretisierten Bauplan zur Etablierung von Sicherheit in computergestützten Informationssystemen dar (vgl. Abb. 5-23).[872]

---

[869] Als Beschreibungswerkzeug für die Akteure und deren Beziehungen kann z.B. auf die *Unified Modelling Language* (UML) zurückgegriffen werden, die im Rahmen der objektorientierten Modellierung eine Darstellung mit Hilfe so genannter Klassen- bzw. Kollaborationsdiagramme erlaubt. Vgl. zur objektorientierten Modellierung ERLER/RICKEN (1997), S. 18 ff. Zu UML und ihrer Darstellungsmöglichkeiten vgl. u.a. ERLER (2000), S. 37 ff., STEVENS/POOLEY (2000), S. 79 ff., BALZERT (2001), S. 3 ff.

[870] Zu EPAL vgl. http://www.zurich.ibm.com/security/enterprise-privacy/epal/.

[871] Zum Begriff der Sicherheitsarchitektur vgl. u.a. ROSENBAUM/SAUERBREY (1995), S. 29, JURECIC (1996), S. 24, KIEFER (1996), S. 52 ff., KLASEN/ROSENBAUM (1996), S. 17, POHL (1998b), Abschnitt 1, ECKERT (2003), S. 22 f. u. 141.

[872] Vgl. hierzu auch WALL (1996), S. 33 ff, die dort allgemein einen Vergleich zwischen dem Architekturbegriff aus dem Bauwesen und dem Konstruktionsbegriff im Bereich betrieblicher Informationssysteme durchführt.

Gestaltungsansatz für vertrauenswürdige computergestützte Informationssysteme   237

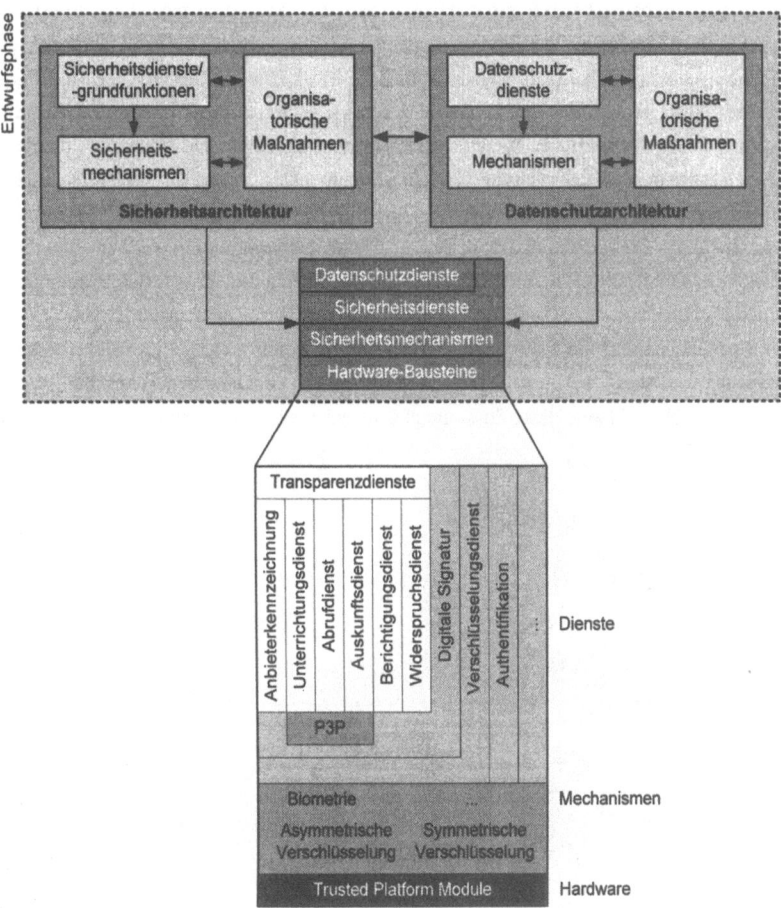

Abb. 5-23: Beispiel einer Sicherheits- und Datenschutzarchitektur

Innerhalb der Sicherheitsarchitektur sind zunächst jene **Sicherheitsdienste** oder **Sicherheits-(grund)funktionen** (wie z.B. Identifikation/Authentifikation von Nutzern, Rechteverwaltung, Verschlüsselung) festzulegen, welche die für das betrachtete computergestützte Informationssystem festgelegten Sicherheitsziele unterstützen bzw. umsetzen.[873] Sicherheitsdienste können hierbei als generische Funktionsklassen aufgefasst werden, die eine abstrakte sicherheitsbezogene Leistung anbieten, während die eigentliche (technische) Umsetzung der Sicherheitsan-

---

[873] Vgl. hierzu und zu weiteren Sicherheitsdiensten RULAND (1993), S. 33 ff., WECK (1993), S. 150 ff., KLASEN/ROSENBAUM (1996), S. 18 ff., STOLLENMEYER (1996), S. 64 f., ECKERT (2003), S. 142 ff.

forderungen durch **Sicherheitsmechanismen** erfolgt.[874] Sicherheitsmechanismen selbst wiederum können hierbei ggf. auf die Funktionalität von hardwaretechnischen Erweiterungen des computergestützten Informationssystems zurückgreifen, wie sie z.B. das *Trusted Platform Module* (TPM) im Rahmen des *Trusted Computing*-Konzepts bietet.[875] Die Begriffe Sicherheitsdienst bzw. -grundfunktion und Sicherheitsmechanismus sind somit auf unterschiedlichen Abstraktionsebenen einzuordnen: Ein Sicherheitsdienst gibt an, was geleistet werden soll, ein Sicherheitsmechanismus zeigt auf, wie dies geleistet werden kann.[876] Während – wie zuvor erwähnt – die Sicherheitsarchitektur einen Bauplan repräsentiert, können – um den Vergleich mit dem Bauwesen fortzuführen – die Sicherheitsdienste als Baugruppen und die Sicherheitsmechanismen als einzelne Bausteine bezeichnet werden. Hierbei kann ein durch das Sicherheitsmodell umzusetzendes Sicherheitsziel durch verschiedene Sicherheitsdienste unterstützt und diese wiederum durch unterschiedliche Sicherheitsmechanismen umgesetzt werden. In Abb. 5-24 sind diese Zusammenhänge beispielhaft dargestellt:[877]

Sicherheitsziel	Sicherheitsdienst	Sicherheitsmechanismus
Vertraulichkeit	Verschlüsselung	• Symmetrische Verf. • Asymmetr. Verf. • Hybride Verfahren
Verbindlichkeit	Identifikation/ Authentifikation	• Biometrische Verf. • Eingabe Namen u. Passwort
Integrität	Verschlüsselung	• Symmetrische Verf. • Asymmetr. Verf. • Digitale Signaturen
Verfügbarkeit	Redundanzdienste	• Backupverfahren • USV • zusätzl. Rechner

Legende: ⎯⎯▶ Umsetzung/Unterstützung durch

Abb. 5-24: Abstraktionsstufen im Sicherheitsprozess am Beispiel ausgewählter Sicherheitsziele, -dienste und -mechanismen

Ergänzend zur technischen Komponente der Sicherheitsdienste und Sicherheitsmechanismen sind die zu ihrer Nutzung notwendigen **organisatorischen Maßnahmen** festzulegen.[878] Ein

---

[874] Ähnlich zu finden bei BÜLLESBACH/GARSTKA (1996), S. 48. PETZEL (2002), S. 97.
[875] Vgl. zum *Trusted Computing*-Konzept Abschnitt 5.3.2.
[876] Vgl. hierzu KERSTEN (1995), S. 87.
[877] Weitere Beispiele zur Umsetzung von Sicherheitsdiensten durch verschiedene Sicherheitsmechanismen sind u.a. zu finden bei HORSTER (1993), S. 512 ff., KERSTEN (1995), S. 89 ff.
[878] Vgl. ROSENBAUM/SAUERBREY (1995), S. 30, HOLZNAGEL (2003), S. 34.

struktureller Rahmen für die Ableitung organisatorischer Sicherheitsmaßnahmen wird durch das **Betriebskonzept** eines computergestützten Informationssystems vorgegeben.[879] Dieses beschreibt bezogen auf die Ressourcen des computergestützten Informationssystems zum einen die Prozesse, die als wiederkehrende Arbeitsabläufe den Einsatz des computergestützten Informationssystems bestimmen und die aus einzelnen, elementaren Aufgaben bestehen.[880] Zum anderen zeigt das Betriebskonzept die aus diesen Prozessen bzw. Aufgaben abgeleiteten Rollen und die mit diesen Rollen verbundenen Verantwortlichkeiten auf, welche die Pflichten des Rolleninhabers für den Prozessablauf beschreiben (vgl. Abb. 5-25):[881]

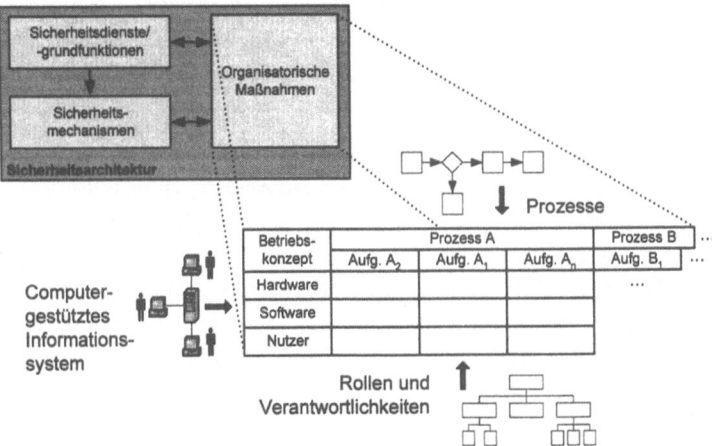

Abb. 5-25: **Ableitung eines sicherheitsspezifischen Betriebskonzepts aus der Sicherheitsarchitektur**

Jeder Ressource des computergestützten Informationssystems werden bei der Erstellung des Betriebskonzepts zunächst die zu Prozessen aggregierten Aufgaben zugeordnet, die durchgeführt werden müssen, um einen störungsfreien Einsatz (und damit die Sicherheit) des computergestützten Informationssystems zu gewährleisten. Anschließend sind die für die Durchführung dieser Aufgaben verantwortlichen Rollen zu benennen. Neben der für die Aufrechterhaltung des Systembetriebs notwendigen Maßnahmen im Rahmen von Notfall- bzw. Datensicherungskonzepten (vgl. hierzu Abschnitt 3.2.2.1) fallen in den Aufgabenbereich des sicherheitsspezifischen Betriebskonzepts z.B. die für die Nutzung des Sicherheitsdienstes ‚Identifikation/Authentifikation' notwendige Festlegung, welche Regeln für die Wahl eines Nutzerpassworts hinsichtlich dessen Geltungsdauer, Mindestlänge und Syntax gelten, oder Regelungen

---

[879] Vgl. RAEPPLE (2001), S. 119.

[880] Zum Prozessbegriff vgl. HANSEN/NEUMANN (2002), S. 246.

[881] Vgl. hierzu auch RAEPPLE (2001), S. 122.

zur physischen Zutrittskontrolle zum computergestützten Informationssystem. Darüber hinaus können vertragliche Gestaltungsmaßnahmen zu diesem Bereich gezählt werden, wie z.b. der Abschluss von Versicherungen, die einen Teil des in der Risikoanalyse ermittelten Risikos vertraglich auf Dritte zu überwälzen versuchen.

Im Bereich des Datenschutzes wird das in der Entwurfsphase aus den Datenschutzanforderungen abgeleitete Datenschutzmodell durch eine **Datenschutzarchitektur** konkretisiert, die – wie die Sicherheitsarchitektur – die Gesamtheit der in der Implementierungsphase umzusetzenden Maßnahmen aufzeigt. Mit der Datenschutzarchitektur werden die Anforderungen des Systemdatenschutzes zur rechtlichen Technikgestaltung konkretisiert, indem alle Vorgaben, welche auf die Gestaltung eines technisch-organisatorischen Systems zur Erhebung, Verarbeitung und Nutzung von personenbezogenen Daten abzielen, normenkonform umgesetzt werden.[882]

Die Ausgestaltung der in der Datenschutzarchitektur spezifizierten konkreten Ausprägung des Systemdatenschutzes erfolgt zunächst über **Datenschutzdienste**. Diese bieten jeweils bestimmte datenschutzbezogene Dienstleistungen an, mit denen Anforderungen zur datenschutzgerechten Systemgestaltung erfüllt werden können. Eine (eher technisch orientierte) Umsetzung dieser generische Datenschutzfunktionen anbietenden Datenschutzdienste findet dann über technisch-organisatorische **Mechanismen** statt, die selbst wiederum häufig die Funktionalität der im Rahmen der Sicherheitsarchitektur spezifizierten Sicherheitsdienste in Anspruch nehmen können. Folgende Datenschutzdienste werden für vertrauenswürdige computergstützte Informationssystemen als systemimmanent angesehen:

- Mit **Transparenzdiensten** soll eine wesentliche Voraussetzung für die Ausübung des informationellen Selbstbestimmungsrechts – nämlich das Wissen des Betroffenen über das Vorliegen eines datenschutzrelevanten Vorgangs – geschaffen werden. Unter diese Klasse können folgende Dienste subsumiert werden:

    - Mit dem Dienst zur **Anbieterkennzeichnung** erfüllt ein Anbieter von Telediensten seine Informationspflichten gemäß § 6 TDG, wonach er für seine geschäftsmäßigen Angebote Name, Anschrift und ggf. Vertretungsberechtigte innerhalb des Angebots anzugeben hat. Eine Umsetzung dieser Kennzeichnungspflicht erfolgt i.d.R. über ein jederzeit für den Nutzer eines Teledienstes zugängliches Impressum.

    - Der **Unterrichtungsdienst** setzt die Anforderungen des in § 4 Abs. 1 S. 1 TDDSG geforderten Datenschutzhinweises um, nach dem ein Nutzer von Telediensten zu Beginn des Nutzungsvorgangs über Art, Umfang und Zweck der personenbezogenen Datenverarbeitung zu unterrichten ist, so dass er selbst darüber entscheiden kann, ob er die

---

[882] Zum Konzept des Systemdatenschutzes vgl. Abschnitt 4.3.2.2.

Teledienstnutzung unter den gegebenen Umständen fortsetzen möchte.[883] Als ein möglicher Umsetzungsmechanismus kann hier das in Abschnitt 5.4.2 vorgestellte P3P-Konzept dienen.

- Mit einem **Abrufdienst** ist die jederzeitige Abrufbarkeit der obigen Unterrichtung durch den Nutzer bzw. Betroffenen zu gewährleisten. Darüber hinaus kann mit Hilfe dieses Datenschutzdienstes auch dessen (elektronische) Einwilligung in eine schon erfolgte personenbezogene Datenverarbeitung durch den Teledienstnutzer selbst abgerufen und damit überprüft werden. Die Umsetzung der Abrufbarkeit von Datenschutzhinweis kann hierbei sowohl über Hyperlinks innerhalb des Teledienstangebots oder durch das P3P-Konzept erfolgen.

- Der **Auskunftsdienst** ermöglicht es einem Betroffenen, die Verarbeitung seiner personenbezogen Daten bei der für die Verarbeitung verantwortlichen Stelle zu kontrollieren, indem diesem (elektronisch) mitgeteilt wird, welche personenbezogenen Daten zum Zeitpunkt des Auskunftsbegehrens zu seiner Person gespeichert sind.[884] Eine Umsetzung dieses Dienstes bedingt eine eindeutige Authentifizierung des Betroffenen, um zu verhindern, dass unbefugte Dritte auf dessen personenbezogene Daten zugreifen können. Darüber hinaus sind die personenbezogen Daten auf dem Transportweg vor unberechtigter Kenntnisnahme bzw. Manipulation zu schützen. Dies kann z.B. durch Sicherheitsdienste für Verschlüsselung bzw. für digitale Signaturen erfolgen.[885]

- Es bietet sich an, die Funktionalität zur Dateneinsicht durch den Auskunftsdienst mit einem **Berichtigungsdienst** zu kombinieren, der dem Betroffenen die Möglichkeit zur (möglichst medienbruchfreien) Korrektur oder Löschung seiner unrichtig gespeicherten personenbezogenen Daten bietet.[886] Für die Umsetzung dieses Datenschutzdienstes gelten dementsprechend die gleichen Bedingungen wie für den Auskunftsdienst.

- Ebenfalls in Kombination zu den obigen Diensten bezüglich Auskunft und Berichtigung kann der **Widerspruchsdienst** bei einer erfolgten personenbezogenen Datenverarbeitung durch den Betroffenen gesehen werden. Hierbei entzieht der Betroffene

---

[883] Der Inhalt dieses Datenschutzhinweises muss dabei nach § 4 Abs. 1 S. 3 TDDSG für den Nutzer jederzeit einsehbar sein, so dass er in der Lage ist, auch zu einem späteren Zeitpunkt über die Inanspruchnahme des Teledienstes entscheiden zu können.

[884] Während der Datenschutzhinweis *ex ante* Auskunft über Art und Umfang einer personenbezogenen Datenverarbeitung gibt und somit als eine Art datenschutzrechtliche Absichtserklärung aufgefasst werden kann, bezieht sich das über den Auskunftsdienst umgesetzte Auskunftsrecht auf die zum Anfragezeitpunkt tatsächlich gespeicherten personenbezogenen Daten des Auskunftsuchenden.

[885] Darüber hinaus kann durch den *Web-Browser*, der vom Betroffenen für die Inanspruchnahme des Auskunftsdiensts benutzt wird, mit dem *Secure Socket Layer*-Protokoll (SSL) bzw. dessen Nachfolger *Transport Layer*-Protokoll ein Standardprotokoll zur Verfügung gestellt werden, das sowohl Authentifizierungs- als auch Verschlüsselungsfunktionen zur Verfügung stellt.

[886] Zu den rechtlichen Anforderungen an die Datenkorrektur bzw. -löschung vgl. Abschnitt 5.4.1.4.

nachträglich seine Einwilligung und damit auch die Zulässigkeit der personenbezogenen Datenverarbeitung. Für eine normenkonforme Umsetzung dieses Dienstes muss wiederum auf Authentifikations- und Verschlüsselungsdienste der Sicherheitsarchitektur zurückgegriffen werden.

- Mit Hilfe des **Protokollierungsdienstes** kann eine für personenbezogene Datenverarbeitung verantwortliche Stelle beweisen, dass ein Nutzer bzw. Betroffener überhaupt eine Einwilligung in die personenbezogene Datenverarbeitung erteilt hat und damit Zulässigkeit derselben vorliegt. Zur Umsetzung dieses Dienstes muss z.b. ein Telediensteanbieter die elektronische Einwilligung jedes Teledienstenutzers speichern, indem der Zeitpunkt der Einwilligung sowie der Umfang und die Zweckbestimmung der personenbezogen Daten, die er zu erheben bzw. zu nutzen gedenkt, zu erfassen und durch digitale Signaturen beweisfähig abzusichern.

- Für eine durch Einwilligung des Betroffenen zulässige Weitergabe bzw. Übertragung von erhobenen personenbezogenen Daten an Dritte sind **Übermittlungsdienste** zu etablieren, die eine vertraulichkeitssichernde und manipulationsresistente Übertragung über offene Netze ermöglichen. Als Umsetzungsmechanismen sind hier Verschlüsselungsdienste und digitale Signaturen adäquat. Auch kann die Versiegelungsfunktion des TPM benutzt werden, um den Inhalt der zu übertragenden Datei an einen bestimmten Zielrechner zu binden, um damit eine wirksame Weitergabekontrolle zu garantieren.[887]

- Mit einem **Einwilligungsdienst** ist die Zulässigkeit einer durch den Teledienstanbieter gewünschten personenbezogenen Datenverarbeitung außerhalb gesetzlicher Erlaubnistatbestände zu gewährleisten. Hierbei sind die im Teledienstbereich für eine elektronische Einwilligung geltenden Gestaltungsanforderungen zu beachten.[888] Zur Umsetzung dieses Dienstes können insbesondere digitale Signaturen benutzt werden, um die Integrität und Urheberschaft der Einwilligung auch im Nachhinein beweisen zu können.

Weiterhin sind im Bereich der Teledienste nach § 4 Abs. 4 TDDSG in der Datenschutzarchitektur Gestaltungsanforderungen zu berücksichtigen, die sich speziell auf den Einsatz oder Betrieb eines vertrauenswürdigen computergestützten Informationssystems beziehen und dementsprechend in nachfolgenden Abschnitt erörtert werden.

Die gemeinsame Architektur aus Sicherheits- und Datenschutzdiensten ist in der nächsten Phase durch ihre Implementierung umzusetzen und im laufenden Betrieb auf Fehler und Inkonsistenzen zu überprüfen.

---

[887] Vgl. hierzu Abschnitt 5.3.2.
[888] Vgl. hierzu Abschnitt 5.4.1.2.

5.5.5 Die Umsetzungs- und die Betriebsphase

Die **Umsetzungs-** bzw. **Implementierungsphase** beginnt mit der programmier- und organisationstechnischen Realisierung der geforderten Leistungen. Hierbei dient die in der Entwurfsphase festgelegte Sicherheitsarchitektur als Spezifikation für die Implementierung in das computergestützte Informationssystem.[889] Das implementierte Sicherheits- und Datenschutzsystem ist sowohl vor der Inbetriebnahme als auch während des laufenden Einsatzes im Rahmen der **Administration** zu überwachen und methodisch zu testen.[890] Bei dieser Evaluation, d.h. Bewertung des computergestützten Informationssystems hinsichtlich bestimmter (Sicherheits-) Eigenschaften durch unabhängige Dritte anhand eines nationalen oder internationalen Kriterienkatalogs, erfolgt eine Einstufung des computergestützten Informationssystems in eine Sicherheitsklassifikation, die als ein Maß für dessen Vertrauenswürdigkeit aufgefasst werden kann. Diese Bewertungsschemata erlauben es, die Sicherheit unterschiedlicher computergestützter Informationssysteme, die aber eine ähnliche Funktionalität besitzen, zu vergleichen.[891]

Eine Kontrolle der Vertrauenswürdigkeitseigenschaften des computergestützten Informationssystems findet durch **regelmäßige Audits** statt.[892] Hier kann im Rahmen der **Verifikation** festgestellt werden, ob die Implementierung der Sicherheitsmaßnahmen mit der Spezifikation der Entwurfsphase übereinstimmt.

Bei der **Validation** wird hingegen eine inhaltliche Begutachtung des konstruierten Sicherheitsmodells vorgenommen. Es wird geprüft, inwieweit sich die implementierten technischen und organisatorischen Sicherheitsmaßnahmen eignen, ihren Einsatzzweck zu erfüllen, d.h. die im Rahmen der Risikoanalyse identifizierten und bewerteten Bedrohungen für die Sicherheit und den Datenschutz des betrachteten computergestützten Informationssystems zu vermeiden, zu vermindern oder zu überwälzen.[893] Darüber hinaus ist der zyklische Prozess des integrierten Sicherheits- und Datenschutzmanagements noch durch weitere Rücksprünge zu vorangegangenen Phasen, die eine Überprüfung der in der jeweiligen Phase erstellten Leistung beinhalten, gekennzeichnet (vgl. Abb. 5-17).

---

[889] Vgl. hierzu analog zum *Software Engineering* BALZERT (2000), S. 1064.

[890] Für den Bereich der Sicherheit computergestützter Informationssysteme vgl. ECKERT (2003), S. 141.

[891] Vgl. ECKERT (2003), S. 163, HOLZNAGEL (2003), S. 39 ff. Als Beispiele für solche Kriterienkataloge können u.a. genannt werden: die *Trusted Computer System Evaluation Criteria* (TCSEC), die *Information Technology Security Evaluation Criteria* (ITSEC) und die *Common Criteria* (CC). Eine ausführliche Darstellung ausgewählter Kriterienkataloge und ihrer Anwendung ist u.a. zu finden bei BSI (2001), BSI (2003f), ECKERT (2003), S. 163 ff., BSI (2004c).

[892] Vgl. RAEPPLE (2001), S. 27 f., ECKERT (2003), S. 141 f.

[893] Vgl. hierzu BALZERT (1998), S. 101, PARTSCH (1998), S. 13. In einer pointierten Vereinfachung beschreibt PARTSCH (1998), S. 35 den Unterschied zwischen Verifikation und Validation mit den Aussagen: „Am I building the product right?" (Verifikation) und „Am I building the right product?" (Validierung).

Die Einsatzphase von vertrauenswürdigen computergestützten Informationssystemen ist aus der Perspektive der Sicherheit u.a. durch folgende einsatzbegleitende Maßnahmen gekennzeichnet:

- Mit dem Ausführen entsprechender **Regelungen für das Eintreten von Sicherheitsvorfällen** aufgrund von Angriffen, aber auch durch das Beheben von über einschlägige Informationsdienste (wie diese z.B. über das CERT-Netzwerk zur Verfügung gestellt werden) bekannt gewordene Schwachstellen von Systemobjekten, soll der Systembetrieb möglichst störungsfrei aufrecht erhalten werden.[894]

- Darüber hinaus ist bei Eintreten einer Sicherheitsverletzung, bei der innerhalb einer zuvor definierten Zeitspanne eine Wiederherstellung der Verfügbarkeit von betriebsnotwendigen Ressourcen nicht möglich ist und sich daraus ein hinreichend großer Schaden ergibt, ein **Notfallkonzept** anzuwenden. Dieses benennt Notfallverantwortliche, definiert Handlungsanweisungen und Verhaltensregeln, um möglichst schnell eine Wiederaufnahme des als normal bezeichneten Systembetriebs zu ermöglichen.[895]

- Um im Fall des Ausfalls von Systemkomponenten zeitnah die Funktionsfähigkeit des computergestützten Informationssystems wiederherzustellen zu können, ist die Verfügbarkeit von als kritisch – d.h. für die Aufgabenerfüllung unbedingt notwendig – eingestuften Ressourcen durch das Vorhalten von Redundanzen aufrechtzuerhalten. Für die Ressource ‚Daten' ist hierbei das **Datensicherungskonzept** einzuhalten, das als primär organisatorische Sicherheitsmaßnahme der Betriebsphase Sicherungskopien (*Backups*) von einem vorher festgelegten Datenbestand in regelmäßigen Zeitintervallen anlegt.[896] Für die Aufrechterhaltung der Anwendungsfunktionalität eines computergestützten Informationssystems sind dementsprechend redundante Rechnerkapazitäten (z.B. ein zweiter *Web-Server*) vorzuhalten.

- Weiterhin kann mit Maßnahmen der **Protokollierung** des laufenden Betriebes *ex post* festgestellt werden, ob sicherheitsgefährdende Ereignisse aufgetreten sind oder sogar eine Sicherheitsverletzung stattgefunden hat.[897]

---

[894] Zur Abgrenzung der Begriffe Schwachstelle, Bedrohung und Angriff im Bezug auf ein computergstütztes Informationssystem vgl. Abschnitt 3.1.3.

[895] Zum Notfallkonzept vgl. Abschnitt 3.2.2.1.

[896] Ausführlicher zum Datensicherungskonzept vgl. Abschnitt 3.2.2.1.

[897] Hierbei ist zu beachten, dass die bei der Protokollierung entstehenden Dateien i.d.R. personenbezogene Daten enthalten (z.B. IP-Adressen) und damit den datenschutzrechtlichen Normen des informationellen Selbstbestimmungsrechts unterliegen: Während gemäß § 14 Abs. 4 und § 31 BDSG Protokolldaten zur Sicherstellung eines ordnungsgemäßen Betriebs einer Datenverarbeitungsanlage nur zu dem Zweck verwendet werden, dessen Anlass für ihre Speicherung war, besteht nach § 20 Abs. 2 BDSG eine grundsätzliche Löschungspflicht dieser Dateien, sobald kein zwingender Grund mehr für ihr weiteres Vorhalten existieren.

Aus datenschutzrechtlicher Perspektive ist die Einsatzphase u.a. gekennzeichnet durch die jederzeitige nach § 4 Abs. 4 TDDSG normenkonforme Ausführung datenschutzrechtlicher Vorschriften und die Aufrechterhaltung von Datenschutzdienstleistungen, wie sie in Abb. 5-26 beispielhaft aufgeführt sind:

Pflichten des Diensteanbieters	Inhalt der Verpflichtung	Mögliche Umsetzung
Jederzeitiger Verbindungsabbruch (§ 4 Abs. 4 Nr. 1 TDDSG)	Ein Teledienstnutzer muss einen Teledienst jederzeit abbrechen können – unabhängig von der Beendigung der dem Dienst zugrunde liegenden Telekommunikation	Ausstattung des Dienstes mit einem Auswahlfeld, bei dessen Aktivierung der Dienst unverzüglich beendet wird
Schutz gegen Kenntnisnahme Dritter (§ 4 Abs. 4 Nr. 3 TDDSG)	Schutz der Vertraulichkeit gegenüber - außenstehenden Dritten - unzuständigen Personen in der Sphäre des Diensteanbieters	Einsatz von - Verschlüsselungsverfahren, - Authentifikationsmechanismen, - Zugriffskontrollmechanismen
Gebot getrennter Datenverarbeitung (§ 4 Abs. 4 Nr. 4 TDDSG)	Personenbezogene Daten eines Teledienstnutzers aus der Nutzung verschiedener Dienste desselben Anbieters müssen bei diesem getrennt voneinander verarbeitet werden	Technische, organisatorische bzw. räumliche Trennung der verschiedenen Datenverarbeitungsvorgänge
Anzeige der Weitervermittlung (§ 4 Abs. 4 Nr. 5 TDDSG)	Vom Diensteanbieter initiierte Wechsel des Teledienstnutzers in ein fremdes Teledienstangebot sind vorab zu kennzeichnen	Klarer und unmissverständlicher Hinweis auf den Übergang in ein fremdes Diensteangebot

Abb. 5-26: Datenschutzrechtliche Pflichten während der Einsatzphase eines computergestützten Informationssystems
Quelle: in Anlehnung an HOLZNAGEL (2003), S. 193 f.

5.5.6 Bewertung des Gestaltungsansatzes für vertrauenswürdige computergestützte Informationssysteme

Mit dem hier vorgestellten Ansatz zur Gestaltung von computergestützten Informationssystemen ist eine **Handlungsstruktur** entwickelt worden, die eine gleichberechtigte Berücksichtigung von Sicherheit und Anforderungen des Datenschutzes als notwendige Eigenschaften computergestützter Informationssysteme ermöglicht. Mit diesen als vertrauenswürdig bezeichneten computergestützten Informationssystemen werden einerseits die Interessen von Unternehmen bzw. Institutionen der öffentlichen Verwaltung bezüglich der verlässlichen Durchführung ihrer Geschäftsprozesse insbesondere beim Angebot ihrer Dienstleistungen über offene Kommunikationsnetze im Rahmen von *E-Commerce-* bzw. *E-Government*-Anwendungen vertreten. Andererseits wird auch das Recht auf informationelle Selbstbestimmung für die Nutzer dieser Dienstleistungen schon bei der Entwicklung computergestützter Informationssysteme berücksichtigt. Somit kann der vorgestellte Gestaltungsansatz als **handlungs(an)leitend** bezogen auf die Ziele der Sicherheit und des Datenschutzes bezeichnet werden.

Als Leitidee ist hierbei ein **generischer Ansatz** verfolgt worden, statt den Anwendungsbereich des Gestaltungsansatzes auf einen spezifischen Anwendungskontext einzuengen. Dies hat den Vorteil, dass ein allgemeiner Entwicklungsrahmen für eine Vielzahl in Unternehmen und Verwaltungen eingesetzter oder einzusetzender computergestützter Informationssysteme mit ihren jeweiligen Anwendungs- und Einsatzgebieten vorliegt. Der Anspruch des Ansatzes war es dementsprechend nicht, ein fertiges Lösungskonzept in Form einer genauen Bauanleitung für spezielle Anwendungssysteme zu liefern; er bietet aber die Grundlagen dazu, indem ein strukturierter Rahmen zur Ableitung von spezifischen (d.h. auf ein bestimmtes Anwendungssystem bezogenen) Sicherheits- und Datenschutzlösungen vorgegeben wird. Es liegt somit eine **Anwendungsoffenheit** oder **-neutralität** vor.

Der entwickelte Gestaltungsansatz besitzt in einem hohen Maße **Praxisrelevanz**. Die zunehmende Nutzung des Internet als technische Basis für Angebot und Abwicklung von Dienstleistungen durch Unternehmen und Institutionen des öffentlichen Rechts erhöht deren Abhängigkeit von einer definierten Funktionsfähigkeit der im Rahmen von *E-Commerce-* bzw. *E-Government*-Aktivitäten eingesetzten Anwendungssysteme. Gleichzeitig ist deren erfolgreicher Einsatz von der Akzeptanz potenzieller Nutzer (Kunden) abhängig, deren Vertrauen in die Beherrschbarkeit dieser Systeme durch die Gewährleistung ihres Rechts auf informationelle Selbstbestimmung erworben werden muss.

Praxistauglichkeit ist dadurch gegeben, dass für Sicherheit und Datenschutz Verantwortliche in die Lage versetzt werden, die Komplexität und Kompliziertheit dieser beiden Problembereiche zu durchdringen und daraus Handlungsempfehlungen für ihre spezifischen Anwendungssysteme in Wirtschaft und öffentlicher Verwaltung abzuleiten. Es bietet sich an, auf der Grundlage des hier vorgestellten Gestaltungsansatzes ein softwaregestütztes Analyse- und Beratungssystem für die Gewährleistung von Sicherheit und Datenschutz zu entwickeln, was die **Erweiterbarkeit** des entwickelten Gestaltungsansatzes demonstriert.

Der entwickelte Gestaltungsansatz leistet damit einen wichtigen **Beitrag zum Systemdatenschutz** und unterstützt so ein allgemein anerkanntes Konzept des Problembereichs. Der Systemdatenschutz dient hierbei als Gelenkstelle zwischen der Sicherheit computergestützter Informationssysteme und der rechtlichen Technikgestaltung zur Gewährleistung der informationellen Selbstbestimmung. Mit der Umsetzung der Anforderungen zum Systemdatenschutz kann eine gezielte Gestaltung von computergestützten Informationssystemen und der mit ihnen durchgeführten Verarbeitung personenbezogener Daten erreicht werden, so dass die normativen Vorgaben des Datenschutzrechts durch das System selbst gewährleistet werden.

Es ist aufgezeigt worden, dass diejenigen Risiken für das informationelle Selbstbestimmungsrecht, die sich aus dem Einsatz eines computergestützten Informationssystems für einen Nutzer ergeben können, durch entsprechende Maßnahmen zur Technikgestaltung reduziert werden können, wie dies bei der Entwicklung des Systemdatenschutz-Konzepts unter dem Schlagwort ‚Datenschutz durch Technik' gefordert worden ist.

Mit dem hier beschriebenen Ansatz wird eine **vorlaufende Technikgestaltung** ermöglicht, d.h. bereits im Rahmen der Analyse- und Entwurfsphase des Entwicklungsprozesses eines computergestützten Informationssystems kann dessen Qualität i.S.e. effektiven und effizienten Erfüllung der Anforderungen zur Sicherheit und zum Datenschutz beeinflusst werden, indem Fehler schon in der Analyse- bzw. Entwurfsphase vermieden werden.[898]

Darüber hinaus ist im Rahmen der vorgestellten Gestaltungsmethodik für eine integrierte Betrachtung von Sicherheit und Datenschutz eine **Werkzeugunterstützung** in den einzelnen Phasen des Vorgehensmodells möglich. So kann beispielsweise in der Modellierungsphase mit der *Unified Modeling Language* (UML) auf ein anerkanntes Werkzeug zur Modellierung informationstechnischer Systeme zurückgegriffen werden. Weiterhin kann z.B. die auf dem P3P-Standard beruhende *Enterprise Privacy Authorization Language* (EPAL) zur Modellierung der datenschutzrechtlichen Anforderungen als Unterstützungswerkzeug benutzt werden.

Auch konnten **Synergien** bei der Analyse der Sicherheit computergestützter Informationssysteme und des Datenschutzes deutlich gemacht werden: Es hat sich gezeigt, dass z.B. durch den Einsatz kryptographischer Verfahren zur Verschlüsselung bzw. zur Generierung digitaler Signaturen nicht nur Ziele der Sicherheit zur Verwirklichung der Verlässlichkeitseigenschaft eines computergestützten Informationssystems, sondern auch datenschutzrechtliche Anforderungen gleichermaßen erreicht werden können: So ist beispielsweise die Kryptographie zum einen geeignet, unbefugte Manipulationen an Daten zu verhindern bzw. nachträglich aufzudecken und somit das Sicherheitsziel der Integrität zu erfüllen oder eine Authentisierung von Kommunikationspartnern zu ermöglichen. Kryptographische Verfahren können zum anderen z.B. auch eine effektive Weitergabekontrolle gemäß § 9 S. 1 BDSG unterstützen – wie dies z.B. beim *Trusted Computing*-Konzept gezeigt werden konnte.

Außerdem bieten die im Rahmen des Gestaltungsansatzes entwickelten Gestaltungssystematiken zur Etablierung von Sicherheit bzw. zur Gewährleistung des informationellen Selbstbestimmungsrechts **Technikunabhängigkeit** bzw. **Technikneutralität**, so dass die jeweils dem Stand der Technik entsprechenden Verfahren zum Einsatz kommen: So kann z.B. ein krypto-

---

[898] So verweist DAVIS (1993), S. 25 ff. im Bereich der Software-Entwicklung darauf, dass die Kosten für die Korrektur eines Fehlers in der Betriebsphase durch Wartungsarbeiten gegenüber einer Änderung der Systemspezifikation im Verhältnis 200:1 stehen können. HAMMER (1999), S. 5 führt aus, dass sich größere Gestaltungsspielräume bezüglich der Technikgestaltung ergeben, je eher Sicherheitsprobleme identifiziert werden, da Sicherheitsanforderungen dann leichter in eine Systemspezifikation aufgenommen und durch adäquate Sicherheitsmaßnahmen umgesetzt werden können.

graphischer Mechanismus, der Verschlüsselungsdienste bzw. Dienste zur Erstellung von digitalen Signaturen unterstützt, jederzeit gegen eine leistungsfähigere Variante ausgetauscht werden, ohne dabei die eigentliche Struktur der abgeleiteten Sicherheits- und Datenschutzarchitektur ändern zu müssen.[899]

Darüber hinaus bietet der Gestaltungsansatz einen hohes Maß an **Flexibilität**, da je nach Anwendungsfall bzw. Differenzierungsnotwendigkeit einzelne Komponenten besonders betont werden können, während andere Teilbereiche nicht zur Anwendung kommen müssen. Die Sicherheits- und Datenschutzarchitektur wird so skalierbar, da durch diese Austauschbarkeit jederzeit leistungsfähigere oder problemadäquatere Dienste bzw. Mechanismen eingesetzt werden können.

---

[899] Die Leistungsfähigkeit eines kryptographischen Mechanismus ist – vgl. hierzu auch Abschnitt 3.2.1.1 – abhängig von der Länge der verwendeten kryptographischen Schlüssel (gemessen in Bit). Dabei ist die Bewertung dieser Mechanismen direkt von der Prozessorleistung des zum Betrachtungszeitraums herrschenden Technikstandards abhängig. So müssen zur Verhinderung der Kompromittierung eines kryptographischen Verfahrens in regelmäßigen Zeitintervallen die verwendeten Schlüssellängen überprüft und ggf. über Austausch des ihnen zugrunde liegenden Mechanismus vergrößert werden.

6 Zusammenfassung und kritischer Ausblick

Die zunehmende Ausbreitung von Informations- und Kommunikationstechnik und das Vordringen des Internet in nahezu alle gesellschaftlichen Bereiche ist nicht nur mit Chancen, sondern auch mit Risiken verbunden. So wächst insbesondere die Abhängigkeit von Unternehmen und öffentlichen Verwaltungen von der Verfügbarkeit und der ordnungsgemäßen Funktion der durch die Informations- und Kommunikationstechnik unterstützten Geschäftsprozesse. Damit wird die Sicherheit von computergestützten Informationssystemen zu einem Schlüsselfaktor für die Fortentwicklung einer die Potenziale digitaler Netze nutzenden Gesellschaft. Gleichzeitig ist die Akzeptanz der Nutzer bzw. Kunden – und damit der nachhaltige Erfolg – der auf diesen informationstechnischen Systemen aufbauenden E-Commerce- bzw. E-Government-Geschäftsmodellen vom Umgang mit den in diesen Bereichen anfallenden personenbezogenen Daten bzw. von der Einhaltung bestehender Normen zum informationellen Selbstbestimmungsrecht in einem hohen Maße abhängig. Die hier vorgelegte Arbeit ermöglicht es, die Problembereiche Sicherheit und Datenschutz durch einen allgemeinen Gestaltungsansatz für computergestützte Informationssysteme, der beiden Anforderungsbereichen gerecht wird und daher die Vertrauenswürdigkeit dieser Systeme fördert, gleichberechtigt als notwendige Eigenschaften von computergestützten Informationssystemen aufzufassen und dementsprechend bei Entwicklung und Einsatz zu berücksichtigen.

Sicherheit und Datenschutz sind aber nicht nur Problembereiche auf Ebene der Unternehmen bzw. öffentlichen Verwaltungen, sondern sind auch aus einer gesellschaftlichen Perspektive zu diskutieren: Der in der Literatur häufig betonte Wandel von der Industrie- zur Informationsgesellschaft ist – in einer juristischen Perspektive – u.a. dadurch geprägt, dass neben körperlich fassbaren Gegenständen zunehmend unkörperliche Werte an Bedeutung gewinnen. Informationen und die ihnen zugrunde liegenden Daten als häufige Repräsentationsform dieser Unkörperlichkeit sind dabei nicht nur zu einem neuen Wert, sondern auch zu einem Machtfaktor und damit zugleich zu einem Gefährdungspotenzial geworden, dessen Ursache vor allem in der Entwicklung und Ausbreitung der Informations- und Kommunikationstechnik zu suchen ist.[900]

Der Staat hat in diesem Zusammenhang die Aufgabe, den möglichen negativen Folgen dieser Entwicklung durch das Setzen von Rahmenbedingungen entgegenzuwirken. So kann z.B. für den Bereich der Sicherheit von computergestützten Informations- und Kommunikationssystemen durch entsprechende rechtliche Vorschriften dafür gesorgt werden, dass zum einen Unternehmen dazu verpflichtet werden, entsprechende Maßnahmen zum Schutz ihrer Informa-

---

[900] Vgl. hierzu SIEBER (1995), Kap. III.B. Soziologie und Recht diskutieren die gesellschaftlichen Auswirkungen der Technikausbreitung und die damit verbundenen potenziellen Gefahren schon seit den 1980er Jahren unter dem Begriff der Risikogesellschaft. Vgl. hierzu BECK (1986), BECK (1991).

tionssysteme zu ergreifen, zum anderen – im Falle einer Verletzung der Sicherheit – rechtliche Ansprüche gegen den Verursacher durchgesetzt werden können.

Die Forderung nach einem Grundrecht auf Sicherheit – sowohl auf Ebene des Individuums als auch in einem gemeinschaftlichen Sinn – erscheint nicht akzeptabel, da eine Durchsetzbarkeit eines solchen Rechts voraussetzt, die Eingriffsbefugnisse des Staates in die individuellen Freiheits- und Abwehrrechte des Einzelnen gegenüber staatlichen Institutionen stark zu erweitern. Damit würde sich der Sinn einer liberalen Grundrechtsauffassung, nämlich die Verankerung von Schutzrechten des Einzelnen gegen ein übermächtiges Staatswesen, in ihr Gegenteil verkehren.[901]

Insgesamt bleibt festzuhalten, dass das Spannungsverhältnis zwischen technischem Fortschritt, normativen rechtlichen Rahmenbedingungen sowie gewünschter gesellschaftlicher Entwicklung einer ständigen Beobachtung bedarf.

---

[901] Zur Problematik eines Grundrechtes auf Sicherheit vgl. HASSEMER (2001), Kap. I.2.a, HASSEMER (2002), S. 232 f.

Literaturverzeichnis

Einige der im Literaturverzeichnis aufgeführten Periodika haben im Zeitablauf eine Namensänderung erfahren:
- So ist das ‚Handbuch der modernen Datenverarbeitung (HMD)' über den Titel ‚Theorie und Praxis der Wirtschaftsinformatik' in ‚Praxis der Wirtschaftsinformatik' umbenannt worden.
- Die Zeitschrift ‚Datenschutz und Datensicherung (DuD)' heißt ab Heft 5/1995 ‚Datenschutz und Datensicherheit (DuD)'.

AHRNS (1997)
Ahrns, Hans-Jürgen: Wirtschaftspolitik – Problemorientierte Einführung, 7., unwesentlich veränderte Aufl., München u.a. 1997.

AL-LAHAM (2003)
Al-Laham, Andreas: Organisationales Wissensmanagement – Eine strategische Perspektive, München 2003.

AMANN/ATZMÜLLER (1992)
Amann, Esther/Atzmüller, Hugo: IT-Sicherheit – was ist das?, in: Datenschutz und Datensicherung (DuD), 16. Jg. (1992), Heft 6, S. 286-292.

ANDRÉ/GLÖCKNER (1998)
André, Stephan/Glöckner, Petra: Trust Factory, in: Datenschutz und Datensicherheit (DuD), 22. Jg. (1998), Heft 7, S. 373-376.

ANSORGE/STREIBL (1997)
Ansorge, Peter/Streibl, Ralf E.: Schöner neuer Krieg, Information Warfare – der neue saubere Krieg ohne Schrecken?, http://www.informatik.uni-bremen.de/~res/dox/pares97 infowar.pdf, Stand: April 1997.

ARTIKEL 29-DATENSCHUTZGRUPPE (2000)
Artikel 29-Datenschutzgruppe: Stellungnahme 4/2000 über das Datenschutzniveau, das die Grundsätze des sicheren Hafens bieten, angenommen am 16. Mai 2000, CA07/434/00/DE, WP 32, http://europa.eu.int/comm/internal_market/de/media/dataprot/wpdocs/index.htm, abgerufen am 28.12. 2000.

ARTIKEL 29-DATENSCHUTZGRUPPE (2004)
Artikel 29-Datenschutzgruppe: Arbeitspapier über vertrauenswürdige Rechnerplattformen und insbesondere die Tätigkeit der Trusted Computing Group (TCG), angenommen am 23. Januar 2004, 11816/03/DE, WP 86, http://europa.eu.int/comm/internal_market/privacy/docs/wpdocs/2004/wp86_de.pdf.

BACHMEIER (1996)
Bachmeier, Roland: Datenschutz-Audit, in: Datenschutz und Datensicherheit (DuD), 20. Jg. (1996), Heft 1, S. 680.

BAETGE (1974)
Baetge, Jörg: Betriebswirtschaftliche Systemtheorie, Regelungstheoretische Planungs-Überwachungsmodelle für Produktion, Lagerung und Absatz, Opladen 1974.

BALZERT (1998)
Balzert, Helmut: Lehrbuch der Software-Technik, Software-Management, Software-Qualitätssicherung, Unternehmensmodellierung, Heidelberg/Berlin 1998.

BALZERT (2000)
Balzert, Helmut: Lehrbuch der Software-Technik, Software-Entwicklung, 2. Aufl., Heidelberg/Berlin 2000.

BALZERT (2001)
Balzert, Heide: UML kompakt mit Checklisten, Heidelberg/Berlin 2001.

BAUER (1995)
Bauer, Friedrich L.: Entzifferte Geheimnisse, Methoden und Maximen der Kryptologie, Berlin/Heidelberg 1995.

BAUMANN (1998)
Baumann, Alfred: Bitskrieg – Information Warfare: Krieg im Informationszeitalter, in: Magazin für Computertechnik (c't), o.Jg. (1998), Heft 18, S. 80-83.

BÄUMLER (1997)
Bäumler, Helmut: Wie geht es weiter mit dem Datenschutz?, http://www.datenschutzzentrum.de/material/themen/divers/wieweitr.htm, Stand: 1997.

BÄUMLER (1999)
Bäumler, Helmut: Das TDDSG aus der Sicht eines Datenschutzbeauftragten, in: Datenschutz und Datensicherheit (DuD), 23. Jg. (1999), Heft 5, S. 258-262.

BÄUMLER (2000)
Bäumler, Helmut: Datenschutz im Internet, in: Bäumler, Helmut (Hrsg.): E-Privacy – Datenschutz im Internet, Braunschweig/Wiesbaden 2000, S. 1-8.

BÄUMLER (2001)
Bäumler, Helmut: Datenschutz als Wettbewerbsvorteil, Eröffnungsrede anlässlich der Sommerakademie 2001, http://www.datenschutzzentrum.de/somak/somak01/sak01bau.htm, abgerufen am 20.01.2004.

BÄUMLER (2002)
Bäumler, Helmut: Marktwirtschaftlicher Datenschutz, in: Bizer, Johann/Lutterbeck, Bernd/Rieß, Joachim (Hrsg.): Umbruch von Regelungssystemen in der Informationsgesellschaft, Freundesgabe für Alfred Büllesbach, Stuttgart 2002, S. 105-114, abrufbar unter: http://www.alfred-buellesbach.de/PDF/Freundesgabe.pdf.

BÄUMLER (2004)
Bäumler, Helmut: Ein Gütesiegel auf den Datenschutz – Made in Schleswig-Holstein, in: Datenschutz und Datensicherheit (DuD), 28. Jg. (2004), Heft 2, S. 80-84.

BECK (1986)
Beck, Ulrich: Risikogesellschaft, Auf dem Weg in eine andere Moderne, Frankfurt (Main) 1986.

BECK (1991)
Beck, Ulrich: Politik in der Risikogesellschaft, Essays und Analysen, Frankfurt (Main) 1991.

BECKER (1998)
Becker, Christoph: Haftungsprobleme für Vorstände/Geschäftsführungen von Unternehmen bei der Verletzung der IT-Sicherheit (KonTraG), http://www.lessing.de/pdf/074.pdf, Stand: 1998.

BECKER u.a. (2003)
Becker, Eberhard/Buhse, Willms/Günnewig, Dirk/Rump, Niels (Hrsg.): Digital Rights Management – Technological, Economic, Legal and Political Aspects, Berlin/Heidelberg/New York 2003.

BEIER (2002)
Beier, Dirk: Informationsmanagement aus der Sicht der Betriebswirtschaftslehre, Frankfurt (Main) u.a. 2002.

BEIER/GABRIEL/STREUBEL (1997)
Beier, Dirk/Gabriel, Roland/Streubel, Frauke: Ziele und Aufgaben des Informationsmanagements, Arbeitsbericht Nr. 97-23 des Lehrstuhls für Wirtschaftsinformatik der Ruhr-Universität Bochum, Bochum 1997.

BELKE (2000)
Belke, Markus: Die Digitale Signatur kurz vor dem Start – Perspektive SigG-konformer Trust Center, in: Datenschutz und Datensicherheit (DuD), 24. Jg. (2000), Heft 2, S. 74-76.

BENDER (2003)
Bender, Rolf: Datenschutz in den elektronischen Medien – Strukturüberlegungen zur Neuordnung, in: Datenschutz und Datensicherheit (DuD), 27. Jg. (2003), Heft 7, S. 417-420.

BENDRATH (2001a)
Bendrath, Ralf: Informationskriegsabteilungen der US-Streitkräfte: Eine Zusammenstellung der mit offensiven Cyberattacken befassten Einheiten der US-Streitkräfte, http://www.fogis. de/fogis-ap3.pdf, Stand: Juni 2001.

BENDRATH (2001b)
Bendrath, Ralf: Krieger in den Datennetzen, http://www.heise.de/tp/deutsch/special/info/ 7892/1.html, Stand: 17.06.2001.

BERG (1999)
Berg, Hartmut: Wettbewerbspolitik, in: Bender, Dieter u.a. (Hrsg.): Vahlens Kompendium der Wirtschaftstheorie und Wirtschaftspolitik, Bd. 2, 7., überarbeitete und erweiterte Aufl., München 1999, S. 299-362.

BERG/CASSEL/HARTWIG (1999)
Berg, Hartmut/Cassel, Dieter/Hartwig, Karl-Hans: Theorie der Wirtschaftspolitik, in: Bender, Dieter u.a. (Hrsg.): Vahlens Kompendium der Wirtschaftstheorie und Wirtschaftspolitik, Bd. 2, 7., überarbeitete und erweiterte Aufl., München 1999, S. 171-298.

BERNHARDT/RUHMANN (1997)
Bernhardt, Ute/Ruhmann, Ingo: Information Warfare, http://www.iug.uni-paderborn.de/ FIFF/Veroeffentlichungen/Extern/friedensforum2_97a.htm, Stand: Februar 1997.

BERTSCH (2000)
Bertsch, Andreas: Zur Gültigkeit, Nachhaltigkeit und wirtschaftlichen Relevanz digitaler Signaturen, in: Wirtschaftsinformatik, 42. Jg. (2000), Heft 6, S. 509-516.

BERTSCH/FLEISCH/MICHELS (2002)
Bertsch, Andreas/Fleisch, Sophie-D./Michels, Markus: Rechtliche Rahmenbedingungen des Einsatzes digitaler Signaturen, in: Datenschutz und Datensicherheit (DuD), 26. Jg. (2002), Heft 2, S. 69-75.

BETTINGER/SCHNEIDER/SCHRAMM (2002)
Bettinger, Torsten/Schneider, Günther/Schramm, Michael: Lizenzierung von Urheberrechten, http://www.bettinger.de/datenbank/urheberrecht.html, Stand: 2002.

BEUTELSPACHER (1998)
Beutelspacher, Albrecht: Ist Kryptographie gut - oder zu gut?, Grundlegende Tatsachen und praktische Konsequenzen, in: Hamm, Rainer/Möller, Klaus Peter (Hrsg.): Datenschutz durch Kryptographie – ein Sicherheitsrisiko, Baden-Baden 1998, S. 16-41.

BEUTELSPACHER (2002)
Beutelspacher, Albrecht: Kryptographie - Eine Einführung in die Wissenschaft vom Verschlüsseln, Verbergen und Verheimlichen, 6., überarbeitete Aufl., Braunschweig u.a. 2002.

BIETHAHN/MUKSCH/RUF (2000)
Biethahn, Jörg/Muksch, Harry/Ruf, Walter: Ganzheitliches Informationsmanagement, Band I: Grundlagen, 5., unwesentlich veränderte Aufl., München/Wien 2000.

BIRKENBIHL (2001)
Birkenbihl, Klaus: Standards – was kommt, was bleibt?, http://www.gmd.de/People/Klaus. Birkenbihl/publications/html/Standards%20-%20was%20kommt%20was%20bleibt.htm, Stand: 27.07.2001.

BIRNBACHER (1996)
Birnbacher, Dieter: Sicherheit und Risiko – philosophische Reflexionen, in: BSI – Bundesamt für Sicherheit in der Informationstechnik (Hrsg.): Wie gehen wir künftig mit den Risiken der Informationsgesellschaft um?, Interdisziplinärer Diskurs zu querschnittlichen Fragen der IT-Sicherheit, Ingelheim 1996, S. 19-37.

BISKUP (1993)
Biskup, Joachim: Sicherheit von IT-Systemen als „sogar wenn-sonst nichts-Eigenschaft", in: Weck, Gerhard/Horster, Patrick (Hrsg.): Verlässliche Informationssysteme, Proceedings der GI-Fachtagung VIS '93, Braunschweig/Wiesbaden 1993, S. 239-254.

BIZER (1998)
Bizer, Johann: Technikfolgenabschätzung und Technikgestaltung im Datenschutzrecht, in: Bäumler, Helmut (Hrsg.): Der neue Datenschutz – Datenschutz in der Informationsgesellschaft von morgen, Neuwied 1998, S. 45-64.

BIZER (1999)
Bizer, Johann: Datenschutz durch Technikgestaltung, in: Bäumler, Helmut/von Mutius, Albert (Hrsg.): „Datenschutzgesetze der dritten Generation" – Texte und Materialien zur Modernisierung des Datenschutzrechts, Neuwied/Kriftel 1999, S. 28-59.

BIZER (2000)
Bizer, Johann: Postmortaler Persönlichkeitsschutz, in: Datenschutz und Datensicherheit (DuD), 24. Jg. (2000), Heft 4, S. 233.

BIZER (2001a)
Bizer, Johann: Datenschutz verkauft sich – wirklich!, in: Datenschutz und Datensicherheit (DuD), 25. Jg. (2001), Heft 5, S. 250.

BIZER (2001b)
Bizer, Johann: Selbstregulierung des Datenschutzes, in: Datenschutz und Datensicherheit (DuD), 25. Jg. (2001), Heft 3, S. 168.

BIZER (2003a)
Bizer, Johann: Grundrechte im Netz – Von der freien Meinungsäußerung bis zum Recht auf Eigentum, in: Schulzki-Haddouti, Christiane (Hrsg.): Bürgerrechte im Netz, Bonn 2003, S. 21-29.

BIZER (2003b)
Bizer, Johann: Personenbezug bei Cookies, in: Datenschutz und Datensicherheit (DuD), 27. Jg. (2003), Heft 10, S. 644.

BIZER (2004)
Bizer, Johann: Strukturplan modernes Datenschutzrecht, in: Datenschutz und Datensicherheit (DuD), 28. Jg. (2004), Heft 1, S. 6-14.

BIZER/BLEUMER (1997)
Bizer, Johann/Bleumer, Gerrit: Pseudonym, in: Datenschutz und Datensicherheit (DuD), 21. Jg. (1997), Heft 1, S. 46.

BIZER/BRISCH (1995)
Bizer, Frank/Brisch, Klaus M.: Digitale Signatur – Grundlagen, Funktion und Einsatz, Berlin/Heidelberg/New York 1995.

BIZER/HAMMER/PORDESCH (1995)
Bizer, Johann/Hammer, Volker/Pordesch, Ulrich: Gestaltungsvorschläge zur Verbesserung des Beweiswertes digital signierter Dokumente, in: Pohl, Hartmut//Weck, Gerhard (Hrsg.): Beiträge zur Informationssicherheit: Strategische Aspekte der Informationssicherheit und staatliche Reglementierung, München/Wien 1995, S. 99-144.

BIZER/TROSCH (1999)
Bizer, Johann/Trosch, Daniel: Die Anbieterkennzeichnung im Internet – Rechtliche Anforderungen für Tele- und Mediendienste, in: Datenschutz und Datensicherheit (DuD), 23. Jg. (1999), Heft 11, S. 621-627.

BKA (2002)
Bundeskriminalamt: Polizeiliche Kriminalstatistik 2001 Bundesrepublik Deutschland, http://www.bka.de/pks/pks2001/index2. html, Stand: 2001.

BLATTNER-ZIMMERMANN (2000)
Blattner-Zimmermann, Maria-Theresa: Die sicherheitspolitische Dimension neuer Informationstechnologien, Workshop in Münster am 13.09.2000, http://www.kritische-infrastrukturen.de/, Stand: 13.09. 2000.

BLATTNER-ZIMMERMANN (2001)
Blattner-Zimmermann, Maria-Theresa: Kritische Infrastrukturen, in: Tagungsbände des BSI – Systems 2001, http://www.bsi.de/literat/tagung/system01/tagungsband.htm.

BLATTNER-ZIMMERMANN (2002)
Blattner-Zimmermann, Maria-Theresa: Kritische Infrastrukturen im Zeitalter der Informationstechnik, http://www.bsi.de/fachthem/kritis/d_iwsymp.pdf, Stand: 13.02.2002.

BLEICHER (1992)
Bleicher, Knut: Organisatorische(n) Gestaltung, Theorie der, in: Frese, Erich (Hrsg.): Handwörterbuch der Organisation, 3., völlig neu gestaltete Aufl., Stuttgart 1992, Sp. 1883-1900.

BLEYL (1998)
Bleyl, Dietmar: Allgemeines Informationszugangsrecht und Recht auf informationelle Selbstbestimmung, in: Datenschutz und Datensicherheit (DuD), 22. Jg. (1998), Heft 1, S. 32-35.

BLIEBERGER/BURGSTALLER/SCHILDT (2002)
Blieberger, Johann/Burgstaller, Bernd/Schildt, Gerhard-Helge: Informatik – Grundlagen, 4., überarbeitete Aufl., Wien/New York 2002.

BLIND (1996a)
Blind, Knut: Allokationsineffizienzen auf Sicherheitsmärkten: Ursachen und Lösungsmöglichkeiten, Fallstudie: Informationssicherheit in Kommunikationssystemen, Frankfurt (Main) 1996.

BLIND (1996b)
Blind, Knut: Informationssicherheit in offenen Kommunikationssystemen: Eine staatlicher Regulierungsaufgabe?, in: List Forum für Wirtschafts- und Finanzpolitik, Bd. 22 (1996), Heft 4, S. 377-388.

BLUM (2001)
Blum, Felix: Entwurf eines neuen Signaturgesetzes, in: Datenschutz und Datensicherheit (DuD), 25. Jg. (2001), Heft 2, S. 71-78.

BMF (1995)
Bundesministerium der Finanzen (Hrsg): Grundsätze ordnungsmäßiger DV-gestützter Buchführungssysteme (GoBS), Schreiben des Bundesministerium der Finanzen an die obersten Finanzbehörden der Länder vom 7. November 1995 (IV A 8 - S 0316 - 52/95), in: BStBl 1995 I S. 738-746.

BÖCKING/DÖRNER/PFITZER (2000)
Böcking, Hans-Joachim/Dörner, Dietrich/Pfitzer, Norbert: Gesetz zur Kontrolle und Transparenz im Unternehmensbereich (KonTraG), in: Gabler Wirtschaftslexikon, 15., vollständig überarbeitete und aktualisierte Aufl., Bd. 2, Wiesbaden 2000, S. 1285-1287.

BODE (1993)
Bode, Jürgen: Betriebliche Produktion von Information, Wiesbaden 1993.

BODE (1997)
Bode, Jürgen: Der Informationsbegriff in der Betriebswirtschaftslehre, in: Zeitschrift für betriebswirtschaftliche Forschung, 49. Jg. (1997), Heft 5, S. 449-468.

BODENDORF (2003)
Bodendorf, Freimut: Daten- und Wissensmanagement, Berlin/Heidelberg/New York 2003.

BÖHM u.a. (2002)
Böhm, Rolf/Fuchs, Emmerich/Fischer, Markus/Hauert, Christoph/Heinrich, Martin: Systemgestaltung und -konstruktion, in: Böhm, Rolf/Fuchs, Emmerich (Hrsg.): System-Entwicklung in der Wirtschaftsinformatik, 5., vollständig überarbeitete Aufl., Zürich 2002, S. 167-585.

BÖHM/FUCHS (2002)
Böhm, Rolf/Fuchs, Emmerich: System-Entwicklung in der Wirtschaftsinformatik, 5., vollständig überarbeitete Aufl., Zürich 2002.

BOYSE (2001)
Boyse, Matthew G.: Die PCCIP und ihre Umsetzung in den USA, in: Holznagel, Bernd/Hanßmann, Anika/Sonntag, Matthias (Hrsg.): IT-Sicherheit in der Informationsgesellschaft – Schutz kritischer Infrastrukturen, Arbeitsberichte zum Informations-, Telekommunikations- und Medienrecht, Bd. 7, Münster 2001, S. 22-31.

BRANDAO (1996)
Brandao, Rui P.: IT-Sicherheitskultur in Unternehmen, in: Bauknecht, Kurt/Karagiannis, Dimitris/Teufel, Stephanie (Hrsg.): Sicherheit in Informationssystemen, Proceedings der Fachtagung SIS '96, Zürich 1996, S. 1-20.

BRANDL/ROSTECK (2003)
Brandl, Hans/Rosteck, Thomas: Technik, Implementierung und Anwendung des Trusted Computing Goup-Standards (TCG) – Sichere Plattformen ermöglichen neue Sicherheitsniveaus, in: Datenschutz und Datensicherheit (DuD), 28. Jg. (2004), Heft 9, S. 529-538.

BRÄUHÄUSER/BILTZINGER/LORENZ (2002)
Bräuhäuser, Marcus/Biltzinger, Peter/Lorenz, Carsten: Qualitative Risikoanalyse – Methodische Vorgehensweise in der IT-Beratungspraxis, in: Roßbach, Peter/Locarek-Junge, Hermann (Hrsg.): IT-Sicherheitsmanagement in Banken, Frankfurt (Main) 2002, S. 55-69.

BRAUN/BECKERT (1992)
Braun, Günther E./Beckert, Joachim: Funktionalorganisation, in: Frese, Erich (Hrsg.): Handwörterbuch der Organisation, 3., völlig neu gestaltete Aufl., Stuttgart 1992, Sp. 640-655.

BRÄUTIGAM (1997)
Bräutigam, Peter: Multimediagesetz und Mediendienstestaatsvertrag, http://www.anwaltsforum.de/gebiete/medien/braeutigam/multimed. htm, Stand: 10.12.1997, abgerufen am 01.02. 2000.

BROCKHAUS (2003)
Brockhaus: Nachricht, http://www.brockhaus.de, abgerufen am 04.02.2003.

BRÜHANN (1996)
Brühann, Ulf: EU-Datenschutzrichtlinie – Umsetzung in einem vernetzten Europa, in: Datenschutz und Datensicherheit (DuD), 20. Jg. (1996), Heft 2, S. 66-72.

BRÜHANN (1997)
Brühann, Ulf: Standpunkt des Rates der EU zur Telekommunikationsrichtlinie, in: Büllesbach, Alfred (Hrsg.): Datenschutz im Telekommunikationsrecht, Deregulierung und Datensicherheit in Europa, Köln 1997, S. 31-39.

BSA (2003)
Business Software Alliance: Softwaremanagement, http://www.bsa.de/infoundtools/softwaremanagement.phtml, abgerufen am 17.02.2003.

BSI (1997)
Bundesamt für Sicherheit in der Informationstechnik (Hrsg.): Informationen zu Computerviren, 2., erweiterte Auflage, http://www. bsi.de/av/virbro/index.htm, Stand: April 1997.

BSI (1998)
Bundesamt für Sicherheit in der Informationstechnik (Hrsg.): Digitale Signatur nach dem deutschen Signaturgesetz, Stand: September 1998, abrufbar unter http://www.bsi.de/aufgaben/projekte/pbdisig/main/spezi.htm.

BSI (2000)
Bundesamt für Sicherheit in der Informationstechnik (Hrsg.): Kosten und Nutzen der IT-Sicherheit, Studie des BSI zur Technikfolgenabschätzung, Ingelheim 2000.

BSI (2001)
Bundesamt für Sicherheit in der Informationstechnik (Hrsg.): IT-Sicherheitskriterien und Evaluierung nach ITSEC, BSI-Kurzinformationen zu aktuellen Themen der IT-Sicherheit, http://www.bsi.bund.de/literat/faltbl/itsikrit.htm, Stand: 01.01. 2001.

Literaturverzeichnis 257

BSI (2002a)
Bundesamt für Sicherheit in der Informationstechnik (Hrsg.): Verschlüsselung und Signatur – Grundlagen und Anwendungsaspekte, Modul aus dem E-Government-Handbuch, http://www.bsi.de/fachthem/egov/download/2_Krypto.pdf, Stand: 2002.

BSI (2002b)
Bundesamt für Sicherheit in der Informationstechnik (Hrsg.): Kritische Infrastrukturen in Staat und Gesellschaft, BSI-Kurzinformationen zu aktuellen Themen der IT-Sicherheit, http://www.bsi.de/literat/faltbl/kritis.pdf, Stand: Januar 2002.

BSI (2003a)
Bundesamt für Sicherheit in der Informationstechnik (Hrsg.): IT-Grundschutzhandbuch, http://www.bsi.bund.de/gshb/deutsch/g/g05042.html, Stand: Oktober 2003.

BSI (2003b)
Bundesamt für Sicherheit in der Informationstechnik (Hrsg.): Leitfaden IT-Sicherheit, IT-Grundschutz kompakt, http://www.bsi.bund.de/gshb/Leitfaden/GS-Leitfaden.pdf, Stand: 2003.

BSI (2003c)
Bundesamt für Sicherheit in der Informationstechnik (Hrsg.): Sicherheit im Funk-LAN (WLAN, IEEE 802.11), http://www.bsi.de/literat/doc/wlan/wlan.pdf, Stand: 2003.

BSI (2003d)
Bundesamt für Sicherheit in der Informationstechnik (Hrsg.): Trojanische Pferde – Definition und Wirkungsweise, BSI-Kurzinformationen zu aktuellen Themen der IT-Sicherheit, http://www. bsi.bund.de/literat/faltbl/trojaner.htm, Stand: Januar 2003.

BSI (2003e)
Bundesamt für Sicherheit in der Informationstechnik (Hrsg.): Computer-Viren – Definition und Wirkungsweise, BSI-Kurzinformationen zu aktuellen Themen der IT-Sicherheit, http://www.bsi.bund.de/literat/faltbl/kurzvire.htm, Stand: Januar 2003.

BSI (2003f)
Bundesamt für Sicherheit in der Informationstechnik (Hrsg.): Common Criteria (ISO/IEC 15408), BSI-Kurzinformationen zu aktuellen Themen der IT-Sicherheit, http://www.bsi.bund.de/literat/faltbl/F06cc.htm, Stand: Juli 2003.

BSI (2004a)
Bundesamt für Sicherheit in der Informationstechnik (Hrsg.): Das Ende der Anonymität?, Datenspuren in modernen Netzen, http://www.bsi.bund.de/literat/anonym/index.htm, abgerufen am 19.02.2004.

BSI (2004b)
Bundesamt für Sicherheit in der Informationstechnik (Hrsg.): IT-Sicherheitszertifizierung, BSI-Informationen zu Fachthemen, http://www.bsi.de/literat/doc/ancczer.htm, abgerufen am 21.01.2004.

BSI (2004c)
Bundesamt für Sicherheit in der Informationstechnik (Hrsg.): IT-Sicherheitskriterien, http://www.bsi.de/zertifiz/itkrit/itkrit.htm, abgerufen am 17.03.2004.

BUCHANAN (1970)
Buchanan, James M.: In Defense of Caveat Emptor, in: The University of Chicago Law Review, Bd. 38/1970, S. 64-73.

BULL (1984)
Bull, Hans Peter: Datenschutz oder die Angst vor dem Computer, München 1984.

BÜLLESBACH (1996)
Büllesbach, Alfred: IV-Sicherheit: Management zwischen Technik, Recht und Gesellschaft, in: BSI – Bundesamt für Sicherheit in der Informationstechnik (Hrsg.): Wie gehen wir künftig mit den Risiken der Informationsgesellschaft um?, Interdisziplinärer Diskurs zu querschnittlichen Fragen der IT-Sicherheit, Ingelheim 1996, S. 60-70.

BÜLLESBACH (1997)
Büllesbach, Alfred: Telekommunikation und Recht, in: Büllesbach, Alfred (Hrsg.): Datenschutz im Telekommunikationsrecht, Deregulierung und Datensicherheit in Europa, Köln 1997, S. 11-29.

BÜLLESBACH (1998a)
Büllesbach, Alfred: Neue Anforderungen an die Datenschutzkontrolle nach den Multimediagesetzen, in: Bäumler, Helmut (Hrsg.): „Der neue Datenschutz" – Datenschutz in der Informationsgesellschaft von morgen, Neuwied/Kriftel 1998, S. 99-108.

BÜLLESBACH (1998b)
Büllesbach, Alfred: Neue gesetzliche Regelungen für Telekommunikation, in: Landeszentrale für politische Bildung Baden-Württemerg (Hrsg.): Information – Rohstoff des 21. Jahrhunderts, Beiträge der Sommerakademie 1998, abrufbar unter http://www.sommerakademie.de/1998/pdf/buellesb/pdf.

BÜLLESBACH (1999a)
Büllesbach, Alfred: Das TDDSG aus der Sicht der Wirtschaft, in: Datenschutz und Datensicherheit (DuD), 23. Jg. (1999), Heft 5, S. 263-265.

BÜLLESBACH (1999b)
Büllesbach, Alfred: Datenschutz als prozeßorientierter Wettbewerbsbestandteil, in: Praxis der Informationsverarbeitung und Kommunikation (PIK), 22. Jg. (1999), Heft 3, S. 162-169.

BÜLLESBACH/GARSTKA (1996)
Büllesbach, Alfred/Garstka, Hansjürgen: Rechtlicher Regelungsbedarf und rechtliche Gestaltung der Sicherheit in der Kommunikationstechnik, in: Informationstechnik und Technische Informatik (it+ti), 38. Jg. (1996), Heft 4, S. 47-50.

BULLINGER/FÄHNRICH (1997)
Bullinger, Hans-Jörg/Fähnrich, Klaus-Peter: Betriebliche Informationssysteme – Grundlage und Werkzeuge der methodischen Softwareentwicklung, Berlin/Heidelberg 1997.

BULLINGER/MESTMÄCKER (1996)
Bullinger, Martin/Mestmäcker, Ernst-Joachim: Multimediadienste – Aufgabe und Zuständigkeit von Bund und Ländern, Rechtsgutachten erstattet im Auftrage des Bundesministers für Bildung, Wissenschaft, Forschung und Technologie, Mai 1996, abrufbar unter http://www.iid.de/rahmen/gutachten.html.

BUNDESAMT FÜR POST UND TELEKOMMUNIKATION (1997)
Bundesamt für Post und Telekommunikation (Hrsg.): Katalog von Sicherheitsanforderungen nach § 87 Telekommunikationsgesetz (TKG), http://www.regtp.de/imperia/md/content/schriften/2.pdf, Stand: September 1997.

BUNDESDATENSCHUTZBEAUFTRAGTER (1996)
Der Bundesbeauftragte für den Datenschutz: 16. Tätigkeitsbericht, Berichtszeitraum 1995-1996, abrufbar unter http://www.bfd.bund.de/information/tb9596/kap00/gliederung.html.

BUNDESDATENSCHUTZBEAUFTRAGTER (1998)
Der Bundesbeauftragte für den Datenschutz: 17. Tätigkeitsbericht, Berichtszeitraum 1997-1998, abrufbar unter http://www.bfd.bund.de/information/tb9798/kap00/Start.html.

BUNDESDATENSCHUTZBEAUFTRAGTER (2000)
Der Bundesbeauftragte für den Datenschutz: 18. Tätigkeitsbericht, Berichtszeitraum 1999-2000, http://www.bfd.bund.de/information/18tb9900.pdf.

BUNDESDATENSCHUTZBEAUFTRAGTER (2002a)
Der Bundesbeauftragte für den Datenschutz: 19. Tätigkeitsbericht, Berichtszeitraum 2001-2002, http://www.bfd.bund.de/information/19tb0102.pdf.

BUNDESDATENSCHUTZBEAUFTRAGTER (2002b)
Der Bundesbeauftragte für den Datenschutz (Hrsg.): Die Datenschutzbeauftragten in Behörde und Betrieb, 3. Aufl., Bonn 2002, abrufbar unter http://www.bfd.bund.de/information/pdf/info_4.pdf.

Literaturverzeichnis

BUNDESDATENSCHUTZBEAUFTRAGTER (2002c)
Der Bundesbeauftragte für den Datenschutz (Hrsg.): Bundesdatenschutzgesetz – Text und Erläuterung –, BfD-Info 1, 8. Aufl., Bonn 2002, http://www.bfd.bund.de/information/pdf/info_1.pdf.

BUNDESDATENSCHUTZBEAUFTRAGTER (2003)
Der Bundesbeauftragte für den Datenschutz (Hrsg.): Bundesdatenschutzgesetz – Text und Erläuterung, 9. Aufl., Bonn 2003, abrufbar unter http://www.bfd.bund.de/information/pdf/info_1.pdf.

BUNDESDATENSCHUTZBEAUFTRAGTER (2004)
Der Bundesbeauftragte für den Datenschutz (Hrsg.): Datenschutz in der Telekommunikation, 6. Aufl., Bonn 2004, abrufbar unter http://www.bfd.bund.de/information/pdf/info_5.pdf.

BUNDESREGIERUNG (1996)
Bundesregierung: Info 2000 – Deutschlands Weg in die Informationsgesellschaft, Bonn 1996, abrufbar unter http://www.bmwi-info2000.de/archive/berichte/info2000/.

BUNDESREGIERUNG (1997)
Bundesregierung: Bericht der Bundesregierung über die Erfahrungen und Entwicklungen bei den neuen Informations- und Kommunikationsdiensten im Zusammenhang mit der Umsetzung des Informations- und Kommunikationsdienste-Gesetzes (IuKDG) – IuKDG-Bericht, BT-Drs. 13/7935, Bonn 1997, abrufbar unter http://dip.bundestag.de/parfors/parfors.htm.

BUNDESREGIERUNG (1998)
Bundesregierung: Entwurf eines Gesetzes zur Kontrolle und Transparenz im Unternehmensbereich (KonTraG), BT-Drs. 13/9712 vom 28.01.1998, abrufbar unter http://dip.bundestag.de/btd/13/097/1309712.pdf.

BUNDESREGIERUNG (1999)
Bundesregierung: Bericht der Bundesregierung über die Erfahrungen und Entwicklungen bei den neuen Informations- und Kommunikationsdiensten im Zusammenhang mit der Umsetzung des Informations- und Kommunikationsdienste-Gesetzes (IuKDG), BT-Drs. 14/1191, Bonn 1999, abrufbar unter http://dip.bundestag.de/parfors/parfors.htm.

BUNDESREGIERUNG (2000)
Bundesregierung: Novellierung BDSG, Synopse und Begründung, http://www.dud.de/dud/documents/BDSG0600.zip, Stand: 25.05.2000.

BURKERT (1999)
Burkert, Herbert: Informationszugang und Datenschutz, in: Sokol, Bettina (Hrsg.): Neue Instrumente im Datenschutz, Düsseldorf 1999, S. 88-106.

BUSCH/WOLTHUSEN (2002)
Busch, Christoph/Wolthusen, Stephen D.: Netzwerksicherheit, Heidelberg/Berlin 2002.

BvD-ARBEITSKREIS (2001)
Berufsverband der Datenschutzbeauftragten Deutschlands (BvD): Die zukünftige Entwicklung des BDSG in Deutschland, in: Datenschutz und Datensicherheit (DuD), 25. Jg. (2001), Heft 5, S. 271-273.

CAVOUKIAN u.a. (2000)
Cavoukian, Ann/Gurski, Michael/Mulligan, Deidre/Schwartz, Ari: P3P und Datenschutz – Ein Update für die Datenschutzgemeinde, in: Datenschutz und Datensicherheit (DuD), 24, Jg. (2000), Heft 8, S. 475-478.

CERNY (2000)
Cerny, Dietrich: Schutz kritischer Infrastrukturen – Überlegungen zu einer Konzeption, Vortrag im Rahmen der Konferenz „IT-Sicherheit in der Informationsgesellschaft – Schutz kritischer Infrastrukturen" am 13. September 2000 in Münster, http://www.uni-muenster.de/Jura.tkr/veranstaltungen/it-tagung/dokumente/cerny.ppt.

CERNY (2001)
Cerny, Dietrich: Schutz kritischer Infrastrukturen – Überlegungen zu einer Konzeption, in: Holznagel, Bernd/Hanßmann, Anika/Sonntag, Matthias (Hrsg.): IT-Sicherheit in der Informationsgesellschaft – Schutz kritischer Infrastrukturen, Arbeitsberichte zum Informations-, Telekommunikations- und Medienrecht, Bd. 7, Münster 2001, S. 48-67.

CHESWICK/BELLOVIN (1994)
Cheswick, William R./Bellovin, Steven M.: Firewalls and Internet Security, Repelling the Wily Hacker, Reading (Massachusetts) 1994.

COHEN (2001)
Cohen, Henri: Zahlentheoretische Aspekte der Kryptographie, in: Informatik-Spektrum, 24. Jg. (2001), Heft 3, S. 129-139.

CORSTEN (2000)
Corsten, Hans: Lexikon der Betriebswirtschaftslehre, 4., durchgesehene Aufl., München/Wien 2000.

CRANOR (2000)
Cranor, Lorrie Faith: Platform for Privacy Preferences – P3P, in: Datenschutz und Datensicherheit (DuD), 24. Jg. (2000), Heft 8, S. 479.

DAENZER/HUBER (1997)
Daenzer, Walter F./Huber, Franz (Hrsg.): Systems Engineering – Methodik und Praxis, 9. Aufl., Zürich 1997.

DATENSCHUTZBEAUFTRAGTE (2000)
Die Datenschutzbeauftragten von Berlin, Brandenburg, Hamburg, Nordrhein-Westfalen, Schleswig-Holstein und Zürich: P3P: Neuer Standard für Online-Privacy in Deutschlang, in: Datenschutz und Datensicherheit (DuD), 24. Jg. (2000), Heft 11, S. 632.

DATENSCHUTZBEAUFTRAGTENKONFERENZ (2003)
Entschließung der 65. Konferenz der Datenschutzbeauftragten des Bundes und der Länder vom 27. bis 28. März 2003 in Dresden: TCPA darf nicht zur Aushebelung des Datenschutzes missbraucht werden, http://www.lda.brandenburg.de/sixcms/detail.php?id=79823&template=lda_entschl.

DAVENPORT/PRUSAK (1999)
Davenport, Thomas H./Prusak, Laurence: Wenn Ihr Unternehmen wüsste, was es weiß..., Das Praxishandbuch zum Wissensmanagement, 2. Aufl., Landsberg (Lech) 1999.

DAVIS (1993)
Davis, Alan M.: Software Requirements – Objects, Functions and States, New Jersey 1993.

DE HAAS/ZERLAUTH (1995)
de Haas, Jürgen/Zerlauth, Sixta: DV-Revision – Ordnungsmäßigkeit, Sicherheit und Wirtschaftlichkeit von DV-Systemen, Braunschweig u.a. 1995.

DIEK (2002)
Diek, Anja Charlotte: Gütesiegel nach dem schleswig-holsteinischen Landesdatenschutzgesetz, in: Bäumler, Helmut/von Mutius, Albert (Hrsg.): Datenschutz als Wettbewerbsvorteil – Privacy sells: Mit modernen Datenschutzkomponenten Erfolg beim Kunden, Braunschweig/Wiesbaden 2002, S. 157-162.

DIERSTEIN (1997)
Dierstein, Rüdiger: Duale Sicherheit – IT-Sicherheit und ihre Besonderheiten, in: Müller, Günter/Pfitzmann, Andreas (Hrsg.): Mehrseitige Sicherheit in der Kommunikationstechnik – Verfahren, Komponenten, Integration, Bonn u.a. 1997, S. 31-60.

DIERSTEIN (2001)
Dierstein, Rüdiger: Begriffe der Informationstechnik , Definitionen – Erklärungen, http://www3.in.tum.de/lehre/WS2003/ITS-Dierstein/DefDV01.pdf, Stand: Oktober 2001.

DIERSTEIN (2003a)
Dierstein, Rüdiger: IT-Sicherheit und ihre Besonderheiten – Duale Sicherheit, http://www3.in.tum.de/lehre/WS2003/ITS-Dierstein/DualSi.pdf, Stand: Oktober 2003.

DIERSTEIN (2003b)
Dierstein, Rüdiger: IT-Sicherheit – Teil 1: Grundlagen, Begleitmaterial zur Vorlesung, Sicherheit von IT-Systemen (IT-Sicherheit)' an der Technischen Universität München, http://www3.in.tum.de/lehre/WS2003/ITS-Dierstein/Teil1.pdf, Stand: Oktober 2003.

DIERSTEIN (2003c)
Dierstein, Rüdiger: IT-Sicherheit – Teil 2: Duale Sicherheit, Begleitmaterial zur Vorlesung, Sicherheit von IT-Systemen (IT-Sicherheit)' an der Technischen Universität München, http://www3.in.tum.de/lehre/WS2003/ITS-Dierstein/Teil2.pdf, Stand: November 2003.

DIFFIE/HELLMAN (1976)
Diffie, Whitfield/Hellman, Martin E.: New Directions in Cryptography, IEEE Transactions on Information Theory, 22. Jg. (1976), Heft 6, S. 644-654.

DIN (1998)
Deutsches Institut für Normung (Hrsg.): DIN 44300, Teil 1: Informationsverarbeitung, Allgemeine Begriffe, Berlin 1988.

DISTERER (2003)
Disterer, Georg: Was ist Wirtschaftsinformatik?, in: Disterer, Georg/Fels, Friedrich/ Hausotter, Andreas (Hrsg.): Taschenbuch der Wirtschaftsinformatik, 2., neu bearbeitete Aufl., München/Wien 2003, S. 21-28.

DITTMAR (2002)
Dittmar, Carsten: Knowledge Management, Bd. 1: Begriffliche Grundlagen und Gesamtkonzept, Arbeitsbericht Nr. 02-41 des Lehrstuhls für Wirtschaftsinformatik der Ruhr-Universität Bochum, Bochum 2002.

DITTMAR/GLUCHOWSKI (2002)
Dittmar, Carsten/Gluchowski, Peter: Synergiepotenziale und Herausforderungen von Knowledge Management und Business Intelligence, in: Hannig, Uwe (Hrsg.): Knowledge Management und Business Intelligence, Springer 2002, S. 27-41.

DIX (2000)
Dix, Alexander: Internationale Aspekte, in: Bäumler, Helmut (Hrsg.): E-Privacy, Datenschutz im Internet, Braunschweig/Wiesbaden 2000, S. 93-106.

DIX/PFITZNER (2003)
Dix, Alexander/Pfitzner, Roy: Trusted Computing und Datenschutz in Deutschland, in: Datenschutz und Datensicherheit (DuD), 27. Jg. (2003), Heft 9, S. 561-562.

DOBBERTIN (1997)
Dobbertin, Hans: Digitale Fingerabdrücke – Sichere Hashfunktionen für digitale Signaturen, Schlüsselgenerierung in Trust Centern? Einseitig sicher ist nicht sicher genug, in: Datenschutz und Datensicherheit (DuD), 21. Jg. (1997), Heft 2, S. 82-87.

DONOS (1998)
Donos, Pelopidas Konstantinos: Datenschutz – Prinzipien und Ziele unter besonderer Berücksichtigung der Entwicklung der Kommunikations- und Systemtheorie, Baden-Baden 1998.

DUHR u.a. (2002)
Duhr, Elisabeth/Naujik, Helga/Danker, Birgit/Seiffert, Evelyn: Neues Datenschutzrecht für die Wirtschaft, Erläuterungen und praktische Hinweise zu § 1 bis § 11 BDSG, in: Datenschutz und Datensicherheit (DuD), 26. Jg. (2002), Heft 1, S. 5-36.

ECKERT (1996)
Eckert, Claudia: Leitlinien zur Klassifikation und Bewertung von Sicherheitsmodellen, in: Bauknecht, Kurt/Karagiannis, Dimitris/Teufel, Stephanie (Hrsg.): Sicherheit in Informationssystemen, Proceedings der Fachtagung SIS '96, Zürich 1996, S. 185-201.

ECKERT (2002)
Eckert, Dirk: Informationstechnik für die Kriegsführung, http://www.heise.de/tp/deutsch/ special/info/12684/1.html, Stand: 07.06.2002.

ECKERT (2003)
Eckert, Claudia: IT-Sicherheit, Konzepte – Verfahren – Protokolle, 2., überarbeitete und erweiterte Aufl., München/Wien 2003.

ECO (2002)
Eco, Umberto: Einführung in die Semiotik, 9., unveränderte Aufl., München 2002.

EGGER (1992)
Egger, Edeltraut: Datenschutz und Datensicherheit – Grundlagenwissen oder Spezialgebiet?, in: Datenschutz und Datensicherung (DuD), 16. Jg. (1992), Heft 10, S. 512-516.

EISEN/KNOTT/KRUMMECK (1997)
Eisen, Goswin/Knott, Thomas/Krummeck, Gerald: Pragmatische Umsetzung von Sicherheitspolitiken auf dem Weg ins Internet, in: Bundesamt für Sicherheit in Informationstechnik (Hrsg.): Mit Sicherheit in die Informationsgesellschaft, Tagungsband 5. Deutscher IT-Sicherheitskongreß des BSI 1997, Ingelheim 1997, S. 95-105.

ELGER (1990)
Elger, Reinhard: Der Datenschutz im grenzüberschreitenden Datenverkehr – Eine rechtsvergleichende und kollisionsrechtliche Untersuchung, Baden-Baden 1990.

ENDRES (1991)
Endres, Alfred: Ökonomische Grundlagen des Haftungsrechts, Heidelberg 1991.

ENGEL/RÖSCH (2002)
Engel, Klaus/Rösch, Andreas: Firewall-Techniken, in: Roßbach, Peter/Locarek-Junge, Hermann (Hrsg.): IT-Sicherheitsmanagement in Banken, Frankfurt (Main) 2002, S. 185-197.

ENGEL-FLECHSIG (1997a)
Engel-Flechsig, Stefan: „Teledienstedatenschutz" – Die Konzeption des Datenschutzes im Entwurf des Informations- und Kommunikationsdienstegesetz des Bundes, in: Datenschutz und Datensicherheit (DuD), 21. Jg. (1997), Heft 1, S. 8-16.

ENGEL-FLECHSIG (1997b)
Engel-Flechsig, Stefan: Zusammenarbeit und Abgrenzung von Telekommunikationsgesetz, Informations- und Kommunikationsdienste-Gesetz des Bundes und Mediendienstestaatsvertrag der Länder, in: Büllesbach, Alfred (Hrsg.): Datenschutz im Telekommunikationsrecht, Deregulierung und Datensicherheit in Europa, Köln 1997, S. 83-110.

ENGEL-FLECHSIG (1999)
Engel-Flechsig, Stefan: Das neue Multimediarecht in Deutschland, in: Lehmann, Michael (Hrsg.): Rechtsgeschäfte im Netz – Electronic Commerce, Stuttgart 1999.

ENGEL-FLECHSIG/MAENNEL/TETTENBORN (1997)
Engel-Flechsig, Stefan/Maennel, Fritjof A./Tettenborn, Alexander: Das neue Informations- und Kommunikationsdienste-Gesetz, in: Neue Juristische Wochenschrift, 50. Jg. (1997), Heft 45, S. 2981-2992.

ENGELHARDT/KLEINALTENKAMP (1990)
Engelhardt, Werner Hans/Kleinaltenkamp, Michael: Strategische Planung I, TV-Lehrbrief, Freie Universität Berlin, Berlin 1990.

ENGELKE (2002)
Engelke, Martina: Computerkriminalität – Gefahrenpotentiale, Gesetzliche Regelungen, Software-Urheberrecht, http://www-ivs.cs.uni-magdeburg.de/bs/lehre/wise0203/ds/folien/vds8.pdf, Stand: 2002.

ENQUETE-KOMMISSION (1998)
Enquete-Kommission ‚Zukunft der Medien in Wirtschaft und Gesellschaft': Deutschlands Weg in die Informationsgesellschaft, Schlussbericht, Drucksache 13/11004 vom 22.06.1998, abrufbar unter http://www.dpg-hv.de/eq-schluss.htm.

ENZMANN/PAGNIA/GRIMM (2000)
Enzmann, Matthias/Pagnia, Henning/Grimm, Rüdiger: Das Teledienstedatenschutzgesetz und seine Umsetzung in der Praxis, in: Wirtschaftsinformatik, 42. Jg. (2000), Heft 5, S. 402-412.

Literaturverzeichnis 263

ENZMANN/SCHOLZ (2002)
Enzmann, Matthias/Scholz, Philip: Technisch-organisatorische Gestaltungsmöglichkeiten, in: Roßnagel, Alexander (Hrsg.): Datenschutz beim Online-Einkauf – Herausforderungen, Konzepte, Lösungen, Braunschweig/Wiesbaden 2002, S. 73-88.

ERLER (2000)
Erler, Thomas: Das Einsteigerseminar UML, Landsberg 2000.

ERLER/RICKEN (1997)
Erler, Thomas/Ricken, Michael: Objektorientierte Technologien – Basiskonzepte, Einsatzbereiche und Integrationspotentiale –, Arbeitsbericht Nr. 97-25 des Lehrstuhls für Wirtschaftsinformatik der Ruhr-Universität Bochum, Bochum 1997.

ERNST (2000)
Ernst, Stefan: Das Multimediagesetz, http://www.uni-bonn.de/rhrzinfo/aktuell/arti1408.html, abgerufen am 20.12.2000.

ERTEL (2001)
Ertel, Wolfgang: Angewandte Kryptographie, München/Wien 2001.

ESPEY/RUDINGER (1999)
Espey, Jürgen/Rudinger, Georg: Der überforderte Techniknutzer – IT-Sicherheit aus psychologischer Sicht, in: Praxis der Informationsverarbeitung und Kommunikation (PIK), 22. Jg. (1999), Heft 3, S. 178-184.

EULGEM (1998)
Eulgem, Stefan: Die Nutzung des unternehmensinternen Wissens – Ein Beitrag aus der Perspektive der Wirtschaftsinformatik, Frankfurt (Main)/Berlin/Bern 1998.

EUROPÄISCHER RAT (2001)
Europäischer Rat: Schlussfolgerungen des Vorsitzes, Europäischer Rat (Stockholm), 23. und 24. März 2001, abrufbar unter http://www.bundesregierung.de/Anlage250091/ Schlussfolgerungen+des+Vorsitzes.pdf.

FANK (1996)
Fank, Matthias: Einführung in das Informationsmanagement – Grundlagen, Methoden, Konzepte, München/Wien 1996.

FEDERRATH (1997)
Federrath, Hannes: Schlüsselgenerierung in Trust Centern? Einseitig sicher ist nicht sicher genug, in: Datenschutz und Datensicherheit (DuD), 21. Jg. (1997), Heft 2, S. 98-99.

FEDERRATH/PFITZMANN (1998)
Federrath, Hannes/Pfitzmann, Andreas: "Neue" Anonymisierungstechniken – Eine vergleichende Übersicht, in: Datenschutz und Datensicherheit (DuD), 22. Jg. (1998), Heft 11, S. 628-632.

FEDERRATH/PFITZMANN (2000)
Federrath, Hannes/Pfitzmann, Andreas: Gliederung und Systematisierung von Schutzzielen in IT-Systemen, in: Datenschutz und Datensicherheit (DuD), 24. Jg. (2000), Heft 12, S. 704-710.

FEIL/BILTZINGER/BRÄUHÄUSER (2002)
Feil, Stephan/Biltzinger, Peter/Bräuhäuser, Marcus: Nicht-technische Bedrohungen und Angriffe auf die IT-Sicherheit, in: Roßbach, Peter/Locarek-Junge, Hermann (Hrsg.): IT-Sicherheitsmanagement in Banken, Frankfurt (Main) 2002, S. 211-220.

FERSTL/SINZ (1993)
Ferstl, Otto K./Sinz, Elmar J.: Grundlagen der Wirtschaftsinformatik, München/Wien 1993.

FIETEN (1995)
Fieten, Robert: Business Reengieering und schlankes Management – Auswirkungen auf die organisatorische Gestaltung und den Einsatz von Standardsoftware, in: Seibt, Dietrich (Hrsg.): Kommunikation, Organisation und Management, Braunschweig u.a. 1995, S. 291-313.

FINK/SCHNEIDEREIT/VOß (2001)
Fink, Andreas/Schneidereit, Gabriele/Voß, Stefan: Grundlagen der Wirtschaftsinformatik, Heidelberg 2001.

FINKELSTEIN (1992)
Finkelstein, Clive: Information Engineering – Strategic Systems Development, Sydney u.a. 1992.

FITZ/HALANG (2002)
Fitz, Robert/Halang, Wolfgang A.: Sichere Abwehr von Viren, Schutz von IT-Systemen durch gerätetechnisch unterstützte Sicherheitsmaßnahmen, Frechen 2002.

FLEISSNER u.a (1998)
Fleissner, Peter/Hofkirchner, Wolfgang/Müller, Harald/Pohl, Margit/Stary, Christian (1998): Der Mensch lebt nicht vom Bit allein..., Information in Technik und Gesellschaft, 3., durchgesehene Aufl., Frankfurt (Main) u.a. 1998.

FÖCKER/GOESMANN/STRIEMER (1999)
Föcker, Egbert/Goesmann, Thomas/Striemer, Rüdiger: Wissensmanagement zur Unterstützung von Geschäftsprozessen, in: Wissensmanagement, Praxis der Wirtschaftsinformatik (HMD), 36. Jg. (1999), Heft 208, S. 36-43.

FÖHLISCH (2004)
Föhlisch, Carsten: Gütesiegel: Haftung gegenüber dem Verbraucher?, in: Datenschutz und Datensicherheit (DuD), 28. Jg. (2004), Heft 2, S. 74-79.

FOX (1995)
Fox, Dirk: Automatische Autogramme – Mit digitalen Signaturen von der Datei zur Urkunde, in: Magazin für Computer Technik (c't), o.Jg. (2002), Heft 10, S. 278-284.

FOX (1997)
Fox, Dirk: Signaturschlüssel-Zertifikat, in: Datenschutz und Datensicherheit (DuD), 21. Jg. (1997), Heft 2, S. 106.

FOX (1998)
Fox, Dirk: Mehrseitige Sicherheit, in: Datenschutz und Datensicherheit (DuD), 22. Jg. (1998), Heft 11, S. 658.

FOX (2000)
Fox, Dirk: Intrusion Detection Systeme (IDS), in: Datenschutz und Datensicherheit (DuD), 24. Jg. (2000), Heft 9, S. 549.

FOX (2002)
Fox, Dirk: Computer Emergency Response Team (CERT), in: Datenschutz und Datensicherheit (DuD), 26. Jg. (2002), Heft 8, S. 493.

FRANCKE/BLIND (1996)
Francke, Hans-Hermann/Blind, Knut: Informationssicherheit in offenen Kommunikationssystemen: Ein volkswirtschaftliches Problem?, in: Informationstechnik und Technische Informatik (it+ti), 38. Jg. (1996), Heft 4, S. 38-41.

FRANK (2001)
Frank, Ulrich: Informatik und Wirtschaftsinformatik, in: Desel, Jörg (Hrsg.): Das ist Informatik, Berlin u.a. 2001, S. 47-66.

FRANKEN/FUCHS (1974)
Franken, Herbert/Fuchs, Rolf: Grundbegriffe zur Allgemeinen Systemtheorie, in: Grochla, Erwin/Fuchs, Herbert/Lehmann, Helmut (Hrsg.): System und Betrieb, Schmalenbachs Zeitschrift für betriebswirtschaftliche Forschung, Sonderheft 3, Opladen 1974, S. 23-49.

FREG (2002)
Freg, Michael: Die Haftung der Unternehmensführer nach dem KonTraG, http://www.dersyndikus.de/briefings/gs/gs_009.htm, abgerufen am 19.12.2002.

FREY (1978)
Frey, René L.: Infrastruktur, in : Handwörterbuch der Wirtschaftswissenschaft, Bd. 4, Stuttgart/New York 1978, S. 200-215.

Literaturverzeichnis 265

FRITSCH/WEIN/EWERS (2001)
Fritsch, Michael/Wein, Thomas/Ewers, Hans-Jürgen: Marktversagen und Wirtschaftspolitik, Mikroökonomische Grundlagen staatlichen Handelns, 4., verbesserte Aufl., München 2001.

FUCHS (1972)
Fuchs, Herbert: Systemtheorie, in: Bleicher, Knut (Hrsg.): Organisation als System, Wiesbaden 1972, S. 45-57.

FUCHS (1973)
Fuchs, Herbert: Systemtheorie und Organisation, Die Theorie offener Systeme als Grundlage zur Erforschung und Gestaltung betrieblicher Systeme, Wiesbaden 1973.

FUCHS/HAURI/SCHNETZER (2002)
Fuchs, Emmerich/Hauri, Christian/Schnetzer, Ronald: Systemanforderungen, in: Böhm, Rolf/Fuchs, Emmerich (Hrsg.): System-Entwicklung in der Wirtschaftsinformatik, 5., vollständig überarbeitet Aufl., Zürich 2002.

FUCHS-KITTOWSKI u.a. (1976)
Fuchs-Kittowski, Klaus/Kaiser, Horst/Tschirschwitz, Reiner/Wenzlaff, Bodo: Informatik und Automatisierung, Berlin 1976.

FUHRMANN (2000)
Fuhrmann, Heiner: IT-Sicherheit und Verletzlichkeit aus rechtlicher Sicht, in: Datenschutz und Datensicherheit (DuD), 24. Jg. (2000), Heft 3, S. 144-149.

GABLER (2000)
Gabler: Wirtschaftslexikon, 15., völlig überarbeitete und aktualisierte Aufl., Wiesbaden 2000.

GABRIEL (1990)
Gabriel, Roland: Software Engineering, in: Kurbel, Karl/Strunz, Horst (Hrsg.): Handbuch Wirtschaftsinformatik, Stuttgart 1990, S. 257-273.

GABRIEL (1996a)
Gabriel, Roland: Telekommunikation – TK-Netze und -Dienste, Nutzungsmöglichkeiten und ihre Auswirkungen, Lehrmaterialien im Studienfach Wirtschaftsinformatik 19/96, Lehrstuhl für Wirtschaftsinformatik, Bochum 1996.

GABRIEL (1996b)
Gabriel, Roland: Telekommunikations-Netze und -Dienste – ein Überblick, in: Gabriel, Roland (Hrsg.): Telekommunikation – Angebote und Nutzungsmöglichkeiten der Netze und Dienste im Ruhrgebiet, Arbeitsbericht Nr. 63 des Instituts für Unternehmungsführung und Unternehmensforschung, Ruhr-Universität Bochum 1996.

GABRIEL/BEIER (2000)
Gabriel, Roland/Beier, Dirk: Informationsmanagement, Bd. 1: Grundbegriffe und Gestaltungsgegenstand, Lehrmaterialien im Studienfach Wirtschaftsinformatik 31/00, Lehrstuhl für Wirtschaftsinformatik, Bochum 2000.

GABRIEL/BEIER (2001)
Gabriel, Roland/Beier, Dirk: Informationsmanagement, Bd. 2: Ziele, Aufgaben und Methoden, Lehrmaterialien im Studienfach Wirtschaftsinformatik 34/01, Lehrstuhl für Wirtschaftsinformatik, Bochum 2001.

GABRIEL/BEIER (2002)
Gabriel, Roland/Beier, Dirk: Informationsmanagement, Bd. 3: Spezialthemen des Informationsmanagements, Lehrmaterialien im Studienfach Wirtschaftsinformatik 36/02, Lehrstuhl für Wirtschaftsinformatik, Bochum 2002.

GABRIEL/BEIER (2003)
Gabriel, Roland/Beier, Dirk: Informationsmanagement in Organisationen, Stuttgart 2003.

GABRIEL/CHAMONI/GLUCHOWSKI (1997)
Gabriel, Roland/Chamoni, Peter/Gluchowksi, Peter: Management Support Systeme, Computergestützte Informationssysteme für Führungskräfte und Entscheidungskräfte, Springer 1997.

Literaturverzeichnis

GABRIEL/DITTMAR (2001)
Gabriel, Roland/Dittmar, Carsten: Der Ansatz des Knowledge Managements im Rahmen des Business Intelligence, in: Hildebrand, Knut (Hrsg.): Business Intelligence, Praxis der Wirtschaftsinformatik (HMD), Heft 222, 38. Jg. (2001), S. 17-28.

GABRIEL/RÖHRS (1995)
Gabriel, Roland/Röhrs, Heinz-Peter: Datenbanksysteme – Konzeptionelle Datenmodellierung und Datenbankarchitekturen, 2., verbesserte Aufl., Berlin/Heidelberg/New York 1995.

GABRIEL/RÖHRS (2003)
Gabriel, Roland/Röhrs, Heinz-Peter: Gestaltung und Einsatz von Datenbanksystemen – Data Base Engineering und Datenbankarchitekturen, Berlin/Heidelberg/New York 2003.

GACKENHOLZ (2000)
Gackenholz, Friedrich: Datenübermittlung ins Ausland unter besonderer Berücksichtigung internationaler Konzerne, in: Datenschutz und Datensicherheit (DuD), 24. Jg. (2000), Heft 12, S. 727-732.

GADATSCH (2001)
Gadatsch, Andreas: Management von Geschäftsprozessen, Methoden und Werkzeuge für die IT-Praxis: Eine Einführung für Studenten und Praktiker, Braunschweig/Wiesbaden 2001.

GAGSCH/HILGENFELDT/WINDLER (1995)
Gagsch, Siegfried/Hilgenfeldt, Jörg/Windler, Albrecht: Ein Vorgehensmodell für Business-Reengineering-Projekte, in: Seibt, Dietrich (Hrsg.): Kommunikation, Organisation und Management, Braunschweig u.a. 1995, S. 315-344.

GAITANIDES (1992)
Gaitanides, Michael: Ablauforganisation, in: Frese, Erich (Hrsg.): Handwörterbuch der Organisation, 3., völlig neu gestaltete Aufl., Stuttgart 1992, Sp. 1-18.

GARSTKA (2003)
Garstka, Hansjürgen: Informationelle Selbstbestimmung und Datenschutz, in: Schulzki-Haddouti, Christiane (Hrsg.): Bürgerrechte im Netz, Bonn 2003, S. 48-70.

GAUS (1995)
Gaus, Wilhelm: Dokumentations- und Ordnungslehre, Theorie und Praxis des Information Retrieval, 2., völlig neu bearbeitete Aufl., Berlin/Heidelberg/New York 1995.

GEBERT (1992)
Gebert, Diether: Kommunikation, in: Frese, Erich (Hrsg.): Handwörterbuch der Organisation, 3., völlig neu gestaltete Aufl., Stuttgart 1992, Sp. 1110-1121.

GEIGER (2000)
Geiger, Gebhard: „Information Warfare" – Bedrohungen und Schutz IT-abhängiger gesellschaftlicher Infrastrukturen, in: Datenschutz und Datensicherheit (DuD), 24. Jg. (2000), Heft 3, S. 129-136.

GEIGER (2001)
Geiger, Gebhard: Internationale Ansätze und Kooperationen, in: Holznagel, Bernd/ Hanßmann, Anika/Sonntag, Matthias (Hrsg.): IT-Sicherheit in der Informationsgesellschaft – Schutz kritischer Infrastrukturen, Arbeitsberichte zum Informations-, Telekommunikations- und Medienrecht, Bd. 7, Münster 2001, S. 32-47.

GEIS (1997a)
Geis, Ivo: Internet und Datenschutzrecht, in: Neue Juristische Wochenschrift, 50. Jg. (1997), Heft 5, S. 288-293.

GEIS (1997b)
Geis, Ivo: Die digitale Signatur, in: Neue Juristische Wochenschrift, 50. Jg. (1997), Heft 45, S. 3000-3004.

GERKE (2002)
Gerke, Wolfgang: Corporate Governance, http://www. bankundboerse.wiso.uni-erlangen.de/ _Download/Bankmann_CorporateGovernanceWS0102.pdf

GERLING (1997)
Gerling, Rainer W.: Verschlüsselungsverfahren – Eine Kurzübersicht, in: Datenschutz und Datensicherheit (DuD), 21. Jg. (1997), Heft 4, S. 197-201.

GERLING (2000)
Gerling, Rainer W.: Verschlüsselung im betrieblichen Einsatz, Frechen 2000.

GERNERT/AHREND (2001)
Gernert, Christiane/Ahrend, Norbert: IT-Management: System statt Chaos – ein praxisorientiertes Vorgehensmodell, München/Wien 2001.

GEROHOLD/HEIL (2001)
Gerohold, Diethelm/Heil, Helmut: Das neuen Bundesdatenschutzgesetz, in: Datenschutz und Datensicherheit (DuD), 25. Jg. (2001), Heft 7, S. 377-382.

GERSCH (2000)
Gersch, Martin: E-Commerce – Einsatzmöglichkeiten und Nutzungspotentiale, Arbeitsbericht Nr. 1 des Competence Center E-Commerce (CCEC), Bochum 2000.

GERSTENBERG (2002)
Gerstenberg, Uwe: Das KonTraG erfordert einen Kurswechsel in der Unternehmenssicherheit!, http://www.svsw.de/sita/KonTraG%20Hr.%20Gerstenberg%20Cons+%20X.%20Sita.pdf., abgerufen: 17.12.2002.

GERSTNER (1995)
Gerstner, Thomas S.: Die Bewältigung organisatorischer Übergänge, Vom Management zum Mastering, Wiesbaden 1995.

GITT (1989)
Gitt, Werner: Information – die dritte Grundgröße neben Materie und Energie, in: Siemens-Zeitschrift, 63. Jg. (1989), Heft 4, S. 4-9.

GLESSMANN (2000)
Glessmann, Günter: Notfalldokumentation, in: Die Zeitschrift für Informations-Sicherheit (<kes>): Lexikon der Informations-Sicherheit, http://www.kes.info/lexikon/lexdata/notfalldokumentation.htm, Stand: 23.05.2000.

GLOBIG/EIERMANN (1998)
Globig, Klaus/Eiermann, Helmut: Datenschutz bei Internet-Angeboten, in: Datenschutz und Datensicherheit (DuD), 22. Jg. (1998), Heft 9, S. 514-516.

GOLA (1999)
Gola, Peter: Der behördliche Datenschutzbeauftragte – Zu einem Aspekt der Umsetzung der EG-Datenschutzrichtlinie, in: Datenschutz und Datensicherheit (DuD), 23. Jg. (1999), Heft 6, S. 341-343.

GOLLMANN (1994)
Gollmann, Dieter: Algorithmenentwurf in der Kryptographie, Mannheim u.a. 1994.

GOLTZSCH (2003)
Goltzsch, Patrick: Anonymität im Internet – Die technische Verteidigung eines Grundrechts, in: Schulzki-Haddouti, Christiane (Hrsg.): Bürgerrechte im Netz, Bonn 2003, S. 109-126.

GORA/STARK (2002)
Gora, Stefan/Stark, Claus: IT-Grundschutz, in: Datenschutz und Datensicherheit (DuD), 26. Jg. (2002), Heft 10, S. 625.

GÖRTZ/STOLP (1999)
Görtz, Horst/Stolp, Jutta: Informationssicherheit in Unternehmen – Sicherheitskonzepte und -lösungen in der Praxis, Bonn u.a. 1999.

GOUNALAKIS (1997)
Gounalakis, Georgios: Der Mediendienste-Staatsvertrag der Länder, in: Neue Juristische Wochenschrift, 50. Jg. (1997), Heft 45, S. 2993-2999.

GREß (2001)
Greß, Sebastian: Datenschutzprojekt P3P – Darstellung und Kritik, in: Datenschutz und Datensicherheit (DuD), 25. Jg. (2001), Heft 3, S. 144-149.

GRIESE (1990)
Griese, Joachim: Ziele und Aufgaben des Informationsmanagements, in: Kurbel, Karl/ Strunz, Horst (Hrsg.): Handbuch der Wirtschaftsinformatik, Stuttgart 1990, S. 641-657.

GRIMM (1994)
Grimm, Rüdiger: Sicherheit für offene Kommunikation – Verbindliche Telekooperation, Mannheim u.a. 1994.

GRIMM (1996)
Grimm, Rüdiger: Kryptoverfahren und Zertifizierungsinstanzen, in: Datenschutz und Datensicherheit (DuD), 20. Jg. (1996), Heft 1, S. 27-36.

GRIMM (1999)
Grimm, Rüdiger: Technische Umsetzung der Anbieterkennzeichnung, in: Datenschutz und Datensicherheit (DuD), 23. Jg. (1999), Heft 11, S. 628-632.

GRIMM (2003)
Grimm, Rüdiger: Digital Rights Management: Technisch-organisatorische Lösungsansätze, in: Picot, Arnold (Hrsg.): Digital Rights Management, Berlin/Heidelberg 2003, S. 93-106.

GROCHLA (1980)
Grochla, Erwin: Organisatorische Gestaltung, theoretische Grundlagen der, in: Grochla, Erwin (Hrsg.): Handwörterbuch der Organisation, 2., völlig neu gestaltete Aufl., Stuttgart 1980, Sp. 1832-1843.

GUNDERMANN (2000)
Gundermann, Lukas: Das Teledienstedatenschutzgesetz – ein virtuelles Gesetz?, in: Bäumler, Helmut (Hrsg.): E-Privacy – Datenschutz im Internet, Braunschweig/Wiesbaden 2000, S. 58-68.

GÜNNEWIG/SADEGHI/STÜBLE (2003a)
Günnewig, Dirk/Sadeghi, Ahmad-Reza/Stüble, Christian: Trusted Computing ohne Nebenwirkungen – Spezifikationen der Trusted Computing Group sinnvoll nutzen, in: Datenschutz und Datensicherheit (DuD), 27. Jg. (2003), Heft 9, S. 556-560.

GÜNNEWIG/SADEGHI/STÜBLE (2003b)
Trusted Computing Platform Aliance – Mythen, Wirklichkeit und Lösungswege, Stand: 2003, http://www-krypt.cs.uni-sb.de/download/papers/GuSaSt2003.pdf.

GUTENBERG (1983)
Gutenberg, Erich: Grundlagen der Betriebswirtschaftslehre, Bd. 1: Die Produktion, 24. Aufl., Berlin/Heidelberg/New York 1983.

HAAS/ZIEGELBAUER (1997)
Haas, Rolf/Ziegelbauer, Holger: Sicherheit bei Intranet-Internet Kommunikationsanbindungen, in: Internet, Praxis der Wirtschaftsinformatik (HMD), 34. Jg. (1997), Heft 196, S. 51-65.

HABERFELLNER (1974)
Haberfellner, Reinhard: Die Unternehmung als dynamisches System: Der Prozeßcharakter der Unternehmensaktivitäten, Zürich 1974.

HABERMAS (1992)
Habermas, Jürgen: Nachmetaphysisches Denken – Philosophische Aufsätze, Frankfurt (Main) 1992.

HAEDRICH (1995)
Haedrich, Günther: Qualitätsmanagement, in: Tiez, Bruno/Köhler, Richard/Zentes, Joachim (Hrsg.): Handbuch des Marketing, 2., vollständig überarbeitete Aufl., Stuttgart 1995, Sp. 2205-2214.

HAHN (1994)
Hahn, Dietger: Unternehmensziele im Wandel, in: Gomez, Peter/Hahn, Dietger/Müller-Stewens, Günter (Hrsg.): Unternehmerischer Wandel, Konzepte zur organisatorischen Erneuerung, Wiesbaden 1994, S. 59-83.

HAMEL (1992)
Hamel, Winfried: Zielsysteme, in: Frese, Erich (Hrsg.): Handwörterbuch der Organisation, 3., völlig neu gestaltete Aufl., Stuttgart 1992, Sp. 2634-2652.

HAMMER (1990)
Hammer, Michael: Reengineering Work – Don't Automate, Obliterate, in: Harvard Business Review, 68. Jg. (1990), Heft 4, S. 104-112.

HAMMER (1993)
Hammer, Volker: Beweiswert elektronischer Signaturen, in: Weck, Gerhard/Horster, Patrick (Hrsg.): Verlässliche Informationssysteme, Proceedings der GI-Fachtagung VIS '93, Braunschweig/Wiesbaden 1993, S. 269-291.

HAMMER (1995)
Hammer, Volker: Infrastrukturen, in: Datenschutz und Datensicherheit (DuD), 19. Jg. (1995), Heft 5, S. 293-294.

HAMMER (1999)
Hammer, Volker: Die 2. Dimension der IT-Sicherheit –Verletzlichkeitsreduzierende Technikgestaltung am Beispiel von Public-Key-Infrastrukturen, Braunschweig u.a. 1999.

HAMMER (2000)
Hammer, Volker: Risiko, in: Datenschutz und Datensicherheit (DuD), 24. Jg. (2000), Heft 3, S. 167-168.

HAMMER (2003)
Hammer, Volker: Kritische IT-Infrastrukturen, in: Datenschutz und Datensicherheit (DuD), 27. Jg. (2003), Heft 4, S. 240.

HAMMER/CHAMPY (1994)
Hammer, Michael/Champy, James: Business Reengineering, 2. Aufl., Frankfurt (Main) u.a. 1994.

HANGE (2002)
Hange, Michael: Wirksamkeit der Regelungen und Empfehlungen in der IT-Sicherheit, in: Bizer, Johann/Lutterbeck, Bernd/Rieß, Joachim (Hrsg.): Umbruch von Regelungssystemen in der Informationsgesellschaft, Freundesgabe für Alfred Büllesbach, Stuttgart 2002, S. 247-252, abrufbar unter: http://www.alfred-buellesbach.de/PDF/Freundesgabe.pdf.

HANSEN (2003)
Hansen, Marit: Identitätsmanagement, in: Datenschutz und Datensicherheit (DuD), 27. Jg. (2003), Heft 5, S. 306.

HANSEN (2004)
Hansen, Markus: A Double-Edged Blade – On Trusted Computing's Impact on Privacy, in: Datenschutz und Datensicherheit (DuD), 28. Jg. (2004), Heft 9, S. 525-528.

HANSEN/KRAUSE (2003)
Hansen, Marit/Krause, Christian: Selbstdatenschutz – Sicherheit im Eigenbau, in: Schulzki-Haddouti, Christiane (Hrsg.): Bürgerrechte im Netz, Bonn 2003, S. 127-161.

HANSEN/NEUMANN (2002)
Hansen, Hans Robert/Neumann, Gustaf: Wirtschaftsinformatik I, Grundlagen betrieblicher Informationsverarbeitung, 8., völlig neubearbeitete und erweiterte Aufl., Stuttgart 2002.

HANSEN/PROBST (2002)
Hansen, Marit/Probst, Thomas: Datenschutzgütesiegel aus technischer Sicht: Bewertungskriterien des schleswig-holsteinischen Datenschutzgütesiegels, in: Bäumler, Helmut/von Mutius, Albert (Hrsg.): Datenschutz als Wettbewerbsvorteil – Privacy sells: Mit modernen Datenschutzkomponenten Erfolg beim Kunden, Braunschweig/Wiesbaden 2002, S. 163-179.

HANSEN/ROST (2003)
Hansen, Marit/Rost, Martin: Nutzerkontrollierte Verkettung – Pseudonyme, Credentials, Protokolle für Identitätsmanagement, in: Datenschutz und Datensicherheit (DuD), 27. Jg. (2003), Heft 5, S. 293-296.

HANSEN/WIESE (2004)
Hansen, Marit/Wiese, Markus: RFID – Radio Frequency Identification, in: Datenschutz und Datensicherheit (DuD), 28. Jg. (2004), Heft 2, S. 109.

HARTWIG (1999)
Hartwig, Karl-Hans: Umweltökonomie, in: Bender, Dieter u.a. (Hrsg.): Vahlens Kompendium der Wirtschaftstheorie und Wirtschaftspolitik, Bd. 2, 7., überarbeitete und erweiterte Aufl., München 1999, S. 127-170.

HASSEMER (1996)
Hassemer, Winfried: Über die absehbare Zukunft des Datenschutzes, in: Datenschutz und Datensicherheit (DuD), 20. Jg. (1996), Heft 4, S. 195-199.

HASSEMER (2001)
Hassemer, Winfried: Informationssicherheit als Staatsaufgabe?, Vortrag auf dem 7. Deutschen Sicherheitskongress des Bundesamtes für Sicherheit in der Informationstechnik am 14. Mai 2001, abrufbar unter http://www.kes.info/_archiv/_materialien/bsikongress2001/hassemer.htm.

HASSEMER (2002)
Hassemer, Winfried: Staat, Sicherheit und Information, in: Bizer, Johann/Lutterbeck, Bernd/Rieß, Joachim (Hrsg.): Umbruch von Regelungssystemen in der Informationsgesellschaft, Freundesgabe für Alfred Büllesbach, Stuttgart 2002, S. 225-245, abrufbar unter: http://www.alfred-buellesbach.de/PDF/Freundesgabe.pdf.

HAUN (2002)
Haun, Matthias: Handbuch Wissensmanagement, Grundlagen und Umsetzung, Systeme und Praxisbeispiele, Berlin u.a. 2002.

HEIL (1999a)
Heil, Helmut: Die Artikel 29 – Datenschutzgruppe, in: Datenschutz und Datensicherheit (DuD), 23. Jg. (1999), Heft 8, S. 471-472.

HEIL (1999b)
Heil, Helmut: Europäische Herausforderung – Transatlantische Debatte, Zur Datenschutzdiskussion zwischen der EU und den USA, in: Datenschutz und Datensicherheit (DuD), 23. Jg. (1999), Heft 8, S. 458-462.

HEIL (1999c)
Heil, Helmut: Die Internationalisierung der Datenflüsse, in: Datenschutz und Datensicherheit (DuD), 23. Jg. (1999), Heft 7, S. 396-399.

HEIL (2000)
Heil, Helmut: Safe Harbor: Ein Zwischenstandsbericht, in: Datenschutz und Datensicherheit (DuD), 24. Jg. (2000), Heft 8, S. 444-445.

HEINEN (1976)
Heinen, Edmund: Grundfragen der entscheidungsorientierten Betriebswirtschaftslehre, München 1976.

HEINRICH (1993)
Heinrich, Lutz J.: Informationsmanagement, in: Wittman, Waldemar u.a. (Hrsg.): Handwörterbuch der Betriebswirtschaft, Teilband 2, 5., völlig neu gestaltete Aufl., Stuttgart 1993, Sp. 1749-1759.

HEINRICH (1996)
Heinrich, Lutz J.: Information Engineering – eine Synopse, in: Heilmann, Heidi/Heinrich, Lutz J./Roithmayr, Friedrich (Hrsg.): Information Engineering, Wirtschaftsinformatik im Schnittpunkt von Wirtschafts-, Sozial- und Ingenieurwissenschaften, München/Wien 1996, S. 17-34.

HEINRICH (2001)
Heinrich, Lutz J.: Wirtschaftsinformatik – Einführung und Grundlegung, 2., vollständig überarbeitete und ergänzte Aufl., München/Wien 2001.

HEINRICH (2002a)
Heinrich, Lutz J.: Grundlagen der Wirtschaftsinformatik, in: Rechenberg, Peter/Pomberger, Gustav (Hrsg.): Informatik-Handbuch, 3., aktualisierte und erweiterte Aufl., München/Wien 2002, S. 1039-1054.

HEINRICH (2002b)
Heinrich, Lutz J.: Informationsmanagement, 7., vollständig überarbeitete und ergänzte Aufl., München/Wien 2002.

HEINRICH/BURGHOLZER (1991)
Heinrich, Lutz J./Burgholzer, Peter: Systemplanung I, 5. Aufl., München/Wien 1991.

HEINRICH/LEHNER/ROITHMAYR (1993)
Heinrich, Lutz J./Lehner, Franz/Roithmayr, Friedrich: Informations- und Kommunikationstechnik für Betriebswirte und Wirtschaftsinformatiker, 3., vollständig überarbeitete und erweiterte Aufl., München/Wien 1993.

HEINRICH/ROITHMAYR (1995)
Heinrich, Lutz J./Roithmayr, Friedrich: Wirtschaftsinformatik-Lexikon, 5., korrigierte und erweiterte Aufl., München/Wien 1995.

HENHAPL/MÖLLER (2000)
Henhapl, Birgit/Möller, Bodo: Public-Key-Infrastrukturen, in: Praxis der Wirtschaftsinformatik (HMD), 37. Jg. (2000), Heft 216, S. 58-66.

HENNEKE (2002)
Henneke, Michael: Intrusion Detection Systems, in: Roßbach, Peter/Locarek-Junge, Hermann (Hrsg.): IT-Sicherheitsmanagement in Banken, Frankfurt (Main) 2002, S. 199-210.

HEPP/THOME (2002)
Hepp, Martin/Thome, Rainer: Kryptografie und digitale Signatur, in: Das Wirtschaftsstudium (WISU), 31. Jg. (2002), Heft 6, S. 819-823.

HERDZINA (1997)
Herdzina, Klaus: Einführung in die Mikroökonomie, 5., verbesserte Aufl., München 1997.

HERMANNS/SAUTER (1999)
Hermanns, Arnold, Sauter, Michael: Electronic Commerce – Grundlagen, Potentiale, Marktteilnehmer und Transaktionen, in: Hermanns, Arnold/Sauter, Michael (Hrsg.): Management-Handbuch Electronic Commerce – Grundlagen, Strategien, Praxisbeispiele, München 1999, S. 13-29.

HESS/BRECHT/ÖSTERLE (1995)
Hess, Thomas/Brecht, Leo/Österle, Hubert: Stand und Defizite der Methoden des Business Process Redesign, in: Wirtschaftsinformatik, 37. Jg. (1995), Heft 5, S. 480-486.

HETTICH/HIPPNER/WILDE (2000)
Hettich, Steffi/Hippner, Hajo/Wilde, Klaus D.: Customer Relationship Management (CRM), in: Das Wirtschaftsstudium (WISU), 29. Jg. (2000), Heft 10, S. 1346-1366.

HEUSER (1996)
Heuser, Ansgar: Kryptographie: der Schlüssel zu mehr Datensicherheit in der Informationstechnik, in: Theorie und Praxis der Wirtschaftsinformatik (HMD), 33. Jg. (1996), Heft 190, S. 8-14.

HILDEBRAND (2001)
Hildebrand, Knut: Informationsmanagement, Wettbewerbsorientierte Informationsverarbeitung mit Standard-Software und Internet, 2., erweiterte Aufl., München/Wien 2001.

HILL (1993)
Hill, Wilhelm: Unternehmenspolitik, in: in: Wittmann, Waldemar u.a. (Hrsg.): Handwörterbuch der Betriebswirtschaftslehre, Teilband 3, 5., völlig neu gestaltete Aufl., Stuttgart 1993, Sp. 4366-4379.

HILL/FEHLBAUM/ULRICH (1992)
Hill, Wilhelm/Fehlbaum, Raymond/Ulrich, Peter: Organisationslehre II – Theoretische Ansätze und praktische Methoden der Organisation sozialer Systeme, 4., ergänzte Aufl. 1992.

HILL/FEHLBAUM/ULRICH (1994)
Hill, Wilhelm/Fehlbaum, Raymond/Ulrich, Peter: Organisationslehre 1 – Ziele, Instrumente und Bedingungen der Organisation sozialer Systeme, 5., überarbeitete Aufl., Haupt 1994.

HLADJK (2002a)
Hladjk, Jörg: Gütesiegel als vertrauensbildende Maßnahme im E-Commerce – Motive, Modelle und Rechtsgrundlagen, in: Datenschutz und Datensicherheit (DuD), 26. Jg. (2002), Heft 10, S. 597-600.

HLADJK (2002b)
Hladjk, Jörg: Qualität und Effektivität von Gütesiegeln – Eine Übersicht über nationale und internationale Angebote, in: Datenschutz und Datensicherheit (DuD), 26. Jg. (2002), Heft 11, S. 672-678.

HOBERT (2000)
Hobert, Guido: Datenschutz und Datensicherheit im Internet – Interdependenz und Korrelation von rechtlichen Grundlagen und technischen Möglichkeiten, 2., durchgesehene Aufl., Frankfurt (Main) 2000.

HOEREN (2000a)
Hoeren, Thomas: Datenschutz als Wettbewerbsvorteil – eine Fortsetzung früherer Überlegungen mit neuem Vorzeichen, in: Bäumler, Helmut (Hrsg.): E-Privacy – Datenschutz im Internet, Braunschweig/Wiesbaden 2000, S. 263-279.

HOEREN (2000b)
Hoeren, Thomas: Rechtsfragen im Internet, http://www.uni-muenster.de/Jura.itm/hoeren/, Stand: September 2000.

HOEREN (2002)
Hoeren, Thomas: Urheberrecht und Peer-to-Peer-Dienste, in: Schoder, Detlef/Fischbach, Kai/Teichmann, René (Hrsg.): Peer-to-Peer – Ökonomische, technologische und juristische Perspektiven, Berlin u.a. 2002, S. 255-294.

HOEREN (2003)
Hoeren, Thomas: Internetrecht, http://www.uni-muenster.de/Jura.itm/hoeren/material/Skript/ Skript_Februar2003.pdf, Stand: Februar 2003.

HOEREN (2004)
Hoeren, Thomas: Internetrecht, http://www.uni-muenster.de/Jura.itm/hoeren/material/Skript/ Skript_Februar2004.pdf, Stand: Februar 2004.

HOEREN/LÜTKEMEIER (1999)
Hoeren, Thomas/Lütkemeier, Sven: Unlauterer Wettbewerb durch Datenschutzverstöße, in: Sokol, Bettina (Hrsg.): Neue Instrumente im Datenschutz, Düsseldorf 1999, S. 107-123.

HOFFMANN (1992)
Hoffmann, Friedrich: Aufbauorganisation, in: Frese, Erich (Hrsg.): Handwörterbuch der Organisation, 3., völlig neu gestaltete Aufl., Stuttgart 1992, Sp. 208-221.

HOFFMANN-RIEM (1998)
Hoffmann-Riem, Wolfgang: Informationelle Selbstbestimmung als Grundrecht kommunikativer Entfaltung, in: Bäumler, Helmut (Hrsg.): „Der neue Datenschutz" – Datenschutz in der Informationsgesellschaft von morgen, Neuwied/Kriftel 1998, S. 11-24.

HOLBEIN/HOFMANN (1994)
Holbein, Ralph/Hofmann, Hubert F.: Sicherheit als Qualitätsmerkmal von IT-Systemen in Unternehmen, in: Informationstechnik und Technische Informatik (it+ti), 36. Jg. (1994), Heft 3, S. 5-12.

HOLZ/MEIER/KÖNIG (2002)
Holz, Thomas/Meier, Michael/König, Hartmut: Bausteine für effiziente Intrusion Detection-Systeme, in: Praxis der Informationsverarbeitung und Kommunikation (PIK), 25. Jg. (2002), Heft 3, S. 144-157.

HOLZNAGEL (2000)
Holznagel, Bernd: Staatliche Verantwortung für den Schutz ziviler Infrastrukturen, Vortrag im Rahmen der Konferenz „IT-Sicherheit in der Informationsgesellschaft – Schutz kritischer Infrastrukturen" am 13. September 2000 in Münster, http://www.uni-muenster.de/Jura.tkr/ veranstaltungen/it-tagung/dokumente/holznagel.ppt.

HOLZNAGEL (2003)
Holznagel, Bernd: Recht der IT-Sicherheit, München 2003.

HOLZNAGEL/SONNTAG (2001)
Holznagel, Bernd/Sonntag, Matthias: Staatliche Verantwortung für den IT-Schutz ziviler Infrastrukturen, in: Holznagel, Bernd/Hanßmann, Anika/Sonntag, Matthias (Hrsg.): IT-Sicherheit in der Informationsgesellschaft – Schutz kritischer Infrastrukturen, Arbeitsberichte zum Informations-, Telekommunikations- und Medienrecht, Bd. 7, Münster 2001, S. 128-143.

HOLZNAGEL/SONNTAG (2002)
Holznagel, Bernd/Sonntag, Matthias: Rechtsverbindliche Standards eines integrativen Informationsmanagement, in: Weiber, Rolf (Hrsg.): Handbuch Electronic Business, Informationstechnologien – Electronic Commerce – Geschäftsprozesse, 2., überarbeitete und erweiterte Aufl., Wiesbaden 2002, S. 967-993.

HOPFENBECK (1997)
Hopfenbeck, Waldemar: Allgemeine Betriebswirtschafts- und Managementlehre – Das Unternehmen im Spannungsfeld zwischen ökonomischen, sozialen und ökologischen Interessen, 11. Aufl., Landsberg (Lech) 1997.

HOPPE (2002)
Hoppe, Uwe: Electronic Business und Electronic Commerce – ein Beitrag zur Begriffsbildung, in: Gabriel, Roland/Hoppe, Uwe (Hrsg.): Electronic Business – Theoretische Aspekte und Anwendungen in der betrieblichen Praxis, Heidelberg 2002, S. 1-21.

HOPPE/PRIEß (2003)
Hoppe, Gabriela/Prieß, Andreas: Sicherheit von Informationssystemen – Gefahren, Maßnahmen und Management im IT-Bereich, Herne/Berlin 2003.

HORN (1999)
Horn, Torsten: Internet – Intranet – Extranet, Potentiale im Unternehmen, München/Wien 1999.

HORNBERGER/SCHNEIDER (2000)
Hornberger, Werner/Schneider, Jürgen: Sicherheit und Datenschutz mit SAP-Systemen – Maßnahmen für die betriebliche Praxis, Bonn 2000.

HORSTER (1993)
Horster, Patrick: Sicherheitsmechanismen, in: Datenschutz und Datensicherung (DuD), 17. Jg. (1993), Heft 9, S. 511-520.

HORSTER/KRAAIBEEK (2000)
Horster, Patrick/Kraaibeek, Peter: Grundlegende Aspekte der Systemsicherheit, in: Horster, Patrick (Hrsg.): Systemsicherheit – Grundlagen, Konzepte, Realisierungen, Anwendungen, Braunschweig/Wiesbaden 2000, S. 1-16.

HUGO (2002)
Hugo, Jürgen: WIK-Umfrage zu Folgen des KonTraG: Unternehmenssicherheit besser eingebunden, http://www.wik.info/wik/news/voll/1002943.html, Stand: 30.09.2002.

HUMPERT (2004)
Humpert, Frederik: IT-Sicherheit, in: IT-Sicherheit, Praxis der Wirtschaftsinformatik (HMD), 41. Jg. (2004), Heft 236, S. 7-18.

HUNGENBERG (1998)
Hungenberg, Thomas: Das Begleitgesetz zum Telekommunikationsgesetz („Abhörgesetz"), Fachhochschule Rhein-Sieg, Fachbereich Angewandte Informatik/Kommunikationstechnik, Lehrveranstaltung „Rechtliche Aspekte der Informationsverarbeitung", Sommersemester 1998, http://demonium.de/th/home/studium/work/tkg.html, Stand: 27. Mai 1998.

HUTTER/NEUBECKER (2003)
Hutter, Reinhard/Neubecker, Adolf: Kritische IT-Infrastrukturen, in: Datenschutz und Datensicherheit (DuD), 27. Jg. (2003), Heft 4, S. 211-217.

JARRAS (1989)
Jarras, Hans D.: Das allgemeine Persönlichkeitsrecht im Grundgesetz, in : Neue Juristische Wochenschrift, 42. Jg. (1989), Heft 14, S. 857-862.

JOCHIMSEN (1966)
Jochimsen, Reimut: Theorie der Infrastruktur – Grundlagen der marktwirtschaftlichen Entwicklung, Tübingen 1966.

JURECIC (1996)
Jurecic, Marjan: Datenschutz und Datensicherheit in offenen Rechnernetzen – eine technische Lösung exemplarisch ausgeführt für den Krankenhausbereich, Aachen 1996.

KAEDING (2003)
Kaeding, Nicole: Software als Gegenstand urheberrechtlichen Schutzes, http://bsa.de/rechtundpolitik/softwareschutz.phtml, abgerufen am 17.02.2003.

KARJOTH/SCHUNTER/WAIDNER (2004)
Karjoth, Günter/Schunter, Matthias/Waidner, Michael: Unternehmensweites Datenschutzmanagement, http://www.semper.org/sirene/publ/KaSW_01.Datenschutzakademie.pdf, abgerufen am 30.11.2004.

KEMPER/EICKLER (1997)
Kemper, Alfons/Eickler, André: Datenbanksysteme – Eine Einführung, 2. Aufl., München u.a. 1997.

KERSTEN (1995)
Kersten, Heinrich: Sicherheit in der Informationstechnik – Einführung in Probleme, Konzepte und Lösungen, 2., völlig überarbeitete Aufl., München/Wien 1995.

KES (2002)
<kes> – Die Zeitschrift für Informations-Sicherheit: Studie zur IT-Sicherheit, http://www.kes.info/archiv/online/02-04-16-studie2.htm, abgerufen am 17.10.2004.

KESSLER (1992)
Kessler, Volker: Über Sinn und Unsinn von Sicherheitsmodellen, in: Datenschutz und Datensicherung (DuD), 16. Jg. (1992), Heft 9, S. 462-466.

KEUS (2000)
Keus, Klaus: EU-Richtlinie zur elektronischen Unterschrift und deutsches Signaturgesetz – Migration möglich?, in: Horster, Patrick (Hrsg.): Systemsicherheit – Grundlagen, Konzepte, Realisierung, Anwendungen, Braunschweig/Wiesbaden 2000.

KIEFER (1996)
Kiefer, Erich: Informationssicherung: Verfahren zur Nutzungskontrolle von EDV-Ressourcen, Kryptographie, Chipkarten, in: Theorie und Praxis der Wirtschaftsinformatik (HMD), 33. Jg. (1996), Heft 190, S. 48-60.

KIRSCH (1993)
Kirsch, Werner: Strategische Unternehmensführung, in: Wittman, Waldemar u.a. (Hrsg.): Handwörterbuch der Betriebswirtschaft, Teilband 2, 5., völlig neu gestaltete Aufl., Stuttgart 1993, Sp. 4094-4111.

KLASEN/ROSENBAUM (1996)
Klasen, Wolfgang/Rosenbaum, Ute: Informationssicherheit in IT-Anwendungen, in: Theorie und Praxis der Wirtschaftsinformatik (HMD), 33. Jg. (1996), Heft 190, S. 15-30.

KLISCHE (2002)
Klische, Marcus: Biometrische Verfahren im Bankenumfeld, in: Roßbach, Peter/Locarek-Junge, Hermann (Hrsg.): IT-Sicherheitsmanagement in Banken, Frankfurt (Main) 2002, S. 221-243.

KNITTEL/REIF-MOSEL (1998)
Knittel, Friedrich/Reif-Mosel, Ane-Kristin: Gestaltungssichten der Wirtschaftsinformatik – Arbeits- und geschäftsorientierte Modellierung computergestützter IuK-Systeme, Arbeitsbericht Nr. 98-31 des Lehrstuhls für Wirtschaftsinformatik der Ruhr-Universität Bochum, Bochum 1998.

KOBOLDT/LEDER/SCHMIDTCHEN (1992)
Koboldt, Christian/Leder, Matthias/Schmidtchen, Dieter: Ökonomische Analyse des Rechts, in: Wirtschaftswissenschaftliches Studium, 20. Jg. (1992), Heft 7, S. 334-342.

KOCH (2000)
Koch, Christoph: Sicherung Kritischer Infrastrukturen in den USA, Institut für Informations-, Telekommunikations- und Medienrecht (ITM) an der Westfälischen Wilhelms-Universität Münster, http://www.uni-muenster.de/Jura.tkr, Stand: Mai 2000.

KOENIG/NEUMANN (2004)
Koenig, Christian/Neumann, Andreas: Neue wettbewerbspolitische und -rechtliche Entwicklungen zum „Trusted Computing", in: Datenschutz und Datensicherheit (DuD), 28. Jg. (2004), Heft 9, S. 555-560.

KOHL (1994)
Kohl, Ulrich: Rollenmodell, in: Datenschutz und Datensicherung (DuD), 18. Jg. (1994), Heft 3, S. 158.

KOHLMANN/LÖFFELER (1990)
Kohlmann, Günter/Löffeler, Peter: Wirtschaftskriminalität und Informationszeitalter, in: Betriebswirtschaftliche Forschung und Praxis, 42. Jg. (1990), Heft 3, S. 188-200.

KOHLSTAD/ULEN/JOHNSON (1990)
Kohlstad, Charles/Ulen, Thomas/Johnson, Gary: Ex Post Liability for Harm vs. Ex ante Safety Regulation: Substitutes or Complements?, in: American Economic Review, Bd. 80. (1990), Heft 4, S. 888-901.

KÖHNTOPP (1999)
Köhntopp, Kristian: Informationstechnische Bedrohungen für Kritische Infrastrukturen in Deutschland, Kurzbericht der Ressortarbeitsgruppe KRITIS, Entwurfsversion 7.95, http://www.koehntopp.de/kris/kritis/, Stand: 03.12.1999.

KÖHNTOPP (2000)
Köhntopp, Marit: Technischer Datenschutz in offenen Netzen, Skript zum Vortrag auf dem 7. DFN-CERT- und PCA-Workshop „Sicherheit in vernetzten Systemen", 8.-9. März 2000 in Hamburg.

KOMMISSION DER EUROPÄISCHEN GEMEINSCHAFTEN (2001)
Kommission der Europäischen Gemeinschaften (Hrsg.): Sicherheit der Netze und Informationen: Vorschlag für einen europäischen Politikansatz, Mitteilung der Kommission an den Rat, das Europäische Parlament, den Wirtschafts- und Sozialausschuss und den Ausschuss der Regionen, KOM (2001)298, Stand: 06.06.2001, http://www.computerundrecht/docs/sicherheit_der_Netze_und_ Informationen.pdf.

KÖNIGSHOFEN (1997)
Königshofen, Thomas: Die Umsetzung von TKG und TDSV durch Netzbetreiber, Service Provider und Telekommunikationsanbieter, in: Büllesbach, Alfred (Hrsg.): Datenschutz im Telekommunikationsrecht, Deregulierung und Datensicherheit in Europa, Köln 1997, S. 161-195.

KÖNIGSHOFEN (2001)
Königshofen, Thomas: Die Telekommunikations-Datenschutzverordnung – TDSV, in: Datenschutz und Datensicherheit (DuD), 25. Jg. (2001), Heft 2, S. 85-90.

KONRAD (1998)
Konrad, Peter: Geschäftsprozeß-orientierte Simulation der Informationssicherheit, Entwicklung und empirische Evaluierung eines Systems zur Unterstützung des Sicherheitsmanagements, Lohmar 1998.

KOSIOL (1972)
Kosiol, Erich: Die Unternehmung als wirtschaftliches Aktionszentrum, Reinbek 1972.

KRAUCH (1989)
Krauch, Helmut: Systemanalyse, in: Seiffert, Helmut/Radnitzky, Gerard (Hrsg.): Handlexikon zur Wissenschaftstheorie, München 1989, S. 338-344.

KRCMAR (1990)
Krcmar, Helmut: Bedeutung und Ziele von Informationssystem-Architekturen, in: Wirtschaftsinformatik, Jg. 32 (1990), Heft 5, S. 395-402.

KRCMAR (2003)
Krcmar, Helmut: Informationsmanagement, 3., neu überarbeitete und erweiterte Aufl., Berlin u.a. 2003.

KREMPL (2000)
Krempl, Stefan: Schwächen bei der Schwachstellenanalyse?, http://www.heise.de/tp/deutsch/html/result.xhtml?url=/tp/deutsch/inhalt/te/5815/1.html&words=Schwachstellenanalyse%20 Krempl, Stand: 21.02.2000.

KREMPL (2002)
Krempl, Stefan: Cytex 200x – die Bedrohung kommt aus dem Cyberspace, http://www.heisde.de/tp/deutsch/special/info/11746/1.html, Stand: 03.02.2002.

KRIEGER/STUCKY (1992)
Krieger, Rudolf/Stucky, Wolffried: Datenbanken: Frese, Erich (Hrsg.): Handwörterbuch der Organisation, 3., völlig neu gestaltete Aufl., Stuttgart 1992, Sp. 455-468.

KRITIS (1999)
KRITIS (Hrsg.): Informationstechnische Bedrohungen für Kritische Infrastrukturen in Deutschland, Kurzbericht der Ressortarbeitsgruppe KRITIS, http://www.koehntopp.de/kris/kritis, Stand: 03.12.1999.

KUHLEN (2003)
Kuhlen, Rainer: Medienprodukte im Netz – Zwischen Kommerzialisierung und freiem Zugang, in: Picot, Arnold (Hrsg.): Digital Rights Management, Berlin/Heidelberg 2003, S. 107-132.

KUHLMANN (1990)
Kuhlmann, Eberhard: Verbraucherpolitik – Grundzüge ihrer Theorie und Praxis, München 1990.

KUHLMANN (2004)
Kuhlmann, Dirk: Vertrauenssache Trusted Computing – Versuch einer Zwischenbilanz, in: Datenschutz und Datensicherheit (DuD), 28. Jg. (2004), Heft 9, S. 545-547.

KUHLMANN/GEHRING (2003)
Kuhlmann, Dirk/Gehring, Robert A.: Trusted Platforms, DRM and Beyond, in: Becker, Eberhard u.a. (Hrsg.): Digital Rights Management – Technological, Economic, Legal and Political Aspects, Berlin/Heidelberg/New York 2003, S. 206-223.

KUHN (1990)
Kuhn, Alfred: Unternehmensführung, 2. Aufl., München 1990.

KURTH (1993)
Kurth, Helmut: Grundlagen der Informationssicherheit, in: Pohl, Hartmut/Weck, Gerhard (Hrsg.): Einführung in die Informationssicherheit, München/Wien 1993, S. 85-121.

LABUSCH (2004)
Labusch, Sonja: Customer Relationship Management – ein Konzept zur kundenorientierten Marktbearbeitung im Rahmen des Informationsmanagements, Arbeitsbericht Nr. 04-51 des Lehrstuhls für Wirtschaftsinformatik der Ruhr-Universität Bochum, Bochum 2004.

LANDESDATENSCHUTZBEAUFTRAGTER MECKLENBURG-VORPOMMERN (2000)
Der Landesbeauftragte für den Datenschutz in Mecklenburg-Vorpommern: 4. Tätigkeitsbericht des LfD-MV vom 07.03.2000, Berichtszeitraum 1998/99, abrufbar unter http://wwwtec.informatik.uni-rostock.de/RA/LfD-MV/download/index.html.

LANDESDATENSCHUTZBEAUFTRAGTER NIEDERSACHSEN (2002)
Der Landesbeauftragte für den Datenschutz Niedersachsen (Hrsg.): Datenschutzgerechtes eGovernment, Langenhagen 2002.

LANDESDATENSCHUTZBEAUFTRAGTER SCHLESWIG-HOLSTEIN (2001)
Der Landesbeauftragte für den Datenschutz in Schleswig-Holstein: Die wichtigsten Bestimmungen des Informations- und Kommunikationsdienste-Gesetzes (IuKDG) und des Mediendienstestaatsvertrages (MDStV), http://www.rewi.hu-berlin.de/Datenschutz/DSB/SH/material/themen/multimed/index.htm, abgerufen am 28.02.2001.

LANDESDATENSCHUTZBEAUFTRAGTER THÜRINGEN (1997)
Der Thüringer Landesbeauftragte für den Datenschutz: 2. Tätigkeitsbericht, Berichtszeitraum 01.01.1996-31.12.1997, abrufbar unter http://www.thueringen.de/datenschutz/seite2.htm.

LANGE (2001)
Lange, Jörg: Datenschutz im Telekommunikations- und Medienrecht, Lehrmaterialien im Studienfach Wirtschaftsinformatik 33/01, Lehrstuhl für Wirtschaftsinformatik, Bochum 2001.

LANGENBUCHER (2002)
Langenbucher, Günther: Haftungsrechtliche und finanzielle Risiken und Auswirkungen für Vorstände, Geschäftsführer und Aufsichtsräte im Rahmen des KonTraG, http://www.sicherheitsforum-bw.de/aktuelles_event_vor_langenb.htm, abgerufen am 16.12.2002.

LANGHEINRICH (2004)
Langheinrich, Marc: P3P – Ein neuer Standard für Datenschutz im Internet, http://www.vs.inf.ethz.ch/publ/papers/p3p-digma.pdf, abgerufen am 10.11.2004.

LEHNER (1994a)
Lehner, Franz: Modelle und Modellierung in Angewandter Informatik und Wirtschaftsinformatik oder Wie ist die Wirklichkeit?, Forschungsbericht Nr. 10 der Schriftenreihe des Lehrstuhls für Wirtschaftsinformatik und Informationsmanagement, Wissenschaftliche Hochschule für Unternehmensführung – Otto-Beisheim-Hochschule, Koblenz 1994.

LEHNER (1994b)
Lehner, Franz: Gedanken zu Theorie und Praxis der Wirtschaftsinformatik, Forschungsbericht Nr. 19 der Schriftenreihe des Lehrstuhls für Wirtschaftsinformatik und Informationsmanagement, Wissenschaftliche Hochschule für Unternehmensführung – Otto-Beisheim-Hochschule, Koblenz 1994.

LEHNER (1994c)
Lehner, Franz: Welche Theorie(n) braucht die Wirtschaftsinformatik?, Forschungsbericht Nr. 23 der Schriftenreihe des Lehrstuhls für Wirtschaftsinformatik und Informationsmanagement, Wissenschaftliche Hochschule für Unternehmensführung – Otto-Beisheim-Hochschule, Koblenz 1994.

LEHNER (1995)
Lehner, Franz: Grundfragen und Positionierung der Wirtschaftsinformatik, in: Lehner, Franz/Hildebrand, Knut/Maier, Ronald: Wirtschaftsinformatik – Theoretische Grundlagen, München/Wien 1995, S. 1-72.

LEHNER (1996)
Lehner, Franz: Gedanken zur theoretischen Fundierung der Wirtschaftsinformatik und Versuch einer paradigmatischen Einordnung, in: Heilmann, Heidi/Heinrich, Lutz J./Roithmayr, Friedrich (Hrsg.): Information Engineering, Wirtschaftsinformatik im Schnittpunkt von Wirtschafts-, Sozial- und Ingenieurwissenschaften, München/Wien 1996, S. 67-85.

LEHNER (2001)
Lehner, Franz: Computergestütztes Wissensmanagement – Fortschritt durch Erkenntnisse über das organisatorische Gedächtnis, in: Schreyögg, Georg (Hrsg.): Wissen in Unternehmen – Konzepte, Maßnahmen, Methoden, Berlin 2001, S. 223-247.

LEHNER/MAIER (1994)
Lehner, Franz/Maier, Ronald: Information in Betriebswirtschaftslehre, Informatik und Wirtschaftsinformatik, Forschungsbericht Nr. 11 der Schriftenreihe des Lehrstuhls für Wirtschaftsinformatik und Informationsmanagement, Wissenschaftliche Hochschule für Unternehmensführung – Otto-Beisheim-Hochschule, Koblenz 1994.

LIBICKI (1995)
Libicki, Martin C.: What is Infomation Warfare?, in: Institut for National Strategic Studies (Hrsg.): Strategic Forum Number 28, http://www.ndu.edu/inss/strforum/forum28.html, Stand: Mai 1995.

LIBICKI (1997)
Libicki, Martin C.: Information Dominance, in: Institut for National Strategic Studies (Hrsg.): Strategic Forum Number 132, http://www.ndu.edu/inss/strforum/forum132.html, Stand: November 1997.

LIPPOLD (1992)
Lippold, Heiko: Informationssicherheit, in: Frese, Erich (Hrsg.): Handwörterbuch der Organisation, 3., völlig neu gestaltete Aufl., Stuttgart 1992, Sp. 912-922.

LOHSE (1998)
Lohse, Alfons: Disaster Recovery, in: Die Zeitschrift für Informations-Sicherheit (<kes>): Lexikon der Informations-Sicherheit, http://www.kes.info/lexikon/lexdata/disaster.htm, Stand: 20.07.1998.

LUCKHARDT (1997)
Luckhardt, Norbert: Schwer entflammbar – Grundlagen und Architekturen von Firewalls, in: Magazin für Computertechnik (c't), o.Jg. (1997), Heft 4, S. 308-312.

MADSON (2000)
Madson, Wayne: Der Schutz kritischer Infrastrukturen, Information Warfare und Bürgerrechte, http://www.heise.de/tp/deutsch/special/info/6837/1.html, Stand: 07.06.2000.

MAG (1990)
Mag, Wolfgang: Grundzüge der Entscheidungstheorie, München 1990.

MAG (1995)
Mag, Wolfgang: Unternehmensplanung, München 1995.

MAIER (2002)
Maier, Ronald: Knowledge Management Systems, Information and Communication Technologies for Knowledge Management, Berlin/Heidelberg/New York 2002.

MAIER/LEHNER (1995)
Maier, Ronald/Lehner, Franz: Daten, Informationen, Wissen, in: Lehner, Franz/Hildebrand, Knut/Maier, Ronald: Wirtschaftsinformatik – Theoretische Grundlagen, München/Wien 1995, S. 165-272.

MARESCH (2002)
Maresch, Rudolf: Das Publikum fernlenken – Kontinuitäten in der propagandistischen und psychologischen Kriegsführung, in: Palm, Goedert/Rötzer, Florian (Hrsg.): MedienTerrorKrieg – Zum neuen Kriegsparadigma des 21. Jahrhunderts, Hannover 2002, S. 156-174.

MARKMEYER (2000)
Markmeyer, Frank: Sicherheitsprozess (IT), in: Die Zeitschrift für Informations-Sicherheit (<kes>): Lexikon der Informations-Sicherheit, http://www.kes.info/lexikon/lexdata/sicherheitsprozess.htm, Stand: 16.06.2000.

MARTIN (1986)
Martin, James: Information Engineering, Englewood Cliffs (New Jersey) 1986.

MARTIN/FINKELSTEIN (1981)
Martin, James/Finkelstein, Clive: Information Engineering, Technical Report, Savant Institute, Carnforth 1981.

MCKEAN (1970)
McKean, Ronald N.: Products Liability: Trends and Implications, in: The University of Chicago Law Review, Bd. 38/1970, S. 3-63.

MCLENDON (2002)
McLendon, James W. : Information Warfare : Impacts and Concerns, in : Air Chroncicle (Hrsg.) : Battlefield of the Future – 21st Century Warfare Issues, http://www.airpower. maxwell.af.mil/airchronicles/battle/bftoc.html, abgerufen am 03.05.2002.

MERTENS u.a (1997)
Mertens, Peter/Bodendorf, Freimut/König, Wolfgang/Picot, Arnold/Schumann, Matthias: Grundzüge der Wirtschaftsinformatik, 5. Aufl., Berlin u.a. 1998.

MEYER (2003)
Meyer, Angela: Datenschutz im Aufbruch?, Der zögerliche Wandel zu einem modernen Datenschutz, in: Magazin für Computertechnik (c't), o.Jg. (2003), Heft 25, S. 96-97.

MINKWITZ/SCHÖFBÄNKER (2000)
Minkwitz, Olivier/Schöfbänker, Georg: Information Warfare: Die Rüstungskontrolle steht vor neuen Herausforderungen, http://www. fogis.de/fogis-ap2.pdf, Stand: November 2000.

MOHR (1993)
Mohr, Karl Ludwig: Computermissbrauch – Art der Bedrohung, in: Pohl, Hartmut/Weck, Gerhard (Hrsg.): Einführung in die Informationssicherheit, München/Wien 1993, S. 33-43.

MORRIS (1938/1988)
Morris, Charles W.: Grundlagen der Zeichentheorie – Ästhetik der Zeichentheorie, Frankfurt (Main) 1988 (Erstausgabe: Foundations of the Theory of Signs – Esthetics and the Theory of Signs, Chicago 1938).

MÜLLER (2000)
Müller, Edda: Datenschutz als Verbraucherschutz, in: Bäumler, Helmut (Hrsg.): E-Privacy – Datenschutz im Internet, Braunschweig/Wiesbaden 2000, S. 20-26.

MÜLLER (2003)
Müller, Jürgen: Übermittlung von Passagierdaten aus dem Luftverkehr in die USA, in: Datenschutz und Datensicherheit (DuD), 27. Jg. (2003), Heft 11, S. 668.

MÜLLER/ECKERT (2003)
Müller, Günter/Eckert, Claudia: Sicherheit an der Schnittstelle zum Nutzer, in: Sicherheit an der Schnittstelle zum Nutzer, in: Praxis der Informationsverarbeitung und Kommunikation (PIK), 26. Jg. (2003), Heft 1, S. 2-4.

MÜLLER/EYMANN/KREUTZER (2003)
Müller, Günter/Eymann, Torsten/Kreutzer, Michael (2003): Telematik- und Kommunikationssysteme in der vernetzten Wirtschaft, München/Wien 2003.

MÜLLER/GERD TOM MARKOTTEN (2000)
Müller, Günter/Gerd tom Markotten, Daniela: Sicherheit in der Kommunikationstechnik, in: Wirtschaftsinformatik, 42. Jg. (2000), Heft 6, S. 487-488.

MÜLLER/RANNENBERG (1999)
Müller, Günter/Rannenberg, Kai: Sicherheit, auch das noch!?!, in: Praxis der Informationsverarbeitung und Kommunikation (PIK), 22. Jg. (1999), Heft 3, S. 138-139.

MÜLLER-BÖLING (1993)
Müller-Böling, Detlef: Qualitätsmanagement, in: Wittman, Waldemar u.a. (Hrsg.): Handwörterbuch der Betriebswirtschaft, Teilband 2, 5., völlig neu gestaltete Aufl., Stuttgart 1993, Sp. 3625-3638.

MÜLLER-MERBACH (1992)
Müller-Merbach, Heiner: Vier Arten von Systemansätzen, dargestellt in Lehrgesprächen, in: Zeitschrift für Betriebswirtschaft, 62. Jg. (1992), Heft 8, S. 853-876.

MÜNCH (2002)
Münch, Isabel: Qualifizierung nach IT-Grundschutz – Maßstab für IT-Sicherheit, in: Datenschutz und Datensicherheit (DuD), 26. Jg. (2002), Heft 6, S. 346-350.

MUND (1993)
Mund, Sibylle: Sicherheitsanforderungen – Sicherheitsmaßnahmen, in: Weck, Gerhard (Hrsg.): Verlässliche Informationssysteme, Proceedings der GI-Fachtagung VIS '93, Braunschweig u.a. 1993, S. 225-237.

MUND (1994)
Mund, Sibylle: Entwicklung sicherer IT-Systeme, in: Datenschutz und Datensicherung (DuD), 18. Jg. (1994), Heft 3, S. 134-140.

MÜNZENBERGER (1996)
Münzenberger, Meinhard: Public-Key-Kryptosysteme, in: Theorie und Praxis der Wirtschaftsinformatik (HMD), 33. Jg. (1996), Heft 190, S. 31-47.

MURAUER (2001)
Murauer, Johann: Informationsflussorientierte Verfahren zum Zugriffschutz in Computersystemen, Dissertation am Institut für Informationsverarbeitung und Mikroprozessortechnik (FIM) der Johannes Keppler Universität in Linz im April 2001, http://www.fim.uni-linz.ac.at/Diplomarbeiten/dissertation_murauer/Inhalt/FullVersion.pdf.

MÜTZE (1996)
Mütze, Markus: Firewalls, in: Wirtschaftsinformatik, 38. Jg. (1996), Heft 6, S. 625-628.

NAGEL (1992)
Nagel, Peter: Zielformulierung, Techniken der, in: Frese, Erich (Hrsg.): Handwörterbuch der Organisation, 3., völlig neu gestaltete Aufl., Stuttgart 1992, Sp. 2626-2634.

NAUERT/WEINHARDT (2000)
Nauert, Ralf/Weinhardt, Christof: Richtlinie 1999/93/EG des Europäischen Parlaments und des Rates über gemeinschaftliche Rahmenbedingungen für elektronische Signaturen, in: Wirtschaftsinformatik, 42. Jg. (2000), Heft 6, S. 553-555.

NEHL (1997)
Nehl, Roland: Schlüsselgenerierung in Trust Centern? Vertrauen durch Trust Center, in: Datenschutz und Datensicherheit (DuD), 21. Jg. (1997), Heft 2, S. 100-101.

NEUNDORF/PETERSEN (2003)
Neundorf, Dörte/Petersen, Holger: Information Security Management, in: Datenschutz und Datensicherheit (DuD), 27. Jg. (2003), Heft 4, S. 200-206.

NIESCHLAG/DICHTL/HÖRSCHGEN (2002)
Nieschlag, Robert/Dichtl, Erwin/Hörschgen, Hans: Marketing, 19., überarbeitete und ergänzte Aufl., Berlin 2002.

NORTHCUTT/NOVAK (2001)
Northcutt, Stephen/Novak, Judy: IDS – Intrusion Detection Systems, Spurensuche im Internet, Bonn 2001.

OECD (2002)
OECD (Hrsg.): OECD-Richtlinien für die Sicherheit von Informationssystemen und -netzen, Auf dem Weg zu einer Sicherheitskultur, Empfehlung des OECD-Rates vom 25.07.2002, abgedruckt in: Datenschutz und Datensicherheit (DuD), 26. Jg. (1996), Heft 11, S. 689-691.

OESER (1976)
Oeser, Erhard: Wissenschaft und Information, Bd. 2: Erkenntnis als Informationsprozess, Wien/München 1976.

OPFERMANN (2000)
Opfermann, Walter: Passwort, in: Die Zeitschrift für Informations-Sicherheit (<kes>): Lexikon der Informations-Sicherheit, http://www.kes.info/lexikon/lexdata/passwort.htm, Stand: 24.04.2000.

OPPLIGER (1997)
Oppliger, Rolf: IT-Sicherheit, Grundlagen und Umsetzung in der Praxis, Braunschweig/Wiesbaden 1997.

ORTNER (1991)
Ortner, Erich: Informationsmanagement - wie es entstand, was es ist und wohin es sich entwickelt, in: Informatik-Spektrum, 14. Jg. (1991), Heft 4, S. 315-327.

PAGALIES (1995)
Pagalies, Benno: Der Sicherheitsbeauftragte und sein Profil, in: Voßbein, Reinhard (Hrsg.): Organisation sicherer Informationsverarbeitungssysteme, München/Wien 1995, S. 190-203.

PALM (2002)
Palm, Goedart: Eine technologische Vorschau auf zukünftige Kriege, in: Palm, Goedert/ Rötzer, Florian (Hrsg.): MedienTerrorKrieg – Zum neuen Kriegsparadigma des 21. Jahrhunderts, Hannover 2002, S. 279-291.

PARTSCH (1998)
Partsch, Helmuth: Requirements Engineering systematisch, Modellbildung für softwaregestützte Systeme, Berlin/Heidelberg/New York 1998.

PCCIP (1997)
The President's Commission on Critical Infrastructure Protection: Critical Foundations Protecting America's Infrastruktures, o.O. 1997, http://www.terrorism.com/homeland/PCCIPreport.pdf.

PCIPB (2002)
The President's Critical Infrastructure Protection Board: The National Strategy To Secure Cyberspace, September 2002, http://whitehouse.gov/pcipb/cyberstrategy-draft.pdf.

PEARSON (2003)
Pearson, Siani (Hrsg.): Trusted Computing platforms – TCPA technology in context, Upper Saddle River (New Jersey) 2003.

PEEMÖLLER (2000)
Peemöller, Volker H.: Corporate Governance, in: Gabler Wirtschaftslexikon, 15., vollständig überarbeitete und aktualisierte Aufl., Bd. 1, Wiesbaden 2000, S. 653-657.

PETRI (2002)
Petri, Thomas: Vollzugsdefizite bei der Umsetzung des BDSG, in: Datenschutz und Datensicherheit (DuD), 26. Jg. (2002), Heft 12, S. 726-730.

PETRI (2003)
Petri, Thomas Bernhard: Kommerzielle Datenverarbeitung im Internet – Lässt sich der internationale Datenhandel im Netz noch kontrollieren?, in: Schulzki-Haddouti, Christiane (Hrsg.): Bürgerrechte im Netz, Bonn 2003, S. 71-91.

PETRUCH (2002)
Petruch, Konstantin: IT-Sicherheit – definitiv mehr als nur Technik, in: Roßbach, Peter/ Locarek-Junge, Hermann (Hrsg.): IT-Sicherheitsmanagement in Banken, Frankfurt (Main) 2002, S. 277-292.

PETZEL (2002)
Petzel, Erhard: Wie sichert man eine Internetbank?, in: Roßbach, Peter/Locarek-Junge, Hermann (Hrsg.): IT-Sicherheitsmanagement in Banken, Frankfurt (Main) 2002, S. 95-117.

PFAU (1997)
Pfau, Wolfgang: Betriebliches Informationsmanagement: Flexibilisierung der Informationsinfrastruktur, Wiesbaden 1997.

PFITZMANN (1999)
Pfitzmann, Andreas: Datenschutz durch Technik, Vorschlag für eine Systematik, in: Datenschutz und Datensicherheit (DuD), 23. Jg. (1999), Heft 7, S. 405-408.

PFITZMANN u.a. (2000)
Pfitzmann, Andreas/Schill, Alexander/Westfeld, Andreas/Wolf, Gritta: Mehrseitige Sicherheit in offenen Netzen – Grundlagen, praktische Umsetzung und in Java implementierte Demonstrations-Software, Braunschweig u.a. 2000.

PFITZMANN/FEDERRATH/KUHN (2002)
Pfitzmann, Andreas/Federrath, Hannes/Kuhn, Markus: Anforderungen an die gesetzliche Regulierung zum Schutz digitaler Inhalte unter Berücksichtigung der Effektivität technischer Schutzmechanismen, Studie im Auftrag des Deutschen Multimediaverbandes e.V. und des Verbandes Privater Rundfunk & Telekommunikation e.V., 2002, http://page.inf.fu.berlin.de/~feder/publ/2002/copyright-studie/PfFK2002-03-13.pdf.

PFITZMANN/WAIDNER/PFITZMANN (1990)
Pfitzmann, Birgit/Waidner, Michael/Pfitzmann, Andreas: Rechtssicherheit trotz Anonymität in offenen digitalen Systemen, in: Datenschutz und Datensicherung (DuD), 14. Jg. (1990), Heft 5, S. 243-253.

PFITZNER (2003)
Pfitzner, Roy: TCPA, Palladium und DRM – Technische Analyse und Aspekte des Datenschutzes, http://www.brandenburg.de/land/lfdbbg/material/tcpa.pdf, Stand: Juni 2003.

PHILIPP (1998)
Philipp, Mathias: Ordnungsmäßige Informationssysteme im Zeitablauf – Umsetzung der GoBS im Informationssystem-Lebenszyklus, in: Wirtschaftsinformatik, 40. Jg. (1998), Heft 4, S. 312-317.

PICOT/FRANK (1993)
Picot, Arnold/Frank, Egon: Aufgabenfelder eines Informationsmanagements (I), in: Das Wirtschaftsstudium, 22. Jg. (1993), Heft 5, S. 433-437.

PICOT/MAIER (1992)
Picot, Arnold/Maier, Matthias: Informationssysteme, computergestützte, in: Frese, Erich (Hrsg.): Handwörterbuch der Organisation, 3., völlig neu gestaltete Aufl., Stuttgart 1992, Sp. 923-936.

PICOT/REICHWALD/WIGAND (2003)
Picot, Arnold/Reichwald, Ralf/Wigand, Rolf T.: Die grenzenlose Unternehmung – Information, Organisation und Management, Lehrbuch zur Unternehmensführung im Informationszeitalter, 5., aktualisierte Aufl., Wiesbaden 2003.

POERTING (1990)
Poerting, Peter: Informationstechnik und Kriminalitätsgeschehen, Erscheinungsbild und Abwehrmaßnahmen, in: Betriebswirtschaftliche Forschung und Praxis, 42. Jg. (1990), Heft 3, S. 177-187.

POHL (1998a)
Pohl, Hartmut: Information Warefare (Informationskriegführung), http://www.kes.info/_lexikon/lexdata/informationwarfare.htm, Stand: 21.06.1998.

POHL (1998b)
Pohl, Hartmut: Sicherheitsarchitektur (IT), in: Die Zeitschrift für Informations-Sicherheit (<kes>): Lexikon der Informations-Sicherheit, http://www.kes.info/lexikon/lexdata/sicherheitsarchitektur.htm, Stand: 12.07.1998.

POHL (2000a)
Pohl, Hartmut: Authentifizierung, Authentisierung, Authentifikation, Authentication, in: Die Zeitschrift für Informations-Sicherheit (<kes>): Lexikon der Informations-Sicherheit, http://www.kes.info/lexikon/lexdata/authentifizierung.htm, Stand: 11.07.2000.

POHL (2000b)
Pohl, Hartmut: Business Information Warfare – Einige vorläufige Bemerkungen, http://www.inf.fh-rhein-sieg/person/professoren/Pohl/Aufsaetze/publicity.htm, Stand: 06.06.2000.

POHL/CERNY (1998)
Pohl, Hartmut/Cerny, Dietrich: Information Warfare, Der Krieg im Frieden, http://www.inf.fh-rhein-sieg/person/professoren/Pohl/Aufsaetze/publicity.htm, Stand: 22.09.1998.

POHL/CREMER (1990a)
Pohl, Hartmut/Cremer, Dorothea: Zur Computerkriminalität im 5. StÄG der DDR und 2. WiKG der Bundesrepublik aus der Sicht der Informationstechnik (I), in: Datenschutz und Datensicherung (DuD), 14. Jg. (1990), Heft 10, S. 493-497.

POHL/CREMER (1990b)
Pohl, Hartmut/Cremer, Dorothea: Zur Computerkriminalität im 5. StÄG der DDR und 2. WiKG der Bundesrepublik aus der Sicht der Informationstechnik (II), in: Datenschutz und Datensicherung (DuD), 14. Jg. (1990), Heft 11, S. 551-558.

POHL/WECK (1993)
Pohl, Hartmut/Weck, Gerhard: Stand und Zukunft der Informationssicherheit, in: Datenschutz und Datensicherung (DuD), 17. Jg. (1993), Heft 1, S. 18-22.

POHLMANN (1996)
Pohlmann, Norbert: Datenschutz – Sicherheit in öffentlichen Netzen, Heidelberg 1996.

POHLMANN/BLUMBERG (2004)
Pohlmann, Norbert/Blumberg, Hartmut: Der IT-Sicherheitsleitfaden – Das Pflichtenheft zur Implementierung von IT-Sicherheitsstandards im Unternehmen, Bonn 2004.

POMBERGER/PREE (2004)
Pomberger, Gustav/Pree, Wolfgang: Software Engineering – Architektur, Design und Prozessorienierung, 3., völlig neu überarbeitete Aufl., München/Wien 2004.

POMMERENING (2003)
Pommerening, Klaus: Datenschutz und Datensicherheit (Verlässliche IT-Systeme), http://www.uni-mainz.de/~pommeren/DSVorlesung/, Stand: 29.11.2003.

PROBST/RAUB/ROMHARDT (1999)
Probst, Gilbert/Raub, Steffen/Romhardt, Kai: Wissen managen, Wie Unternehmen ihre wertvollste Ressource optimal nutzen, 3. Aufl., Frankfurt (Main) 1999.

PUASCHITZ (2002)
Puaschitz, Martin: Proprietär, http://www.it-academy.cc/content/glossary_browse.php?ID=1590, Stand: 2002.

RAEPPLE (2001)
Raepple, Martin: Sicherheitskonzepte für das Internet – Grundlagen, Technologien und Lösungskonzepte für die kommerzielle Nutzung, 2., überarbeitete und erweiterte Aufl., Heidelberg 2001.

RANNENBERG (1998)
Rannenberg, Kai: Zertifizierung mehrseitiger Sicherheit, Kriterien und organisatorische Rahmenbedingungen, Braunschweig/Wiesbaden 1998.

RANNENBERG (1999a)
Rannenberg, Kai: IT-Sicherheitszertifizierung – Garantie für Sicherheit?, in: Praxis der Informationsverarbeitung und Kommunikation (PIK), 22. Jg. (1999), Heft 3, S. 154-161.

RANNENBERG (1999b)
Rannenberg, Kai: Sicherung internetbasierter Unternehmenskommunikation, in: Computernetze – Technik und Anwendung, Praxis der Wirtschaftsinformatik (HMD), 36. Jg. (1999), Heft 209, S. 53-66.

RANNENBERG (2000)
Rannenberg, Kai: Mehrseitige Sicherheit – Schutz für Unternehmen und ihre Partner im Internet, in: Wirtschaftsinformatik, 42. Jg. (2000), Heft 6, S. 489-497.

RANNENBERG/PFITZMANN (1996)
Rannenberg, Kai/Pfitzmann, Andreas: Sicherheit, insbesondere mehrseitige IT-Sicherheit, in: Informationstechnik und Technische Informatik (it+ti), 38. Jg. (1996), Heft 4, S. 7-10.

RANNENBERG/PFITZMANN/MÜLLER (1997)
Rannenberg, Kai/Pfitzmann, Andreas/Müller, Günter: Sicherheit, insbesondere mehrseitige Sicherheit, in: Müller, Günther/Pfitzmann, Andreas (Hrsg.): Mehrseitige Sicherheit in der Kommunikationstechnik, Verfahren, Komponenten, Integration, S. 21-29.

RASMUSSEN (2002)
Rasmussen, Heike: Die elektronische Einwilligung im TDDSG – Zur Novellierung des TDDSG, in: Datenschutz und Datensicherheit (DuD), 26. Jg. (2002), Heft 7, S. 406-411.

RAUSCHEN/DISTERER (2004)
Rauschen, Thomas/Disterer, Georg: Identifikation und Analyse von Risiken im IT-Bereich, in: IT-Sicherheit, Praxis der Wirtschaftsinformatik (HMD), 41. Jg. (2004), Heft 236, S. 19-32.

REICHWALD (1993)
Reichwald, Ralf: Kommunikation und Kommunikationsmodelle, in: Wittman, Waldemar u.a. (Hrsg.): Handwörterbuch der Betriebswirtschaft, Teilband 2, 5., völlig neu gestaltete Aufl., Stuttgart 1993, Sp. 2174-2188.

REIF-MOSEL (2000)
Reif-Mosel, Ane-Kristin: Computergestützte Kooperation im Büro – Gestaltung unter Berücksichtigung der Elemente Aufgabe, Struktur, Technik und Personal, Frankfurt (Main) u.a. 2000.

REIF-MOSEL (2002)
Reif-Mosel, Ane-Kristin: Die Unternehmung als Informations- und Kommunikationssystem, in: Gabriel, Roland/Knittel, Friedrich/Taday, Holger/Reif-Mosel, Ane-Kristin: Computergestützte Informations- und Kommunikationssysteme in der Unternehmung – Technologien, Anwendungen, Gestaltungskonzepte, 2., vollständig überarbeitete und erweiterte Aufl., Berlin/Heidelberg/New York 2002, S. 99-154.

REIMER (2000)
Reimer, Helmut: Europäische Kommission: „Safe-Harbor-Vereinbarung mit den USA vorbereitet", in: Datenschutz und Datensicherheit (DuD), 24. Jg. (2000), Heft 5, S. 309.

REINERMANN (2002)
Reinermann, Dirk: Schutz kritischer Infrastrukturen, Vortrag im Rahmen der Vortragsreihe „Sicherheit in Informationssystemen – Anwendungsfelder in der Praxis" des Horst-Görtz-Institut für IT-Sicherheit EURUBITS an der Ruhr-Universität Bochum am 31.01.2002, http://www.et.ruhr-uni-bochum.de/RUB-intern/it/Rub_02. pdf.

RIEß (1997)
Rieß, Joachim: Vom Fernmeldegeheimnis zum Telekommunikationsgeheimnis, in: Büllesbach, Alfred (Hrsg.): Datenschutz im Telekommunikationsrecht, Deregulierung und Datensicherheit in Europa, Köln 1997, S. 127-160.

RIEß (2001)
Rieß, Joachim: Signaturgesetz – Der Markt ist unsicher, in: Datenschutz und Datensicherheit (DuD), 25. Jg. (2001), Heft 9, S. 530-534.

RIHACZEK (1989)
Rihaczek, Karl: Vertrauenszentren, in: Datenschutz und Datensicherheit (DuD), 13. Jg. (1989), Heft 11, S. 579.

RITTER (2000)
Ritter, Stefan: Information Warfare – Die neue Form der Bedrohung, Vortrag im Rahmen der Konferenz „IT-Sicherheit in der Informationsgesellschaft – Schutz kritischer Infrastrukturen" am 13. September 2000 in Münster, http://www.uni-muenster.de/Jura.tkr/veranstaltungen/it-tagung/dokumente/ritter.ppt

RITTER (2001)
Ritter, Stefan: Information Warfare: Die neue Dimension der Bedrohung – ein Szenario, in: Holznagel, Bernd/Hanßmann, Anika/Sonntag, Matthias (Hrsg.): IT-Sicherheit in der Informationsgesellschaft – Schutz kritischer Infrastrukturen, Arbeitsberichte zum Informations-, Telekommunikations- und Medienrecht, Bd. 7, Münster 2001, S. 101-111.

RITTER (2002)
Ritter, Stefan: Kritische Infrastrukturen in Staat und Wirtschaft, http://www.bsi.de/fachthem/kritis/kritis_wi.pdf, Stand: 26.02.2002.

ROESSLER (1998)
Roessler, Thomas: Anonym im Internet, in: Datenschutz und Datensicherheit (DuD), 22. Jg. (1998), Heft 11, S. 619-622.

RÖHM (2000)
Röhm, Alexander W.: Sicherheit offener Elektronischer Märkte, Modellbildung und Realisierungskonzept, Lohmar 2000.

ROMHARDT (1998)
Romhardt, Kai: Die Organisation aus der Wissensperspektive – Möglichkeiten und Grenzen der Intervention in die organisatorische Wissensbasis, Wiesbaden 1998.

ROSENBAUM/SAUERBREY (1995)
Rosenbaum, Ute/Sauerbrey, Jörg: Bedrohungs- und Risikoanalysen bei der Entwicklung sicherer IT-Systeme, in: Datenschutz und Datensicherung (DuD), 19. Jg. (1995), Heft 1, S. 28-34.

ROSSBACH (2002)
Rossbach, Peter: Bedrohungen der IT-Sicherheit aus technischer Sicht, in: Roßbach, Peter/ Locarek-Junge, Hermann (Hrsg.): IT-Sicherheitsmanagement in Banken, Frankfurt (Main) 2002, S. 121-170.

ROßNAGEL (1996)
Roßnagel, Alexander: Konzeptionelle Strategien aus juristischer Sicht, in: Bundesamt für Sicherheit in der Informationstechnik – BSI (Hrsg.): Wie gehen wir künftig mit den Risiken der Informationsgesellschaft um? Interdisziplinärer Diskurs zu querschnittlichen Fragen der IT-Sicherheit, Ingelheim 1996, S. 99-113.

ROßNAGEL (1997a)
Roßnagel, Alexander: Das Signaturgesetz, Eine kritische Bewertung des Gesetzentwurfs der Bundesregierung, in: Datenschutz und Datensicherheit (DuD), 21. Jg. (1997), Heft 2, S. 75-81.

ROßNAGEL (1997b)
Roßnagel, Alexander: Datenschutz-Audit, in: Datenschutz und Datensicherheit (DuD), 21. Jg. (1997), Heft 9, S. 505-515.

ROßNAGEL (1999a)
Roßnagel, Alexander: Datenschutzaudit – Konzept und Entwurf eines Gesetzes für ein Datenschutzaudit, Rechtsgutachten für das Bundesministerium für Wirtschaft und Technologie, Kassel 1999, abrufbar unter http://www.iid.de/iukdg/gus/DASA.html.

ROßNAGEL (1999b)
Roßnagel, Alexander: Datenschutzaudit, in: Sokol, Bettina (Hrsg.): Neue Instrumente im Datenschutz, Düsseldorf 1999, S. 41-63.

ROßNAGEL (1999c)
Roßnagel, Alexander: Datenschutz in globalen Netzen, Das TDDSG – ein wichtiger erster Schritt, in: Datenschutz und Datensicherheit (DuD), 23. Jg. (1999), Heft 5, S. 253-257.

ROßNAGEL (2000a)
Roßnagel, Alexander: Datenschutzaudit – Konzeption, Durchführung, Gesetzliche Regelung, Braunschweig/Wiesbaden 2000.

ROßNAGEL (2000b)
Roßnagel, Alexander: Auf dem Weg zu neuen Signaturregelungen – Die Novellierungsentwürfe für SigG, BGB und ZPO, in: Multimedia und Recht, 3. Jg. (2000), Heft 8, S. 451-461.

ROßNAGEL (2002a)
Roßnagel, Alexander: Marktwirtschaftlicher Datenschutz im Datenschutzrecht der Zukunft, in: Bäumler, Helmut/von Mutius, Albert (Hrsg.): Datenschutz als Wettbewerbsvorteil – Privacy sells: Mit modernen Datenschutzkomponenten Erfolg beim Kunden, Braunschweig/ Wiesbaden 2002, S. 115-124.

ROßNAGEL (2002b)
Roßnagel, Alexander: Marktwirtschaftlicher Datenschutz – eine Regulierungsperspektive, in: Bizer, Johann/Lutterbeck, Bernd/Rieß, Joachim (Hrsg.): Umbruch von Regelungssystemen in der Informationsgesellschaft, Freundesgabe für Alfred Büllesbach, Stuttgart 2002, S. 131-150, abrufbar unter: http://www.alfred-buellesbach.de/PDF/Freundesgabe.pdf.

ROßNAGEL (2002c)
Roßnagel, Alexander: Was wäre ein modernes Datenschutzrecht?, Vortrag anlässlich der Fachkonferenz ‚Modernisierung des Datenschutzrechts' in der Friedrich-Ebert-Stiftung am 09.Juli.2002, abrufbar unter http://fesportal.fes.de/pls/portal30/docs/FOLDER/ STABSABTEILUNG/VORTRAGSTEXT-PROF-ROSSNAGEL.PDF.

ROßNAGEL (2002d)
Roßnagel, Alexander: E-Commerce und Datenschutz, in: Roßnagel, Alexander (Hrsg.): Datenschutz beim Online-Einkauf – Herausforderungen, Konzepte, Lösungen, Braunschweig/Wiesbaden 2002, S. 9-14.

ROßNAGEL u.a. (1990)
Roßnagel, Alexander/Wedde, Peter/Hammer, Volker/Pordesch, Ulrich: Digitalisierung der Grundrechte? – Zur Verfassungsverträglichkeit der Informations- und Kommunikationstechniken, Opladen 1990.

ROßNAGEL/PFITZMANN/GARSTKA (2001)
Roßnagel, Alexander/Pfitzmann, Andreas/Garstka, Hansjürgen: Modernisierung des Datenschutzrechts, Gutachten im Auftrag des Bundesministeriums des Inneren, Berlin 2001, abrufbar unter http://www.bmi.bund.de/downloadde/11659/Download.pdf.

RÖTZER (2002a)
Rötzer, Florian: Infowar im Luftkrieg, http://www.heise.de/tp/deutsch/special/info/13550/ 1.html.

RÖTZER (2002b)
Rötzer, Florian: Krieg aus der Ferne, in: Palm, Goedert/Rötzer, Florian (Hrsg.): Medien-TerrorKrieg – Zum neuen Kriegsparadigma des 21. Jahrhunderts, Hannover 2002, S. 236-265.

RULAND (1993)
Ruland, Christoph: Informationssicherheit in Datennetzen, Bergheim 1993.

RUNGE (1994)
Runge, Gerd: Begriffe zur IT-Sicherheit und ihre Bedeutung, in: Datenschutz und Datensicherung (DuD), 18. Jg. (1994), Heft 6, S. 313-315.

RUSSLIES (2003)
Russlies, Stephan: Geschützte Schönheit auf Europäisch – Neue rechtliche Schutzmöglichkeiten für Gestaltungsmuster und -modelle, in: Magazin für Computertechnik (c't), o.Jg. (2003), Heft 4, S. 84-86.

SADEGHI/STÜBLE/POHLMANN (2004)
Sadeghi, Ahmad-Reza/Stüble, Christian/Pohlmann, Norbert: European Multilateral Secure Computing Base – Open Trusted Computing for You an Me, in: Datenschutz und Datensicherheit (DuD), 28. Jg. (2004), Heft 9, S. 548-554.

SAILER/VAN DOORN/WARD (2004)
Sailer, Reiner/van Doorn, Leendert/Ward, James P.: The Role of TPM in Enterprise Security, in: Datenschutz und Datensicherheit (DuD), 28. Jg. (2004), Heft 9, S. 539-544.

SAKOWSKI (2000)
Sakowski, Klaus: Datenschutzrecht – Rechtliche Grundlagen, http://www.sakowski.de/ skripte/daten.html, letzte Aktualisierung vom 07.12.2000, abgerufen am 29.01.2001.

SANDL (2004)
Sandl, Ulrich: Die Trusted Computing Group (TCG) – Eine Herausforderung auch für die deutsche Wirtschaftspolitik?, in: Datenschutz und Datensicherheit (DuD), 28. Jg. (2004), Heft 9, S. 521-524.

SCHAAR (1997a)
Schaar, Peter: Datenschutz in der liberalisierten Telekommunikation, in: Datenschutz und Datensicherheit (DuD), 21. Jg. (1997), Heft 1, S. 17-23.

SCHAAR (1997b)
Schaar, Peter: Der Schutz des Teilnehmers – die aktuelle Rechtslage: TDSV (neu) und Telekommunikationsgesetz (TKG), in: Büllesbach, Alfred (Hrsg.): Datenschutz im Telekommunikationsrecht, Deregulierung und Datensicherheit in Europa, Köln 1997, S. 111-126.

SCHAAR (2003)
Schaar, Peter: Selbstregulierung und Selbstkontrolle – Auswege aus dem Kontrolldilemma, in: Datenschutz und Datensicherheit (DuD), 27. Jg. (2003), Heft 7, S. 421-426.

SCHAAR (2004)
Schaar, Peter: Herausforderungen und Perspektiven für den Datenschutz, in: Datenschutz und Datensicherheit (DuD), 28. Jg. (2004), Heft 1, S. 4-5.

SCHALLBRUCH (2004)
Schallbruch, Martin: Trusted Computing – Chance für eine sichere Informationsgesellschaft?, in: Datenschutz und Datensicherheit (DuD), 28. Jg. (2004), Heft 9, S. 519-520.

SCHANZ (2000)
Schanz, Günther: Wissenschaftsprogramme der Betriebswirtschaftslehre, in: Bea, Franz Xaver/Dichtl, Erwin/Schweitzer, Marcell (Hrsg.): Allgemeine Betriebswirtschaftslehre, Bd. 1: Grundfragen, 8. Aufl., Stuttgart 2000, S. 80-161.

SCHAUMÜLLER-BICHL (1992)
Schaumüller-Bichl, Ingrid: Sicherheitsmanagement – Risikobewältigung in informationstechnologischen Systemen, Mannheim u.a. 1992.

SCHEER (1991)
Scheer, August-Wilhelm: Architektur integrierter Informationssysteme, Grundlagen der Unternehmensmodellierung, Berlin u.a. 1991.

SCHEERHORN/NEDON (2003)
Scheerhorn, Alfred/Nedon, Jens: Einführung von Intrusion Detection Systemen, in: Bundesamt für Sicherheit in Informationstechnik (Hrsg.): IT-Sicherheit im verteilten Chaos, Tagungsband 8. Deutscher IT-Sicherheitskongress des BSI 2003, Ingelheim 2003, S. 231-246.

SCHELLMANN (1997)
Schellmann, Hartmut: Informationsmanagement: theoretischer Anspruch und betriebliche Realität, Wiesbaden 1997.

SCHEREN (2000)
Scheren, Martin: IT-Sicherheit aus strafrechtlicher Sicht, http://www.datensicherheit.nrw.de/dokumente/tr001024/scheren.pdf, Stand: 24.10.2000.

SCHERER (1996)
Scherer, Joachim: Das neue Telekommunikationsgesetz, in: Neue Juristische Wochenschrift, 49. Jg. (1996), Heft 45, S. 2953-2962.

SCHERER (1997)
Scherer, Joachim: Das deutsche Telekommunikationsgesetz und sein europarechtlicher Rahmen, in: Büllesbach, Alfred (Hrsg.): Datenschutz im Telekommunikationsrecht, Deregulierung und Datensicherheit in Europa, Köln 1997, S. 59-82.

SCHERFF (1985)
Scherff, Jürgen: Systemsicherheit – eine einführende Übersicht, in: Handbuch der Modernen Datenverarbeitung (HMD), 22. Jg. (1985), Heft 125, S. 3-8.

SCHIEMENZ (1993)
Schiemenz, Bernd: Systemtheorie, betriebswirtschaftliche, in: Wittmann, Waldemar u.a. (Hrsg.): Handwörterbuch der Betriebswirtschaftslehre, Teilband 3, 5., völlig neu gestaltete Aufl., Stuttgart 1993, Sp. 4127-4140.

SCHIER (1999)
Schier, Kathrin: Vertrauenswürdige Kommunikation im elektronischen Zahlungsverkehr – Ein formale Rollen- und Aufgabenbasiertes Sicherheitsmodell für Anwendungen mit multifunktionalen Chipkarten, Dissertation am Fachbereich Informatik der Universität Hamburg im Juni 1999, http://agn-www.informatik.uni-hamburg.de/papers/doc/diss_kathrin_schier. pdf.

SCHILD (1998)
Schild, Hans-Hermann: Stellungnahme zum Referentenentwurf eines Gesetzes zur Änderung des Bundesdatenschutzgesetzes und anderer Gesetze, http://www.jurpc.de/aufsatz/19980038.htm, Stand: 1998.

SCHILD (2001a)
Schild, Hans-Hermann: Der behördliche Datenschutzbeauftragte, in: Datenschutz und Datensicherheit (DuD), 25. Jg. (2001), Heft 1, S. 31-35.

SCHILD (2001b)
Schild, Hans-Hermann: Meldepflichten und Vorabkontrolle, in: Datenschutz und Datensicherheit (DuD), 25. Jg. (2001), Heft 5, S. 282-286.

SCHMEH (2001)
Schmeh, Klaus: Kryptografie und Public-Key-Infrastrukturen im Internet, 2., aktualisierte und erweiterte Aufl., Heidelberg 2001.

SCHMIDT-LEITHOFF (1992)
Schmidt-Leithoff, Christian: Beauftragte, rechtlich vorgesehene, in: Frese, Erich (Hrsg.): Handwörterbuch der Organisation, 3., völlig neu gestaltete Aufl., Stuttgart 1992, Sp. 281-292.

SCHNEIDER (1997)
Schneider, Dieter: Betriebswirtschaftslehre, Band 3: Theorie der Unternehmung, München/ Wien 1997.

SCHNEIDER (1998)
Schneider, Willi: Verfügbarkeit im Sinne der IT-Sicherheit, in: Die Zeitschrift für Informations-Sicherheit (<kes>): Lexikon der Informations-Sicherheit, http://www.kes.info/lexikon/lexdata/verfuegbarkeit.htm, Stand: 28.06.1998.

SCHNEIDER (2000a)
Schneider, Jürgen: Sicherheit von Anwendungssystemen im Intranet und Internet, in: Praxis der Wirtschaftsinformatik (HMD), 37. Jg. (2000), Heft 216, S. 92-100.

SCHNEIDER (2000b)
Schneider, Willi: Integrität, in: Die Zeitschrift für Informations-Sicherheit (<kes>): Lexikon der Informations-Sicherheit, http://www.kes.info/lexikon/lexdata/integritaet.htm, Stand: 03.06.2000.

SCHNEIDER (2002)
Schneider, Uwe: Die Übergangsregelungen des neuen BDSG, Erläuterungen zu § 45 BDSG 2001, in: Datenschutz und Datensicherheit (DuD), 26. Jg. (2002), Heft 12, S. 717-725.

SCHNEIER (1996)
Schneier, Bruce: Applied Cryptography, 2. Aufl., New York u.a. 1996.

SCHODER/MÜLLER (1999)
Schoder, Detlef/Müller, Günter: Potentiale und Hürden des Electronic Commerece, in: Informatik-Spektrum, 22. Jg. (1999), Heft 4, S. 252-260.

SCHOLZ (1992)
Scholz, Christian: Effektivität und Effizienz, organisatorische, in: Frese, Erich (Hrsg.): Handwörterbuch der Organisation, 3., völlig neu gestaltete Aufl., Stuttgart 1992, Sp. 533-552.

SCHOLZ (2002)
Scholz, Philip: Datenschutzrechtliche Anforderungen, in: Roßnagel, Alexander (Hrsg.): Datenschutz beim Online-Einkauf – Herausforderungen, Konzepte, Lösungen, Braunschweig/Wiesbaden 2002, S. 41-71.

SCHULTE-ZURHAUSEN (1999)
Schulte-Zurhausen, Manfred: Organisation, 2., völlig überarbeitete und erweiterte Aufl., München 1999.

SCHULZ (1970)
Schulz, Arno: Gedanken zu einer Informationsbetriebslehre, in: Zeitschrift für Betriebswirtschaft, 40. Jg. (1970), Heft 1, S. 91-104.

SCHULZKI-HADDOUTI (2001)
Schulzki-Haddouti, Christiane: Deutschland braucht mehr IT-Sicherheit, in: Magazin für Computertechnik (c't), o.Jg. (2001), Heft 26, S. 48.

SCHULZKI-HADDOUTI (2003a)
Schulzki-Haddouti, Christiane: Bedingt gerichtsfest, in: Magazin für Computer Technik (c't), o.Jg. (2003), Heft 23, S. 40.

SCHULZKI-HADDOUTI (2003b)
Schulzki-Haddouti, Christiane: Luftiger Datenschutz, in: Magazin für Computertechnik (c't), o.Jg. (2003), Heft 10, S. 52.

SCHUMACHER/MOSCHGATH/ROEDIG (2000)
Schumacher, Markus/Moschgath, Marie-Luise/Roedig, Utz.: Angewandte Informationssicherheit, Ein Hacker-Praktikum an Universitäten, in: Informatik Spektrum, 23. Jg. (2000), Heft 3, S. 202-211, abrufbar unter http://www.ito.tu-darmstadt/publs/papers/spektrum23.pdf.

SCHUMANN (2002)
Schumann, Sven: Vorgehensweise bei der Erstellung einer unternehmensweiten IT Security Policy, in: Datenschutz und Datensicherheit (DuD), 26. Jg. (2002), Heft 26, S. 658-665.

SCHUPPENHAUER (1998)
Schuppenhauer, Rainer: Grundsätze für eine ordnungsmäßige Datenverarbeitung, Handbuch der DV-Revision, 5., überarbeitete und erheblich erweiterte Aufl., Düsseldorf 1998.

SCHWANINGER (1996)
Schwaninger, Markus: Systemtheorie, in: Kern, Werner/Schröder, Hans-Horst/Weber, Jürgen (Hrsg.): Handwörterbuch der Produktionswirtschaft, 2., völlig neu gestaltete Aufl., Stuttgart 1996, Sp. 1946-1960.

SCHWARZE (1998)
Schwarze, Jochen: Informationsmanagement – Planung, Steuerung, Koordination und Kontrolle der Informationsversorgung im Unternehmen, Herne/Berlin 1998.

SCHWARZE (2000)
Schwarze, Jochen: Einführung in die Wirtschaftsinformatik, 5., völlig überarbeitete Aufl., Herne u.a. 2000.

SCHWARZER/KRCMAR (1999)
Schwarzer, Bettina/Krcmar, Helmut: Wirtschaftsinformatik, Grundzüge der betrieblichen Datenverarbeitung, 2., überarbeitete und erweiterte Aufl., Stuttgart 1999.

SCHWIND (2004)
Schwind, Kai: Einsatz von Funketiketten in der Handelslogistik, in: Praxis der Wirtschaftsinformatik (HMD), 41. Jg. (2004), Heft 235, S. 53-56.

SEIBT (1990)
Seibt, Dietrich: Phasenkonzept, in: Mertens, Peter (Hrsg.): Lexikon der Wirtschaftsinformatik, 2., vollständig neu bearbeitete und erweiterte Aufl., Berlin/Heidelberg/New York 1990, S. 326-328.

SEIF (1986)
Seif, Klaus Philipp: Daten vor dem Gewissen, Freiburg/Basel/Wien 1986.

SEIFFERT (1989)
Seiffert, Helmut: System, Systemanalyse, in: Seiffert, Helmut/Radnitzky, Gerard (Hrsg.): Handlexikon zur Wissenschaftstheorie, München 1989, S. 329-331.

SEIFFERT (1992)
Seiffert, Helmut: Einführung in die Wissenschaftstheorie, Bd. 3: Handlungstheorie – Modallogik, Ethik – Systemtheorie, 2., überarbeitete Aufl., München 1992.

SELKE (2000)
Selke, Gisbert W.: Kryptographie – Verfahren, Ziele, Einsatzmöglichkeiten, Beijing u.a. 2000.

SHANNON/WEAVER (1949)
Shannon, Claude E./Weaver, Warren: A Mathematical Theory of Communication, Urbana 1949.

SHANNON/WEAVER (1976)
Shannon, Claude E./Weaver, Warren: Mathematische Grundlagen der Informationstheorie, München 1976.

SIEBER (1995)
Sieber, Ulrich: Missbrauch der Informationstechnik und Informationsstrafrecht – Entwicklungstendenzen in der internationalen Informations- und Risikogesellschaft, http://www.jura.uni-muenchen.de/einrichtungen/ls/sieber/article/mitis/Com_tu31.htm. Stand: 1995.

SIEBER (1996)
Sieber, Ulrich: Mißbrauch der Informationstechnik und Informationsstrafrecht – Entwicklungstendenzen in der internationalen Informations- und Risikogesellschaft, http://www.jura.uniwuerzburg.de/sieber/article/article.htm, abgerufen am 27. 01.2001. Der Beitrag ist auch zu finden in: Tauss, Jörg (Hrsg.): Deutschlands Weg in die Informationsgesellschaft – Herausforderungen und Perspektiven für Wirtschaft, Wissenschaft, Recht und Politik, Baden-Baden,1996, S. 608-651.

SIMON (1978)
Simon, Herbert A.: Die Wissenschaft der Artefakte, in: Grochla, Erwin (Hrsg.): Elemente der organisatorischen Gestaltung, Reinek bei Hamburg 1978, S. 14-39.

SINGH (2004)
Singh, Simon: Geheime Botschaften – Die Kunst der Verschlüsselung von der Antike bis in die Zeiten des Internet, 5. Aufl., München 2004.

SOMMERVILLE (2001)
Sommerville, Ian: Software Engineering, 6. Aufl., München 2001.

SPANIOL (1992)
Spaniol, Otto: Computerverbundsysteme, in: Frese, Erich (Hrsg.): Handwörterbuch der Organisation, 3., völlig neu gestaltete Aufl., Stuttgart 1992, Sp. 419-432.

SPIEGEL (2002)
Spiegel, Gerald: IT-Risikomanagement als wichtiger Bestandteil der Unternehmensstrategie, in: Munck, Ulrich (Hrsg.): Management im IT-Zeitalter, Ausgewählte Werkzeuge für eine zukunftsorientierte Unternehmensführung, Köln 2002, S. 67-92.

SPIEGEL (2003)
Spiegel, Gerald: Spuren im Netz – Welche Spuren der Internet-Nutzer hinterlässt und wie man sie vermeiden kann, in: Datenschutz und Datensicherheit (DuD), 27. Jg. (2003), Heft 5, S. 265-269.

STACHOWIAK (1989)
Stachowiak, Herbert: Modell, in: Seiffert, Helmut/Radnitzky, Gerard (Hrsg.): Handlexikon zur Wissenschaftstheorie, München 1989, S. 219-222.

STAHLKNECHT/HASENKAMP (1999)
Stahlknecht, Peter/Hasenkamp, Ulrich: Einführung in die Wirtschaftsinformatik, 9., vollständig überarbeitete Aufl., Berlin u.a. 1999.

STALLINGS (2001)
Stallings, William: Sicherheit im Internet – Anwendungen und Standards, München u.a. 2001.

STEIN (2002)
Stein, George J.: Information Warfare – Cyberwar – Netwar, in: Air Chroncicle (Hrsg.) : Battlefield of the Future – 21st Century Warfare Issues, http://www.airpower.maxwell. af.mil/airchronicles/battle/bftoc. html, abgerufen am 03.05.2002.

STEINACKER (1992a)
Steinacker, Angelika: Anonyme Kommunikation in offenen Netzen, Mannheim u.a. 1992.

STEINACKER (1992b)
Steinacker, Angelika: Sicherheitsmodelle für informationstechnische Systeme – Leitlinien für die Entwicklung? –, in: Datenschutz und Datensicherung (DuD), 16. Jg. (1992), Heft 1, S. 17-21.

STEINKE (2004)
Steinke, Wolfgang: Datensicherung, in: Die Zeitschrift für Informations-Sicherheit (<kes>): Lexikon der Informations-Sicherheit, http://www.kes.info/_lexikon/lexdata/datensicherung. htm, abgerufen am 09.02.2004.

STELZER (1990)
Stelzer, Dirk: Kritik des Sicherheitsbegriffs im IT-Sicherheitsrahmenkonzept, in: Datenschutz und Datensicherung (DuD), 14. Jg. (1990), Heft 10, S. 501-506.

STELZER (1993)
Stelzer, Dirk: Sicherheitsstrategien in der Informationsverarbeitung – Ein wissensbasiertes, objektorientiertes System für die Risikoanalyse, Wiesbaden 1993.

STELZER (1994)
Stelzer, Dirk: Risikoanalyse – Konzepte, Methoden und Werkzeuge, in: Bauknecht, Kurt/ Teufel, Stephanie (Hrsg.): Sicherheit in Informationssystemen, Proceedings der Fachtagung SIS '94, Zürich 1994, S. 185-200.

STELZER (2002)
Stelzer, Dirk: Risikoanalysen als Hilfsmittel zur Entwicklung von Sicherheitskonzepten in der Informationsverarbeitung, in: Roßbach, Peter/Locarek-Junge, Hermann (Hrsg.): IT-Sicherheitsmanagement in Banken, Frankfurt (Main) 2002, S. 37-54.

STELZER/KILLENBERG (2004)
Stelzer, Dirk/Killenberg, Harald: Sicherheitsmanagement in der IV – Einführung, http://www.wirtschaft.tu-ilmenau.de/deutsch/institute/wi/wi3/lehreundforschung/ veranstaltung-ws03/documents/01_Einf_SIM _03_04.pdf, abgerufen am 19.02.2004.

STEVENS/POOLEY (2000)
Stevens, Perdita/Pooley, Rob: UML – Softwareentwicklung mit Objekten und Komponenten, München 2000.

STOLLENMAYER (1996)
Stollenmeyer, Peter: Sicherheitsdienste und Mechanismen in der Telekommunikation, in: Theorie und Praxis der Wirtschaftsinformatik (HMD), 33. Jg. (1996), Heft 190, S. 61-74.

STOWASSER (1979)
Stowasser, Josef M.: Der kleine Stowasser, Lateinisch-Deutsches Schulwörterbuch, Wien 1979.

STRAUB (1991)
Strauß, Christine: Informatik-Sicherheitsmanagement – Eine Herausforderung für die Unternehmensführung, Stuttgart 1991.

STREIT (2000)
Streit, Manfred E.: Theorie der Wirtschaftspolitik, 5., neubearbeitete. und erweiterte Aufl., Düsseldorf 2000.

STREUBEL (1996)
Streubel, Frauke: Theoretische Fundierung eines ganzheitlichen Informationsmanagements, Arbeitsbericht Nr. 96-21 des Lehrstuhls für Wirtschaftsinformatik der Ruhr-Universität Bochum, Bochum 1996.

STREUBEL (2000)
Streubel, Frauke: Organisatorische Gestaltung und Informationsmanagement in der lernenden Unternehmung, Bausteine eines Managementkonzeptes organisationalen Lernens, Frankfurt (Main) u.a. 2000.

STRÖMER (2001)
Strömer, Tobias H.: Das Gesetz über rechtliche Rahmenbedingungen des elektronischen Geschäftsverkehrs, http://netlaw.de/beitraege/2001/egg.htm, Stand: September 2001.

STRÖMER (2002)
Strömer, Tobias H.: Online-Recht – Rechtsfragen im Internet, 3., aktualisierte und erweiterte Aufl., Heidelberg 2002.

STRÖMER/WITTHÖFT (1997)
Strömer, Tobias H./Witthöft, Anselm: Modul Online-Recht, Lektion Datenschutzrecht/ Datensicherheit, letzte Aktualisierung: 20.10.1997, http://www.online-recht.de/datenschutz1.doc.

SZYPERSKI (1980)
Szyperski, Norbert: Strategisches Informationsmanagement im technologischen Wandel, Fragen zur Planung und Implementation von Informations- und Kommunikationssystemen, in: Angewandte Informatik, 22. Jg. (1980), Heft 4, S. 141-148.

TADAY (1996)
Taday, Holger: Informationelle Selbstbestimmung in modernen IuK-Systemen von Unternehmen und öffentlichen Organisationen, Frankfurt (Main) u.a. 1996.

TADAY (1998)
Taday, Holger: Telekommunikation – Standortbezogene und mobile Telekommunikationssysteme, Lehrmaterialien im Studienfach Wirtschaftsinformatik 22/98, Lehrstuhl für Wirtschaftsinformatik, Bochum 1998.

TADAY (2000)
Taday, Holger: Persönlichkeitsrecht und Datenschutz, 2., aktualisierte Aufl., Lehrmaterialien im Studienfach Wirtschaftsinformatik 32/00, Lehrstuhl für Wirtschaftsinformatik, Bochum 2000.

TADAY (2002)
Taday, Holger: Kommunikationstechnische Infrastruktur für Unternehmungen, in: Gabriel, Roland/Knittel, Friedrich/Taday, Holger/Reif-Mosel, Ane-Kristin: Computergestützte Informations- und Kommunikationssysteme in der Unternehmung – Technologien, Anwendungen, Gestaltungskonzepte, 2. vollständig überarbeitete und erweiterte Aufl., Berlin u.a. 2002, S. 13-97.

TAUSS (2002)
Tauss, Jörg: Modernisierung des Datenschutzrechts – eine Art Zwischenbilanz, in: Bizer, Johann/Lutterbeck, Bernd/Rieß, Joachim (Hrsg.): Umbruch von Regelungssystemen in der Informationsgesellschaft, Freundesgabe für Alfred Büllesbach, Stuttgart 2002, S. 115-130, abrufbar unter: http://www.alfred-buellesbach.de/PDF/Freundesgabe.pdf.

TELETRUST (2000)
TeleTrust Deutschland (Hrsg.): Bewertungskriterien zur Vergleichbarkeit biometrischer Verfahren – Kriterienkatalog, http://www.teletrust.de/down/kritkat_2-0.zip, Stand: 10.07.2002.

TEUBNER (1999)
Teubner, Rolf Alexander: Organisations- und Informationssystemgestaltung, Theoretische Grundlagen und integrierte Methoden, Wiesbaden 1999.

TEUFEL/SCHLIENGER (2000)
Teufel, Stephanie/Schlienger, Thomas: Informationssicherheit – Wege zur kontrollierten Unsicherheit, in: Praxis der Wirtschaftsinformatik (HMD), 37. Jg. (2000), Heft 216, S. 18-31.

THEISEN (2002)
Theisen, Manuel René: Zur Reform des Aufsichtsrats – Eine betriebswirtschaftliche Bestandsanalyse und Perspektive, http://steuern.bwl. uni-muenchen.de/Download/ReformAR. pdf, abgerufen: 17.12.2002.

THIERMANN (1995)
Thiermann, Maren: Firewall – ein Sicherheitskonzept in offenen Systemen, in: Datenschutz und Datensicherheit (DuD), 19. Jg. (1995), Heft 9, S. 548.

TINNEFELD (2003)
Tinnefeld, Marie-Theres: Bundesbeauftragter für den Datenschutz, in: Datenschutz und Datensicherheit (DuD), 27. Jg. (2003), Heft 7, S. 439.

TINNEFELD/EHMANN (1998)
Tinnefeld, Marie-Theres/Ehmann, Eugen: Einführung in das Datenschutzrecht, 3. Aufl., München/Wien 1998.

TINNEFELD/TUBIES (1989)
Tinnefeld, Marie-Theres/Tubies, Helga: Datenschutzrecht, 2. Aufl., München/Wien 1989.

TITTEL u.a. (1999)
Tittel, Wolfgang/Brendel, Jürgen/Gisin, Nicolas/Ribordy, Grégoire/Zbinden, Hugo: Quantenkryptographie, in: Physikalische Blätter, 55. Jg. (1999), Heft 6, S. 25-30.

TROTT ZU SOLZ (1992)
Trott zu Solz, Clemens von: Informationsmanagement im Rahmen eines ganzheitlichen Konzeptes zur Unternehmensführung, Göttingen 1992.

ULRICH (1970)
Ulrich, Hans: Die Unternehmung als produktives soziales System – Grundlagen der allgemeinen Unternehmenslehre, 2. Aufl., Bern/Stuttgart 1970.

ULRICH (1999)
Ulrich, Otto: „Protection Profile" – ein industriepolitischer Ansatz zur Förderung des „neuen Datenschutzes", Bad Neuenahr-Ahrweiler 1999, abrufbar unter http://www.europaeische-akademie-aw.de/pages/publikationen/graue_reihe/17.pdf.

VAN MEGEN (2003)
van Megen, Rudolf: Wege zur Konzeptionellen Sicherheit für KMU, http://www.isvw.de/doc/van_Megen.pdf, abgerufen am 11.01.2003.

VASSILAKI (2002a)
Vassilaki, Irini E.: Materielles Strafrecht, Strafprozessrecht, Rechtsinformatik und Informationsgesellschaft, in: Bizer, Johann/Lutterbeck, Bernd/Rieß, Joachim (Hrsg.): Umbruch von Regelungssystemen in der Informationsgesellschaft, Freundesgabe für Alfred Büllesbach, Stuttgart 2002, S. 347-362, abrufbar unter: http://www.alfred-buellesbach.de/PDF/Freundesgabe.pdf.

VASSILAKI (2002b)
Vassilaki, Irini E.: Was ich nicht weiß... – Provider-Haftung nach dem Telediensgesetz, in: Magazin für Computer Technik (c't), o.Jg. (2002), Heft 7, S. 210.

VEIT (1999)
Veit, Thomas: Sicherheitsüberprüfung einer Internetanbindung, in: Bundesamt für Sicherheit in Informationstechnik (Hrsg.): IT-Sicherheit ohne Grenzen?, Tagungsband 6. Deutscher IT-Sicherheitskongreß des BSI 1999, Ingelheim 1999, S. 45-57.

VESTER (1978)
Vester, Frederic: Unsere Welt – ein vernetztes System, Stuttgart 1978.

VETTER (1993)
Vetter, Max: Strategie der Anwendungssoftware-Entwicklung, Methoden, Techniken, Tools einer ganzheitlichen, objektorientierten Vorgehensweise, 3., neubearbeitete. u. erweiterte Aufl., Stuttgart 1993.

VETTER (1994)
Vetter, Max: Informationssysteme in der Unternehmung: eine Einführung in die Datenmodellierung und Anwendungsentwicklung, 2., überarbeitete Aufl., Stuttgart 1994.

VOGELSANG (1987)
Vogelsang, Klaus: Grundrecht auf informationelle Selbstbestimmung, Baden-Baden 1987.

VON CLAUSEWITZ (1980)
Carl von Clausewitz: Vom Kriege, 19. Aufl., Bonn 1980.

VON DER OELSNITZ/HAHMANN (2003)
von der Oelsnitz, Dietrich/Hahmann, Martin: Wissensmanagement, Strategie und Lernen in wissensbasierten Unternehmen, Stuttgart 2003.

VON HELDEN/KARSCH (1998)
von Helden, Josef/Karsch, Stefan: Grundlagen, Forderungen und Marktübersicht für Intrusion Detection Systeme (IDS) und Intrusion Response Systeme (IRS), BSI-Studie zu Intrusion Detection Systemen, http://www.bsi.de/literat/studien/ids/ids-stud.pdf, Stand: 19.10.1998.

VON STOCKAR (1995)
von Stockar, Daniel Marc: Informationssicherheit als unternehmerische Aufgabe, Dissertation der Wirtschaftswissenschaftlichen Fakultät der Universität Zürich, Zürich 1995.

VOß/GUTENSCHWAGER (2001)
Voß, Stefan/Gutenschwager, Kai: Informationsmanagement, Berlin u.a. 2001.

VOßBEIN (1996)
Voßbein, Reinhard: Eigenverantwortung und Marktwirtschaft als Steuerungsimpulse der IT-Sicherheit, in: Bundesamt für Sicherheit in der Informationstechnik – BSI (Hrsg.): Wie gehen wir künftig mit den Risiken der Informationsgesellschaft um? Interdisziplinärer Diskurs zu querschnittlichen Fragen der IT-Sicherheit, Ingelheim 1996, S. 92-98.

VOßBEIN (1999)
Voßbein, Jörn: Integrierte Sicherheitskonzeptionen für Unternehmen, Stand und Perspektiven, Ingelheim 1999.

VOßBEIN (2002a)
Voßbein, Jörn: Organisation eines IT-Sicherheitsmanagements, in: Roßbach, Peter/Locarek-Junge, Hermann (Hrsg.): IT-Sicherheitsmanagement in Banken, Frankfurt (Main) 2002, S. 9-21.

VOßBEIN (2002b)
Voßbein, Reinhard: Auditierung und Zertifizierung des Datenschutzes – erste Schritte, Möglichkeiten und Probleme, in: Bäumler, Helmut/von Mutius, Albert (Hrsg.): Datenschutz als Wettbewerbsvorteil – Privacy sells: Mit modernen Datenschutzkomponenten Erfolg beim Kunden, Braunschweig/Wiesbaden 2002, S. 150-156.

VOßBEIN (2002c)
Voßbein, Reinhard: Auditierung und Zertifizierung der IT-Sicherheit – ein Weg zu sicheren Systemen, in: Roßbach, Peter/Locarek-Junge, Hermann (Hrsg.): IT-Sicherheitsmanagement in Banken, Frankfurt (Main) 2002, S. 23-35.

VOßBEIN (2003)
Voßbein, Reinhard: Vorabkontrolle gemäß BDSG, Anwendungsgebiete und Zusammenhang mit IT-SEC und CC, in: Datenschutz und Datensicherheit (DuD), 27. Jg. (2003), Heft 7, S. 427-432.

VOßBEIN (2004)
Voßbein, Reinhard: Datenschutzauditierung – Akkreditierungsvarianten und Konsequenzen, in: Datenschutz und Datensicherheit (DuD), 28. Jg. (2004), Heft 2, S. 92-97.

WÄCHTER (1994)
Wächter, Michael: Europarechtliche Subsidiarität des BDSG, in: Datenschutz und Datensicherung (DuD), 18. Jg. (1994), Heft 4, S. 219.

WALL (1996)
Wall, Friederike: Organisation und betriebliche Informationssysteme – Elemente einer Konstruktionstheorie, Wiesbaden 1996.

WALL (1999)
Wall, Friederike: Planungs- und Kontrollsysteme, Informationstechnische Perspektiven für das Controlling, Grundlagen – Instrumente – Konzepte, Wiesbaden 1999.

WALPOTH (1992)
Walpoth, Gerhard: Computergestützte Informationsbedarfsanalyse, strategische Planung und Durchführung von Informatikprojekten, Heidelberg 1992.

WALZ (1998)
Walz, Stefan: Datenschutz – Herausforderung durch neue Technik und Europarecht, in: Datenschutz und Datensicherheit (DuD), 22. Jg. (1998), Heft 3, S. 150-154.

WEBER (2000a)
Weber, Joachim: Cyberwar, http://www.kes.info/_lexikon/lexdata/informationwafare.htm, Stand: 12.06.2000.

WEBER (2000b)
Weber, Joachim: Kritische Infrastrukturen, http://www.kes.info/_lexikon/lexdata/ kritischeinfrastrukturen.htm, Stand: 12.06.2000.

WEBER (2001)
Weber, Joachim: Welches Maß an Kritikalität brauchen wir?, in: Holznagel, Bernd/ Hanßmann, Anika/Sonntag, Matthias (Hrsg.): IT-Sicherheit in der Informationsgesellschaft – Schutz kritischer Infrastrukturen, Arbeitsberichte zum Informations-, Telekommunikations- und Medienrecht, Bd. 7, Münster 2001, S. 68-78.

WECK (1993)
Weck, Gerhard: Realisierung der Schutzfunktionen, in: Pohl, Hartmut/Weck, Gerhard (Hrsg.): Einführung in die Informationssicherheit, München/Wien 1993, S. 123-189.

WEHNER (1995)
Wehner, Theo: Psychologische Voraussetzungen für Sicherheitsbewußtsein, in: Voßbein, Reinhard (Hrsg.): Organisation sicherer Informationsverarbeitungssysteme, München/Wien 1995, S. 25-41.

WEIDENHAMMER (2002)
Weidenhammer, Detlef: KonTraG: Pro-aktives Risk Management wird zur Pflicht, in: Security Journal, o.J. vom Juni 2002, S.1-4, abrufbar unter http://gai-netconsult.de/journal/ finals/SecJournal_0201.1.pdf.

WELSCH/BREMER (2000)
Welsch, Günther/Bremer, Kathrin: Die europäische Signaturrichtlinie in der Praxis, in: Datenschutz und Datensicherheit (DuD), 24. Jg. (2000), Heft 2, S. 85-88.

WELZEL (2000)
Welzel, Peter: Überlegungen zur Betrachtung der IT-Sicherheit aus gesamtwirtschaftlicher Sicht, in: Bundesamt für Sicherheit in der Informationstechnik (Hrsg.): Kosten und Nutzen der IT-Sicherheit, Studie des BSI zur Technikfolgen-Abschätzung, Ingelheim 2000, S. 213-219.

WENNING/KÖHNTOPP (2001)
Wenning, Rigo/Köhntopp, Marit: P3P im europäischen Raum – Einsatz und Nutzen in Gegenwart und Zukunft, in: Datenschutz und Datensicherheit (DuD), 25. Jg. (2001), Heft 3, S. 139-143.

WERBER (2002)
Werber, Niels: Krieg in den Massenmedien, in: Palm, Goedert/Rötzer, Florian (Hrsg.): MedienTerrorKrieg – Zum neuen Kriegsparadigma des 21. Jahrhunderts, Hannover 2002, S. 175-189.

WIGAND u.a. (2003)
Wigand, Rolf T./Mertens, Peter/Bodendorf, Freimut/König, Wolfgang/Picot, Arnold/ Schumann, Matthias: Introduction to Business Information Systems, Berlin/Heidelberg/New York 2003.

WILKENS (2002)
Wilkens, Andreas: Der Traum vom totalen Schutz, in: Magazin für Computertechnik (c't), o.Jg. (2002), Heft 21, S. 68.

WILLKE (2001)
Willke, Helmut: Systemisches Wissensmanagement, 2., neubearbeitete Aufl., Stuttgart/Jena 2001.

WINKEL u.a. (2000)
Winkel, Olaf/Andersen, Uwe/Buschhauer, Miguel/Hecht, Volker/Tackenberg, Hellen: Die Förderung von IT-Sicherheit in KMU – eine Abschätzung des vordringlichen wirtschaftspolitischen Handlungsbedarfs, Studie im Auftrag des Bundesministeriums für Wirtschaft und Technologie, Bochum 2000.

WIRTZ (2001a)
Wirtz, Bernd W.: Electronic Business, 2., vollständig überarbeitete und erweiterte Aufl., Wiesbaden 2001.

WIRTZ (2001b)
Wirtz, Klaus Werner: Software Engineering, in: Mertens, Peter (Hrsg.): Lexikon der Wirtschaftsinformatik, 4., vollständig neu bearbeitete und erweiterte Aufl., Berlin u.a. 2001, S. 417-418.

WITTMANN (1959)
Wittmann, Waldemar: Unternehmung und unvollkommene Information – Unternehmerische Voraussicht, Ungewißheit und Planung, Köln/Opladen 1959.

WITTMANN (1969)
Wittmann, Waldemar: Information, in: Grochla, Erwin (Hrsg.): Handwörterbuch der Organisation, Stuttgart 1969, Sp. 699-707.

WITTMANN (1979)
Wittmann, Waldemar: Wissen in der Produktion, in: Kern, Werner (Hrsg.): Handwörterbuch der Produktionswirtschaft, Stuttgart 1979, Sp. 2261-2272.

WITTMANN (1982)
Wittmann, Waldemar: Betriebswirtschaftslehre, Band 1: Grundlagen, Elemente, Instrumente, Tübingen 1982.

WOBST (2003)
Wobst, Reinhard: Harte Nüsse – Verschlüsselungsverfahren und ihre Anwendungen, in: Magazin für Computertechnik (c't), o.Jg. (2003), Heft 17, S. 200-203.

WÖHE (2002)
Wöhe, Günter: Einführung in die Allgemeine Betriebswirtschaftslehre, 21., neubearbeitete Aufl., München 2002.

WOLF (2003)
Wolf, Jochim: Organisation, Management, Unternehmensführung, Theorien und Kritik, Wiesbaden 2003.

WOLL (2000)
Woll, Artur (Hrsg.): Wirtschaftslexikon, 9., völlig überarbeitete und erweiterte Aufl., München/Wien 2000.

WOLLNIK (1988)
Wollnik, Michael: Ein Referenzmodell des Informations-Managements, in: Information Management, 3. Jg. (1988), Heft 3, S. 34-43.

ZACHMAN (1987)
Zachman, John A.: A framework for information systems architecture, in: IBM Systems Journal, 26. Jg. (1987), Heft 3, S. 276-292.

ZERDICK u.a. (2001)
Zerdick, Axel/Picot, Arnold/Schrape, Klaus/Artope, Alexander/Goldhammer, Klaus/Heger, Dominik K./Lange, Ulrich T./Vierkant, Eckart/Lopez-Escobar, Esteban/Silverstone, Roger: Die Internet-Ökonomie, Strategien für die digitale Wirtschaft, 3., erweiterte und überarbeitete Aufl., New York u.a. 2001.

ZIEGLER (2003)
Ziegler, Peter-Michael: Homeland Security, Virtuelle und reale Terror-Schutzmauer der USA, in: Magazin für Computertechnik (c't), o.Jg. (2003), Heft 2, S. 70.

ZILAHI-SZABÓ (1995)
Zilahi-Szabó, Miklós Géza: Kleines Lexikon der Wirtschaftsinformatik, München/Wien 1995.

ZWICKY/COOPER/CHAPMAN (2001)
Zwicky, Elizabeth D./Cooper, Simon/Chapman, Brent: Einrichten von Internet Firewalls, 2. Aufl., Beijing u.a. 2001.

Alles über Datenschutz und Datensicherheit

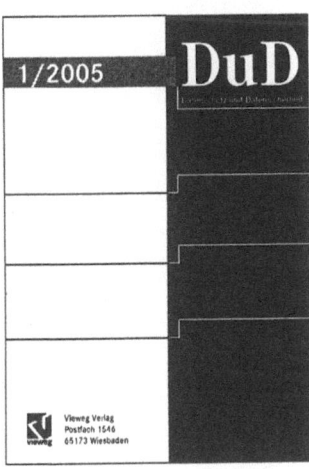

☐ Rechtsprechung

☐ Technik

☐ Wirtschaft

DuD richtet sich an betriebliche und behördliche Datenschutzbeauftragte, IT-Verantwortliche, Experten aus Praxis, Forschung und Politik sowie andere an Datenschutz und Datensicherheit Interessierte.

Der Inhalt - das lesen Sie in DuD

☐ betrieblicher Datenschutz
☐ E-Commerce-Sicherheit
☐ Digitale Signaturen
☐ Biometrie
☐ Aktuelle Rechtsprechung zum Datenschutz
☐ Forum für alle rechtlichen und technischen Fragen des Datenschutzes und der Datensicherheit in Informationsverarbeitung und Kommunikation

Ihr Nutzen - so profitieren Sie von DuD

☐ Ihre Wissensbasis für Datenschutz und Datensicherheit
☐ verständlich, fachlich kompetent und aktuell zu allen Themen von IT-Recht und IT-Sicherheit
☐ Fachwissen zu dem wichtigen Thema, wie man technische Lösungen im Einklang mit dem geltenden Recht umsetzt

Schauen Sie ins Internet

Abraham-Lincoln-Straße 46
65189 Wiesbaden
Fax 0611.7878-400
www.vieweg.de

Stand 1.1.2005. Änderungen vorbehalten.

MIX
Papier aus verantwortungsvollen Quellen
Paper from responsible sources
FSC® C105338

If you have any concerns about our products,
you can contact us on
ProductSafety@springernature.com

In case Publisher is established outside the EU,
the EU authorized representative is:
Springer Nature Customer Service Center GmbH
Europaplatz 3, 69115 Heidelberg, Germany

Printed by Libri Plureos GmbH
in Hamburg, Germany